教育部高等学校电子信息类专业教学指导委员会规划教材

高等学校电子信息类专业系列教材·新形态教材

ARM Cortex-M3
嵌入式开发及应用
——基于STM32F103RC微控制器

张 勇 陈爱国 李瑞友 石宇雯 罗 凡 编著

清华大学出版社

北京

内 容 简 介

本书介绍了基于 ARM Cortex-M3 内核的微控制器 STM32F103RCT6 和嵌入式实时操作系统 μC/OS-Ⅱ，详细讲述了嵌入式系统的硬件设计与软件开发技术，主要内容包括嵌入式系统概述、STM32F103 微控制器、STM32F103 学习平台、LED 灯控制与 Keil MDK 工程框架、按键与中断处理、定时器、串口通信与声码器、ADC 与存储器管理、LCD 屏与温度传感器、μC/OS-Ⅱ 系统与移植、μC/OS-Ⅱ 任务管理、信号量与互斥信号量、消息邮箱与消息队列等。本书理论与应用紧密结合，实例丰富，对于基于 STM32F1 系列微控制器及嵌入式实时操作系统 μC/OS-Ⅱ 的教学和工程应用，都具有一定的指导和参考价值。

本书可作为普通高等学校物联网工程、电子工程、通信工程、自动化、智能仪器、计算机工程和嵌入式控制等相关专业的高年级本科生教材，也可作为嵌入式系统爱好者和工程开发技术人员的参考用书。

图书在版编目（CIP）数据

ARM Cortex-M3 嵌入式开发及应用 ：基于 STM32F103 RC 微控制器 / 张勇等编著. -- 北京：清华大学出版社，2025.2. --（高等学校电子信息类专业系列教材）. -- ISBN 978-7-302-68007-9

Ⅰ. TP332.021

中国国家版本馆 CIP 数据核字第 2025SB4474 号

策划编辑：刘　星
责任编辑：李　锦
封面设计：刘　键
责任校对：刘惠林
责任印制：沈　露

出版发行：清华大学出版社
　　　　网　　　址：https://www.tup.com.cn，https://www.wqxuetang.com
　　　　地　　　址：北京清华大学学研大厦 A 座　　　邮　　编：100084
　　　　社 总 机：010-83470000　　　　邮　　购：010-62786544
　　　　投稿与读者服务：010-62776969，c-service@tup.tsinghua.edu.cn
　　　　质量反馈：010-62772015，zhiliang@tup.tsinghua.edu.cn
　　　　课件下载：https://www.tup.com.cn，010-83470236
印　装　者：三河市龙大印装有限公司
经　　销：全国新华书店
开　　本：185mm×260mm　　　印　张：19　　　字　　数：477 千字
版　　次：2025 年 2 月第 1 版　　　印　　次：2025 年 2 月第 1 次印刷
印　　数：1～1500
定　　价：59.00 元

产品编号：107870-01

前 言
PREFACE

自 1971 年第一块单片机诞生至今,嵌入式系统的发展经历了初期阶段和蓬勃发展期,现已进入了成熟期。在嵌入式系统发展初期,各种 EDA 工具还不完善,芯片的制作工艺和成本颇高,嵌入式程序设计语言以汇编语言为主,该时期只有电子工程专业技术人员才能从事嵌入式系统设计与开发工作。到了 20 世纪 80 年代,随着 MCS-51 系列单片机的出现及 C51 程序设计语言的成熟,单片机应用系统成为嵌入式系统的代名词,MCS-51 单片机迅速在智能仪表和自动控制等相关领域得到普及。同时期,各种 DSP 芯片、FPGA 芯片和 SoC 如雨后春笋般涌现出来,应用领域从最初的自动控制应用扩展到各种各样的智能应用。1997 年,ARM 公司推出 ARM7 微控制器,之后又推出了 Cortex 系列微控制器和微处理器,它们成为嵌入式系统设计的首选芯片,标志着嵌入式系统进入蓬勃发展期。

全球的半导体厂商在芯片制造上"百花齐放,百家争鸣",是嵌入式系统蓬勃发展阶段的突出写照。这段时期,嵌入式系统工程师同时兼任硬件工程师和软件工程师,需要涉猎各种各样的芯片应用知识,并开发各具特色的应用程序。直到 21 世纪初,开源嵌入式实时操作系统出现,嵌入式系统工程师才真正分为嵌入式系统硬件工程师和嵌入式系统软件工程师。硬件工程师负责硬件电路板设计、芯片外设访问驱动函数开发和嵌入式实时操作系统移植等;软件工程师负责系统资源管理与调度、图形用户交互界面设计和应用程序设计等。这标志着嵌入式系统已经发展到成熟期,几十个工程师乃至成百上千的工程师,通过细致分工协力合作进行同一项嵌入式系统研发。

本书按照强化读者应用能力与实践能力的思想,编排了一套适合读者分组设计的硬件电路系统(选用了具有 64 引脚 LQFP 封装的 STM32F103RCT6 芯片,适合手工焊装),在此硬件电路系统的基础上,组织嵌入式控制设计与编程。本书内容分为两篇,第 1 篇主要面向硬件工程师,介绍 STM32F103RCT6 芯片结构、片上外设资源与用法以及典型电路系统;第 2 篇在面向硬件工程师的同时兼顾软件工程师,介绍 μC/OS-Ⅱ 系统的移植与任务管理。

第 1 篇包括 9 章,是全书的硬件基础和芯片级别程序设计部分。第 1 章介绍嵌入式系统的发展历程和应用领域;第 2 章介绍 ARM Cortex-M3 内核微控制器芯片 STM32F103RCT6 的内部结构、引脚配置、存储器、片内外设、异常与 NVIC 中断等;第 3 章介绍一个完整的硬件电路系统,包括 STM32F103RCT6 核心电路、电源电路与按键电路、LED 与蜂鸣器电路模块、串口模块、Flash 与 EEPROM 电路模块、温度传感器模块、LCD 屏模块和声码器模块等。这部分内容作为读者分组制作硬件电路的参考蓝图,也是后面程序设计的硬件电路基础;第 4 章讨论 STM32F103RCT6 的 GPIO 访问方法以及 LED 灯控制技术,并完整地介绍基于 Keil MDK 创建工程的方法,后面的工程均基于该工程框架;第 5 章深入分析 NVIC 中断的工作原理,重点介绍 GPIO 外部输入中断的处理方法,并给出按键响应实例;第 6 章阐述 STM32F103RCT6 内部通用定时器、看门狗定时器和系统节拍定时器的应用与实例,其中,系统节拍定时器主要用于为嵌入式实时操作系统提供时钟节拍(一般设为100Hz);第7章介绍串口通信,一般借助中断方式从上位机接收串口数据,通过函数调用方式向上位机发送串口数据;第8章介绍 STM320F103RCT6 访问 Flash 芯片 W25Q64 和 EEPROM芯片 AT24C128 的方法;第9章介绍 STM32F103RCT6 驱动 TFT LCD 屏的方法,介绍LCD 屏显示英文字符和汉字的方法,并阐述温度传感器 DS18B20 的应用方法,展示 LCD 屏显示环境温度值的应用实例。

第2篇为嵌入式实时操作系统级别的程序设计部分,介绍嵌入式实时操作系统 μC/OS-Ⅱ在微控制器 STM32F103RCT6 上的移植和工程设计方法,包括4章,依次介绍系统组成与移植文件、任务管理与工程框架、信号量与互斥信号量、消息邮箱与消息队列。这篇内容中没有对嵌入式实时操作系统 μC/OS-Ⅱ 的内部工作原理进行剖析,感兴趣的读者可参考文献[1,3]。

作为教材,需要体现知识的完整性和可扩展性。本书的内容给读者展示了一个从事嵌入式系统设计的"认知—应用—提高"的全过程,"认知"体现为对嵌入式系统核心芯片的学习和掌握,重点在于学习一款芯片的存储器、中断与片内外设(合称为芯片的三要素),这也是第2章关于 STM32F103RCT6 芯片的重点内容;"应用"体现在应用芯片进行嵌入式电路板的设计,并掌握各个电路模块的工作原理和访问技术,会应用 C 语言进行驱动函数设计,即第3~9章的全部内容;"提高"是指实现该电路板嵌入式实时操作系统的移植,并将底层硬件的访问方法抽象为函数调用,即第2篇的内容,使得没有硬件电路基础的软件工程师也可在此基础上开发出高性能的用户应用程序,并实现友好的图形用户界面。建议先讲授第3章并组织分组设计电路板,再按顺序讲授第1~2章、第4~9章,第10~12章内容,根据专业培养方案选学。

本书中的全部工程都是完整且相互联系的,后续章节的工程建立在前面章节工程的基础上,是添加了新的功能而构建的。本书以有限的篇幅巧妙地将所有工程的源代码都包含进来,强烈建议读者自行录入源代码,以加强学习效果。请使用 Keil MDK 5.39 或更高版本编写与调试本书工程程序。注意:Keil MDK 5.39 软件不提供在线的 μC/OS-Ⅱ 系统软件包下载,可至 Silicon Labs 官网主页 Resources 下的 RTOS 链接中下载 μC/OS-Ⅱ 软件包,并复制到 Keil MDK 软件的包 Packs 目录下。

本书第3章的硬件学习平台是一个完整的硬件平台,也是需要分组开展设计的硬件实验平台,包括原理图设计与 PCB 设计(可使用 Altium Designer 软件)、制板、焊装、样机测试等,一般地,一个小组可在两周时间独立完成这些工作。同时,本书的所有工程均通过该硬件学习平台的测试。

本书由江西财经大学软件与物联网工程学院张勇组织编写,李瑞友参编了第4章,陈爱国参编了第5章,石宇雯参编了第7、8章,罗凡参编了第9、10章。特别感谢正点原子公司提供的资料和支持。

党的二十大报告中指出"教育、科技、人才是全面建设社会主义现代化国家的基础性、战略性支撑""坚持把发展经济的着力点放在实体经济上,推进新型工业化""推动战略性新兴产业融合集群发展,构建新一代信息技术、人工智能、生物技术、新能源、新材料、高端装备、绿色环保等一批新的增长引擎""加快发展物联网"。在党的二十大思想指引下,本书将硬件设计与软件控制相结合,将微控制器技术的教学与实践相结合,培养兼有基础理论知识和工程实用能力的新工科大学生,培养服务于新一代信息技术和物联网技术的专业型人才。

由于作者水平有限,书中难免会有疏漏之处,敬请同行专家和读者批评指正。

配 套 资 源

- 程序代码等资源:扫描目录上方的"配套资源"二维码下载。
- 教学课件、教学大纲等资源:扫描封底的"书圈"二维码在公众号下载,或者到清华大学出版社官方网站本书页面下载。
- 微课视频(124 分钟,32 集):扫描书中相应章节中的二维码在线学习。

注:请先扫描封底刮刮卡中的文泉云盘防盗码进行绑定后再获取配套资源。

编　者

2024 年 11 月

微课视频清单

视 频 名 称	时长/min	书 中 位 置
01-PRJ01	3	4.3 节节首
02-PRJ02	3	4.4.2 节节首
03-PRJ03	5	5.3.1 节节首
04-PRJ04	4	5.3.2 节节首
05-PRJ05	5	5.4.2 节节首
06-PRJ06	5	5.4.3 节节首
07-PRJ07	3	6.1.2 节节首
08-PRJ08	2	6.2 节节首的前一段文字旁
09-PRJ09	3	6.2.2 节节首
10-PRJ10	3	6.2.3 节节首
11-PRJ11	4	6.3.2 节节首
12-PRJ12	4	6.3.3 节节首
13-PRJ13	3	6.4.2 节节首
14-PRJ14	3	6.4.3 节节首
15-PRJ15	4	7.3 节节首
16-PRJ16	4	7.4 节节首
17-PRJ17	5	7.5.2 节节首
18-PRJ18	3	7.5.3 节节首
19-PRJ19	5	8.1.2 节节首
20-PRJ20	3	8.1.2 节程序段 8-3 标题旁
21-PRJ21	5	8.2.1 节节首
22-PRJ22	4	8.2.2 节节首
23-PRJ23	4	8.3.3 节节首
24-PRJ24	4	8.3.4 节节首
25-PRJ25	5	9.3.1 节节首
26-PRJ26	5	9.3.2 节节首
27-PRJ27	5	10.1 节节首
28-PRJ28	4	11.2 节节首
29-PRJ29	2	11.3 节节首
30-PRJ30	2	11.4 节程序段 11-17 标题旁
31-PRJ31	5	12.3 节节首
32-PRJ32	5	13.3 节节首

目 录
CONTENTS

配套资源

第 2 篇　嵌入式实时操作系统 μC/OS-Ⅱ

第1篇

STM32F103硬件系统
与Keil MDK工程

本篇内容包括第 1～9 章,为全书的硬件基础和芯片级别的程序设计部分。依次介绍以下内容。

- 嵌入式系统概述
- STM32F103 微控制器
- STM32F103 学习平台
- LED 灯控制与 Keil MDK 工程框架
- 按键与中断处理
- 定时器
- 串口通信与声码器
- ADC 与存储器管理
- LCD 屏与温度传感器

第 1 章

嵌入式系统概述

STM32F103 微控制器主要应用于各类嵌入式系统中,本章将从宏观角度介绍嵌入式系统和各类嵌入式操作系统的概念,重点分析广泛应用于 STM32F103 微控制器的嵌入式实时操作系统 $\mu C/OS-II$ 和 $\mu C/OS-III$ 的特点。

本章的学习目标:

- 了解嵌入式系统的组成;
- 熟悉 ARM 微控制器的发展历程;
- 熟悉嵌入式实时操作系统 $\mu C/OS-II$ 的特点。

1.1 嵌入式系统范例

相对于通用计算机系统而言,嵌入式系统也称为嵌入式计算机系统,随着物联网技术的飞速发展,普遍认可的嵌入式系统的定义是:"以应用为中心,以计算机技术为基础,软硬件可裁剪,满足应用系统对功能、可靠性、成本、体积和功耗等严格要求的专用计算机系统"。例如,生活中随处可见的天网监控系统、智能家居、汽车、大型家电、数字机顶盒、医疗设备、银行 ATM、GPS 导航仪、交通控制系统等,都集成了大量嵌入式系统。

下面通过一个范例进一步阐述嵌入式系统的范畴。

一般地,高校教学楼每层都安设了饮水机,方便教师和学生用水;此外,高速公路服务区、列车站和机场中也安设了各种智能饮水机,为旅行者提供开水。饮水机的主要功能是提供 100℃ 的开水,其智能化体现在全自动操作上,例如可以自动进水、自动补水、满水时自动停止进水、自动温度控制、防干烧保护、温度显示等。有些高级的饮水机还提供温水,即水烧开后,将开水分流一部分进入冷却仓中,可直接饮用。

饮水机的整个控制系统是一种典型的嵌入式系统,其核心是 STM32F103RCT6 等微控制器芯片,这里用 STM32F103 表示,通过各种外部设备和传感器实现饮水机的智能控制,其结构框图如图 1-1 所示。

在图 1-1 中,控制中心 STM32F103 通过周期性地访问水位传感器和温度传感器,实时地记录饮水机的水位和水温,同时,控制 LED 灯实时显示饮水机的工作状态(例如,绿灯亮表示开水,红灯亮表示加热)并实时显示水温。当水位的高度低于设定的门限高度时,STM32F103 打开进水阀门自动进水,当水位涨到设定的最高水位时,STM32F103 关闭进水阀门。当水温低于设定的温度后,STM32F103 将自动启动加热管加热水仓中的水,当温度达到 100℃ 时,STM32F103 关闭加热管,停止加热并进入保温状态,在此过程中,通过 LCD 屏或数码管显示水温变化。图 1-1 列出了饮水机的基本功能模块,饮水机嵌入式系统

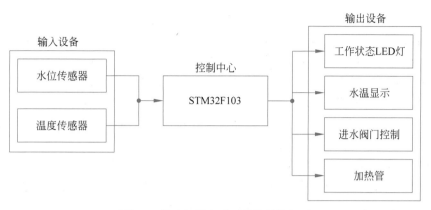

图 1-1 饮水机嵌入式系统的结构框图

还应具有自检、报警、恒温处理等功能。

由图 1-1 可见,典型嵌入式系统的硬件主要包括 3 部分,即控制中心、输入设备和输出设备,有时也称为数据处理中心、数据采集端和数据输出端。不同的应用系统,其嵌入式系统也不尽相同,一般地,控制中心是由 ARM 微控制器、DSP、FPGA 或传统 8051 单片机等可编程器件组成的核心电路,通过软件实现相应的控制或数据处理功能;输入设备和输出设备根据应用场合的不同,选用相应的传感器和显示终端。

如果将图 1-1 所示的饮水机添加 Wi-Fi 或蓝牙设备,实现联网控制,则该饮水机成为物联网的一分子。假设从北京至广州的高速公路的全部服务区的饮水机都通过 App(手机应用程序)联网,则游客可实时了解各个服务区饮水机的情况,从而可选择合适的服务区采水。这正是物联网给人们的生产生活带来的方便。

诚然,设计嵌入式系统要按照"具体问题,具体分析"的原则,根据实际问题的应用需求,选择合适的嵌入式系统。有些专家将物联网称为嵌入式系统的联网,可见嵌入式系统在物联网中具有核心地位,而微控制器又是嵌入式系统的核心。因此,基于微控制器的硬件设计和软件开发技术,是电子、通信、智能控制和物联网等相关专业读者必须具备的专业素养,其可以从学习基于 STM32F103 微控制器的硬件和软件设计入手,不断开拓嵌入式系统新的应用领域。

1.2 嵌入式系统的概念

数字技术和软件技术是嵌入式系统的核心技术,其中,数字技术包括数字信号处理技术和数字化芯片技术,软件技术包括芯片级的程序设计技术和操作系统级的程序设计技术。电路系统由传统的模拟电子系统演化为以可编程数字化芯片为核心、添加必要外设接口实现相应功能的嵌入式系统,它在 3 个相互关联又相对独立的技术领域表现突出,即以单片机为核心的嵌入式控制领域、以 DSP(数字信号处理器)或 FPGA(现场可编程门阵列)为核心的嵌入式数字信号处理领域、以 ARM 或 SoC(单片系统)为核心的嵌入式操作系统及其应用领域。一般地,嵌入式系统被理解为一个相对概念,即在硬件上,它是嵌入在更大规模硬件系统中的电路系统,嵌入式系统的本质在于其硬件系统具有灵活的可编程、可再配置软件等特性,即嵌入式系统必须具有自身的软件系统。

1.2.1 嵌入式系统与 ARM 的关系

广义上,凡是嵌入应用系统中的电子系统都可以称为嵌入式系统,即使是通用的计算机系统,如果被嵌入在特定的应用系统中,也可被称为嵌入式系统。例如,在虚拟仪表系统中用于数据采集、分析和显示的嵌入式计算机系统。狭义上,嵌入式系统除了具有硬件和软件外,还要求硬件系统具有体积小、重量轻、功耗低、成本低、可靠性高、可升级等特点,要求软件系统具有体积小、可裁剪性、健壮性、专用性、实时性等特点。因此,从狭义上讲,嵌入式系统硬件往往是以 ARM 芯片为核心的硬件平台,嵌入式系统软件为基于芯片级开发的无操作系统汇编或 C 语言实时性软件,或者是基于嵌入式实时操作系统开发的图形界面应用程序。

而 ARM 是指 ARM 公司设计的基于 RISC(精简指令集计算机)架构的 32 位高性能微处理器,一般采用哈佛总线结构,具有高速指令缓存和数据缓存,指令长度固定且多级流水执行,具有 MMU(存储器管理单元)和 AMBA(高级微处理器总线结构)总线接口等。ARM 芯片除具有 ARM 核心外,通常还具有丰富的外设接口,例如,外扩 RAM(随机访问存储器)和 Flash 控制器、LCD 控制器、串行接口、SD 卡接口、USB 接口、I^2C 和 I^2S 总线接口等,此外,ARM 芯片还具有低功耗、体积小等特性。ARM 芯片的高性能、多接口特点决定了其比单片机和 DSP 更适合作为嵌入式系统的核心微处理器,因此,ARM 系统几乎成为嵌入式系统的代名词。

1.2.2　嵌入式系统与嵌入式操作系统的关系

一般地,嵌入式系统是面向特定应用和环境、集成硬件和软件的单板机,嵌入式系统的硬件资源有限,突出地表现在其具有较小容量的 RAM 和 ROM 空间,通过外扩 SD 卡等存储介质扩展存储空间;嵌入式系统的软件,包括嵌入式操作系统软件,都固化在 Flash 芯片中。因此,嵌入式操作系统软件体积较小,一般在 32MB 以下。

嵌入式系统的软件分为两种:第一种为直接基于 ARM 芯片开发的汇编或 C 语言实时性程序,这些程序负责管理 ARM 片上所有资源,包括存储空间和片上外设,程序除根据需要设计特定的功能之外,还要编写 ARM 芯片初始化代码和中断向量表,更重要的是,程序在访问嵌入式系统的硬件时,必须充分考虑硬件接口的时序特点;第二种为嵌入式系统定制多任务、实时的嵌入式操作系统,嵌入式操作系统抽象了嵌入式系统的硬件访问方式,通过提供 API(应用程序接口)函数的方式,在嵌入式操作系统基础上设计用户应用程序,只需调用相应的 API 函数即可,使得嵌入式系统的应用程序设计工作更加简单方便。

由此可见,嵌入式操作系统也具有桌面操作系统的特点,即管理硬件资源、调度软件进程、处理软件中断等,嵌入式操作系统通常包括硬件驱动软件、系统内核、设备驱动接口、文件系统、图形界面、网络通信协议、USB 驱动协议等。嵌入式操作系统要求具有实时性、多任务、模块化、可移植性、可定制等特点,流行的嵌入式操作系统有 Windows CE、嵌入式Linux、μC/OS-Ⅱ、VxWorks 等。

因此,嵌入式系统可以表示为

嵌入式系统＝ARM 硬件系统＋嵌入式操作系统＋操作系统级应用软件系统
或者

嵌入式系统＝ARM 硬件系统＋芯片级应用软件系统

1.2.3　嵌入式系统的研发特点

嵌入式系统研发需要具备电子类和软件类两方面的专门知识,是一门交叉组合型学科。嵌入式系统研发可分为 4 类。

　　首先,嵌入式系统的硬件平台设计,需要根据应用环境选择合适的 ARM 芯片,满足处理速度和存储深度的要求,同时,需要兼顾性价比和芯片特点与生存周期等因素。ARM 芯片选型后,根据需要实现的功能,添加相应的外设接口处理芯片和电源与时钟芯片等,借助 Altium Designer 等 EDA 软件完成硬件平台的原理设计和 PCB 设计。目前,嵌入式系统硬件平台的设计基本上实现了模块化设计,即 ARM 芯片与外设芯片的接口电路都形成了规范,只需要按模块将 ARM 芯片与所需外设芯片连接起来就可以得到特定的嵌入式系统硬件平台。尽管如此,读懂和分析各个模块仍然需要一定的电路基础。

　　其次,基于 ARM 芯片的芯片级汇编或 C 语言程序设计,要求设计者对 ARM 芯片的工作原理和内部结构有较好的认识和理解,这类程序包括系统初始化程序和特定功能的算法程序,需要对汇编语言和指令以及 C 语言编程有一定的基础。目前,芯片级软件设计达到了框架化的水平,即在现有的框架程序的基础上,添加特定的软件功能以达到程序设计的目的。因此,设计者须对框架程序有深入全面的了解,设计者的主要工作集中在使用 C 语言开发算法上。

　　再次,嵌入式操作系统的定制和驱动程序的开发,这类研发已经完全商业化。设计者可以根据自己选用的 ARM 芯片,直接购买特定的相兼容的嵌入式操作系统软件,只需要操作鼠标就可以定制出功能强大的专用嵌入式操作系统。并且嵌入式操作系统供应商也会提供几乎所有常见外设的驱动程序,例如触摸屏、LCD 屏、网口、串口、USB 口等。如果设计者想自行研发具有独立知识产权的嵌入式操作系统,那么认真学好开源的 μC/OS-Ⅱ 嵌入式操作系统是一个建设性的忠告。

　　最后,基于嵌入式操作系统开发用户应用程序,特别是开发具有良好图形界面的用户应用程序,是对设计者的一个挑战。基于不同的嵌入式操作系统,开发应用程序的方式有很大的不同。嵌入式 Linux 和 Windows CE 都提供了良好的界面设计支持,分别可以借助 QT 和 Visual Studio 进行应用软件开发。用户可能需要对基于事件消息驱动的编程有进一步的了解,同时,如果是基于 Windows CE,那么掌握.Net Framework 编程是一条简捷的路径。嵌入式实时操作系统 μC/OS-Ⅱ 没有图形用户界面(GUI),但 Micrium 公司提供了商业性的用户界面系统 μC/GUI(或 SEGGER 公司的 emWin 系统),可与 μC/OS-Ⅱ 无缝衔接。笔者于西安电子科技大学出版社出版的《Windows CE 应用程序设计》在嵌入式应用程序开发方面能起到较好的引导作用。

　　本书的中心任务是讨论 STM32F103 微控制器芯片级和 μC/OS-Ⅱ 操作系统级的程序设计方法,程序设计语言为 C 语言,并涵盖了嵌入式系统开发的硬件设计、软件设计和操作系统级别的应用程序设计等内容。

1.3　ARM 的发展历程及应用领域

　　ARM(Advanced RISC Machine,高级精简指令集计算机机器)是 ARM 公司设计的 32 位总线的高性能微处理器。ARM 公司本身不生产芯片,通过转让或出售 ARM 技术给 OEM(原始设备生产商)专业生产商来生产和销售 ARM 芯片给第三方用户。全球约有 200 家大型半导体生产厂商购买了 ARM 知识产权,生产具有 ARM 内核的芯片,在全球范围内每秒就有约 90 片 ARM 芯片被使用。

　　自 1985 年第一个 ARM1 原型诞生至今(ARM 公司成立于 1990 年),ARM 公司设计的成熟 ARM 体系结构(或称指令集体系结构(ISA))有 ARMv4、ARMv4T、ARMv5TE、

ARMv5TEJ、ARMv6 和 ARMv7 等，并且版本号还在不断升级，对应的处理器家族有 ARM7、ARM9、ARM9E、ARM10E、ARM11、Cortex、SecurCore 和 XScale 处理器系列等。应用领域涉及商业、军事、航空航天、网络与无线通信、消费电子、医疗电子、仪器仪表和汽车电子等各行各业。

1.3.1 ARM 的发展史及命名规则

每个 ARM 微处理器都对应于一个特定的 ARM 指令集体系结构版本，例如，ARM920T 微处理器支持指令集体系结构 ARMv4T。ARM 体系结构的发展史如表 1-1 所示。

表 1-1　ARM 体系结构的发展史

版　　本	典型微处理器名称	特　　点
ARMv1～ARMv4 (1990 年 ARM 公司成立)	已退市	早期的版本中只有 ARMv4，目前在某些 ARM7 和 StrongARM 处理器中可见，可以被视为 32 位寻址的 32 位指令集体系结构
ARMv4T (1995 年)	ARM7TDMI、ARM7TDMI-S、ARM920T、ARM922T	支持 16 位的 Thumb 指令集，比 32 位的 ARM 指令集节省约 35％的存储空间
ARMv5TE (1999 年)	ARM946E-S、ARM966E-S、ARM968E-S、ARM996HS	增加了 ARM 与 Thumb 状态切换的指令，增强了 DSP 类型指令，尤其是在语音数字信号处理方面提高了 70％以上的性能
ARMv5TEJ (2000 年)	ARM7EJ-S、ARM926EJ-S、ARM1026EJ-S	添加了 Java 加速技术
ARMv6 (2001 年)	ARM1176JZ(F)-S	改进了异常处理，更好地支持多处理器指令，增加了支持 SIMD(单指令多数据)的多媒体指令，对视频和音频解码性能提高近 4 倍
ARMv6T2	ARM1156T2(F)-S	支持 Thumb-2 技术
ARMv7	Cortex-A8、 Cortex-A9、Cortex-R4(F)	支持 NEON 技术，使得 DSP 和多媒体处理性能提高 4 倍，支持向量浮点运算，为下一代 3D 图像和游戏硬件服务
ARMv7-M	Cortex-M3	优化了微控制器，低功耗

表 1-1 中列出了一些典型的 ARM 微处理器名称。ARM 微处理器名称中的字母表示其具有的功能，目前，这些字母有 T、D、M、I、E、J、F、S 等，依次表示支持 Thumb 指令集、支持在线 JTAG 调试、内嵌乘法器、嵌入式 ICE(在线断点和调试)、增强 DSP 指令、支持 Java 技术、支持向量浮点处理、可综合。ARM 微处理器名称中的数字用于反映处理器系列、存储管理单元及高速缓存等信息。

1.3.2 ARM 微处理器系列

目前 ARM 微处理器主要有 8 个系列，即 ARM7 系列、ARM9 系列、ARM9E 系列、ARM10E 系列、ARM11 系列、Cortex 系列、SecurCore 系列和 XScale 系列。各种系列微处理器均有其特点和应用场合。

1) ARM7 微处理器系列

ARM7 微处理器系列基于冯·诺依曼体系结构，数据和指令共用相同的总线，内核指令 3 级流水，支持 ARMv4T 指令集，包括 ARM7TDMI、ARM7TDMI-S、ARM7EJ-S、

ARM720T 等微处理器(其中,ARM7EJ-S 执行 ARMv5TEJ 指令集,5 级流水,带 Java 加速,可综合;而 ARM720T 已被 ARM926EJ-S 替代)。

ARM7TDMI 是目前非常流行的 32 位微处理器,例如,Samsung 公司的 S3C4510B 芯片采用了该内核,它支持 16 位的 Thumb 指令集、快速乘法指令和嵌入式 ICE 调试技术。其 S 变种 ARM7TDMI-S 是可综合的。

ARM720T 微处理器集成了一个 MMU 和一个 8KB 的高速缓存,支持 Windows CE、Linux、Symbian 等实时嵌入式操作系统。

ARM7 系列微处理器主要应用于无线接入手持设备、打印机、数码相机和随身听等。

ARM7 系列微处理器采用 $0.13\mu m$、$0.18\mu m$ 或 $0.25\mu m$ 工艺,主频最高达 130MIPS,功耗很低,代码与 ARM9、ARM9E 和 ARM10 以及 XScale 微处理器兼容。

ARM7TDMI 微处理器的内部结构如图 1-2 所示。

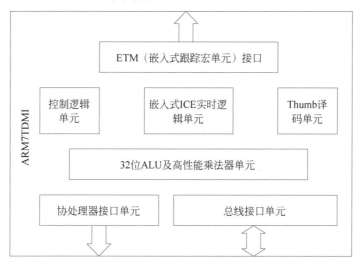

图 1-2 ARM7TDMI 微处理器的内部结构

2)ARM9 微处理器系列

ARM9 及其后更高系列的微处理器均采用哈佛体系结构,数据总线与指令总线相互独立,数据空间与程序空间相互独立。ARM9 系列微处理器包括 ARM920T 和 ARM922T 两种,具有 5 级指令流水线(处理速率可达 1.1MIPS/MHz);ARM922T 是 ARM920T 的变种,其数据和指令高速缓存均为 8KB,而 ARM920T 的数据和指令高速缓存分别为 16KB。

32 位的 ARM9 系列微处理器执行 ARMv4T 指令集,具有两种工作状态,即 Thumb 状态和 ARM 状态,支持 16 位的 Thumb 指令集和 32 位的 ARM 指令集。主频可达 300MIPS 以上,具有一个 32 位的 AMBA 总线接口,具有 MMU,支持 Windows CE、Linux 和 Symbian OS 等嵌入式操作系统。ARM9 具有 8 出口的写缓冲器,用于提高对外部存储空间的写速度。ARM9 系列的生产工艺为 $0.13\mu m$、$0.15\mu m$ 或 $0.18\mu m$。

ARM9 系列微处理器可用于个人数字助理等高档手持设备、MP5 播放器等数字终端、数码相机等图像处理设备及汽车电子方面。

ARM920T 微处理器的内部结构如图 1-3 所示。图 1-3 中,AMBA(Advanced Microprocessor Bus Architecture)为高级微处理器总线结构,AHB(Advanced High-performance Bus)为先进高性能总线,该总线与 APB(Advanced Peripheral Bus,高级外设总线)协议隶属于 AMBA v2.0 版本。

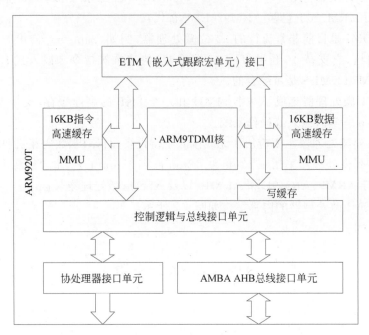

图 1-3   ARM920T 微处理器的内部结构

3）ARM9E 微处理器系列

ARM9E 微处理器系列目前包括 ARM926EJ-S、ARM946E-S、ARM966E-S 和 ARM996HS4 类，都是可综合的，采用 5 级指令流水技术(计算能力可达 1.1MIPS/MHz)，在 0.13μm 工艺下主频可达 300MIPS，支持 ARM、Thumb 和 DSP 指令集，提供了浮点运算协处理器，用于图像和视频处理。其中，ARM926EJ-S 微处理器包含了 Jazelle 技术(硬件运行 Java 代码，计算能力提高近 8 倍)，集成了 MMU，支持 Windows CE、Linux 等嵌入式操作系统。

ARM9E 微处理器具有 16 出口的写缓冲器，用于提高处理器向外部存储空间写数据的速度，支持 ETM9，即具有实时跟踪能力的嵌入式跟踪宏单元，采用软核技术，工艺为 0.13μm、0.15μm 或 0.18μm。

ARM9E 微处理器可应用于网络通信设备、移动通信设备、图像终端、海量数据存储设备、汽车智能化设备等。

其中，ARM926EJ-S 微处理器执行 ARMv5TEJ 指令集，其内部结构如图 1-4 所示。图 1-4 中，TCM(Tightly Coupled Memory)为紧耦合存储器。

这里解释一下 MMU、cache 和 TCM 的含义。

MMU(Memory Management Unit，存储器管理单元)是 MPU(Memory Protection Unit，存储器保护单元)的升级，MPU 将物理存储空间映射到不同的区域，通过设置区域的属性对区域进行访问限制和保护，例如，ARM946E-S 微处理器包含 MPU，此时，ARM 的资源，即存储器系统和外设都映射到某个或某些区域中。MPU 中映射的区域地址与物理地址是一一映射关系，即地址重叠的两个程序将会竞争资源；而 MMU 则是通过页表转换器技术，将实际的物理存储空间映射为虚拟存储空间，虚拟存储空间是独立于物理存储空间的存储空间，允许不同的程序使用相同的虚拟地址(MMU 映射它们到不同的物理地址上)，使

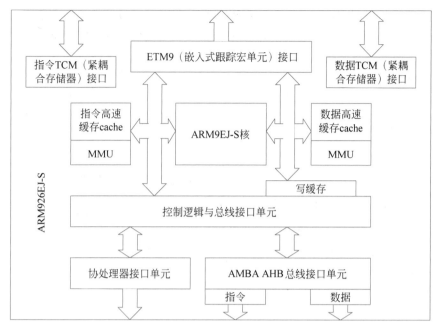

图 1-4　ARM926EJ-S 微处理器的内部结构

得各个程序在各自独立的存储空间中运行而互不影响。

　　cache 即高速缓存,位于内核与存储器之间,对于冯·诺依曼体系结构来说,指令 cache 和数据 cache 共用一个;对于哈佛体系结构来说,指令 cache 和数据 cache 是分开的。由于内核的处理速率一般远高于总线访问存储器的速率,为了保证内核全速运行,参与处理的数据或指令集先由存储器读到 cache 备用;另外,需要写到存储器的运算结果数据集可由高速 cache 暂存,因此,cache 提高了内核的处理速率(高档的处理器又分出一级 cache、二级 cache 等)。

　　cache 的确提高了内核的性能,但是,程序代码执行的时间却变得不可预测,因为 cache 装载、存储指令和数据的时间不可预测。而 TCM(紧耦合存储器)是紧贴内核的高速 SRAM,用于保证取指令或数据操作的准确时钟数,对于要求确定行为的实时算法研究很有帮助。

　　4) ARM10E 微处理器系列

　　ARM10E 微处理器系列中主推 ARM1026EJ-S 微处理器,该高性能微处理器是完全可综合的,执行 ARMv5TEJ 指令集,6 级指令流水(计算能力可达 1.35MIPS/MHz,经 Dhrystone v2.1 测试),支持 ARM、Thumb、DSP 和 Java 指令,支持高性能硬件 Java 字节代码执行,同时具有 MPU 和 MMU,支持实时操作系统和 Windows CE、Linux、Java OS 等嵌入式操作系统。Dhrystone 是 1984 年 Reinhold P. Weicker 开发的用于测量微处理器运算能力的基准程序,常用于处理器整型运算性能的测量,用 C、Pascal 或 Java 编写,其计量单位为多少次 Dhrystone,后来把在 VAX-11/780 机器上的测试结果 1757Dhrystones/s 定义为 1Dhrystone MIPS,即 1DMIPS。

　　ARM1026EJ-S 微处理器具有独立的指令高速缓存和数据高速缓存,缓存为 4～128KB 可配置;具有独立的数据 TCM 和指令 TCM,TCM 支持插入等待状态,并且大小为 0～1MB 可配置;具有双 64 位/32 位 AMBA AHB 总线接口。ARM1026EJ-S 微处理器主要应用于高级手持通信终端、数字消费电子、汽车自动驾驶和复杂工业控制系统等。

ARM1026EJ-S 微处理器的内部结构如图 1-5 所示,图中的 VIC(Vectored Interrupt Controller)为向量中断控制器。

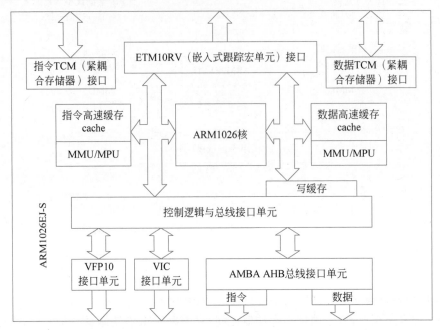

图 1-5   ARM1026EJ-S 微处理器的内部结构

5) ARM11 微处理器系列

ARM11 执行 ARMv6 指令集,指令 8 级流水执行,于 2003 年发布,包括 ARM1136JF-S、ARM1156T2F-S、ARM1176JZF-S 单核微处理器和 ARM11 MPCore 多核微处理器(最多 4 核)4 个系列。ARM11 系列微处理器具有低功耗($0.6\text{mW/MHz@}0.13\mu m$,1.2V)、高处理性能(例如具有独立的装入/存储和算术运算流水线)、高存储效能(例如具有优化的 TCM 等)等特点,主要应用于数字 TV、机顶盒、游戏终端、汽车娱乐电子、网络设备等。

ARM1136JF-S 微处理器的内部结构如图 1-6 所示。

6) Cortex 微处理器系列

Cortex 微处理器包括 3 个系列,即 Cortex-A、Cortex-R 和 Cortex-M,均支持 Thumb-2 指令集。其中,Cortex-A 支持复杂操作系统和用户应用,有 Cortex-A8、Cortex-A9(单核/多核)等;Cortex-R 面向实时应用,有 Cortex-R4(F)、Cortex-R4X 等;Cortex-M 进行了内存和功耗优化,仅支持 Thumb-2 指令集,包括 Cortex-M7、Cortex-M4、Cortex-M3、Cortex-M1 和 Cortex-M0。本书介绍的 STM32F103RCT6 微控制器基于 Cortex-M3 内核,Cortex 系列是 ARM 公司主推的微处理器,其产品数量超过 ARM 其他系列全部用量的总和。

7) SecurCore 微处理器系列

SecurCore 系列微处理器面向智能卡、电子商务、银行、身份识别、电子购物等信息安全设备应用,包括 SC100、SC200、SC300 微处理器等,具有高性能和极低功耗等特点。其中,SC100 是基于 ARM7TDMI 内核带有 MPU 的安全微处理器,而 SC200 还支持 Java Card 2.x 加速和其他增强性能。

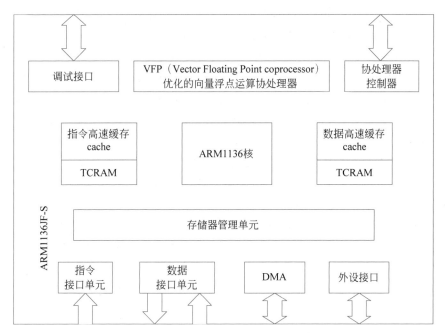

图 1-6　ARM1136JF-S 微处理器的内部结构

8）XScale 微处理器系列

XScale 微处理器是 StrongARM 的优化改良,独家许可给 Intel 公司(现在 XScale 代工完全转让给 Marvell 公司),基于哈佛结构,具有独立的 32KB 数据 cache 和 32KB 指令 cache,5 级流水,执行 ARMv5TE 架构指令,包括 MMU,具有动态电源管理特性,工作频率可达 1GHz,0.18μm 生产工艺,多媒体处理能力得到增强。XScale 微处理器代表芯片为 PXA270 和 PXA320 等,主要应用于平板计算机、GPS 定位系统、无线网络设备、娱乐和消费电子等。

1.3.3　ARM 微处理器的应用领域

ARM 微处理器在数据密集型应用(如视频、图像和数字信号处理等)以及控制密集型应用(如流程控制、工业控制等)中均得到了广泛的应用,且具有加载嵌入式操作系统和实时操作系统的能力,因此,ARM 系统在完成特定功能的同时,往往具有优美的人机交互界面,有取代传统的单片机和 DSP 的趋势。

ARM 在以下几方面具有优势。

其一,ARM 芯片的生产与设计是分离的。ARM 公司仅设计 ARM 核,通过出售 ARM 核知识产权给 OEM 公司而与 OEM 公司建立合作关系,OEM 公司可以在 ARM 核的基础上(不能改变 ARM 核)添加特定的外设,生产出具有各自特色的芯片,OEM 公司出售芯片给第三方用户。这种经营运作方式带有全球性、共享性和非垄断性,在 ARM 生产与销售上达到了共享和私有的统一。

其二,ARM 公司推广软核设计。这是一种可定制内核的构架内核技术,面向特定的应用,使得构架后的 ARM 核更具有专用性,而 ARM 内核的构架设计具有通用性,在 ARM 内核设计上达到了专用性与通用性的统一。

其三,ARM 公司推广定制设计。ARM 公司根据第三方用户的需要进行内核定制,要求第二方 OEM 公司进行代工,这种针对第三方用户的定制设计使得 ARM 芯片的应用不但具有专一性,而且能高效地节省成本,即直接针对应用对内核进行优化和裁剪,同时片上外设进行了相应的去冗留精。在这方面,ARM 芯片达到了应用与设计的统一。

其四,ARM 公司推广 SoC,即集成了一片或多片 ARM、DSP、FPGA 等数字芯片的统一内核,用以弥补单核应用的不足,多核处理器主要面向高端应用。这样,ARM 公司形成了自低端至高端的完整研发策略,且低端至高端的应用具有共同性,每个设计人员从第一次接触 ARM 芯片后,都能在较短的时间内借助"惯性"充分地掌握如何利用 ARM 系列芯片进行特定项目的设计开发。

ARM 的这些特点,使得数字化电子设计的硬件设计和软件开发逐渐走向规范化、标准化和系列化,这对于时间有限的研发人员来说,是期待已久的。研发人员只要具有一套仿真设备、一套 EDA 软件、一系列 ARM 平台,就可以应对整个数字化领域的研发设计。高等院校是推广 ARM 应用的主要场所,目前几乎所有高校的电子、通信、计算机、软件、应用数学相关专业都开设了 ARM 类课程。而 ARM 在数字图像处理、数字信号处理、人工智能、机器人、生物医学、特征识别、网络通信、视频处理与压缩、语音处理、雷达技术、编码技术等领域都深入涉足。

1.4 嵌入式操作系统

微软的 Windows 视窗多任务操作系统在桌面计算机领域取得了巨大的成功,实际上,微软针对智能设备和个人数字助理(Personal Digital Assistant,PDA)应用,也推出了 Windows CE 操作系统。相对于 Windows 视窗系统而言,Windows CE 称为嵌入式操作系统,曾流行的 Windows Mobile 智能手机就是基于 Windows CE 嵌入式操作系统的。

嵌入式操作系统是嵌入式系统的操作系统,通常被设计得非常紧凑有效,抛弃了运行在它们之上的特定应用程序所不需要的各种功能。嵌入式操作系统负责嵌入式系统的全部软、硬件资源的分配和调度工作,控制协调并发活动,且能通过装卸某些软件模块实现系统所要求的功能。

嵌入式操作系统往往也是实时操作系统,常见的嵌入式操作系统有 Windows CE、嵌入式 Linux、VxWorks、μC/OS-Ⅱ、eCos、QNX、Android 和 Symbian 等。

μC/OS 之父 Labrosse 指出,实时系统是对逻辑和时序要求非常严格的系统,如果逻辑和时序出现偏差,将会引起严重后果。即实时系统是必须能在确定的时间内执行特定功能,并能对外部的异步事件做出响应的计算机系统,实时系统对响应时间有严格要求。实时多任务操作系统是指具有多任务调度和资源管理功能的实时系统,即所谓的嵌入式操作系统,它们往往具有以下特点。

(1)实时性,即在确定的时间内执行特定功能和对中断做出响应。

(2)体积小,一般为几 KB 到几百 KB。

(3)可裁剪,即嵌入式操作系统采用模块化设计,可根据需要选择特定的功能模块。

(4)健壮性,即具有极强的运行稳定性。

(5)可移植性,即可以运行于多种嵌入式系统平台上。

(6)可固化性,即嵌入式操作系统可固化在嵌入式系统的 Flash 芯片内。

(7)提供设备驱动和应用程序接口,即用户可以借助嵌入式操作系统使用和管理系统资源。

(8)提供图形用户界面和网络功能。有些嵌入式操作系统提供了友好的图形用户界面

（GUI）和网络支持。

下面介绍一些在嵌入式应用领域占有绝对优势的嵌入式操作系统，而把嵌入式操作系统 µC/OS 放在 1.5 节介绍。

1.4.1 Windows CE

Windows CE 中的 C 代表袖珍（Compact）、消费（Consumer）、互联（Connectivity）和伴侣（Companion），而 E 代表电子产品（Electronics）。Windows CE 是一个可抢先式、多任务、多线程并具有强大通信能力的 32 位嵌入式操作系统，是微软公司为移动应用、信息设备、消费电子和各种嵌入式应用设计的实时系统，目标是实现移动办公、便携娱乐和智能通信。

Windows CE 是模块化的操作系统，主要包括 4 个模块，即内核（Kernel）、文件子系统、图形窗口事件子系统（GWES）和通信模块。其中，内核负责进程与线程调度、中断处理、虚拟内存管理等；文件子系统管理文件操作、注册表和数据库等；图形窗口事件子系统包括图形界面、图形设备驱动和图形显示 API 函数等；通信模块负责设备与 PC 间的互联和网络通信等。Windows CE 的最高版本为 8.0，后来更名为 Windows Embedded Compact，作为 Windows 视窗操作系统的移动版使用。

Windows CE 支持 4 种处理器架构，即 x86、MIPS、ARM 和 SH4，同时支持多媒体设备、图形设备、存储设备、打印设备和网络设备等多种外设。除了在智能手机方面得到广泛应用外，Windows CE 也被应用于机器人、工业控制、导航仪、掌上电脑和示波器等设备上。

相对于其他嵌入式实时操作系统而言，Windows CE 具有以下优点。

（1）具有美观的图形用户界面，而且该界面与桌面 Windows 系统一脉相承，使得操作直观简单。

（2）开发基于 Windows CE 的应用程序相对简单，因为 Windows CE 的 API 函数集是桌面 Windows 系统 API 函数集的子集，熟悉桌面 Windows 程序设计的程序员可以很快地掌握 Windows CE 应用程序的设计方法，所以，Windows CE 应用程序的开发成本较低。

（3）Windows CE 的文件管理功能非常强大，支持桌面 Windows 系统下的 FAT、FAT32 等文件系统。

（4）Windows CE 的可移植性较好。

（5）Windows CE 下的设备驱动程序开发相对容易。

（6）Windows CE 的电源管理功能较好，主要体现在 Windows Phone 上。

（7）Windows CE 的进程管理和中断处理机制较好。

（8）Windows CE 支持桌面 Windows 系统的众多文档格式，例如 DOC、XLS 等，这种兼容性方便桌面 Windows 用户在 Windows CE 设备上处理文档和数据。

Windows CE 凭借上述的突出优点，在便携设备、信息家电和工业监控等领域得到了广泛的应用。Windows CE 在 2018 年年底停止更新服务，现已转变为基于 ARM 微处理器的 Windows 视窗系统。

1.4.2 VxWorks

VxWorks 是一款真正意义上的嵌入式实时操作系统（Real Time Operating System，RTOS），是由专注于嵌入式和移动软件技术的美国风河（WindRiver）公司设计的，该公司在嵌入式 Linux 方面的研究成果也很丰富。VxWorks 系统可以用于多核处理器系统，具有极高的可靠性和安全性，风河多媒体库支持图形用户接口（GUI）开发。此外，VxWorks 在设备互联和网络通信方面也具有一定的优势。

VxWorks 具有以下特点。

(1) 可靠性极高。VxWorks 通过了 Do-178B、ARINC 653 和 IEC 61508 等平台严格的安全性验证,因而它主要应用于军事、航空、航天等对安全性和实时性要求极高的场合。稳定性和可靠性高是 VxWorks 最受欢迎的特点。

(2) 实时性好。实时性是指能够在限定时间内执行完规定功能并对外部异步事件做出响应的能力。VxWorks 系统实时性极好,系统本身开销很少,进程调度、进程间通信、中断处理等系统程序精练有效,造成的任务切换延时很短,提供了优先级抢先式和时间片轮换方式多任务调度,使硬件系统发挥最好的实时性。例如,美国的 F-16 战斗机、B-2 隐形轰炸机和爱国者导弹,甚至 1997 年的火星探测器上也使用了 VxWorks 系统。

(3) 可裁剪性好。VxWorks 内核只有 8KB,其他系统模块可根据需要定制,使得VxWorks 系统具有灵活的可裁剪性能,既可用于极小型单片系统,也可用于大规模网络系统。VxWorks 的存储脚本(Memory Footprint)可以指定系统运行内存空间大小(这里的存储脚本可理解为基于 VxWorks 的应用程序可执行代码)。

(4) 开发环境友好。基于图形化的集成开发环境 Wind River Studio,可开展基于VxWorks 和 WindRiver Linux 系统应用的工程开发。Wind River Studio 是一个完备的设计、调试、仿真和工程集成解决方案。

1.4.3　嵌入式 Linux

嵌入式 Linux 是嵌入式系统领域最重要的实时操作系统,是几乎所有涉足嵌入式操作系统内核领域的人士必须了解的嵌入式操作系统。

嵌入式 Linux 是对流行的 Linux 操作系统进行裁剪和修改,使之能应用于嵌入式计算机系统的一种操作系统,其实时性、稳定性和安全性均较好,在通信电子、工业控制、信息家电、仪器仪表方面应用广泛。

嵌入式 Linux 具有以下特点。

(1) 嵌入式 Linux 是完全开源的,因此它广泛应用于高校教学。研究嵌入式 Linux 代码的专家、学者远比其他操作系统的多,而且 Internet 上的资源丰富,也有大量的图书、资料,使得学习嵌入式 Linux 系统的代价最小。

(2) 嵌入式 Linux 是免费的,不涉及任何版权和专利。这一点被商界所看重。因此,大部分嵌入式产品在初期使用过嵌入式 Linux。嵌入式 Linux 被很多团体和组织二次开发后,形成具有独立知识产权的嵌入式操作系统,所以,嵌入式 Linux 变种系统非常多,如WindRiver Linux 和 μCLinux 等。

(3) 嵌入式 Linux 与 QT 相结合,使嵌入式 Linux 具有良好的图形人机界面,甚至可以和 Windows CE 相媲美,而且 QT 目前也是开源的。

(4) 嵌入式 Linux 的移植能力强,不需要微控制器具有 MMU 功能,其变种形式几乎可应用于所有主流嵌入式系统中。嵌入式 Linux 对外设的驱动能力很强,驱动接口程序设计相对容易,网络上有大量常用设备的驱动代码可供参考借鉴。

(5) 嵌入式 Linux 在内核、文件系统、网络支持等方面均有突出的特点。最新的 Linux内核,具有 200 多万行源代码,可支持 32 个 CPU,实时性显著提高(但严格意义上不是实时操作系统),采用了更有效的任务调度器,增加了对多种嵌入式处理器的支持,在多媒体和网络通信方面也有很大提高。

1.4.4　Android 系统

目前，Google 公司的 Android 系统已经是家喻户晓的嵌入式操作系统，也是苹果（Apple）公司的移动操作系统 iOS 的主要竞争对手。有趣的是，正是依靠与 iOS 系统的商业竞争，Android 系统才得以诞生和发展。

Android 系统基于 Linux 系统，是 Google 公司在 2005 年并购 Danger 公司后发展其 Android 计划的成果（当时由于 iPhone 取得了巨大成功，该计划实质上制订了与 iOS 竞争的策略）。Andy Rubin 是这个计划的负责人，主要针对智能手持设备设计美观易用的用户交互界面和网络功能。Android 的运行库文件只有 250KB，最基本内存配置为 32MB 内存、32MB 闪存和 200MHz 处理器。

作为嵌入式操作系统，比较 Android 系统、Windows CE 和 iOS 的意义不大，因为它们都实现了对硬件资源的抽象和美观的图形用户界面，并且 Android 系统是开源的。但是，Android 系统还可被视为一个应用系统，其集成的一些软件的附加值相当高。例如，Google 地图以及与 Google 地图相关的生活关爱软件能从根本上为人们节省时间并改善人们的生活。此外，多媒体娱乐软件和基于云计算与网络服务的软件也相当出色，这些是 Android 系统的独特优势。

开发 Android 系统应用程序与开发 iOS 系统应用程序类似，可基于 SDK 包和 Eclipse 集成开发环境，或基于 Android Studio 集成开发环境实现，就目前来说，相对于 iOS 系统，Android 系统还没有明显的劣势。

1.5　µC/OS-Ⅱ 与 µC/OS-Ⅲ

1.5.1　µC/OS 的发展历程

自 1992 年 µC/OS 诞生至 2016 年 µC/OS-Ⅲ 开放源代码，20 多年来，这款嵌入式实时操作系统在嵌入式系统应用领域得到了全球范围内的认可和喜爱，特别是在教学领域，由于其开放全部源代码，且对教学用户免费，因此受到了广大嵌入式相关专业师生的欢迎。

µC/OS 内核的雏形最早见于 J. J. Labrosse 于 1992 年 5—6 月发表在 *Embedded System Programming* 杂志上长达 30 页的实时操作系统（RTOS）。Labrosse 可称为"µC/OS 之父"。1992 年 12 月，Labrosse 将该内核扩充为 266 页的 *µC/OS the Real-Time Kernel*，在这本书中 µC/OS 内核的版本号为 V1.08，与发表在 *Embedded System Programming* 杂志上的 RTOS 不同的是，书中对 µC/OS 内核的代码做了详细的注解，针对半年来用户的一些反馈进行了内核改进，解释了 µC/OS 内核的设计与实现方法，指出该内核是用 C 语言和最小限度的汇编代码编写的，这些汇编代码主要涉及与目标处理器相关的操作部分。µC/OS V1.08 最多支持 64 个任务，凡是具有堆栈指针寄存器和 CPU 堆栈操作的微处理器均可以移植该 µC/OS 内核。事实上，当时该内核已经可以和美国流行的一些商业 RTOS 相媲美了。

µC/OS 内核发展到 V1.11 后，1999 年，Labrosse 出版了 *MicroC/OS-Ⅱ The Real Time Kernel*，正式推出了 µC/OS-Ⅱ，此时的版本号为 V2.00 或 V2.04（V2.04 与 V2.00 本质上相同，只是 V2.04 在 V2.00 的基础上对一小部分函数进行了调整）。同年，Labrosse 成立了 Micrium 公司，研发和销售 µC/OS-Ⅱ 软件；这年初，Labrosse 还出版了 *Embedded Systems Building Blocks, Second Edition: Complete and Ready-to-use Modules in C*，这本书当时已经是第 2 版，针对 µC/OS-Ⅱ 详细阐述了用 C 语言实现嵌入式实时操作系统各

个模块的技术，并介绍了微处理器外设的访问技术。2002 年出版了 *MicroC/OS-Ⅱ The Real Time Kernel Second Edition*（第 2 版），在该书中，介绍了 μC/OS-Ⅱ V2.52 内核。μC/OS-Ⅱ V2.52 内核具有任务管理、时间管理、信号量、互斥信号量、事件标志组、消息邮箱、消息队列和内存管理等功能，相比于 μC/OS V1.11，μC/OS-Ⅱ 增加了互斥信号量和事件标志组的功能。早在 2000 年 7 月，μC/OS-Ⅱ 就通过了美国联邦航空管理局（FAA）关于商用飞机的、符合 RTCA DO-178B 标准的认证，说明 μC/OS-Ⅱ 具有足够的安全性和稳定性，可以用于与人生命攸关、安全性要求苛刻的系统中。

张勇分别在 2010 年 2 月和 12 月出版了两本关于 μC/OS-Ⅱ V2.86 的书：《μC/OS-Ⅱ 原理与 ARM 应用程序设计》和《嵌入式操作系统原理与面向任务程序设计》。当时 μC/OS-Ⅱ 的最高版本就是 V2.86，相比于 V2.52，重大改进在于，自 V2.80 后由原来只能支持 64 个任务扩展到支持 255 个任务，自 V2.81 后支持系统软定时器，到 V2.86 支持多事件请求操作。Labrosse 的书是采用"搭积木"的方法编写的，读起来更像是技术手册，这对于初学者或入门学生而言，需要较长的学习时间才能充分掌握 μC/OS-Ⅱ；而张勇的书则从实例和应用的角度编写，特别适合入门者。后来，Labrosse 对 μC/OS-Ⅱ 进行了微小的改良，形成了现在的 μC/OS-Ⅱ 的最高版本 V2.91。

现在，μC/OS-Ⅱ 仍然在全球范围内被广泛使用，但是早在 2009 年，Labrosse 就推出了第三代 μC/OS-Ⅲ，最初的 μC/OS-Ⅲ 仅向授权用户开放源代码，这在一定程度上限制了它的推广应用。直到 2012 年，新的 μC/OS-Ⅲ 才面向教学用户开放源代码，此时的版本号已经是 V3.03。伴随 μC/OS-Ⅲ 的诞生，Labrosse 针对不同的微处理器系列编写了大量相关的应用手册，目前面世的有 μC/OS-Ⅲ：*The Real-Time Kernel for the Freescale Kinetis*、μC/OS-Ⅲ：*The Real-Time Kernel for the NXP LPC1700*、μC/OS-Ⅲ：*The Real-Time Kernel for the Renesas RX62N*、μC/OS-Ⅲ：*The Real-Time Kernel for the Renesas SH7216*、μC/OS-Ⅲ：*The Real-Time Kernel for the STMicroelectronics STM32F107*、μC/OS-Ⅲ：*The Real-Time Kernel for the Texas Instruments Stellaris MCUs*，令人欣慰的是，这 6 本书均可以从 Micrium 官方网站上免费下载全文电子版。实际上，这 6 本书的每一本书都包含两部分内容，即均分为上下两篇，每本书上篇都是以 μC/OS-Ⅲ 为例介绍嵌入式实时操作系统工作原理，下篇则是针对特定的芯片或架构介绍 μC/OS-Ⅲ 的典型应用实例。因此，所有这 6 本书的上篇内容基本上相同，而下篇内容则具有很强的针对性，不同的手册采用了不同的硬件平台，而且编译环境也不尽相同，有采用 Keil MDK 或 RVDS 的，也有采用 IAR EWARM 的。

尽管 μC/OS-Ⅲ 的工作原理与 μC/OS-Ⅱ 有相同之处，但是，专家普遍认为 μC/OS-Ⅲ 相对于 μC/OS-Ⅱ，是一个近似全新的嵌入式实时操作系统。显然，μC/OS 是一个不断发展和进化的嵌入式实时操作系统。需要强调指出的是，尽管 μC/OS 是开放源代码的，但是 μC/OS 不是自由软件，那些用于非教学和和平事业的商业场合下的用户必须购买用户使用许可证。

1.5.2　μC/OS-Ⅱ的特点

μC/OS-Ⅱ 是一个完整、可移植、可固化、可裁剪的抢先式实时多任务操作系统。μC/OS-Ⅱ 公开全部源代码，大约有 1.1 万行代码，这些源代码是由 Labrosse 一个人编写的，逻辑性很强，他为全部代码添加了详细的注释，并且这些代码的结构合理，格式清晰，很方便阅读和学习。Labrosse 先后出版了 3 本书介绍 μC/OS-Ⅱ，使得 μC/OS-Ⅱ 在全球范围内迅速流行起来。在 ARM 嵌入式系统应用领域，μC/OS-Ⅱ 的地位几乎超越了其他所有的嵌入式操作系统，成为家喻户晓的首选系统。

μC/OS-Ⅱ 具有以下特点。

（1）μC/OS-Ⅱ 具有优秀的可移植性。μC/OS-Ⅱ 的绝大部分源代码由 C 语言写成，只有一小部分与处理器相关的移植代码使用汇编语言编写，汇编语言代码量压缩到最低限度。一般可以认为支持 CPU 堆栈操作指令的所有微控制器均可以移植 μC/OS-Ⅱ，因此，现在流行的单片机、DSP、ARM 和 FPGA 等芯片均可移植 μC/OS-Ⅱ，这使得 μC/OS-Ⅱ 系统的应用领域十分广阔。Micrium 网站上有大量可供参考的移植范例，移植工作可以在几小时至一周时间内完成。

（2）μC/OS-Ⅱ 系统可固化在嵌入式系统的 Flash 中。由于 μC/OS-Ⅱ 是公开源代码的，因此，往往被添加到用户应用程序工程文件中，被统一编译和链接为可执行目标文件，该目标文件可被固化到 ROM 存储器或 Flash 芯片中。

（3）μC/OS-Ⅱ 系统可裁剪。通过 μC/OS-Ⅱ 系统的 OS_CFG.H 配置文件可以有选择地使用 μC/OS-Ⅱ 系统功能组件，μC/OS-Ⅱ 的可裁剪性是靠条件编译实现的。应根据实际嵌入式系统的存储空间和实现的功能选择 μC/OS-Ⅱ 系统的裁剪情况。

（4）μC/OS-Ⅱ 系统是可抢先型的实时内核，即 μC/OS-Ⅱ 总是执行所有处于就绪状态下优先级最高的任务。μC/OS-Ⅱ v2.91 最多支持 255 个任务，并且各个任务的优先级号不能相同，即 μC/OS-Ⅱ 不支持相同优先级任务间的调度。基于 μC/OS-Ⅱ 系统的应用程序由多个任务组成，每个任务具有独立的堆栈空间，并且允许各堆栈空间大小不同。μC/OS-Ⅱ 系统可对堆栈大小和使用情况进行动态检测。

（5）μC/OS-Ⅱ 系统提供了信号量、互斥信号量、事件标志组、消息邮箱、消息队列等多种服务组件，提供了用于时间管理和内存管理的函数，使用这些组件可方便地在任务间进行通信和同步。μC/OS-Ⅱ 系统服务的执行时间是确定的，即调用和执行 μC/OS-Ⅱ 系统函数的时间是确定的，对于中断延时的时间也几乎是确定的。

（6）μC/OS-Ⅱ 系统具有很高的安全性和可靠性。2000 年 7 月，μC/OS-Ⅱ 取得了美国联邦航空管理局（FAA）关于 RTCA DO-178B 标准的质量认证，表明 μC/OS-Ⅱ 系统可用于与人生命攸关的、安全性要求苛刻的嵌入式系统中，从而大幅提升了 μC/OS-Ⅱ 系统的知名度。事实上，美国 NASA 于 2011 年发射的"好奇号"（Curiosity）火星机器人就搭载了 μC/OS-Ⅱ 系统。在我国，有大量商业应用是基于 μC/OS-Ⅱ 系统的。

1.5.3 μC/OS-Ⅲ的特点

μC/OS-Ⅲ 是 Micrium 公司最新的嵌入式实时操作系统（RTOS），基于 μC/OS-Ⅱ 而添加了很多新的特性（需要特别说明的是，Micrium 公司将长期支持 μC/OS-Ⅱ 和 μC/OS-Ⅲ 并存的状态，而且教学上仍以 μC/OS-Ⅱ 系统为主），主要特点如下。

（1）μC/OS-Ⅲ 支持 ARM7、ARM9、Cortex-M、Nios-Ⅱ、PowerPC、Coldfire、Microblaze、SHx、M16C、M32C 和 Blackfin 等微处理器。μC/OS-Ⅲ 支持无限多个任务，支持时间片轮换调度，不同任务的优先级可以相同，优先级号取值不受限制。一般地，嵌入式系统应用程序只需配置 32～256 个任务即可满足要求。

（2）由于 μC/OS-Ⅲ 的任务个数不受限制，与任务相关的信号量、互斥信号量、事件标志组、消息队列、定时器、内存分区等的个数也不受限制，并且 μC/OS-Ⅲ 允许受监视的任务堆栈的空间可扩展，在使用时需要指定堆栈的安全空间大小，当堆栈使用的空间超过安全空间大小时向系统报警,这样可有效地保护应用程序,不至于因堆栈访问越界而使系统瘫痪。

(3) μC/OS-Ⅲ支持多个任务具有相同的优先级,当相同优先级的几个任务同时就绪时,μC/OS-Ⅲ为每个任务分配用户指定的CPU时间片,每个任务可定义自己的时间片。这种时间片轮换调度方式可以有效地解决多任务同一个优先级的问题。

(4) μC/OS-Ⅲ对中断响应时间是确定的,进入临界区的转换时间(即关中断时间)几乎为0个时钟周期。通过μC/OS-Ⅲ配置文件可对μC/OS-Ⅲ系统进行裁剪,对特定的应用而言,只保留那些需要的特性和服务。绝大多数μC/OS-Ⅲ系统服务的时间是确定的常量,这些系统服务(或称系统函数)运行的时间与应用程序中的任务数量无关。

(5) 没有裁剪的μC/OS-Ⅲ系统约为24KB,最小配置的μC/OS-Ⅲ系统只有6KB,内核服务组件有10类,相关的应用程序接口(API)函数有80个。

综上所述,相对于μC/OS-Ⅱ而言,μC/OS-Ⅲ明显的改进在于采用时间片轮换调度方法(Round-Robin Scheduling),允许相同优先级的多个任务并存,任务数量可为无限个。μC/OS-Ⅲ系统可应用于通信设备、数码家电、智能电话、掌上电脑、工业控制、消费娱乐电子、汽车电子以及大多数嵌入式系统中。表1-2为μC/OS-Ⅲ、μC/OS-Ⅱ和μC/OS-Ⅰ的特性对比,参考自Labrosse的μC/OS-Ⅲ *The Real-Time Kernel*。

表1-2 μC/OS-Ⅲ、μC/OS-Ⅱ和μC/OS-Ⅰ的特性对比

序号	特　　性	μC/OS-Ⅰ	μC/OS-Ⅱ	μC/OS-Ⅲ
1	诞生时间	1992年	1998年	2009年
2	配套手册	有	有	有
3	是否开放源代码	是	是	是
4	抢先式多任务	是	是	是
5	最大任务数	64	255	无限
6	每个任务优先级号个数	1	1	无限
7	时间片调度法	不支持	不支持	支持
8	信号量	支持	支持	支持
9	互斥信号量	不支持	支持	支持(可嵌套)
10	事件标志组	不支持	支持	支持
11	消息邮箱	支持	支持	不支持
12	消息队列	支持	支持	支持
13	内存分区	不支持	支持	支持
14	任务信号量	不支持	不支持	支持
15	任务消息队列	不支持	不支持	支持
16	系统软定时器	不支持	支持	支持
17	任务挂起和恢复	不支持	支持	支持(可嵌套)
18	死锁保护	有	有	有
19	可裁剪	可以	可以	可以
20	系统代码大小	3~8KB	6~26KB	6~20KB
21	系统数据大小	至少1KB	至少1KB	至少1KB
22	可否固化在ROM中	可以	可以	可以
23	运行时可配置	不支持	不支持	支持
24	编译时可配置	支持	支持	支持
25	组件或事件命名	不支持	支持	支持
26	多事件请求	不支持	支持	支持

序号	特　　性	μC/OS-Ⅰ	μC/OS-Ⅱ	μC/OS-Ⅲ
27	任务寄存器	不支持	不支持	支持
28	内置性能测试	不支持	有限功能	扩展
29	用户定义钩子函数	不支持	支持	支持
30	时间邮票(释放)	不支持	不支持	支持
31	内置内核感知调试器	无	有	有
32	可否用汇编语言优化	不可以	可以	可以
33	任务级系统时钟节拍	不是	不是	是
34	服务函数个数	约 20	约 90	约 70
35	MISRA-C 标准	无	1998(有 10 个例外)	2004(有 7 个例外)

特别需要注意的是,表 1-2 序号 11 处关于消息邮箱的支持,在 μC/OS-Ⅰ 和 μC/OS-Ⅱ 中均支持消息邮箱,而 μC/OS-Ⅲ 内核中没有消息邮箱这个组件,即不再支持消息邮箱。之所以如此,是因为 Labrosse 认为消息队列本身涵盖了消息邮箱的功能,即认为消息邮箱是多余的组件,因此,在 μC/OS-Ⅲ 中故意将其去掉。

1.5.4　μC/OS 的应用领域

μC/OS-Ⅱ 已经成功地应用在许多领域,同样地,μC/OS-Ⅲ 也可以应用在这些领域。在医疗电子方面,μC/OS-Ⅱ 支持医疗 FDA 510(k)、DO-178B Level A 和 SIL3/SIL4 IEC 等标准,因此,μC/OS-Ⅱ 在医疗设备方面具有良好的应用前景。目前 μC/OS-Ⅲ 正处于这些标准的测试阶段。

μC/OS-Ⅱ 在军事和航空方面应用广泛,其支持军用飞机 RTCA DO-178B 和 EUROCAE ED-12B 以及 IEC 61508 等标准。

与 μC/OS-Ⅱ 相似,μC/OS-Ⅲ 可以移植到绝大多数微处理器上,使其在嵌入式系统中具有广泛的应用背景和应用前景。例如,μC/OS-Ⅲ 移植到单片机上,可用于工业控制系统;当移植到 ARM 上时,除可以作为工业控制系统外,还可以用于通信系统、消费电子和汽车电子等领域;当移植到 DSP 上时,可以用于处理语音信号甚至数字图像的应用系统等方面。

为了配合 μC/OS-Ⅱ 和 μC/OS-Ⅲ 的推广应用,Micrium 公司还推出了 μC/USB、μC/TCP-IP、μC/GUI、μC/File System、μC/CAN 等软件包,使得 μC/OS-Ⅱ 和 μC/OS-Ⅲ 的应用领域向 USB 设计、网络应用、用户界面、文件系统和 CAN 总线方面拓展,使其成为嵌入式系统领域具有强大生命力的嵌入式实时操作系统。

需要指出的是,由于 μC/OS-Ⅱ 和 μC/OS-Ⅲ 是开放源代码的嵌入式实时操作系统,它的良好的源代码规范和丰富详细的技术手册,在全球范围内被众多高等院校用作教科书,在国内,除了 Labrosse 的译著外,还有很多专家学者编写了与 μC/OS-Ⅱ 和 μC/OS-Ⅲ 相关的教材,使得 μC/OS-Ⅱ 和 μC/OS-Ⅲ 在全国范围内迅速普及,从而其应用领域也在迅速扩大。

一些典型的应用领域如下。

(1) 汽车电子:发动机控制、防抱死系统(ABS)、全球定位系统(GPS)等。

(2) 办公用品:传真机、打印机、复印机、扫描仪等。

(3) 通信电子:交换机、路由器、调制解调器、智能手机等。

(4) 过程控制:食品加工、机械制造等。

(5) 航空航天:飞机控制系统、喷气式发动机控制等。

（6）消费电子：MP3/MP4/MP5 播放器、机顶盒、洗衣机、电冰箱、电视机等。

（7）机器人和武器制导系统等。

1.6 小结

本章首先介绍了嵌入式系统的概念，然后介绍了 ARM 微处理器的发展历程及其应用领域，接着介绍了嵌入式操作系统的概念和常用的嵌入式操作系统，最后重点分析了嵌入式实时操作系统 μC/OS-II 和 μC/OS-III 的特点。随着嵌入式系统涉及的范畴越来越广，嵌入式操作系统的概念也在不断升华。一些高性能的嵌入式系统，已经远远超越以前的个人计算机的性能，不仅能加载嵌入式操作系统，而且可以加载桌面 Windows 系统，除了其专用功能特别显著外，其附加的多种通用功能也十分强大，以至于与通用计算机系统的界线越来越模糊。而本书后续内容基于 Cortex-M3 微处理器的 STM32F103RCT6 微控制器和 μC/OS-II系统，是公认典型的嵌入式控制系统和嵌入式实时操作系统。尽管 μC/OS-III 系统已经趋于成熟，但是教学上仍以 μC/OS-II 系统为主。

习题

1. 列举一个典型的嵌入式系统（如 FreeRTOS），并画出其结构框图。

2. 分析嵌入式实时操作系统 μC/OS-II 和 μC/OS-III 间的异同点。

3. 参考 ARM 公司官方网站，叙述 ARM 公司主推的 ARM 微处理器及其特点。

4. 参考 ST 公司官方网站，叙述意法半导体公司推出的 ARM 微控制器类型及其特点。

第2章

STM32F103微控制器

ARM 也是 ARM 公司的注册商标。目前,ARM 公司主推的具有知识产权的内核为 Cortex-M 系列,意法半导体公司获得了 Cortex-M 系列内核的授权,推出了 32 位 STM32 微控制器。其中,STM32F0 系列集成了 Cortex-M0 内核,STM32L0 系列集成了极低功耗 Cortex-M0+内核,STM32F1 系列、STM32F2 系列、STM32L1 系列和 STM32W1 系列集成了 Cortex-M3 内核,STM32F3 系列、STM32F4 系列和 STM32L4 系列集成了 Cortex-M4 内核,而 STM32F7 系列则集成了高性能 Cortex-M7 内核。

STM32F1 系列均集成了 Cortex-M3 内核(所谓的内核就是指传统意义上的中央处理器(CPU),包含运算器、控制器和总线阵列)。根据芯片存储器和片上外设的不同,STM32F1 系列又分为 STM32F100、STM32F101、STM32F103、STM32F105、STM32F107 等 5 个子系列。其中,根据片内存储器的大小和片上外设的数量,STM32F103 子系列细分为 29 类芯片,不失一般性,本书以具体的 STM32F103RCT6 型芯片为例展开论述。本章内容参考了 STM32F103 数据手册和用户参考手册。

本章的学习目标:

- 了解 STM32F103 微控制器引脚结构;
- 熟悉 STM32F103 微控制器存储器和片内外设;
- 掌握 STM32F103 异常与中断向量表。

2.1 STM32F103 概述

STM32F103RCT6 芯片的主要特性如下。

(1) 集成了 32 位的 ARM Cortex-M3 内核,最高工作频率可达 72MHz,计算能力为 1.25DMIPS/MHz(Dhrystone 2.1),具有单周期乘法指令和硬件除法器。

(2) 具有 512KB 片内 Flash 存储器和 48KB 片内 SRAM 存储器。

(3) 内部集成了 8MHz 晶体振荡器,可外接 4~16MHz 时钟源。

(4) 2.0~3.6V 单一供电电源,具有上电复位功能(POR)。

(5) 具有睡眠、停止、待机等 3 种低功耗工作模式。

(6) 64 引脚 LQFP 封装(薄型四边引线扁平封装),适合学生手工焊装。

(7) 内部集成了 11 个定时器:4 个 16 位的通用定时器,2 个 16 位的可产生 PWM 波控制电机的定时器,2 个 16 位的可驱动 DAC 的定时器,2 个加窗的看门狗定时器和 1 个 24 位的系统节拍定时器(24 位减计数器)。

(8) 2 个 12 位的 DAC 和 3 个 12 位的 ADC(16 通道)。

(9) 集成了内部温度传感器和实时时钟 RTC。

（10）具有 51 个高速通用输入/输出口（GPIO），可从其中任选 16 个作为外部中断输入口，几乎全部 GPIO 端口可承受 5V 输入（PA0～PA7、PB0～PB1、PB5、PC0～PC5 和 PC13～PC15 除外）。

（11）集成了 13 个外部通信接口：2 个 I^2C、3 个 SPI(18Mb/s，其中复用 2 个 I^2S)、1 个 CAN(2.0B)、5 个 UART、1 个 USB 2.0 设备和 1 个并行 SDIO。

（12）具有 12 通道的 DMA 控制器，支持定时器、ADC、DAC、SDIO、I^2S、SPI、I^2C 和 UART 外设。

（13）具有 96 位的全球唯一编号。

（14）工作温度为 $-40～85℃$。

STM32F103 家族中的其他型号芯片与 STM32F103RCT6 芯片相比，内核相同，工作频率相同，但片内 Flash 存储器和 SRAM 存储器的容量以及片内外设数量有所不同，对外部的通信接口数量和芯片封装也各不相同，因此性价比也各不相同。值得一提的是，STM32F103xC、STM32F103xD 和 STM32F103xE(x=R、V 或 Z) 这 3 个系列相同封装的芯片是引脚兼容的，这种芯片兼容方式是芯片升级换代的最高兼容标准。

STM32F103 系列微控制器主要用于电机控制、工业智能控制、医疗设备、计算机外围终端和全球定位系统（GPS）等。

2.2　STM32F103RCT6 的引脚定义

芯片 STM32F103RCT6 为 64 引脚 LQFP64 封装，其外形如图 2-1 所示。

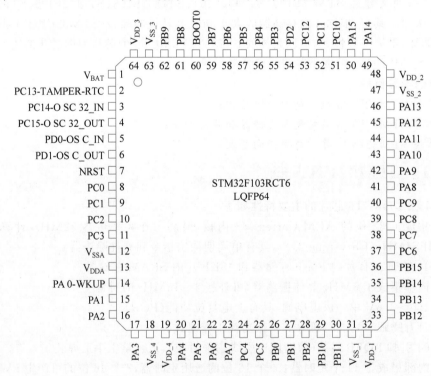

图 2-1　STM32F103RCT6 外形

由图 2-1 可知，芯片 STM32F103RCT6 包括 3 个 16 位的通用输入/输出口，依次称为 PA 口、PB 口和 PC 口，以及 1 个 3 位的 GPIO PD，几乎每个 GPIO 都复用了其他的功能。

芯片 STM32F103RCT6 各个引脚的定义如表 2-1 所示,大部分引脚名称的具体含义和用法在后面章节中介绍,其余的部分可参考 STM32F103 数据手册和参考手册。

表 2-1　芯片 STM32F103RCT6 的引脚定义

序 号	引脚编号	引脚名称	主要功能	复用功能	重映射功能
			PA 口		
1	14	PA0-WKUP	PA0	WKUP/USART2_CTS/ ADC123_IN0/ TIM2_CH1_ETR/ TIM5_CH1/TIM8_ETR	
2	15	PA1	PA1	USART2_RTS/ADC123_IN1/ TIM5_CH2/TIM2_CH2	
3	16	PA2	PA2	USART2_TX/TIM5_CH3/ ADC123_IN2/TIM2_CH3	
4	17	PA3	PA3	USART2_RX/TIM5_CH4/ ADC123_IN3/TIM2_CH4	
5	20	PA4	PA4	SPI1_NSS/USART2_CK/ DAC_OUT1/ADC12_IN4	
6	21	PA5	PA5	SPI1_SCK/ DAC_OUT2/ADC12_IN5	
7	22	PA6	PA6	SPI1_MISO/TIM8_BKIN/ ADC12_IN6/TIM3_CH1	TIM1_BKIN
8	23	PA7	PA7	SPI1_MOSI/TIM8_CH1N/ ADC12_IN7/TIM3_CH2	TIM1_CH1N
9	41	PA8	PA8	USART1_CK/ TIM1_CH1/MCO	
10	42	PA9	PA9	USART1_TX/TIM1_CH2	
11	43	PA10	PA10	USART1_RX/TIM1_CH3	
12	44	PA11	PA11	USART1_CTS/USBDM/ CAN_RX/TIM1_CH4	
13	45	PA12	PA12	USART1_RTS/USBDP/ CAN_TX/TIM1_ETR	
14	46	PA13	JTMS-SWDIO		PA13
15	49	PA14	JTCK-SWCLK		PA14
16	50	PA15	JTDI	SPI3_NSS/I2S3_WS	TIM2_CH1_ETR/ PA15/SPI1_NSS
			PB 口		
17	26	PB0	PB0	ADC12_IN8/TIM3_CH3/ TIM8_CH2N	TIM1_CH2N
18	27	PB1	PB1	ADC12_IN9/TIM3_CH4/ TIM8_CH3N	TIM1_CH3N
19	28	PB2	PB2/BOOT1		
20	55	PB3	JTDO	SPI3_SCK/I2S3_CK	PB3/ TRACESWO/ TIM2_CH2/ SPI1_SCK

续表

序号	引脚编号	引脚名称	主要功能	复用功能	重映射功能
PB 口					
21	56	PB4	NJTRST	SPI3_MISO	PB4/TIM3_CH1/ SPI1_MISO
22	57	PB5	PB5	I2C1_SMBA/ SPI3_MOSI/I2S3_SD	TIM3_CH2/ SPI1_MOSI
23	58	PB6	PB6	I2C1_SCL/TIM4_CH1	USART1_TX
24	59	PB7	PB7	I2C1_SDA/FSMC_NADV/ TIM4_CH2	USART1_RX
25	61	PB8	PB8	TIM4_CH3/SDIO_D4	I2C1_SCL/ CAN_RX
26	62	PB9	PB9	TIM4_CH4/SDIO_D5	I2C1_SDA/ CAN_TX
27	29	PB10	PB10	I2C2_SCL/USART3_TX	TIM2_CH3
28	30	PB11	PB11	I2C2_SDA/USART3_RX	TIM2_CH4
29	33	PB12	PB12	SPI2_NSS/I2S2_WS/ I2C2_SMBA/USART3_CK/ TIM1_BKIN	
30	34	PB13	PB13	SPI2_SCK/I2S2_CK/ USART3_CTS/TIM1_CH1N	
31	35	PB14	PB14	SPI2_MISO/TIM1_CH2N/ USART3_RTS	
32	36	PB15	PB15	SPI2_MOSI/I2S2_SD/ TIM1_CH3N	
PC 口					
33	8	PC0	PC0	ADC123_IN10	
34	9	PC1	PC1	ADC123_IN11	
35	10	PC2	PC2	ADC123_IN12	
36	11	PC3	PC3	ADC123_IN13	
37	24	PC4	PC4	ADC12_IN14	
38	25	PC5	PC5	ADC12_IN15	
39	37	PC6	PC6	I2S2_MCK/TIM8_CH1/ SDIO_D6	TIM3_CH1
40	38	PC7	PC7	I2S3_MCK/TIM8_CH2/ SDIO_D7	TIM3_CH2
41	39	PC8	PC8	TIM8_CH3/SDIO_D0	TIM3_CH3
42	40	PC9	PC9	TIM8_CH4/SDIO_D1	TIM3_CH4
43	51	PC10	PC10	UART4_TX/SDIO_D2	USART3_TX
44	52	PC11	PC11	UART4_RX/SDIO_D3	USART3_RX
45	53	PC12	PC12	UART5_TX/SDIO_CK	USART3_CK
46	2	PC13- TAMPER-RTC	PC13	TAMPER-RTC	

续表

序号	引脚编号	引脚名称	主要功能	复用功能	重映射功能
PC 口					
47	3	PC14-OSC32_IN	PC14	OSC32_IN	
48	4	PC15-OSC32_OUT	PC15	OSC32_OUT	
PD 口					
49	5	PD0	OSC_IN	FSMC_D2	CAN_RX
50	6	PD1	OSC_OUT	FSMC_D3	CAN_TX
51	54	PD2	PD2	TIM3_ETR/UART5_RX/SDIO_CMD	
电源、复位与时钟相关引脚					
52	31	VSS_1	VSS_1		
53	32	VDD_1	VDD_1		
54	47	VSS_2	VSS_2		
55	48	VDD_2	VDD_2		
56	63	VSS_3	VSS_3		
57	64	VDD_3	VDD_3		
58	18	VSS_4	VSS_4		
59	19	VDD_4	VDD_4		
60	1	VBAT	VBAT		
61	12	VSSA	VSSA		
62	13	VDDA	VDDA		
63	7	NRST	NRST		
64	60	BOOT0	BOOT0		

表 2-1 中 VSS_x($x=1,2,\cdots,4$)接地,VDD_x($x=1,2,\cdots,4$)接 2.0~3.6V 电源,为芯片中数字电路部分提供能源;VBAT 接 1.8~3.6V 电池电源,为 RTC 时钟提供能源;VDDA 接模拟电源,VSSA 接模拟地,为芯片中模拟电路部分提供能源。BOOT0 和 BOOT1(表 2-1 中序号 19)用于选择 STM32F103RCT6 上电启动方式,如果 BOOT0=0(BOOT1 无效),则从 Flash 存储器启动,此时 Flash 存储器可从 0x0 地址访问或从其物理地址 0x800 0000 访问。如果 BOOT0=1,则由 BOOT1 引脚的输入电平决定启动方式:如果 BOOT1=0,则由系统存储器(System Memory)启动,此时系统存储器映射到 0x0 地址处,可以从 0x0 地址或从系统存储器的物理地址 0x1FFF F000 处访问该存储器;如果 BOOT1=1,则由片上 SRAM 存储器启动,访问地址为 0x2000 0000。一般地,配置 BOOT0=0,即从片上 Flash 启动。OSC32_IN 和 OSC32_OUT(表 2-1 中序号 47、48)用于连接外部高精度晶体振荡器。NRST 为芯片复位输入信号,低有效。

2.3 STM32F103 的架构

STM32F103RCT6 的内部结构如图 2-2 所示。

STM32F103RCT6 集成了 Cortex-M3 内核 CPU,工作频率为 72MHz,与 CPU 紧耦合的为嵌套向量中断控制器 NVIC 和跟踪调试单元。其中,调试单元支持标准 JTAG 和串行 SW 两种调试方式;16 个外部中断源作为 NVIC 中断控制器的一部分。CPU 通过指令总

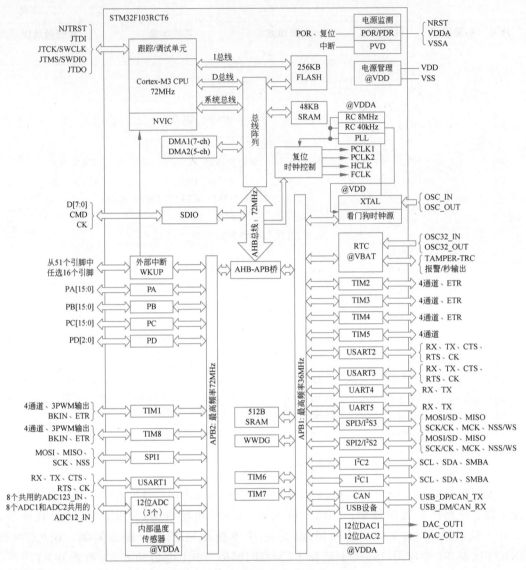

图 2-2　STM32F103RCT6 的内部结构

线直接到 Flash 取指令，通过数据总线和总线阵列与 Flash 和 SRAM 交换数据，DMA 可以直接通过总线阵列控制定时器、ADC、DAC、SDIO、I^2S、SPI、I^2C 和 UART。

Cortex-M3 内核 CPU 通过总线阵列和高性能总线(AHB)以及 AHB-APB(高级外设总线)桥与两类 APB 总线相连接，即 APB1 总线和 APB2 总线。其中，APB2 总线工作在 72MHz，与它相连的外设有外部中断与唤醒控制器、4 个通用输入/输出(PA、PB、PC 和 PD)口、定时器 1、定时器 8、SPI1、USART1、3 个 ADC 和内部温度传感器。其中，3 个 ADC 和内部温度传感器使用 VDDA 电源。

APB1 总线最高可工作在 36MHz 频率，与 APB1 总线相连的外设有看门狗定时器、定时器 6、定时器 7、RTC 时钟、定时器 2、定时器 3、定时器 4、定时器 5、USART2、USART3、UART4、UART5、SPI2(I^2S2)与 SPI3(I^2S3)、I^2C1 与 I^2C2、CAN、USB 设备和 2 个 DAC。其中，512B 的 SRAM 属于 CAN 模块，看门狗时钟源使用 VDD 电源，RTC 时钟源使用 VBAT 电源。

STM32F103RCT6 芯片内部具有 8MHz 和 40kHz 的 RC 振荡器,时钟与复位控制器和 SDIO 模块直接与 AHB 总线相连接。

在图 2-2 中,各个功能模块都有专用的工作时钟源,通过管理这些时钟源使得这些模块处于工作状态或低功耗状态。STM32F103RCT6 芯片的时钟管理如图 2-3 所示。

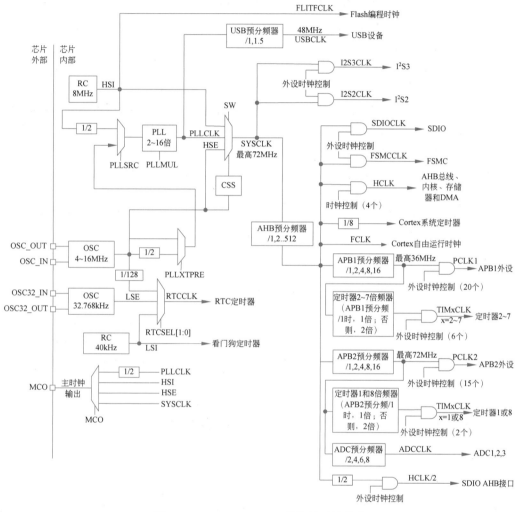

图 2-3　STM32F103RCT6 芯片的时钟管理

在图 2-3 中,内部 8MHz 的时钟记为 HSI,外部输入的 4~16MHz(一般是 8MHz)的时钟记为 HSE,内部 40kHz 的时钟记为 LSI,外部输入的 32.768kHz 的时钟称为 LSE。STM32F103RCT6 的时钟管理非常灵活。在图 2-3 的左下角,STM32F103RCT6 芯片可向外部输出 PLLCLK/2、HSE、HSI 和 SYSCLK 4 个时钟信号之一。从图 2-3 的左边向右边看过去,外部可接 8MHz 时钟(由 OSC_IN 和 OSC_OUT 引脚接入)和 32.768kHz 时钟(由 OSC32_IN 和 OSC32_OUT 引脚接入)。系统时钟 SYSCLK 来自 HSI、PLLCLK(PLL 倍频器输入时钟)和 HSE 3 个时钟源中的一个,其中,PLL 倍频器的输入为 HSI/2 或 PLLXTPRE 选通的时钟信号(即 OSC 输出时钟或其二分频值)。SYSCLK 直接送给 I^2S2、I^2S3 和 AHB 预分频器(分频值为 1、1/2、1/3、……、1/512)。

AHB 预分频器的输出时钟供给 SDIO、FSMC、APB1 外设、APB2 外设和 ADC 等,同时,AHB 预分频器的输出时钟还直接作为 AHB 总线、Cortex 内核、存储器和 DMA 的 HCLK 时钟,并作为 Cortex 内核自由运行时钟 FCLK,1/8 分频后作为 Cortex 系统定时器时钟源。APB1 预分频器的输出时钟作为 APB1 外设的时钟源,并且经"定时器 2～7 倍频器"倍频后作为定时器 2～7 的时钟源。APB2 预分频器的输出时钟作为 APB2 外设的时钟源,经"定时器 1 和 8 倍频器"倍频后作为定时器 1 和定时器 8 的时钟源,经 ADC 预分频器后作为 ADC1、ADC2 和 ADC3 的时钟源。AHB 预分频器的输出时钟二分频后,用作 SDIO 与 AHB 总线的接口时钟。

此外,RTC 定时器的时钟源为 HSE/128、LSE 或 LSI 之一,看门狗定时器由 LSI 提供时钟。

需要指出的是,每个外设的时钟源受"外设时钟控制"寄存器管理,可以单独打开或关闭时钟源。例如,由图 2-2 可知,APB1 外设有 20 个,APB2 外设有 15 个,均可以单独打开或关闭时钟源。当对晶体振荡器的精确度要求不苛刻时,由图 2-3 可知,与引脚 OSC_IN 和 OSC_OUT 相连接的外部高精度 8MHz 晶体振荡器可以省掉,而使用片内 8MHz 的 RC 振荡器;与引脚 OSC32_IN 和 OSC32_OUT 相连接的外部高精度 32.768kHz 晶体振荡器可以省掉,而使用片内 40kHz 的 RC 振荡器(内部独立的看门狗始终使用 LSI);MCO 端口输出的时钟信号可作为其他数字芯片的时钟输入源。

2.4　STM32F103 的存储器

STM32F103RCT6 芯片的存储器配置如图 2-4 所示。

由图 2-4 可知,STM32F103RCT6 芯片是 32 位的微控制器,可寻址存储空间大小为 $2^{32}=4GB$,分为 8 个 512MB 的存储块,存储块 0 的地址范围为 0x0～0x1FFF FFFF,存储块 1 的地址范围为 0x2000 0000～0x3FFF FFFF,以此类推,存储块 7 的地址范围为 0xE000 0000～0xFFFF FFFF。

STM32F103RCT6 芯片的可寻址空间大小为 4GB,但是并不意味着 0x0～0xFFFF FFFF 地址空间均可以有效地访问,只有映射了真实物理存储器的存储空间才能被有效地访问。对于存储块 0,如图 2-4 所示,片内 Flash 映射到地址空间 0x0800 0000～0x0807 FFFF(512KB),实际上只有低端 256KB 空间有效;系统存储器(System Memory)映射到地址空间 0x1FFF F000～0x1FFF F7FF(2KB),用户选项字节(Option Bytes)映射到地址空间 0x1FFF F800～0x1FFF F80F(16B)。同时,地址范围 0x0～0x7 FFFF,根据启动模式要求,可以作为 Flash 或系统存储器的别名访问空间,例如,BOOT0=0 时,片内 Flash 同时映射到地址空间 0x0～0x7 FFFF 和地址空间 0x0800 0000～0x0807 FFFF,即地址空间 0x0～0x7 FFFF 是 Flash 存储器(对于 STM32F103RCT6 而言,只有 0x0～0x3 FFFF 有效)。除这些之外,其他的空间是保留的。

512MB 的存储块 1 中只有地址空间 0x2000 0000～0x2000 FFFF 映射了 64KB 的 SRAM 存储器(对于 STM32F103RCT6 而言,只有 0x2000 0000～0x2000 BFFF 有效,即 48KB 的 SRAM 存储器),其余空间是保留的。

尽管 STM32F103RCT6 微控制器具有两个 APB 总线,且这两个总线上的外设访问速度不同,但是,芯片存储空间中并没有区别这两个外设的访问空间,而是把全部 APB 外设映射到存储块 2 中,每个外设的寄存器占据 1KB 大小的空间,如表 2-2 所示。除了表 2-2 中的地址空间外,存储块 2 中其他空间是保留的。

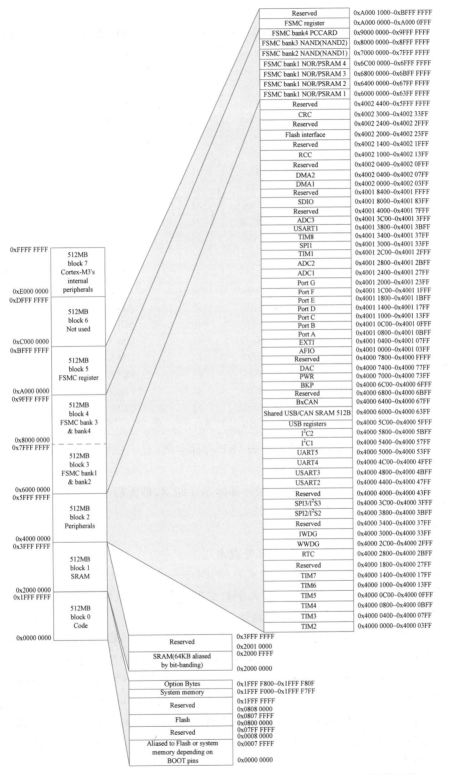

图 2-4 STM32F103RCT6 芯片的存储器配置(注：摘自 STM32F103 数据手册)

表 2-2　APB 外设映射的存储空间（基地址为 0x4000 0000,大小均为 1KB,即 0x400）

序号	APB 外设	起始偏移地址	序号	APB 外设	起始偏移地址
1	TIM2	0x0 0000	24	AFIO	0x1 0000
2	TIM3	0x0 0400	25	EXTI	0x1 0400
3	TIM4	0x0 0800	26	Port A	0x1 0800
4	TIM5	0x0 0C00	27	Port B	0x1 0C00
5	TIM6	0x0 1000	28	Port C	0x1 1000
6	TIM7	0x0 1400	29	Port D	0x1 1400
7	RTC	0x0 2800	30	Port E	0x1 1800
8	WWDG	0x0 2C00	31	Port F	0x1 1C00
9	IWDG	0x0 3000	32	Port G	0x1 2000
10	SPI2/I^2S2	0x0 3800	33	ADC1	0x1 2400
11	SPI3/I^2S3	0x0 3C00	34	ADC2	0x1 2800
12	USART2	0x0 4400	35	TIM1	0x1 2C00
13	USART3	0x0 4800	36	SPI1	0x1 3000
14	UART4	0x0 4C00	37	TIM8	0x1 3400
15	UART5	0x0 5000	38	USART1	0x1 3800
16	I^2C1	0x0 5400	39	ADC3	0x1 3C00
17	I^2C2	0x0 5800	40	SDIO	0x1 8000
18	USB	0x0 5C00	41	DMA1	0x2 0000
19	USB/CAN 共享	0x0 6000	42	DMA2	0x2 0400
20	BxCAN	0x0 6400	43	RCC	0x2 1000
21	BKP	0x0 6C00	44	Flash 接口	0x2 2000
22	PWR	0x0 7000	45	CRC	0x2 3000
23	DAC	0x0 7400			

表 2-2 中的"USB/CAN 共享"对应的 1KB 存储空间,对于 CAN 而言,实际上只有 512B 的 SRAM 空间。

STM32F103RCT6 芯片不支持访问外部静态存储器,即无静态存储器(FSMC)服务,所以图 2-4 中的存储块 3～5 都是保留的。

存储块 6 保留。

存储块 7 被 Cortex-M3 内核的内部外设占用。

存储区使用小端(Little-Endian)模式存储,对于一个 32 位的字存储区,可存入字(32位)、半字(16 位)或字节(8 位)数据,存入字数据时,字数据的低字节存入字存储区的低地址,字数据的高字节存入字存储区的高地址。

对于 Cortex-M3 而言,存储区中地址范围 0x2000 0000～0x200F FFFF(1MB)的存储空间被映到地址范围 0x2200 0000～0x23FF FFFF(32MB)的位带区存储空间,其对应关系为 A=0x2200 0000+(W−0x2000 0000)×32+k×4,即存储区中地址范围 0x2000 0000～0x200F FFFF 中的地址 W 的第 k 位(记为 W.k)对应着位带区中的地址 A,对该地址(32位)的访问相当于访问 W.k,即向 A 写入 1,则 W.k 置 1;向 A 写入 0,则 W.k 清零。读出 A 相当于读出 W.k。对于 STM32F103RCT6 而言,有效存储区为 0x2000 0000～0x2000 BFFF(即 48KB)。

同理,存储区中地址范围 0x4000 0000～0x400F FFFF(1MB)的存储空间被映射到地址范围 0x4200 0000～0x43FF FFFF,对应关系为 A=0x4200 0000+(W−0x4000 0000)×32+k×4,将存储区 0x4000 0000～0x400F FFFF 中的 W 地址的第 k 位(W.k)映射到位带

区字地址 A。位带区的每个字地址的内容只有第 0 位有效,其余的第[31:1]位保留。

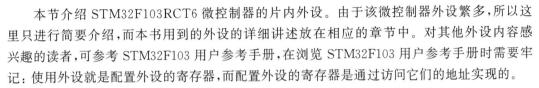

2.5　STM32F103 的片内外设

本节介绍 STM32F103RCT6 微控制器的片内外设。由于该微控制器外设繁多,所以这里只进行简要介绍,而本书用到的外设的详细讲述放在相应的章节中。对其他外设内容感兴趣的读者,可参考 STM32F103 用户参考手册,在浏览 STM32F103 用户参考手册时需要牢记: 使用外设就是配置外设的寄存器,而配置外设的寄存器是通过访问它们的地址实现的。

STM32F103RCT6 微控制器片内具有多种高速总线,其中,指令总线(ICode Bus,I-Bus),连接 Flash 存储器指令接口和 Cortex-M3 内核; 数据总线(DCode Bus,D-Bus),连接 Flash 存储器数据接口和 Cortex-M3 内核; 系统总线(System Bus,S-Bus),通过总线阵列(Bus Matrix)与 DMA、AHB 和 APB 总线相连接; DMA 总线(DMA-Bus)连接 DMA 控制器和总线阵列; 高性能总线(AHB)通过 AHB-APB 桥与高级外设总线(APB)相连接,AHB 总线与总线阵列相连接。复杂而高效的总线系统是 STM32F103RCT6 高性能的基本保障。

STM32F103RCT6 微控制器的片内外设有 CRC(循环冗余校验)计算单元、复位与时钟管理单元、通用和复用功能输入/输出口(GPIO 和 AFIO)单元、ADC、DAC、DMA 控制器、高级控制定时器 TIM1 和 TIM8、通用目的定时器 TIM2～TIM5、基本定时器 TIM6 和 TIM7、实时时钟(RTC)、独立看门狗(IWDG)定时器、窗口看门狗(WWDG)定时器、SDIO、USB 设备、CAN 总线、串行外设接口 SPI、I^2C 接口、通用同步异步串行口 USART、芯片唯一身份号寄存器(96 位长)等。

CRC 计算单元用于计算给定的 32 位长的字数据的 CRC 校验码,生成多项式为 $x^{32}+x^{26}+x^{23}+x^{22}+x^{16}+x^{12}+x^{11}+x^{10}+x^8+x^7+x^5+x^4+x^2+x+1$,即 0x104C1 1DB7,CRC 计算单元共有 3 个寄存器: 数据寄存器 CRC_DR(偏移地址为 0x0,复位值为 0xFFFF FFFF,基地址为 0x40023000),用于保存需要校验的 32 位长的数据,读该寄存器可读出前一个数据的 CRC32 校验码; 独立的数据寄存器 CRC_IDR(偏移地址为 0x04,复位值为 0x0000 0000),只有低 8 位有效,用作通用数据寄存器; 控制寄存器 CRC_CR(偏移地址为 0x08,复位值为 0x0000 0000),只有第 0 位有效,写入 1 时复位 CRC 计算单元,使 CRC_DR 的值为 0xFFFF FFFF。

复位与时钟管理单元(RCC)是使用 STM32F103RCT6 芯片必须首先学习的模块,因为芯片上电复位后,需要做的第一步工作是把工作时钟调整到 72MHz(事实上,在 Keil MDK 工程中,这一步由 Keil MDK 软件提供的函数 SystemInit 自动实现),这是通过配置 RCC 单元的寄存器实现的。RCC 单元的寄存器包括时钟控制寄存器(RCC_CR)、时钟配置寄存器(RCC_CFGR)、时钟中断寄存器(RCC_CIR)、APB2 外设复位寄存器(RCC_APB2RSTR)、APB1 外设复位寄存器(RCC_APB1RSTR)、AHB 外设时钟有效寄存器(RCC_AHBENR)、APB2 外设时钟有效寄存器(RCC_APB2ENR)、APB1 外设时钟有效寄存器(RCC_APB1ENR)、备份区控制寄存器(RCC_BDCR)和控制与状态寄存器(RCC_CSR)。在后续章节中将用到其中的某些寄存器,到时再详细阐述。

通用输入/输出口单元是 STM32F103RCT6 芯片与外部进行通信的主要通道,可以读入或输出数字信号,作为输入端口时,有上拉有效、下拉有效或无上拉无下拉的悬空工作 3 种模式; 作为输出端口时,支持开漏和推挽工作模式。GPIO 单元的寄存器包括 2 个 32 位的配置寄存器(GPIOx_CRL 和 GPIOx_CRH)、2 个 32 位的数据寄存器(GPIOx_IDR 和

GPIOx_ODR)、1 个 32 位的置位和清零寄存器(GPIOx_BSRR)、1 个 16 位的清零寄存器 (GPIOx_BRR)和 1 个 32 位的锁定寄存器(GPIOx_LCKR)。这里的 x 取值为 A~D 中的一个字母,表示端口号。

复用 GPIO 的复用功能输入/输出口(AFIO)单元需要借助 GPIO 配置寄存器将端口配置为合适的工作模式,特别是作为输出端口时,有相应的替换功能下的开漏和推挽工作模式。AFIO 单元相关的寄存器有事件控制寄存器(AFIO_EVCR)、复用功能重映射和调试 I/O 口配置寄存器(AFIO_MAPR)、外部中断配置寄存器 1(AFIO_EXTICR1)、外部中断配置寄存器 2(AFIO_EXTICR2)、外部中断配置寄存器 3(AFIO_EXTICR3)、外部中断配置寄存器 4(AFIO_EXTICR4)、替换功能重映射和调试 I/O 口配置寄存器 2(AFIO_MAPR2)。在图 2-2 中曾提到,从 51 个 GPIO 中可任选 16 个作为外部中断输入端,选取工作由配置 AFIO_EXTICR1~4 寄存器实现,这 4 个寄存器的结构类似,均只有低 16 位有效,分成 4 个 4 位组,即 4 个寄存器共有 16 个 4 位组,依次记为 EXTI15[3:0]、EXTI14[3:0]、EXTI13[3:0]、……、EXTI2[3:0]、EXTI1[3:0]、EXTI0[3:0],分别对应着 GPIO 的第 15、14、13、……、2、1、0 引脚,每个 4 位组中的值(只能设为 0000b~0011b)对应端口号 A~D。例如,设定 PB4 为外部中断 EXTI2 输入口,则 AFIO_EXTICR2 的 EXTI4[3:0]设为 0001b。

STM32F103RCT6 有 3 个 ADC 单元和 2 个 DAC 单元,对于 ADC 单元而言,外部有 8 个 ADC1、ADC2 和 ADC3 共用的输入端口(以 ADC123_INx 表示,x=0,1,2,3,10,11,12,13),以及 8 个 ADC1 和 ADC2 共用的输入端口(以 ADC12_INx 表示,x=4,5,6,7,8,9,14,15)。此外,内部温度传感器的模拟输出电压值送到 ADC1_IN16 内部端口。对于 DAC 单元而言,两个 DAC 各有一个模拟输出口,分别为 DAC_OUT1 和 DAC_OUT2。

STM32F103RCT6 芯片共有 8 个定时器,其中,TIM1 和 TIM8 称为高级控制定时器,TIM2~TIM5 称为通用定时器,TIM6 和 TIM7 称为基本定时器,如表 2-3 所示。

表 2-3 STM32F103RCT6 的定时器

定时器	分辨率	计数方式	分频值	DMA 控制	捕获/比较通道	互补输出
TIM1 TIM8	16 位	加计数 减计数 加/减计数	1~65536	有	4	有
TIM2 TIM3 TIM4 TIM5	16 位	加计数 减计数 加/减计数	1~65536	有	4	无
TIM6 TIM7	16 位	加计数	1~65536	有	无	无

除了定时器外,STM32F103RCT6 芯片还集成了 RTC 时钟,主要用于产生日期和时间;集成了 2 个看门狗定时器,用于监测软件运行错误,其中独立看门狗定时器(IWDG)具有独立的片内 40kHz 时钟源,带窗口喂狗的看门狗定时器(WWDG)可以避免发生喂狗程序工作正常而其他程序模块错误的情况发生。

除了上述的片内功能模块外,STM32F103RCT6 还具有与外部进行数据通信的外设模块,这些模块需要专用的通信时序和协议,包括 3 个通用同步异步串行口(USART1、

USART2 和 USART3)、2 个通用异步串行口(UART4 和 UART5)、2 个 I²C 总线接口、3 个串行外设接口(SPI1、SPI2 和 SPI3,其中 SPI2 和 SPI3 可作为 I²S 接口)、1 个 SDIO 接口、1 个 CAN 总线接口、1 个 USB 设备接口和外部静态存储器接口模块。

在 STM32F103RCT6 芯片的地址 0x1FFF F7E0 处的半字存储空间中,保存了芯片 Flash 空间的大小,可以使用语句"v= *((unsigned short *)0x1FFFF7E0);"读出,这里 v 为无符号 16 位整型变量,对于 STM32F103RCT6,v 的值为 0x0100(表示 256KB)。在地址 0x1FFF F7E8 开始的 12 字节里保存了芯片的身份号,该编号是全球唯一的,可使用语句 "v1 = *((unsigned int *)(0x1FFFF7E8 + 0x00)); v2 = *((unsigned int *)(0x1FFFF7E8 + 0x04)); v3= *((unsigned int *)(0x1FFFF7E8 + 0x08));"读出,此处,v1、v2 和 v3 为无符号 32 位整型变量,针对选用的 STM32F103RCT6 芯片,这里读出的值为 v1=0x05D6FF35,v2=0x33525330,v3=0x43105915,即所使用的芯片的 96 位长唯一身份号为 431059153352533005D6FF35H。

2.6 STM32F103 的异常与中断

STM32F103RCT6 微控制器具有 10 个异常和 60 个中断,中断优先级为 16 级。异常与中断的地址范围为 0x0~0x012C,如表 2-4 所示。

表 2-4 STM32F103RCT6 的异常与中断向量

中断号	优先级	地 址	异常/中断名	描 述
		0x000		保留
	−3	0x004	Reset	复位异常
	−2	0x008	NMI	不可屏蔽异常
	−1	0x00C	HardFault	系统硬件访问异常
	0	0x010	MemManage	存储管理异常
	1	0x014	BusFault	总线访问异常
	2	0x018	UsageFault	未定义指令异常
		0x01C~0x02B		保留
	3	0x02C	SVC	系统服务调用异常
	4	0x030	DebugMon	调试器异常
		0x034		保留
	5	0x038	PendSV	请求系统服务异常
	6	0x03C	SysTick	系统节拍定时器异常
0	7	0x040	WWDG	加窗看门狗中断
1	8	0x044	PVD	可编程电压检测中断
2	9	0x048	TAMPER	备份寄存器篡改中断
3	10	0x04C	RTC	实时时钟中断
4	11	0x050	FLASH	Flash 中断
5	12	0x054	RCC	RCC 中断
6	13	0x058	EXTI0	外部中断 0
7	14	0x05C	EXTI1	外部中断 1
8	15	0x060	EXTI2	外部中断 2
9	16	0x064	EXTI3	外部中断 3
10	17	0x068	EXTI4	外部中断 4

续表

中断号	优先级	地　　址	异常/中断名	描　　述
11	18	0x06C	DMA1_Channel1	DMA1 通道 1 中断
12	19	0x070	DMA1_Channel2	DMA1 通道 2 中断
13	20	0x074	DMA1_Channel3	DMA1 通道 3 中断
14	21	0x078	DMA1_Channel4	DMA1 通道 4 中断
15	22	0x07C	DMA1_Channel5	DMA1 通道 5 中断
16	23	0x080	DMA1_Channel6	DMA1 通道 6 中断
17	24	0x084	DMA1_Channel7	DMA1 通道 7 中断
18	25	0x088	ADC1_2	ADC1 或 ADC2 中断
19	26	0x08C	USB_HP_CAN_TX	USB 高优先或 CAN 发送中断
20	27	0x090	USB_LP_CAN_RX0	USB 低优先或 CAN 接收 0 中断
21	28	0x094	CAN_RX1	CAN 接收 1 中断
22	29	0x098	CAN_SCE	CAN SCE 中断
23	30	0x09C	EXTI9_5	外部中断 5~9
24	31	0x0A0	TIM1_BRK	定时器 1 中止中断
25	32	0x0A4	TIM1_UP	定时器 1 更新中断
26	33	0x0A8	TIM1_TRG_COM	定时器 1 跳变中断
27	34	0x0AC	TIM1_CC	定时器 1 捕获比较中断
28	35	0x0B0	TIM2	定时器 2 中断
29	36	0x0B4	TIM3	定时器 3 中断
30	37	0x0B8	TIM4	定时器 4 中断
31	38	0x0BC	I2C1_EV	I^2C1 事件中断
32	39	0x0C0	I2C1_ER	I^2C1 错误中断
33	40	0x0C4	I2C2_EV	I^2C2 事件中断
34	41	0x0C8	I2C2_ER	I^2C2 错误中断
35	42	0x0CC	SPI1	SPI1 中断
36	43	0x0D0	SPI2	SPI2 中断
37	44	0x0D4	USART1	USART1 中断
38	45	0x0D8	USART2	USART2 中断
39	46	0x0DC	USART3	USART3 中断
40	47	0x0E0	EXTI15_10	外部中断 10~15
41	48	0x0E4	RTCAlarm	实时时钟报警中断
42	49	0x0E8	USBWakeUp	USB 通过 EXTI 输入唤醒中断
43	50	0x0EC	TIM8_BRK	定时器 8 中止中断
44	51	0x0F0	TIM8_UP	定时器 8 更新中断
45	52	0x0F4	TIM8_TRG_COM	定时器 8 跳变中断
46	53	0x0F8	TIM8_CC	定时器 8 捕获比较中断
47	54	0x0FC	ADC3	ADC3 中断
48	55	0x100	FSMC	FSMC 中断(注：该中断无效)
49	56	0x104	SDIO	SDIO 中断
50	57	0x108	TIM5	定时器 5 中断
51	58	0x10C	SPI3	SPI3 中断
52	59	0x110	UART4	UART4 中断
53	60	0x114	UART5	UART5 中断

中断号	优先级	地　　　址	异常/中断名	描　　　述
54	61	0x118	TIM6	定时器 6 中断
55	62	0x11C	TIM7	定时器 7 中断
56	63	0x120	DMA2_Channel1	DMA2 通道 1 中断
57	64	0x124	DMA2_Channel2	DMA2 通道 2 中断
58	65	0x128	DMA2_Channel3	DMA2 通道 3 中断
59	66	0x12C	DMA2_Channel4_5	DMA2 通道 4 或通道 5 中断

表 2-4 中,优先级号越小,优先级就越高,因此,复位异常的优先级最高(优先级号为 -3),并且,Reset、NMI、HardFault 这 3 个异常的优先级是固定的,其余的优先级可以配置。STM32F103RCT6 只有 16 个中断优先级,但是有 60 个中断,如果两个中断的优先级号相同,则按表 2-4 中的自然优先级排序,自然优先级号小的优先级高。关于中断的处理方法与优先级配置等内容将在第 5 章阐述。

当表 2-4 中的某个异常或中断被触发后,程序计数器指针(PC)将跳转到表 2-4 中该异常或中断的地址处执行,该地址处存放着一条跳转指令,跳转到该异常或中断的服务函数中去执行相应的功能。因此,异常和中断向量表只能用汇编语言编写,在 Keil MDK 中,有标准的异常和中断向量表文件可以使用,例如,对于 STM32F103RCT6 而言,异常和中断向量表文件为 startup_stm32f10x_hd.s。在文件 startup_stm32f10x_hd.s 中,异常服务函数的函数名为表 2-4 中的异常名后添加"_Handler",例如,系统节拍定时器异常的服务函数为 SysTick_Handler;中断服务函数的函数名为表 2-4 中的中断名后添加"_IRQHandler",例如,外部中断 3 的中断服务函数为 EXTI3_IRQHandler。

2.7　小结

本章详细介绍了 STM32F103RCT6 微控制器的特点、引脚定义、内部架构、时钟系统、存储器配置等,简要介绍了 STM32F103RCT6 微控制器的片内外设以及异常与中断管理等。本章内容是全书的硬件基础,芯片的存储器、片内外设和中断系统合称为芯片的三要素,需要认真学习和掌握。在后面章节中将对相应外设的工作原理和寄存器情况等展开全面、翔实的论述。建议在本章学习的基础上,深入阅读 STM32F103 芯片用户手册和参考手册,达到全面掌握 STM32F103RCT6 微控制器硬件知识的目的,这需要一个月甚至更久的时间。在充分学习了 STM32F103 微控制器硬件知识之后,才能进一步学习第 3 章基于 STM32F103RCT6 芯片的硬件学习平台。

习题

1. STM32F103RCT6 微控制器的主要特点有哪些? 就这些特点与 8051 单片机 STC89C51 进行对比分析。

2. 简要说明 STM32F103RCT6 微控制器的存储器配置。

3. 简要阐述 STM32F103RCT6 微控制器各个片内外设的含义。

4. 结合本书,阐述 STM32F103RCT6 微控制器的中断向量表的结构。

STM32F103学习平台

本书使用的 STM32F103 学习平台如图 3-1 所示,包括 1 台 ULINK2 仿真器、1 根 USB 转串口线和 1 台自制 STM32F103RCT6 开发板,板载 1 片 STM32F103RCT6 微控制器、1 块 240×320 点阵真彩色 TFT 型 LCD 屏、DS18B20 温度传感器、SYN6288 声码器等资源。在图 3-1 的基础上,将 +5V 电源适配器连接到 STM32F103RCT6 开发板上,将 ULINK2 仿真器的另一端连接到计算机的一个 USB 口,同时,将 USB 转串口线的另一端连接到计算机的另一个 USB 口上。本书使用的计算机配置为 Intel Core i9-13900K 处理器、32GB 内存、1TB 硬盘、32 寸液晶显示屏和 Windows 11 操作系统,现有流行的计算机配置均可实现本书的学习与实验工作。在计算机上,需要安装 Keil MDK v5.39(截至本书收稿时的最新版本,由于软件系统具有向下兼容性,建议使用 Keil 公司最新发布的版本)集成开发环境和串口调试助手等软件。这样,STM32F103RCT6 微控制器的学习实验环境就建立起来了。

为了方便读者自制电路板,本章将以模块形式展示 STM32F103RCT6 开发板的完整硬件原理图,包括 STM32F103 核心电路模块、电源电路与按键电路模块、LED 灯模块与蜂鸣器驱动电路模块、串口通信电路模块、Flash 与 EEPROM 电路模块、温度传感器电路模块、LCD 屏接口电路模块、JTAG 仿真接口与复位电路模块以及声码器电路模块等。特别强调说明的是,本章给出的这些电路原理图是完整的,根据此原理图可分组设计制作一个 STM32F103RCT6 开发板,考虑到电路板焊装方便,本书选用了具有 64 个引脚的 LQFP 封装芯片 STM32F103RCT6。

图 3-1　STM32F103 学习平台

STM32F103RCT6 开发板实现了以下功能:

(1) 集成电源指示 LED 灯;

(2) 具有复位按键;

(3) 具有 1 个串口,可与计算机串口相连;

(4) 支持 SWD 串行仿真调试;

(5) 具有 2 个 GPIO 直接相连的用户按键输入;

(6) 具有 3 个 GPIO 驱动的 LED 灯和 1 个蜂鸣器;

(7) 具有 ZLG7289B 芯片驱动的 8 个 LED 灯、16 个按键和 1 个四合一七段数码管(带时间显示);

（8）具有 1 个 DS18B20 温度传感器；

（9）具有 1 个 3.2 寸 240×320 点阵彩色 TFT 型 LCD 屏，带有电阻式触摸屏；

（10）支持 1 个 ADC 输入口；

（11）具有 1 个 128KB 的 EEPROM 存储器 AT24C128；

（12）具有 1 个 64Mb 的 Flash 存储器 W25Q64；

（13）具有 SYN6288 声码器；

（14）+5V 单电源供电。

本章的学习目标：

- 了解嵌入式系统通用硬件电路的结构；
- 熟悉 STM32F103 核心电路与常用外设电路；
- 掌握 STM32F103RCT6 最小系统。

3.1　STM32F103RCT6 的核心电路

STM32F103RCT6 有 64 个引脚，其中，通用输入/输出口 4 组，记为 GPIOA～GPIOD，或简记为 PA～PD，有时也被称为 PIOA～PIOD，其中，PA～PC 每组有 16 位，即占用 16 个引脚；PD 有 3 位，即占用 3 个引脚。因此，全部 GPIOA～GPIOD 占用了 51 个引脚，绝大部分 GPIO 复用了多个功能。其余的 13 个引脚为电源管理和时钟管理等相关的引脚。

STM32F103RCT6 的核心电路如图 3-2 所示。

在设计 STM32F103RCT6 核心电路时，主要有以下考虑：

（1）STM32F103RCT6 芯片工作在 3.3V 电源下，第 19、32、48、64 引脚接 3.3V 电源，第 18、31、47、63 引脚接地；

（2）STM32F103RCT6 芯片片上 ADC 模块的参考电压采用 3.3V，第 13 引脚接 3.3V 参考电压源，第 12 引脚接地。在制作 PCB 时，模拟电源和数字电源在一点连接，模拟地和数字地也在一点连接。一种推荐的做法是，模拟电源 VDDA 与数字电源 VDD 之间以及模拟地 VSSA 和数字地 VSS 之间，分别用滤波电路进行隔离；

（3）使用 SWD 串行调试模式，第 46、49 引脚通过网络标号（简称网标）SWDIO 和 SWCLK 与 SWD 仿真接口相连接，见 3.7 节；

（4）第 60 引脚 BOOT0 接地，使用片上 Flash 作为引导启动空间；

（5）STM32F103RCT6 芯片没有使用外部晶振，而是使用片上 8MHz 晶体振荡器，精度可达到 1%。

在图 3-2 中，STM32F103RCT6 的每个引脚上都有网标，通过这些网标与 3.2～3.10 节的电路模块相连接，共同组合为完整的 STM32F103RCT6 开发板。

在图 3-2 中，PA 口的连接电路包括：①PA0 接收 ADC 的模拟信号输入 USER_ADC0_CH7，参见图 3-10；②PA1、PA4、PA5 借助于网标 LCDRS、LCDWR、LCDCS 与 LCD 屏接口相连，依次控制 LCD 屏的数据选通、写选通和片选控制信号，参见图 3-16；③PA2 和 PA3 通过网标 TXD232 和 RXD232 与串口相连，参见图 3-6；④PA6 和 PA7 通过网标 USER_BUT1 和 USER_BUT2 与图 3-4 中的按键电路相连接，参见图 3-4；⑤PA8、PA11、PA12 依次通过网标 7289CS、7289CLK 和 7289INT 与 ZLG7289B 芯片的片选、时钟和中断信号相连，参见图 3-11；⑥PA9 和 PA10 借助于网标 TXD_AUDIO 和 RXD_AUDIO 与声码器通

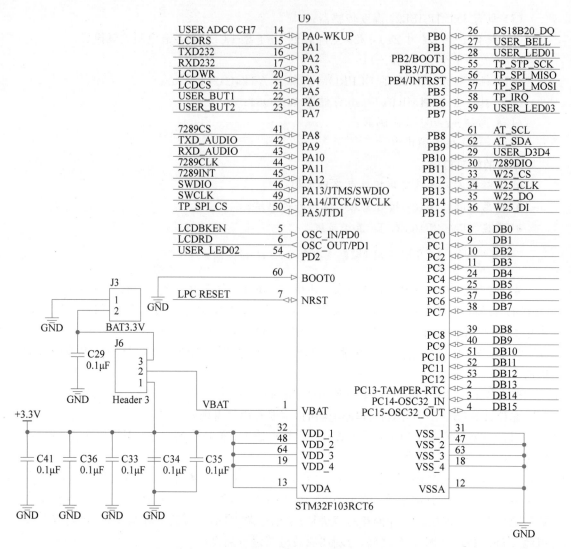

图 3-2　STM32F103RCT6 的核心电路

信,参见图 3-17;⑦PA13 和 PA14 通过网标 SWDIO 和 SWCLK 与 JTAG 仿真器相连接,参见图 3-10;⑧PA15 通过网标 TP_SPI_CS 控制 ADS7846 芯片的片选信号,参见图 3-16。

　　PB 口的连接电路包括:①PB0 借助于网标 DS18B20_DQ 与温度传感器 DS18B20 相连接,参见图 3-9;②PB1、PB2、PB7 通过网标 USER_BELL、USER_LED01、USER_LED03 控制蜂鸣器、LED01 灯和 LED03 灯,参见图 3-5;③PB3、PB4、PB5、PB6 通过网标 TP_STP_SCK、TP_STP_MISO、TP_SPI_MOSI 和 TP_IRQ 与 ADS7846 芯片的时钟信号、主输入/从输出引脚、主输出/从输入引脚以及中断引脚相连接,参见图 3-16;④PB8、PB9 通过网标 AT_SCL、AT_SDA 与 EEPROM 存储器 AT24C128 芯片相连接,参见图 3-7;⑤PB10、PB11 通过网标 USER_D3D4、7289DIO 依次与四合一七段数码管、ZLG7289B 相连,参见图 3-11 和图 3-12;⑥PB12、PB13、PB14 和 PB15 分别借助于网标 W25_CS、W25_CLK、W25_DO 和 W25_DI 与 Flash 存储器 W25Q64 相连,参见图 3-8。

　　PC 口的连接电路为:PC0～PC15 通过网络 DB0～DB15 与 LCD 屏的数据总线相连接,参见图 3-16。

PD 口只有 PD0～PD2,其连接电路为:①PD0 通过网标 LCDBKEN 与 LCD 屏相连接,控制 LCD 屏的背光,参见图 3-16;②PD1 通过网标 LCDRD 与 LCD 屏相连接,控制 LCD 屏的读选通信号线,参见图 3-16;③PD2 通过网标 USER_LED02 控制 LED02 灯,参见图 3-5。

在图 3-2 中,VBAT 引脚(第 1 引脚)通过 J6 与 J3 相连接,这里 J3 表示电池,J6 为接插件,当 J6 的 2-3 引脚被跳线帽短接时,表示使用电池为 STM32F103RCT6 的内部 RTC 实时时钟提供电源,此时电路板掉电不影响计时;当 J6 的 1-2 引脚被跳线帽短接时,STM32F103RCT6 的内部实时时钟使用+3V 电源,此时若电路板掉电后再通电,内部 RTC 时钟重新开始计时。

在图 3-2 中有 5 个 $0.1\mu F$ 的滤波电容 C33、C34、C35、C36、C41,这些电容被用在第 19、32、48 和 64 引脚的 VDD_x(x=1,2,3,4)和第 13 引脚的 VDDA 附近,当制作印制电路板(PCB)时,每个滤波电容应放置在对应的电源引脚附近,从而起到电源滤波的效果。

3.2　电源电路与按键电路

STM32F103RCT6 开发板的电源电路如图 3-3 所示。

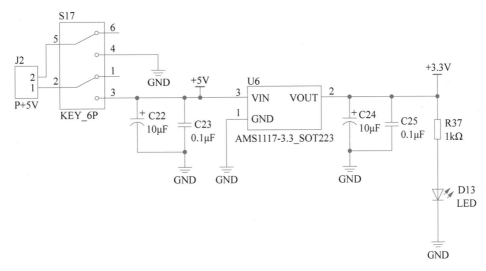

图 3-3　电源电路

由图 3-3 可知,STM32F103RCT6 开发板外接+5V 直流电源,由 J2 接入。板上装有带锁扣的开关 S17,+5V 电源经过电源芯片 AMS1117 转换为+3.3V 直流电源,供给 STM32F103RCT6 开发板上的 STM32F103RCT6 芯片和其他电路。D13 为电源工作指示灯,当按下开关 S17 接通电源后,D13 将被点亮,表示 STM32F103RCT6 开发板处于带电工作状态。一般地,电源和地在 PCB 上应布设较粗的连线(例如宽度在 20mil 以上)。

STM32F103RCT6 开发板上的用户按键电路如图 3-4 所示。

结合图 3-4 和图 3-2,可知 PA6 和 PA7 引脚通过网标 USER_BUT1 和 USER_BUT2 连接用户按键 S18 和 S19。两个按键均为常开按键,当按键被按下时,得到低电平;当按键弹开后,相连的引脚被 STM32F103RCT6 芯片内部上拉电路拉高为高电平。当按键 S18 被按下时,USER_BUT1(PA6 引脚)将由高电平转变为低电平;同理,当按键 S19 按下时,USER_BUT2(PA7 引脚)将由高电平转变为低电平,从而可触发电平下降沿中断。

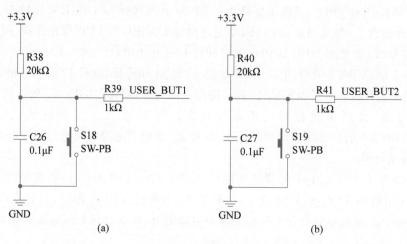

图 3-4　按键电路

▊ 3.3　LED 与蜂鸣器驱动电路　◆

STM32F103RCT6 开发板上 LED 灯驱动电路与蜂鸣器驱动电路如图 3-5 所示。

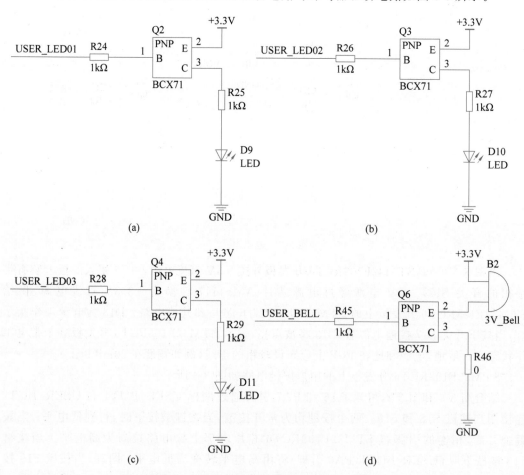

图 3-5　LED 灯驱动电路和蜂鸣器驱动电路

结合图 3-2 和图 3-5，通过网标 USER_LED01、USER_LED02 和 USER_LED03 将 PB2、PD2 和 PB7 与三极管 Q2、Q3 和 Q4 的基极相连接，从而控制 LED 灯 D9、D10 和 D11 的亮与灭。通过网标 USER_BELL 将 PB1 与三极管 Q6 的基极相连接，从而控制蜂鸣器 B2 的鸣叫与静音。LED 灯驱动电路的工作原理（以 D9 为例）为：当 USER_LED01 网标为高电平时，PNP 型三极管 Q2 截止，LED 灯 D9 熄灭；当 USER_LED01 网标为低电平时，PNP 型三极管 Q2 导通，LED 灯 D9 点亮。同理，蜂鸣器驱动电路的工作原理为：当 USER_BELL 网标为高电平时，PNP 型三极管 Q6 截止，蜂鸣器 B2 不鸣叫；当 USER_BELL 网标为低电平时，PNP 型三极管 Q6 导通，蜂鸣器 B2 鸣叫。

需要特别指出的是，图 3-2～图 3-5 联合图 3-10 中的 JTAG 电路和复位电路可视为 STM32F103RCT6 微控制器的最小系统，即 STM32F103RCT6 微控制器的最小系统应包括电源电路、用户按键电路、LED 灯指示电路、复位电路（可内部复位）、晶体振荡器电路（可省略）和相应的 STM32F103RCT6 核心电路。

3.4　串口通信电路

STM32F103RCT6 开发板上的串口通信电路如图 3-6 所示。

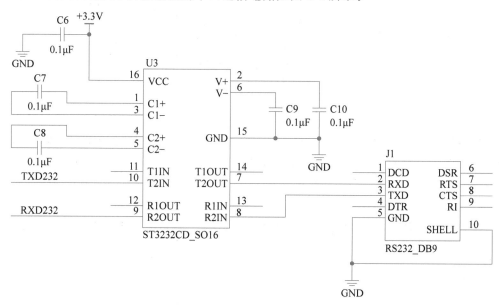

图 3-6　串口通信电路

结合图 3-6 和图 3-2 可知，STM32F103RCT6 芯片的 PA2 和 PA3 通过网标 TXD232 和 RXD232 与芯片 ST3232 的 T2IN 和 R2OUT 相连接。ST3232 电平转换芯片支持 2 路串口，图 3-6 中仅使用了一路，J1 为 DB9 接头，通过串口线与计算机的串口相连实现异步串行通信。

3.5　Flash 与 EEPROM 电路

STM32F103RCT6 开发板上集成了一块 128Kb 的 EEPROM 芯片 AT24C128 和一块 64Mb 的 Flash 芯片 W25Q64，其电路原理图分别如图 3-7 和图 3-8 所示。

结合图 3-7、图 3-8 和图 3-2 可知，AT24C128 芯片通过 I^2C 总线与 STM32F103RCT6 相连接，网标为 AT_SCL 和 AT_SDA。而 W25Q64 通过 SPI 接口与 STM32F103RCT6 相

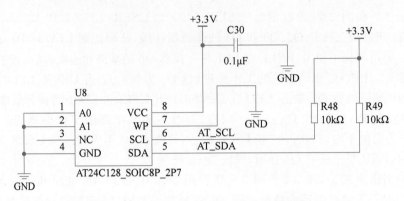

图 3-7　EEPROM 芯片 AT24C128 电路

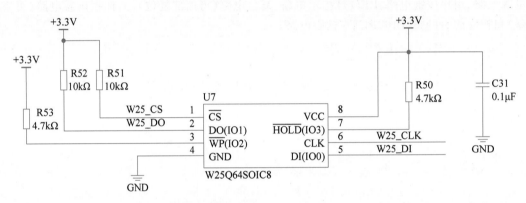

图 3-8　Flash 芯片 W25Q64 电路

连接,网标为 W25_CS、W25_DO、W25_CLK 和 W25_DI。一般地,AT24C128 用于存储密码信息,而 W25Q64 可用于存放汉字库或数字图像信息。

▦ 3.6　温度传感器电路 ◆

STM32F103RCT6 开发板上的温度传感器 DS18B20 接口电路如图 3-9 所示。

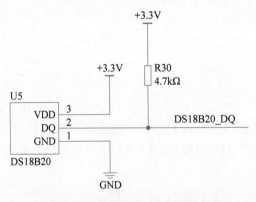

图 3-9　温度传感器 DS18B20 接口电路

结合图 3-9 和图 3-2 可知,STM32F103RCT6 芯片的 PB0 引脚通过 DS18B20_DQ 网标与温度传感器 DS18B20 的 DQ 引脚相连接,从而借助于 DS18B20 获取数字温度数据。

3.7　复位电路、JTAG 和 ADC 电路

STM32F103RCT6 开发板上的 JTAG 调试电路(工作在 SWD 串行调试下)、复位电路和 ADC 电路如图 3-10 所示。

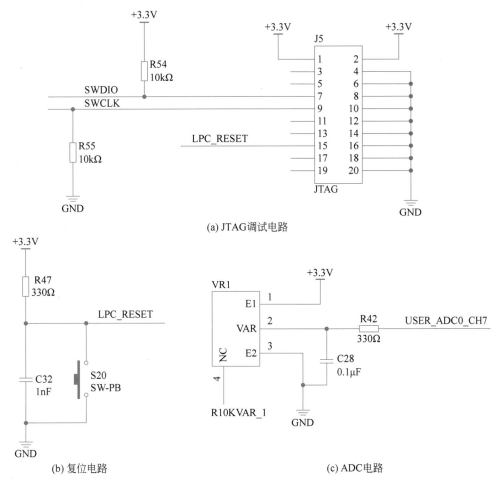

(a) JTAG调试电路

(b) 复位电路　　　　　　　　　(c) ADC电路

图 3-10　JTAG 调试电路、复位电路和 ADC 电路

SWD 串行调试只需要占用数据和时钟两个端口,结合图 3-2 和图 3-10 可知,JTAG 接口 J5 通过网标 SWDIO 和 SWCLK 与 STM32F103RCT6 芯片的 SWDIO(PA13)和 SWCLK(PA14)引脚相连接。

在图 3-10 中,使用了带手动按键复位功能的复位电路,通过网标 LPC_RESET 与图 3-2 中 STM32F103RCT6 的 NRST(第 7 引脚)相连。当 STM32F103RCT6 开发板上电时,通过 RC 电路复位 STM32F103RCT6 芯片,称为"启动"或"冷启动";当 STM32F103RCT6 开发板处于带电工作状态时,按下 S20 将复位 STM32F103RCT6 芯片,称为"热复位"。

在图 3-10 中,VR1 为滑动变阻器,通过网标 USER_ADC0_CH7 与 STM32F103RCT6 的 PA0 引脚相连接,滑动变阻器提供 0～3.3V 变化的电压输出,借助 STM32F103RCT6 芯片内部的 ADC 对该模拟电压信号进行采样量化处理。

3.8　ZLG7289B 电路

STM32F103RCT6 开发板上集成了一片 ZLG7289B 芯片,通过 ZLG7289B 可以驱动多个用户按键和 LED 灯。一片 ZLG7289B 最多可同时驱动 64 个按键和 64 个 LED 灯,在 STM32F103RCT6 开发板上,使用 ZLG7289B 驱动了 16 个按键、8 个 LED 灯和 1 个四合一七段数码管,如图 3-11～图 3-15 所示。

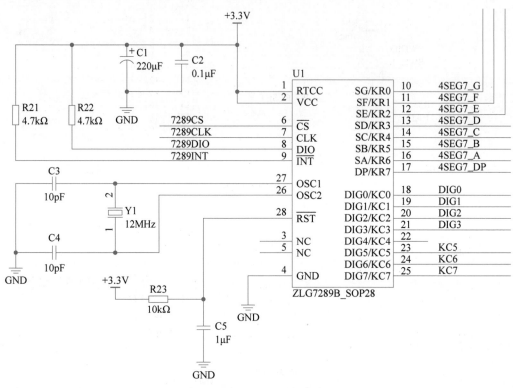

图 3-11　ZLG7289B 电路-Ⅰ

ZLG7289B 芯片的电路连接比较规范,它需要外接 4～16MHz 晶振,在图 3-11 中使用了 12MHz 晶振。ZLG7289B 通过四线 SPI 口与 STM32F103RCT6 相连接,即图 3-11 中 ZLG7289B 的第 6～9 引脚,这 4 个引脚模拟了 SPI 通信协议的操作。结合图 3-2 可知,ZLG7289B 的第 6～9 引脚借助网标 7289CS、7289CLK、7289DIO 和 7289INT 依次与 STM32F103RCT6 芯片的第 41、44、46 和 45 引脚相连接。由图 3-11 可知,ZLG7289B 工作在 3.3V 电源下,具有外部 RC 复位电路,通过 8 个段信号引脚(或行信号引脚)KR0～KR7 和 8 个位信号引脚(或列信号引脚)KC0～KC7,驱动外部的 LED 灯、按键和数码管。

图 3-12 为 ZLG7289B 与四合一七段数码管的连接电路;图 3-13 为 ZLG7289B 与 8 个 LED 灯的连接电路;图 3-15 为 ZLG7289B 与 16 个按键的连接电路。由于图 3-12 中使用了带时间显示功能的数码管,图 3-14 用于驱动时间显示用的分隔符":"。

结合图 3-2 和图 3-11 以及图 3-14 可知,ZLG7289B 模块与 STM32F103RCT6 间有 5 个连接,即图 3-2 中的网标 7289INT、7289CLK、7289CS、7289DIO 和 USER_D3D4,占用了 STM32F103RCT6 的 5 个 GPIO,这里依次使用了 PA12、PA11、PA8、PA13 和 PB10。

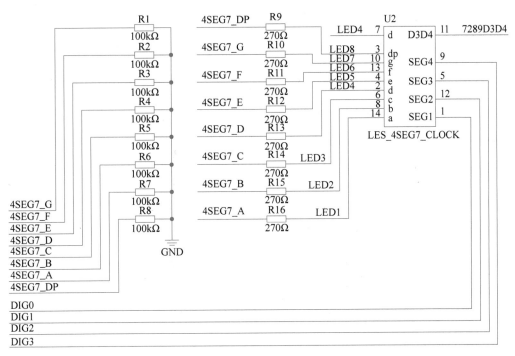

图 3-12　ZLG7289B 电路-Ⅱ

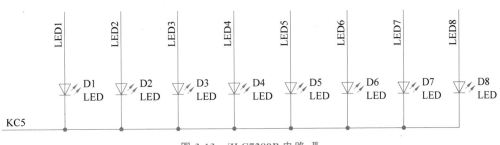

图 3-13　ZLG7289B 电路-Ⅲ

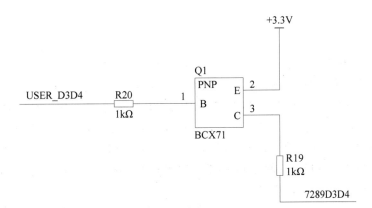

图 3-14　ZLG7289B 电路-Ⅳ

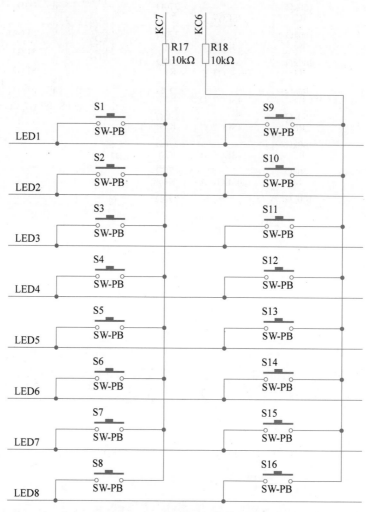

图 3-15　ZLG7289B 电路-Ⅴ

3.9　LCD 屏接口电路

　　STM32F103RCT6 开发板上集成了一块分辨率为 240 像素×320 像素的 TFT 型 LCD 屏和一块电阻式触摸屏,其与 STM32F103RCT6 的电路连接如图 3-16 所示。

　　结合图 3-2 和图 3-16 可知,STM32F103RCT6 开发板选用了基于并口通信的 TFT 型 LCD 屏,分辨率为 240 像素×320 像素,通过网标 DB15～DB0 与 STM32F103RCT6 的 PC15～PC0 连接。LCD 屏的背光由 STM32F103RCT6 的 PD0 通过网标 LCDBKEN 控制。LCD 屏的读写与片选控制通过网标 LCDRD、LCDWR、LCDRS 和 LCDCS 与 STM32F103RCT6 的 PD1、PA4、PA1 和 PA5 相连接。

　　STM32F103RCT6 开发板上集成一块电阻式触摸屏,使用 ADS7846 芯片驱动,其通过网标 TP_SPI_MISO、TP_SPI_MOSI、TP_SPI_CS、TP_STP_SCK 和 TP_IRQ 与 STM32F103RCT6 芯片的 PB4、PB5、PA15、PB3 和 PB6 相连接。

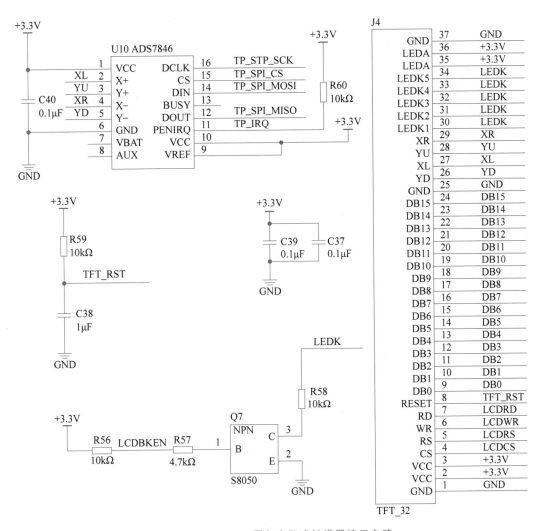

图 3-16　TFT LCD 屏与电阻式触摸屏接口电路

3.10　声码器电路

STM32F103RCT6 开发板集成了一块 SYN6288 声码器,通过串口向其发送文本信息,声码器实现 TTS(Text to Speech：文本转换为语音)变换,其电路原理如图 3-17所示。

结合图 3-17 和图 3-2 可知,STM32F103RCT6 通过网标 RXD_AUDIO 和 TXD_AUDIO 与声码器 SYN6288 相连接,即 STM32F103RCT6 通过串口向 SYN6288 发送文本信息,然后,SYN6288 实现 TTS 变换。SYN6288 可直接驱动 8Ω 0.25W 的扬声器。

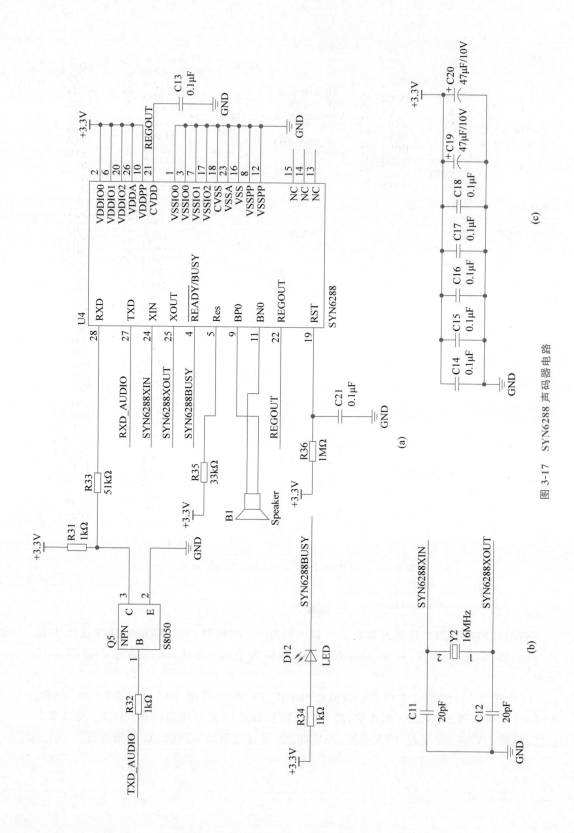

图 3-17 SYN6288 声码器电路

3.11　参考电路板

在教学过程中,根据图 3-2～图 3-17 使用 Altium Designer 绘制了 PCB 图,并制作了 STM32F103RCT6 开发板,选取了一块没有焊装器件的电路板供读者参考,如图 3-18 和图 3-19 所示。焊装好器件后的样机正面如图 3-1 所示,样机反面如图 3-20 所示。

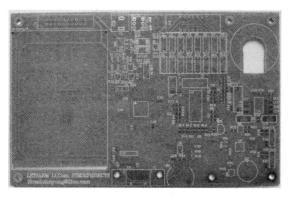

图 3-18　STM32F103RCT6 开发板正面

图 3-19　STM32F103RCT6 开发板反面

图 3-20　STM32F103RCT6 开发板样机反面

在绘制图 3-18 和图 3-19 所示电路板时,请注意:

(1) 电源线、地线的宽度应在 20mil 以上;

(2) 信号线宽度在 6mil 以上,且长度不应超过 7cm;

(3) 过孔的外径应大于 24mil,内径应大于 12mil,内外径差值不小于 12mil;

(4) 接插件应根据实际器件的针脚粗细设计内径,一般接插件的内径应为 0.9mm;

(5) 在 PCB 布局、布线完成后,应覆铜,且应使模拟地和数字地的铜皮在一点相连接;

(6) 电阻和电容建议选用 0805 贴片封装(除少数电解电容外);

(7) 电路板上的标号应按从左向右或从下向上的方向摆放。

3.12　小结

本章详细地介绍了 STM32F103RCT6 开发板的电路原理。STM32F103RCT6 开发板主要包括 STM32F103RCT6 芯片核心电路、电源电路、LED 驱动电路、用户按键电路、蜂鸣器驱动电路、串口通信电路、ADC 电路、温度传感器电路、数码管驱动电路、串口调试 SWD 电路、复位电路、LCD 屏显示驱动电路、电阻触摸屏电路、存储器电路和声码器电路等模块,是基于 STM32F103RCT6 芯片的典型的硬件开源电路。值得强调指出的是,本章给出的STM32F103RCT6 开发板电路原理图基于 Altium Disigner 环境且是完整的,可以制作成实际电路板,并给出了参考电路板。请读者结合各个硬件模块的芯片资料进一步加强对电路原理的认识,这需要一定的学习时间,这些电路是后续章节程序设计内容的硬件基础。本书后续章节将通过具体的工程实例详细介绍 STM32F103RCT6 开发板各个硬件模块的驱动程序和应用程序设计方法。第 4 章将介绍 LED 灯闪烁控制的工程程序设计方法。

习题

1. 设计一个 STM32F103RCT6 最小电路系统。
2. 简要阐述本章给出的学习平台实现的功能。
3. 简要阐述 EEPROM 存储器 AT24C128 的访问方法。
4. 说明 LED 驱动电路的工作原理。
5. 借助于 Altium Designer 软件设计本章给出的学习平台,并分组制作 PCB 进行焊装、调试。

第4章 LED灯控制与Keil MDK工程框架

CHAPTER 4

本章将介绍 STM32F103RCT6 微控制器的通用输入/输出口及其相关的寄存器,阐述 STM32F103 库函数访问 GPIO 的方法,讲述 Keil MDK 集成开发环境的应用技巧和工程框架设计,最后借助 LED 灯的闪烁实例详细说明 GPIO 的具体操作方法。

STM32F103RCT6 微控制器有两种程序设计方法,即寄存器类型程序设计方法和库函数类型程序设计方法。寄存器类型程序设计方法类似于传统的单片机程序设计方法,借助于芯片的寄存器地址访问寄存器,通过访问寄存器实现相应的控制功能;而库函数类型程序设计方法本质上也是采用了寄存器类型程序设计方法,但是 STM32 芯片开发商(意法半导体公司)设计了访问各种寄存器的库函数,使得应用 STM32F103RCT6 微控制器的程序开发人员通过调用库函数实现相应的外设控制功能,而无须关心片上外设相关的寄存器及其地址。建议在教学中使用寄存器类型程序设计方法,使读者理解硬件和软件相结合的设计方法;而在实际工程开发中应用库函数类型程序设计方法,可加速开发研制进程。

本章的学习目标:

- 了解 STM32F103 通用输入/输出寄存器;
- 熟悉 STM32F103 库函数用法;
- 握 Keil MDK 工程框架;
- 熟练应用寄存器和库函数进行工程设计。

4.1 STM32F103 通用输入/输出口

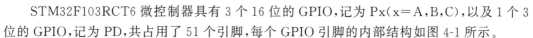

STM32F103RCT6 微控制器具有 3 个 16 位的 GPIO,记为 Px(x=A,B,C),以及 1 个 3 位的 GPIO,记为 PD,共占用了 51 个引脚,每个 GPIO 引脚的内部结构如图 4-1 所示。

如图 4-1 所示,GPIO 具有输入和输出两个通道,对于输入通道而言,还具有模拟输入和复用功能(Alternate Function)输入通道;对于输出通道而言,还具有复用功能输出通道。图 4-1 中的 V_{DD}/V_{DD_FT} 表示对于兼容 5V 电平输入的端口使用 V_{DD_FT},对于 3.3V 电平输入的端口使用 V_{DD}。

图 4-1 表明,GPIO 作为数字输入/输出口,通过读"输入数据寄存器"读入外部端口的输入数字电平信号,通过写"置位/清零寄存器"和"输出数据寄存器"向端口输出数字电平信号,并且可读出"输出数据寄存器"中的数字信号。

由图 4-1 中的 3 个"开关"和"输出控制"可知,GPIO 具有以下工作模式。

(1) 输入悬空(开关 1 和开关 2 均打开)。

(2) 输入上拉有效(开关 1 闭合、开关 2 打开)。

(3) 输入上拉和下拉均有效(开关 1 和开关 2 均闭合)。

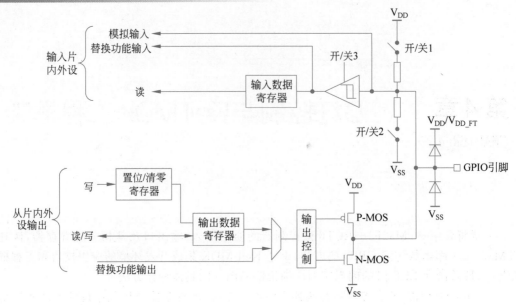

图 4-1 GPIO 引脚的内部结构

（4）模拟输入（开关 1 和开关 2 均打开、开关 3 关闭）。

（5）输出开漏（当输出高电平时，"输出控制"关闭 P-MOS 管和 N-MOS 管；当输出低电平时，"输入控制"关闭 P-MOS 管并打开 N-MOS 管）。

（6）输出推挽（当输出高电平时，"输出控制"打开 P-MOS 管并关闭 N-MOS 管；当输出低电平时，"输出控制"关闭 P-MOS 管并打开 N-MOS 管）。

（7）复用功能输入（开关 1、开关 2 和开关 3 均关闭）。

（8）复用功能推挽输出（当输出高电平时，"输出控制"打开 P-MOS 管并关闭 N-MOS 管；当输出低电平时，"输出控制"关闭 P-MOS 管并打开 N-MOS 管）。

（9）复用功能开漏输出（当输出高电平时，"输出控制"关闭 P-MOS 管和 N-MOS 管；当输出低电平时，"输出控制"关闭 P-MOS 管并打开 N-MOS 管）。

当 GPIO 用作复用功能时，记为 AFIO，每个 GPIO 的复用功能见表 2-1。GPIO 和 AFIO 具有各自独立的寄存器，下面依次介绍 GPIO 和 AFIO 相关的寄存器。

4.1.1 GPIO 寄存器

每个 GPIO 具有 7 个寄存器，即 2 个 32 位的配置寄存器（GPIOx_CRL 和 GPIOx_CRH）、2 个 32 位的数据寄存器（GPIOx_IDR 和 GPIOx_ODR），1 个 32 位的置位/清零寄存器（GPIOx_BSRR）、1 个 16 位的清零寄存器（GPIOx_BRR）和 1 个 32 位的配置锁定寄存器（GPIOx_LCKR）。这里 x＝A，B，C，D，各个 GPIO 寄存器的基地址可查图 2-4，每个寄存器的读/写操作必须按整个字（32 位）进行，各个寄存器的详细情况如下所述。

端口配置寄存器 GPIOx_CRL 和 GPIOx_CRH 如图 4-2 和图 4-3 所示（摘自 STM32F103 参考手册）。

图 4-2 和图 4-3 中的 rw 表示可读/可写，下文出现的 r 表示只读，w 表示只写。每个 GPIO 有 16 个引脚，每个引脚的配置需要一个 2 位的 MODE 位域和一个 2 位的 CNF 位域，在图 4-2 和图 4-3 中，GPIOx_CRL 或 GPIOx_CRH 中的 MODEy[1:0]和 CNFy[1:0]（y＝0，1，…，7，或 y＝8，9，…，15）用于配置 GPIOx 的第 y 个引脚。例如，配置 GPIOC 的第 6 引脚，则需要配置 GPIOC_CRL 的 CNF6[1:0]和 MODE6[1:0]，配置 GPIOC 的第 11 引脚，则需要配置 GPIOC_CRH 的 CNF11[1:0]和 MODE11[1:0]。各个 MODE[1:0]的含义为：00b

表示输入模式；01b 表示输出模式,最大速率为 10MHz；10b 表示输出模式,最大速度 2MHz；11b 表示输出模式,最大速率为 50MHz。各个 CNF[1:0] 的含义为：(1)如果 MODE[1:0]=0, CNF[1:0] 为 00b 表示模拟输入；01b 表示悬空输入；10b 表示带上拉和下拉的输入；11b 保留；(2)如果 MODE[1:0]>00b,即为输出模式时,CNF[1:0] 为 00b 表示带推挽数字输出；01b 表示开漏数字输出；10b 表示复用功能推挽输出；11b 表示复用功能开漏输出。

32 位的端口输入数据寄存器 GPIOx_IDR(偏移地址 0x08)只有低 16 位有效,每位记为 IDRy(y=0,1,…,15),包含了相应端口的输入数字信号。

32 位的端口输出数据寄存器 GPIOx_ODR(偏移地址 0x0C,复位值为 0x0)只有低 16 位有效,各位记为 ODRy,写入 GPIOx_ODR 中的数据将被输出到端口上。同时,该寄存器的值可以被读出。

32 位的端口置位/清零寄存器 GPIOx_RSRR(偏移地址 0x10,复位值为 0x0),可以单独置位或清零某个 GPIO 引脚。GPIOx_RSRR 高 16 位的每位记为 BRy(y=0,1,…,15),低 16 位的每位记为 BSz(z=0,1,…,15),如图 4-4 所示(摘自 STM32F103 参考手册)。

图 4-4 中的 BRy 和 BSz 写入 0 无效；BRy 写入 1,则清零相应的端口引脚；BSz 写入 1,则置位相应的端口引脚。例如,使 GPIOC 的第 5 引脚输出高电平,则使用语句"GPIOC_RSRR=(1uL≪5);"；使 GPIOC 端口的第 11 引脚输出低电平,则使用语句"GPIOE_RSRR=(1uL≪11)≪16;"。如果使用端口输出数据寄存器 GPIOC_ODR,则上述两个操作为"读出—修改—写回"处理,其语句为"GPIOC_ODR |=(1uL≪5);"和"GPIOC_ODR &=~(1uL≪11)",显然,直接写寄存器 GPIOC_RSRR 速度更快。

上述使用 GPIOx_RSRR 清零某个 GPIO 的特定引脚时,有一个左移 16 位("≪16")的操作,因为清零寄存器位于 GPIOx_RSRR 的高 16 位,为了省掉这个操作,GPIO 模块还具有一个 16 位的端口清零寄存器 GPIOx_BRR(偏移地址 0x14,复位值为 0x0),每位记为 BRy(y=0,1,…,15),各位写入 0 无效,写入 1 清零相应的端口引脚。例如,使 GPIOC 端口的第 11 引脚输出低电平,则可使用语句"GPIOC_BRR =(1uL≪11);"。

配置锁定寄存器 GPIOx_LCKR(偏移地址 0x18,复位值为 0x0),用于锁定配置寄存器 GPIOx_CRL 和 GPIOx_CRH 的值,如图 4-5 所示。

在图 4-5 中,LCK[15:0] 对应着 GPIO 的 16 个引脚,例如,LCKy=1,则 GPIO 的第 y 脚的配置被锁定,如果 LCKy=0,则其配置是可以更新的。一旦某个 GPIO 引脚的配置被锁定,只有再次"复位 GPIO",才能解锁。锁定某个引脚的配置的方法为,使该引脚对应的 LCKy 为 1,然后,向 LCKK 顺序执行：写入 1、写入 0、写入 1、读出 0、读出 1(其间 LCK[15:0] 的值不能改变)。例如,要锁定 GPIOC 端口的第 5 引脚和第 11 引脚的配置,则使用以下语句："GPIOC_LCKR=(1uL≪11)|(1uL≪5); GPIOC_LCKR=(1uL≪16)|(1uL≪11) | (1uL≪5); GPIOC_LCKR=(1uL≪11)|(1uL≪5); GPIOC_LCKR=(1uL≪16)|(1uL≪11) | (1uL≪5); v1= GPIOC_LCKR; v2=GPIOC_LCKR;"(这里 v1 和 v2 为无符号 32 位整型)。

上面提到的"复位 GPIO"是由复位与时钟控制模块(RCC)管理的,此外,GPIO 模块(或其他外设模块)在使用前,必须通过 RCC 给相应的模块提供时钟源,相关的寄存器有 APB2 外设复位寄存器(RCC_APB2RSTR,偏移地址 0x0C)和 APB2 外设时钟有效寄存器(RCC_APB2ENR,偏移地址 0x18),由图 2-4 可知,RCC 模块的基地址为 0x4002 1000。

APB2 外设复位寄存器 RCC_APB2RSTR(复位值为 0x0)和 APB2 外设时钟有效寄存器 RCC_APB2ENR(复位值为 0x0)如图 4-6 和图 4-7 所示。

31	30	29	28	27	26	25	24	23	22	21	20	19	18	17	16
CNF7[1:0]		MODE7[1:0]		CNF6[1:0]		MODE6[1:0]		CNF5[1:0]		MODE5[1:0]		CNF4[1:0]		MODE4[1:0]	
rw	rw	rw	rw	rw	rw	rw	rw	rw	rw	rw	rw	rw	rw	rw	rw
15	14	13	12	11	10	9	8	7	6	5	4	3	2	1	0
CNF3[1:0]		MODE3[1:0]		CNF2[1:0]		MODE2[1:0]		CNF1[1:0]		MODE1[1:0]		CNF0[1:0]		MODE0[1:0]	
rw	rw	rw	rw	rw	rw	rw	rw	rw	rw	rw	rw	rw	rw	rw	rw

图 4-2 端口配置寄存器 GPIOx_CRL(偏移地址 0x0,复位值 0x4444 4444)

31	30	29	28	27	26	25	24	23	22	21	20	19	18	17	16
CNF15[1:0]		MODE15[1:0]		CNF14[1:0]		MODE14[1:0]		CNF13[1:0]		MODE13[1:0]		CNF12[1:0]		MODE12[1:0]	
rw	rw	rw	rw	rw	rw	rw	rw	rw	rw	rw	rw	rw	rw	rw	rw
15	14	13	12	11	10	9	8	7	6	5	4	3	2	1	0
CNF11[1:0]		MODE11[1:0]		CNF10[1:0]		MODE10[1:0]		CNF9[1:0]		MODE9[1:0]		CNF8[1:0]		MODE8[1:0]	
rw	rw	rw	rw	rw	rw	rw	rw	rw	rw	rw	rw	rw	rw	rw	rw

图 4-3 端口配置寄存器 GPIOx_CRH(偏移地址 0x4,复位值 0x4444 4444)

31	30	29	28	27	26	25	24	23	22	21	20	19	18	17	16
BR15	BR14	BR13	BR12	BR11	BR10	BR9	BR8	BR7	BR6	BR5	BR4	BR3	BR2	BR1	BR0
w	w	w	w	w	w	w	w	w	w	w	w	w	w	w	w
15	14	13	12	11	10	9	8	7	6	5	4	3	2	1	0
BS15	BS14	BS13	BS12	BS11	BS10	BS9	BS8	BS7	BS6	BS5	BS4	BS3	BS2	BS1	BS0
w	w	w	w	w	w	w	w	w	w	w	w	w	w	w	w

图 4-4 端口置位/清零寄存器 GPIOx_RSRR

图 4-5　配置锁定寄存器 GPIOx_LCKR

31	30	29	28	27	26	25	24	23	22	21	20	19	18	17	16
Reserved															LCKK
															rw

15	14	13	12	11	10	9	8	7	6	5	4	3	2	1	0
LCK15	LCK14	LCK13	LCK12	LCK11	LCK10	LCK9	LCK8	LCK7	LCK6	LCK5	LCK4	LCK3	LCK2	LCK1	LCK0
rw	rw	rw	rw	rw	rw	rw	rw	rw	rw	rw	rw	rw	rw	rw	rw

图 4-6　APB2 外设复位寄存器 RCC_APB2RSTR

31	30	29	28	27	26	25	24	23	22	21	20	19	18	17	16
Reserved															

15	14	13	12	11	10	9	8	7	6	5	4	3	2	1	0
ADC3 RST	USART1 RST	TIM8 RST	SPI1 RST	TIM1 RST	ADC2 RST	ADC1 RST	IOPG RST	IOPF RST	IOPE RST	IOPD RST	IOPC RST	IOPB RST	IOPA RST	Res.	AFIO RST
rw	rw	rw	rw	rw	rw	rw	rw	rw	rw	rw	rw	rw	rw	rw	rw

图 4-7　APB2 外设时钟有效寄存器 RCC_APB2ENR

31	30	29	28	27	26	25	24	23	22	21	20	19	18	17	16
Reserved															

15	14	13	12	11	10	9	8	7	6	5	4	3	2	1	0
ADC3 EN	USART1 EN	TIM8 EN	SPI1 EN	TIM1 EN	ADC2 EN	ADC1 EN	IOPG EN	IOPF EN	IOPE EN	IOPD EN	IOPC EN	IOPB EN	IOPA EN	Res.	AFIO EN
rw	rw	rw	rw	rw	rw	rw	rw	rw	rw	rw	rw	rw	rw	rw	rw

由图 4-6 和图 4-7 可知,这两个寄存器只有低 16 位有效(Reserved 和 Res.表示保留),从第 15 位至第 0 位依次表示 ADC3、USART1、TIM8、SPI1、TIM1、ADC2、ADC1、GPIOG、GPIOF、GPIOE、GPIOD、GPIOC、GPIOB、GPIOA、保留、AFIO 的复位控制和时钟启动控制。对于 STM32F103RCT6 而言,GPIOG~GPIOE 对应的各位无效。对于图 4-6 中的 RCC_APB2RSTR 寄存器,各位写入 0 无效,写入 1 则复位相应的片上外设;对于图 4-7 的 RCC_APB2ENR 寄存器,各位写入 0 关闭相应外设的时钟,写入 1 开放相应外设的时钟。例如,要使用 GPIOC 口,则需要执行语句"RCC_APB2ENR |= RCC_APB2ENR | (1uL≪4);"启动 GPIOC 口的时钟源。

4.1.2 AFIO 寄存器

AFIO 寄存器的基地址为 0x4001 0000,STM32F103RCT6 共包括 7 个 AFIO 寄存器(复位值均为 0x0),即事件控制寄存器 AFIO_EVCR(偏移地址 0x0)、复用功能重映射寄存器 AFIO_MAPR(偏移地址 0x04)、外部中断配置寄存器 AFIO_EXTICR1(偏移地址 0x08)、外部中断配置寄存器 AFIO_EXTICR2(偏移地址 0x0C)、外部中断配置寄存器 AFIO_EXTICR3(偏移地址 0x10)、外部中断配置寄存器 AFIO_EXTICR4(偏移地址 0x14)和复用功能重映射寄存器 AFIO_MAPR2(偏移地址 0x1C)。下面依次详细介绍这些寄存器各位的含义。

事件控制寄存器 AFIO_EVCR 如表 4-1 所示。

表 4-1 事件控制寄存器 AFIO_EVCR

位号	名称	属性	含 义
31:8			保留
7	EVOE	可读/可写	设为 1,Cortex 内核的 EVENTOUT 事件输出端配置到 PORT[2:0]和 PIN[3:0]指定的引脚
6:4	PORT[2:0]	可读/可写	可设为 000b、001b、010b、011b 依次对应 PA、PB、PC、PD 口
3:0	PIN[3:0]	可读/可写	可设为 0000b、0001b、…、1111b 依次对应选定 GPIO 的第 0 位、第 1 位、…、第 15 位对应的引脚

复用功能重映射寄存器 AFIO_MAPR 如表 4-2 所示。

表 4-2 复用功能重映射寄存器 AFIO_MAPR

位号	名 称	属性	含 义
31:27			保留
26:24	SWJ_CFG[2:0]	只写	可设为 000b~100b(011b 保留),依次表示 JTAG 和 SW 功能可用、JTAG 和 SW 功能可用(无 NJTRST)、只有 SW 可用、JTAG 和 SW 不可用
23:21			保留
20	ADC2_ETRG_REMAP	可读/可写	清零表示 ADC2 外部常规触发端为 EXTI11,置 1 表示 ADC2 外部常规触发端为 TIM8_TRGO
19	ADC2_ETRGINJ_REMAP	可读/可写	清零表示 ADC2 外部注入触发端为 EXTI15,置 1 表示 ADC2 外部注入触发端为 TIM8_Channel4
18	ADC1_ETRG_REMAP	可读/可写	清零表示 ADC1 外部常规触发端为 EXTI11,置 1 表示 ADC1 外部常规触发端为 TIM8_TRGO
17	ADC1_ETRGINJ_REMAP	可读/可写	清零表示 ADC1 外部注入触发端为 EXTI15,置 1 表示 ADC1 外部注入触发端为 TIM8_Channel4

续表

位号	名　称	属性	含　义
16	TIM5CH4_IREMAP	可读/可写	清零表示定时器 5 通道 4 与 PA3 连接,置 1 表示定时器 5 通道 4 与 LSI 时钟连接
15			保留
14:13	CAN_REMAP[1:0]	可读/可写	为 00b,关闭 CAN 通道;为 01b 表示 CAN_RX 与 PB8 连接、CAN_TX 与 PB9 连接;为 10b 表示 CAN_RX 与 PD0 连接、CAN_TX 与 PD1 连接
12	TIM4_REMAP	可读/可写	清零表示 TIM4 无重映射;置 1 表示 TIM4_CH1、TIM4_CH2、TIM4_CH3 和 TIM4_CH4 依次映射到 PD12～PD15(对 STM32F103RCT6 无效)
11:10	TIM3_REMAP[1:0]	可读/可写	为 00b 表示 TIM3 无重映射;为 01b 保留;为 10b 表示部分映射(CH1/PB4、CH2/PB5);为 11b 表示全映射(CH1/PC6、CH4/PC7、CH3/PC8、CH4/PC9)
9:8	TIM2_REMAP[1:0]	可读/可写	为 00b 表示 TIM2 无重映射;为 01b 表示部分映射(CH1/ETR/PA15、CH2/PB3);为 10b 表示部分映射(CH3/PB10、CH4/PB11);为 11b 表示全映射(CH1/ETR/PA15、CH2/PB3、CH3/PB10、CH4/PB11)
7:6	TIM1_REMAP[1:0]	可读/可写	为 00b 表示 TIM1 无重映射;为 01b 表示部分映射(BKIN/PA6、CH1N/PA7、CH2N/PB0、CH3N/PB1);为 10b 保留;为 11b 表示全映射(ETR/PE7、CH1/PE9、CH2/PE11、CH3/PE13、CH4/PE14、BKIN/PE15、CH1N/PE8、CH2N/PE10、CH3N/PE12)(对 STM32F103RCT6 无效)
5:4	USART3 _ REMAP[1:0]	可读/可写	为 00b 表示 USART3 无重映射;为 01b 表示部分映射(TX/PC10、RX/PC11、CK/PC12);为 10b 保留;为 11b 表示全映射(TX/PD8、RX/PD9、CK/PD10、CTS/PD11、RTS/PD12)(对 STM32F103RCT6 无效)
3	USART2_REMAP	可读/可写	清零表示 USART2 无重映射;置 1 表示映射关系(CTS/PD3、RTS/PD4、TX/PD5、RX/PD6、CK/PD7)(对 STM32F103RCT6 无效)
2	USART1_REMAP	可读/可写	清零表示 USART1 无重映射;置 1 表示映射关系(TX/PB6、RX/PB7)
1	I2C1_REMAP	可读/可写	清零表示 I^2C1 无重映射;置 1 表示映射关系(SCL/PB8、SDA/PB9)
0	SP11_REMAP	可读/可写	清零表示 SPI 无重映射;置 1 表示映射关系(NSS/PA15、SCK/PB3、MISO/PB4、MOSI/PB5)

外部中断配置寄存器 AFIO_EXTICR1、AFIO_EXTICR2、AFIO_EXTICR3 和 AFIO_EXTICR4 的含义如表 4-3 所示。

表 4-3　外部中断配置寄存器 AFIO_EXTICR1～AFIO_EXTICR4

寄存器	位号	名称	含　义
AFIO_EXTICR4	31:16	保留	
	15:12	EXTI15[3:0]	
	11:8	EXTI14[3:0]	
	7:4	EXTI13[3:0]	
	3:0	EXTI12[3:0]	
AFIO_EXTICR3	31:16	保留	EXTIm[3:0]，$m=0,1,\cdots,15$ 表示外部中断 m，可取值为 000b、001b、010b、011b，依次表示 PA 口、PB 口、PC 口、PD 口。例如，设置 PC 口的第 3 引脚为外部中断 3 的输入端，则配置 EXTI3[3:0] 为 2（即 010b）
	15:12	EXTI11[3:0]	
	11:8	EXTI10[3:0]	
	7:4	EXTI9[3:0]	
	3:0	EXTI8[3:0]	
AFIO_EXTICR2	31:16	保留	
	15:12	EXTI7[3:0]	
	11:8	EXTI6[3:0]	
	7:4	EXTI5[3:0]	
	3:0	EXTI4[3:0]	
AFIO_EXTICR1	31:16	保留	
	15:12	EXTI3[3:0]	
	11:8	EXTI2[3:0]	
	7:4	EXTI1 [3:0]	
	3:0	EXTI0[3:0]	

复用功能重映射寄存器 AFIO_MAPR2 只有第 10 位有效，其余位保留。第 10 位符号为 FSMC_NADV，可读/可写属性，为 0 表示 FSMC_NADV 与外部端口 PB7 相连接，为 1 表示 FSMC_NADV 无连接，对 STM32F103RCT6 无效。

4.2　STM32F103 库函数用法

了解了 STM32F103RCT6 的 GPIO 寄存器（参考 4.1.1 节），就可以操作 GPIO 了。例如，令 PB5（即 GPIOB 的第 5 引脚）输出高电平，可以使用语句"GPIOB-> ODR |= (1uL≪5);"或"GPIOB->BSRR=(1uL≪5);"实现。这里的 GPIOB 是定义在文件 stm32f10x.h 中的结构体指针，如程序段 4-1 所示。

程序段 4-1　GPIOB 的定义

```
1    typedef struct
2    {
3      __IO uint32_t CRL;
4      __IO uint32_t CRH;
5      __IO uint32_t IDR;
6      __IO uint32_t ODR;
7      __IO uint32_t BSRR;
8      __IO uint32_t BRR;
9      __IO uint32_t LCKR;
10   } GPIO_TypeDef;
11   #define PERIPH_BASE          ((uint32_t)0x40000000)
12   #define APB2PERIPH_BASE      (PERIPH_BASE + 0x10000)
13   #define GPIOB_BASE           (APB2PERIPH_BASE + 0x0C00)
14   #define GPIOB                ((GPIO_TypeDef *) GPIOB_BASE)
15
16   GPIOB -> ODR &= ~(1uL << 5);
17   GPIOB -> ODR |= (1uL << 5);
```

程序段 4-1 中，"__IO"是宏定义量 volatile，表示其定义的变量在程序编译时不被优化掉；uint32_t 是自定义的 32 位无符号整型类型。第 1～10 行在结构体类型 GPIO_TypeDef 中按 GPIO 寄存器的地址先后顺序排列它们，第 11～13 行宏定义了 GPIOB_BASE 为 0x4001 0C00，即 GPIOB 口的基地址（见图 2-4），第 14 行宏定义 GPIOB 为指向 GPIOB 基地址的结构体指针变量，上文出现的"GPIOB-> ODR"表示 GPIOB 口的输出数据寄存器 GPIOB_ODR（见 4.1.1 节）。第 16 行表示 PB5 输出低电平，第 17 行表示 PB5 输出高电平。

事实上，文件 stm32f10x.h 中宏定义了 STM32F103RCT6 微控制器的各种片内外设的寄存器结构体指针，可以直接使用。文件 stm32f10x.h 是由 Keil MDK 自动产生的。如果不使用 stm32f10x.h 文件中的寄存器结构体指针，则需要自行定义各个寄存器，例如，对于地址为 0x4001 0C0C 的寄存器 GPIOB_ODR，可以如程序段 4-2 那样定义和使用。

程序段 4-2　自定义 GPIOB_ODR 寄存器

```
1    #define  GPIOB_ODR   *(unsigned int *)0x40010C0C
2
3    GPIOB_ODR &= ~(1uL << 5);
4    GPIOB_ODR |= (1uL << 5);
```

程序段 4-2 中，第 1 行定义寄存器 GPIOB_ODR，第 3 行 PB5 输出低电平，第 4 行 PB5 输出高电平。

上述的程序段 4-1 和程序段 4-2 中都直接使用了寄存器进行程序设计，这类程序称为基于寄存器的程序，简称寄存器类型程序。如果进行寄存器类型程序设计，需要对 stm32f10x.h 文件的内容进行全面的学习（该文件在 Keil MDK 创建新工程时自动产生）。

除了寄存器类型程序外，STM32F103 还支持一种抽象的程序类型，称为借助库函数的工程程序，简称库函数类型程序。

意法半导体公司针对 STM32F10x 微控制器的全部外设提供了可以抽象访问的库函数，所谓的抽象访问是指当访问片内外设时，不需要关心片内外设寄存器的地址和各位的含义，而是通过库函数定义的见名知义的常量和函数调用直接访问。例如，访问 PB5，用寄存器方式时，需要了解 PB 口的各个寄存器及其地址，还要了解 PB5 在各个寄存器中的位置；而用库函数方式时，根据库函数文件中定义的端口常量如 GPIO_PIN_5、GPIO_Mode_Out_PP、GPIO_Speed_50MHz 等和函数如 GPIO_Init 和 GPIO_SetBits 等进行访问，这些常量和函数大都见名知义，并且意法半导体公司制作了 STM32 库函数手册，方便查询和使用。

库函数相关的文件如表 4-4 所示。

表 4-4　库函数相关的文件

序号	库函数文件	库函数头文件	描述
1	stm32f10x_adc.c	stm32f10x_adc.h	ADC 模块库函数（36 个）
2	stm32f10x_bkp.c	stm32f10x_bkp.h	备份寄存器 BKP 模块库函数（12 个）
3	stm32f10x_can.c	stm32f10x_can.h	CAN 模块库函数（24 个）
4	stm32f10x_crc.c	stm32f10x_crc.h	CRC 模块库函数（6 个）
5	stm32f10x_dac.c	stm32f10x_dac.h	DAC 模块库函数（12 个）
6	stm32f10x_dma.c	stm32f10x_dma.h	DMA 模块库函数（11 个）
7	stm32f10x_exti.c	stm32f10x_exti.h	外部中断模块库函数（8 个）
8	stm32f10x_flash.c	stm32f10x_flash.h	Flash 模块库函数（28 个）
9	stm32f10x_fsmc.c	stm32f10x_fsmc.h	FSMC 模块库函数（19 个）
10	stm32f10x_gpio.c	stm32f10x_gpio.h	GPIO 模块库函数（18 个）
11	stm32f10x_i2c.c	stm32f10x_i2c.h	I^2C 模块库函数（33 个）

续表

序号	库函数文件	库函数头文件	描　述
12	stm32f10x_iwdg.c	stm32f10x_iwdg.h	内部独立看门狗模块库函数(6个)
13	stm32f10x_pwr.c	stm32f10x_pwr.h	功耗控制 PWR 模块库函数(9个)
14	stm32f10x_rcc.c	stm32f10x_rcc.h	RCC 模块库函数(32个)
15	stm32f10x_rtc.c	stm32f10x_rtc.h	RTC 模块库函数(14个)
16	stm32f10x_sdio.c	stm32f10x_sdio.h	SDIO 模块库函数(30个)
17	stm32f10x_spi.c	stm32f10x_spi.h	SPI 模块库函数(23个)
18	stm32f10x_tim.c	stm32f10x_tim.h	TIM 模块库函数(87个)
19	stm32f10x_usart.c	stm32f10x_usart.h	USART 模块库函数(29个)
20	stm32f10x_wwdg.c	stm32f10x_wwdg.h	WWDG 模块库函数(8个)
21	misc.c	misc.h	NVIC 和 SysTick 库函数(4个+1个)
22		stm32f10x_conf.h	包括了序号1~21的全部库函数头文件

由表 4-4 可知,库函数全部的文件都是开源的 C 语言代码,常量定义和函数声明位于.h 文件中,函数体位于.c 文件中。例如,在 stm32f10x_gpio.h 中有以下宏定义语句和函数声明:

程序段 4-3　stm32f10x_gpio.h 中的一个宏定义语句和一个函数声明

```
1    #define  GPIO_Pin_5              ((uint16_t)0x0020)
2    void  GPIO_SetBits(GPIO_TypeDef * GPIOx, uint16_t GPIO_Pin);
```

而在相应的 stm32f10x_gpio.c 文件中有以下函数:

程序段 4-4　stm32f10x_gpio.c 文件中的 GPIO_SetBits 函数

```
1    void GPIO_SetBits(GPIO_TypeDef * GPIOx, uint16_t GPIO_Pin)
2    {
3      / *  形参检查  * /
4      assert_param(IS_GPIO_ALL_PERIPH(GPIOx));
5      assert_param(IS_GPIO_PIN(GPIO_Pin));
6
7      GPIOx -> BSRR = GPIO_Pin;
8    }
```

程序段 4-3 中,GPIO_Pin_5 为常数(1uL≪5)。程序段 4-4 中,第 4~5 行为调用宏函数 assert_param 检查函数 GPIO_SetBits 的两个参数的合法性,第 7 行为写寄存器 GPIOx_BSRR。

结合程序段 4-1 中的第 14 行和程序段 4-3、程序段 4-4,可知语句"GPIO_SetBits (GPIOB, GPIO_Pin_5);"表示将 PB5 口设为 1。

因此,将 PB5 口设为 1,用寄存器方式为"GPIOB-> BSRR＝(1uL≪5);",用库函数方式为"GPIO_SetBits(GPIOB, GPIO_Pin_5);",显然后者封装了寄存器的各种信息,可读性更好,更接近自然语言。如果使用库函数进行工程设计,需要对表 4-4 中的文件,特别.h 文件中的每个常量和函数的含义进行细致的研究和了解。

▦▦ 4.3　Keil MDK 工程框架　　　　◆

本书使用了 Keil MDK v5.39 集成开发环境,是截至本书收官时的最新版本,本书中的全部工程都可以使用于 Keil MDK v5.39 及其后续版本。

在 D 盘下新建文件夹,命名为 STM32F103RCT6PRJ,本书所有工程均保存在该文件夹内。然后,在文件夹 STM32F103RCT6PRJ 内创建一个子文件夹 PRJ01,用于保存本节创建

视频讲解

的工程。接着,在该子文件夹下新建3个子文件夹PRJ、USER和BSP,其中,USER文件夹用于保存应用程序文件及其头文件;BSP文件夹用于保存板级支持包文件,即STM32F103芯片外设驱动文件及其头文件;PRJ文件夹用于保存工程文件,如图4-8所示。

安装Keil MDK时,建议将软件内核Core安装在D:\Keil_v539目录下,将支持包Pack安装在D:\Keil_v539\Arm\Packs目录下,如图4-9所示。

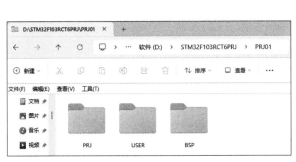

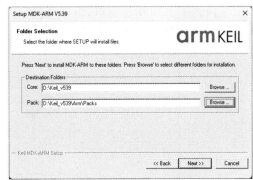

图 4-8　PRJ01 文件夹结构　　　　　　图 4-9　Keil MDK 安装界面

在图4-9中单击Next按钮开始安装,安装好Keil MDK后,会在桌面上显示快捷图标Keil μVision5,双击该图标进入图4-10所示窗口。

图 4-10　Keil MDK 工作窗口

在图4-10中,单击"芯片支持包安装"快捷按钮进入图4-11所示窗口。

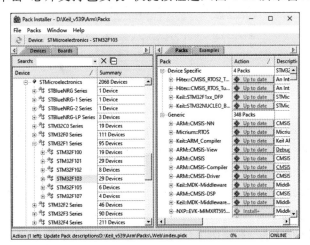

图 4-11　芯片支持包安装窗口

　　图 4-11 中的 Device 一栏中显示了 Keil MDK 开发环境所支持的芯片系列。在图 4-11 中,至少要安装图中所示的 STM32F103 系列的芯片支持包,前文提到的 stm32f10x.h 文件就位于该支持包内。此外,Micrium::RTOS 需要从 Silicon Labs 官网主页 Resources 下的 RTOS 链接中下载 μC/OS-Ⅱ 软件包,并将其复制到 D:\Keil_v539\Arm\Packs 目录下,然后,图 4-11 中自动显示 Micrium::RTOS。

　　回到图 4-10 所示窗口,单击菜单 Project | New μVision Project("|"后的部分表示子菜单项),弹出图 4-12 所示对话框。

图 4-12　创建新工程对话框

　　在图 4-12 所示对话框中,选择目录 D:\STM32F103RCT6PRJ\PRJ01\PRJ,然后,在"文件名(N)"输入框中输入工程文件名为 MyPrj,单击"保存(S)"按钮进入图 4-13 所示对话框。

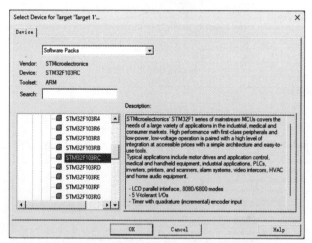

图 4-13　选择目标芯片型号对话框

　　在图 4-13 中,选择芯片 STM32F103RC,在 Description 中将显示该芯片的资源情况。在图 4-13 中单击 OK 按钮进入图 4-14 所示对话框。

　　在图 4-14 中,勾选 Core、DSP、GPIO 和 Startup 复选框,依次表示向工程中添加 Cortex-M3 内核支持库、数字信号处理算法库、通用输入/输出口驱动库和芯片启动代码文件。当使用数字信号处理算法库中的函数时,需要在用户程序文件中包括头文件 arm_math.h,数字信号处理(DSP)算法库中包含了大量经过优化的数学函数,可实现代数运算、复数运算、矩阵运算、数字滤波器和统计处理等,例如,浮点数的正弦、余弦和开方运算分别对应以下 3 个函数。

float32_t　y = arm_sin_f32(float32_t　x);

float32_t　y = arm_cos_f32(float32_t　x);

arm_sqrt_f32(float32_t　x,float32_t　* y)。

这里,float32 表示 32 位的浮点数据类型,上述 3 个函数对应的数学函数式依次为 $y = \sin(x)$、$y = \cos(x)$ 和 $* y = \sqrt{x}$。在图 4-14 中,RTOS 中的 uC/OS Common 和 uC/OS Kernel 为 μC/OS-Ⅱ 的系统文件,将用于第 10 章以后的工程中。

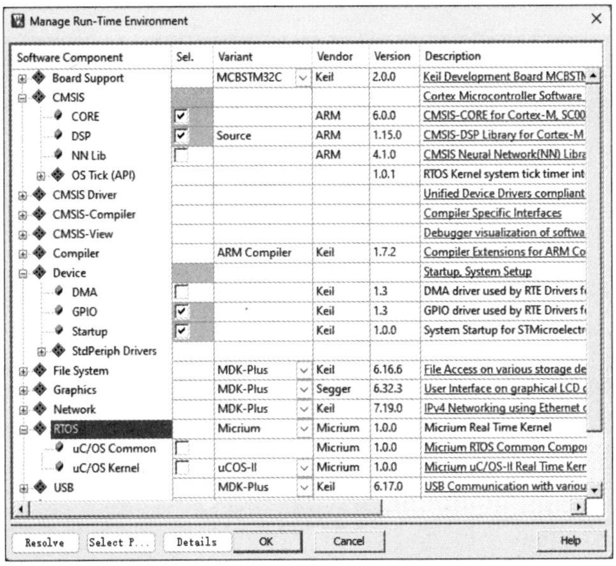

图 4-14　添加运行时(Run-Time)环境

在图 4-14 中,单击 OK 按钮进入图 4-15 所示窗口。

图 4-15　工程 PRJ01 工作窗口-Ⅰ

在图 4-15 所示窗口中,工程管理器显示新建的工程为 MyPrj,保存为 D:\ STM32F103RCT6PRJ\PRJ01\PRJ\MyPrj.uvprojx。可修改工程管理器中的目标 Target 1 和分组 Source Group 1 的名称,单击"工程管理"快捷按钮进入图 4-16 所示对话框。

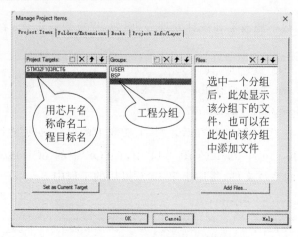

图 4-16　编辑工程管理器中的各项

在图 4-16 中,将原来的目标 Target 1 修改为 STM32F103RCT6,即所使用的芯片型号;将原来的分组 Source Group 1 删除,新建两个分组 USER 和 BSP(注意,这里的分组名与工程在硬件中的保存目录名没有直接的关系)。单击 OK 按钮进入图 4-17 所示窗口。

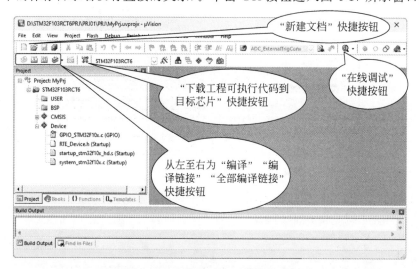

图 4-17　工程 PRJ01 工作窗口-Ⅱ

在图 4-17 中,工程管理器中有两个分组,即 USER 和 BSP,这两个分组分别用于管理用户程序文件和板级支持包文件。图 4-17 中显示了常用的快捷按钮,如"新建文档"快捷按钮用于打开一个文档输入窗口进行程序编辑;"在线调试"快捷按钮用于在线仿真调试;"编译""编译链接""全部编译链接"三个快捷按钮分别用于编译当前活跃文件、编译链接修改过的源文件和全部编译链接整个工程文件;"下载工程可执行代码到目标芯片"快捷按钮用于将编译链接成功后的.hex 目标代码写入 STM32F103RCT6 芯片的 Flash 存储器中。在图 4-17 中,右击 STM32F103RCT6,在弹出的快捷菜单中选择 Options for Target 'STM32F103RCT6'···Alt+F7,进入图 4-18 所示对话框。

在图 4-18 中,勾选 IROM1 复选框,长度为 0x40000(即 256KB Flash);选中 IRAM1,长度为 0xC000(即 48KB SRAM)。在图 4-18 中,选择 Output 选项卡,进入图 4-19 所示对话框。

在图 4-19 中,设定工程生成的目标文件名为 MyPrj,所在的路径为. \Objects\MyPrj,即工程所在路径下的目录 D:\STM32F103RCT6PRJ\PRJ01\PRJ\Objects\MyPrj,然后勾

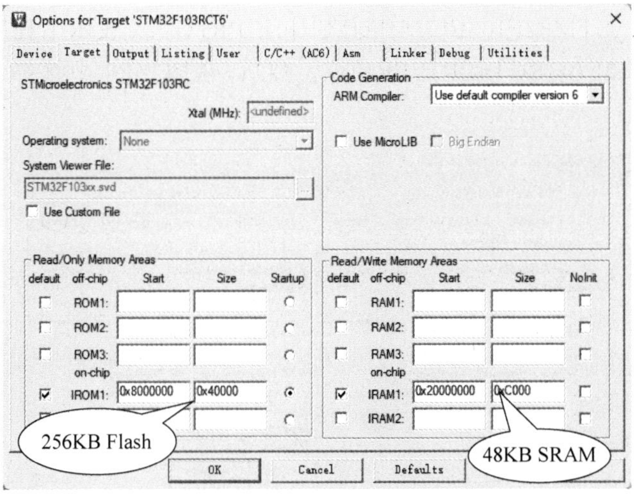

图 4-18　目标选项卡

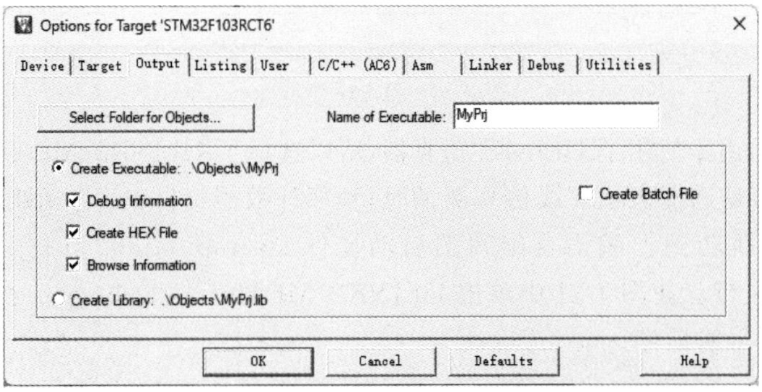

图 4-19　Output 输出目标文件路径和格式选项卡

选 Create HEX File 复选框，表示编译链接后产生 HEX 格式的目标文件。在图 4-19 中选择 C/C++选项卡，如图 4-20 所示。

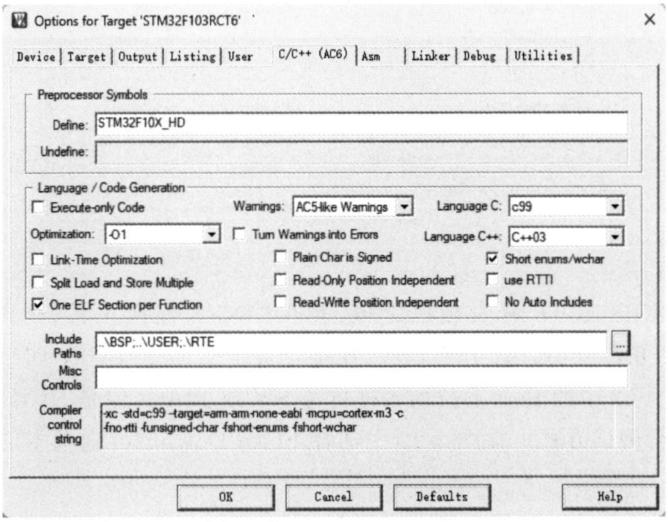

图 4-20　C/C++选项卡

在图 4-20 的 Include Paths 框中指定工程编译时搜索文件的路径，这里的"."表示工程所在的路径,即 D:\STM32F103RCT6PRJ\PRJ01\PRJ\,".."表示工程所在路径的上一层路径,即 D:\STM32F103RCT6PRJ\PRJ01\。然后,在图 4-20 中选择 Debug 选项卡,如图 4-21 所示。

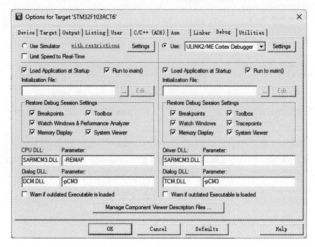

图 4-21 Debug 选项卡

在图 4-21 中,由于使用了 ULINK2 仿真器,所以选择了 ULINK2/ME Cotex Debugger,勾选 Run to main()复选框表示在线仿真调试时,程序计数器指针 PC 自动跳转到 main()函数执行,否则 PC 将跳转到汇编语言编写的启动文件 startup_stm32f10x_hd.s 中的 Reset_Handler 标号去执行。在图 4-21 中单击 ULINK2/ME Cortex Debugger 右侧的 Settings 按钮进入图 4-22 所示对话框。

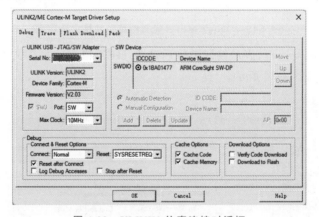

图 4-22 ULINK2 仿真连接对话框

如果 STM32F103RCT6 开发板已上电,且 ULINK2 连接正常,则图 4-22 中将显示 Cortex-M3 的 IDCODE 为 0x1BA01477,表示连接正常。STM32F103RCT6 支持 JTAG 和 SW 两种调试方式,图 4-22 中的 Port 下拉列表框可选 SW 或 JTAG,但是 STM32F103RCT6 开发板仅支持 SW 串行调试方式。在图 4-22 中选择 Flash Download 选项卡,进入图 4-23 所示对话框。

在图 4-23 中,添加 Flash 编程算法 STM32F10x High-density Flash,然后单击 OK 按钮回到图 4-21,在图 4-21 中单击 OK 按钮回到图 4-17,这样基于 Keil MDK 软件开发环境的工程框架就配置好了。

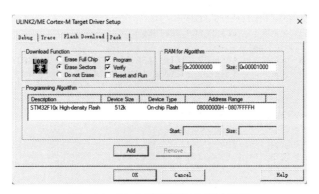

图 4-23　Flash 编程算法选择对话框

4.4　LED 灯闪烁实例

在 STM32F103RCT6 开发板上集成了 3 个 LED 灯,如图 3-5 所示。由图 3-5 和图 3-2 可知,LED 灯 D9 由 PB2 控制,LED 灯 D10 由 PD2 控制,LED 灯 D11 由 PB7 控制。下面介绍 LED 灯闪烁控制的工程设计实例。

由图 3-2 可知,STM32F103RCT6 开发板上的芯片 STM32F103RCT6 使用了内部时钟,即图 2-3 中的 HSI 时钟。如果使用 8MHz 外部时钟,即图 2-3 中的 HSE 时钟(由 OSC_IN 输入),则系统文件 system_stm32f10x.c 中的函数 SetSysClockTo72 自动将外部时钟倍频为 72MHz 的工作时钟。但是,使用 8MHz 内部 HSI 时钟时,系统文件 system_stm32f10x.c 中没有相应的倍频函数,需要用户设计,即需要配置 STM32F103RCT6 芯片的时钟配置寄存器 RCC_CFGR(地址:0x4002 1004)和时钟控制寄存器 RCC_CR(地址:0x4002 1000)。下文重点介绍使用 HSI 时钟时 RCC_CFGR 寄存器的配置。

当使用 8MHz 内部 RC 振荡器时钟 HSI 时,寄存器 RCC_CFGR 需作的配置如下。

(1) 第 16 位配置为 0,表示内部 PLL 使用 HSI 时钟的二分频信号作为输入信号,即 PLL 使用 4MHz 信号。

(2) 第[21:18]位域配置为 1111B,表示 PLL 对输入信号进行 16 倍频,即得到内部时钟为 64MHz,即图 2-3 中的 CPU 工作时钟 SYSCLK(或称系统工作时钟)。注意:STM32F103RCT6 芯片在使用外部时钟时,系统工作时钟 SYSCLK 最高可达 72MHz,但是使用内部 RC 振荡器时钟时,系统工作时钟 SYSCLK 最高为 64MHz。

(3) 第[26:24]位域配置为 101B,表示使用内部 HSI 时钟信号。

(4) 第[13:11]位域配置为 100B,表示 APB2 总线工作时钟为 32MHz。

(5) 第[10:8]位域配置为 101B,表示 APB1 总线工作时钟为 16MHz。

(6) 第[7:4]位域配置为 1000B,表示 AHB 总线工作时钟 HCLK 为 32MHz。

(7) 第[1:0]位域配置为 10B,表示 PLL 输出作为系统工作时钟。

对于 STM32F103RCT6 开发板而言,将系统文件 system_stm32f10x.c 中的函数 SetSysClockTo72 替换为程序段 4-5 中的同名函数,将芯片的工作时钟调整到 64MHz。

程序段 4-5　使用芯片 8MHz 内部 RC 振荡器时钟 HSI 时的函数 SetSysClockTo72

```
1    static void SetSysClockTo72(void) //Configure the Clock to 64MHz
2    {
3        RCC -> CR | = 0x01;
4        while((RCC -> CR & (1uL << 1)) == 0){}
```

```
5              /* Enable Prefetch Buffer */
6              FLASH -> ACR |= FLASH_ACR_PRFTBE;
7              /* Flash 2 wait state */
8              FLASH -> ACR &= (uint32_t)((uint32_t)~FLASH_ACR_LATENCY);
9              FLASH -> ACR |= (uint32_t)FLASH_ACR_LATENCY_2;
10
11             RCC -> CFGR |= (1uL << 26) & (1uL << 24);
12             RCC -> CFGR |= (15uL << 18);
13             RCC -> CFGR &= ~(1uL << 16);
14             RCC -> CFGR |= (1uL << 13);
15             RCC -> CFGR |= (1uL << 10) & (1uL << 8);
16             RCC -> CFGR |= (1uL << 7);
17
18             /* Enable PLL */
19             RCC -> CR |= (1uL << 24);
20
21             /* Wait till PLL is ready */
22             while((RCC -> CR & (1uL << 25)) == 0){ }
23
24             RCC -> CFGR |= (1uL << 1);
25             /* Wait till PLL is used as system clock source */
26             while ((RCC -> CFGR & (1uL << 3)) != (1uL << 3)){ }
27       }
```

在程序段 4-5 中,RCC-> CFGR 寄存器的默认值为 0,第 11~16 行配置 STM32F103RCT6 工作在 64MHz 时钟下,且 APB1 总线时钟为 16MHz,APB2 总线时钟和 AHB 总线时钟均为 32MHz。这里没有将 APB1 和 APB2、AHB 总线的时钟配置为 32MHz 和 64MHz,是因为内部 RC 时钟不如外部时钟稳定,不宜借助 PLL 实现较高的倍频。第 19 行将 RCC-> CR 寄存器的第 24 位设置为 1,表示使用 PLL;第 22 行使用 while 循环等待 RCC-> CR 寄存器的第 25 位为 1,如果第 25 位为 1 则表示 PLL 稳定,从而执行后续代码;第 24 行设置 RCC-> CFGR 寄存器的第 1 位为 1,这里实际上是配置 CFGR 寄存器的第[1:0]位域为 10B(CFGR 寄存器默认为 0),即将 PLL 倍频输出作为系统工作时钟;第 26 行使用 while 循环等待 CFGR 寄存器的第 1 位为 1,实际上是等待 CFGR 寄存器的第[3:2]位域为 10B,如果第[3:2] 位域为 10B 表示 PLL 输出时钟已稳定。

注意: 对于本书的全部工程,都需要将系统文件 system_stm32f10x.c 中的函数 SetSysClockTo72 替换为程序段 4-5 中的同名函数。

4.4.1 寄存器类型工程实例

在图 4-17 基础上,新建文件 led.c 和 led.h,保存在子文件夹 BSP 下。新建文件 main.c、includes.h 和 vartypes.h,保存在子文件夹 USER 下。接着,将 led.c 文件添加到工程管理器的 BSP 分组下,将 main.c 文件添加到工程管理器的 USER 分组下,如图 4-24 所示。图 4-24 中 Project 中的分组名与子文件夹的名称是相同的,但是二者没有联系,分组名可以使用各种符号和汉字。

下面依次介绍工程 PRJ01 中的各个文件,如程序段 4-6~程序段 4-10 所示。

程序段 4-6 文件 vartypes.h

```
1     //Filename: vartypes.h
2
3     # ifndef _VARTYPES_H
4     # define _VARTYPES_H
5
6     typedef unsigned char   Int08U;
```

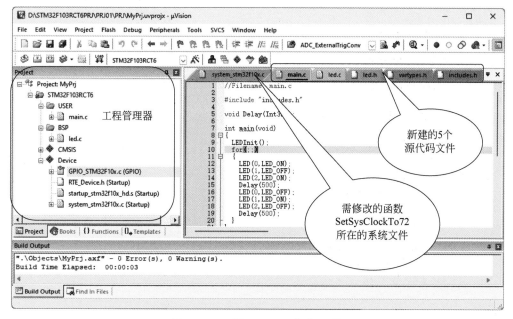

图 4-24　工程 PRJ01 工作窗口-Ⅲ

```
7    typedef signed char      Int08S;
8    typedef unsigned short   Int16U;
9    typedef signed short     Int16S;
10   typedef unsigned int     Int32U;
11   typedef signed int       Int32S;
12
13   typedef float            Float32;
14
15   typedef enum {LED_ON,LED_OFF} LEDState;
16
17   # endif
```

头文件 vartypes.h 是用户自定义的变量类型文件。程序段 4-6 中,第 3、4 行和第 17 行构成预编译处理,由于头文件 vartypes.h 被工程中的多个源文件包括,使用预编译处理指令可保证该头文件仅被包括一次。第 6~11 行依次定义了自定义变量类型:无符号 8 位整型、有符号 8 位整型、无符号 16 位整型、有符号 16 位整型、无符号 32 位整型和有符号 32 位整型。第 13 行定义了 32 位浮点型自定义变量类型。第 15 行定义了枚举型自定义类型,用于定义 LED 灯的状态,LED_ON 和 LED_OFF 分别用于表示 LED 灯的开和关的状态。

程序段 4-7　文件 includes.h

```
1    //Filename: includes.h
2
3    # include "stm32f10x.h"
4
5    # include "vartypes.h"
6    # include "led.h"
```

头文件 includes.h 是工程中总的包括头文件,包括了工程中用到的其余全部头文件,该includes.h 头文件被全部用户源文件所包括。程序段 4-7 中第 3 行包括了系统头文件stm32f10x.h,该头文件中宏定义了 STM32F103RCT6 芯片的全部片内外设的寄存器。第 5 行包括了头文件 vartypes.h,该头文件为用户自定义的变量类型头文件。第 6 行包括了头文件 led.h,该头文件声明了源文件 led.c 中定义的函数的原型。

程序段 4-8　文件 main. c

```
1    //Filename: main. c
2
3    # include "includes. h"
4
5    void Delay(Int32U);
6
7    int main(void)
8    {
9      LEDInit();
10     for(;;)
11     {
12         LED(0,LED_ON);
13         LED(1,LED_OFF);
14         LED(2,LED_ON);
15         Delay(500);
16         LED(0,LED_OFF);
17         LED(1,LED_ON);
18         LED(2,LED_OFF);
19         Delay(500);
20     }
21   }
22
23   void Delay(Int32U u)
24   {
25      volatile Int32U i,j;
26      for(i = 0;i < u;i++)
27          for(j = 0;j < 6000;j++);
28   }
```

文件 main. c 是工程的主程序文件,即包含了程序入口 main()函数的文件。程序段 4-8 中,第 3 行包括了头文件 includes. h;第 5 行声明了延时函数 Delay();第 7～21 行为 main()函数。在 main()函数中,第 9 行调用 LEDInit()函数初始化 LED 灯控制,该函数位于 led. c 中;第 10～20 行为无限循环体,依次执行 LED 灯 D9 亮(第 12 行)、LED 灯 D10 灭(第 13 行)、LED 灯 D11 亮(第 14 行)、延时约 1s(第 15 行)、LED 灯 D9 灭(第 16 行)、LED 灯 D10 亮(第 17 行)、LED 灯 D11 灭(第 18 行)和延时约 1s(第 19 行)。第 23～28 行为延时函数 Delay()的函数体,通过 for 循环实现延时。

注意,第 25 行"volatile Int32U i,j;"中使用 volatile 修饰定义的变量,表示该变量不能被编译器优化掉。

程序段 4-9　文件 led. h

```
1    //Filename: led. h
2
3    # include "vartypes. h"
4
5    # ifndef  _LED_H
6    # define  _LED_H
7
8    void LEDInit(void);
9    void LED(Int08U,LEDState);
10
11    # endif
```

文件 led. h 是程序段 4-10 中文件 led. c 的头文件,本书工程中,每个源文件都有一个对应的头文件,用于声明源文件中定义的函数。程序段 4-9 中,第 3 行包括了头文件 vartypes. h,因为第 9 行的函数声明用到了自定义变量类型 Int08U 和 LEDState;第 8 行声明了 LEDInit 函数；第 9 行声明了 LED 函数。

程序段 4-10　文件 led.c

```
1    //Filename: led.c
2
3    #include "includes.h"
4
5    void LEDInit(void)
6    {
7      RCC -> APB2ENR |= (1uL << 3) | (1uL << 5);
8      GPIOB -> CRL |= (1uL << 8);
9      GPIOB -> CRL &= ~((1uL << 9) | (1uL << 10) | (1uL << 11));
10
11     GPIOB -> CRL |= (1uL << 28);
12     GPIOB -> CRL &= ~((1uL << 29) | (1uL << 30) | (1uL << 31));
13
14     GPIOD -> CRL |= (1uL << 8);
15     GPIOD -> CRL &= ~((1uL << 9) | (1uL << 10) | (1uL << 11));
16   }
17
18   void LED(Int08U w, LEDState s) //w - which(0,1or2), s - state(LED_ONorLED_OFF)
19   {
20     switch(w)
21     {
22        case 0:
23           if(s == LED_ON)
24              GPIOB -> BRR = (1uL << 2);
25           else
26              GPIOB -> BSRR = (1uL << 2);
27           break;
28        case 1:
29           if(s == LED_ON)
30              GPIOD -> BRR = (1uL << 2);
31           else
32              GPIOD -> BSRR = (1uL << 2);
33           break;
34        case 2:
35           if(s == LED_ON)
36              GPIOB -> BRR = (1uL << 7);
37           else
38              GPIOB -> BSRR = (1uL << 7);
39           break;
40        default:
41           break;
42     }
43   }
```

文件 led.c 是 LED 灯的驱动文件，包括了两个函数，即 LEDInit() 和 LED()。程序段 4-10 中，第 3 行包括了头文件 includes.h。第 5～16 行为 LEDInit() 函数。第 7 行打开 PB 口和 PD 口的时钟源（见图 4-7）；第 8～9 行配置 PB2 为推挽输出，最大工作频率为 10MHz（见图 4-2）；第 11～12 行配置 PB7 为推挽输出，最大工作频率为 10MHz（见图 4-2）；第 14～15 行配置 PD2 为推挽输出，最大工作频率为 10MHz（见图 4-2）。第 18～42 行为 LED() 函数，该函数有两个参数 w 和 s，w 取 0 表示 LED 灯 D9，w 取 1 表示 LED 灯 D10，w 取 2 表示 LED 灯 D11；s 取值 LED_ON，表示相应的 LED 灯点亮，s 取值 LED_OFF，表示相应的 LED 灯熄灭。在 LED() 函数中，第 20 行判断 w 的值，如果为 0，则第 23～27 行被执行，如果第 23 行为真，则第 24 行点亮 LED 灯 D9，否则熄灭 LED 灯 D9（第 26 行）；如果 w 的值为 1，则第 29～33 行被执行，如果第 29 行为真，则点亮 LED 灯 D10（第 30 行），否则熄灭 LED 灯 D10（第 32 行）；

如果 w 的值为 2,则第 35～39 行被执行,如果第 35 行为真,则点亮 LED 灯 D11(第 36 行),否则熄灭 LED 灯 D11(第 38 行)。

工程 PRJ01 的执行流程如图 4-25 所示。

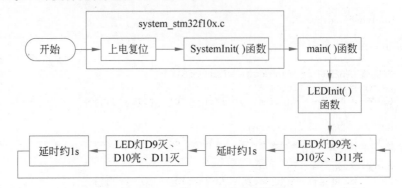

图 4-25　工程 PRJ01 的执行流程

由图 4-25 可知,工程 PRJ01 上电复位后,首先执行位于文件 system_stm32f10x.c 中的 SystemInit()函数,用于将 STM32F103RCT6 的时钟由 8MHz 调整到 64MHz(除此之外,在启动文件 startup_stm32f10x_hd.s 中还为 C 语言函数分配了堆栈空间);然后转到 main()函数执行;进入 main()函数后,首先调用 LEDInit 函数初始化 LED 灯的控制;接着进入无限循环体,依次循环执行“LED 灯 D9 亮、D10 灭、D11 亮—延时约 1s—LED 灯 D9 灭、D10 亮、D11 灭—延时约 1s”。其中,各个 LED 灯的亮和灭是由 main()函数调用 led.c 文件中的 LED()函数实现的,延时函数 Delay()位于主文件 main.c 中,由 for 循环实现。

视频讲解

4.4.2　库函数类型工程实例

本节借助调用库函数的方式实现工程 PRJ01 的功能。

在工程 PRJ01 基础上新建工程 PRJ02,保存在目录 D:\STM32F103RCT6PRJ 下,此时的工程 PRJ02 与工程 PRJ01 完全相同。将 STM32F10x 的库函数文件复制到目录 D:\STM32F103RCT6PRJ\PRJ02 下,此时,工程 PRJ02 的目录结构如图 4-26 所示,这里 STM32F103 的库函数可从意法半导体公司官网上下载,或从 OpenEdv 开源电子网上下载。

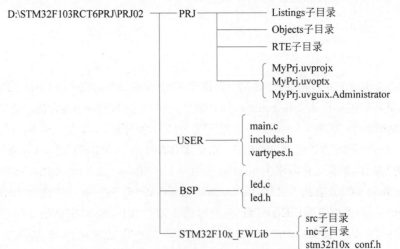

图 4-26　工程 PRJ02 目录和文件结构

然后，复制文件 stm32f10x_conf.h 到目录 D:\STM32F103RCT6PRJ\PRJ02\STM32F10x_FWLib 下，该文件包括了目录 D:\STM32F103RCT6PRJ\PRJ02\STM32F10x_FWLib\inc 中的全部头文件。

图 4-26 中的 src 子目录包括了表 4-4 中"库函数文件"一栏中的全部文件，inc 子目录包括了表 4-4 中"库函数头文件"一栏中的全部文件。

在工程 PRJ02 中，修改图 4-20 所示的 C/C++选项卡，如图 4-27 所示，即添加两个全局的宏定义常量 STM32F10X_HD 和 USE_STDPERIPH_DRIVER，并且编译的搜索路径改为".. \ BSP;.. \ USER;. \ RTE;.. \ STM32F10x_FWLib;.. \ STM32F10x_FWLib\inc;.. \ STM32F10x_FWLib\src"。

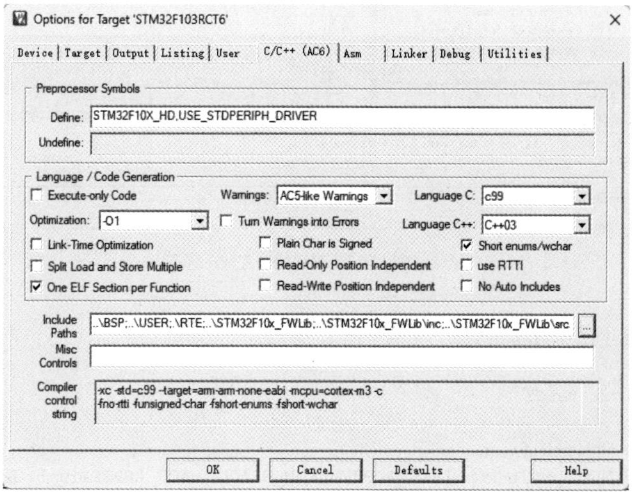

图 4-27 C/C++选项卡

这里添加了宏定义常量 USE_STDPERIPH_DRIVER 是因为在文件 stm32f10x.h 中有以下语句：

程序段 4-11 文件 stm32f10x.h 中的语句

```
1    #ifdef  USE_STDPERIPH_DRIVER
2      #include "stm32f10x_conf.h"
3    #endif
```

程序段 4-11 中，如果定义了常量 USE_STDPERIPH_DRIVER(第 1 行为真)，则包括头文件 stm32f10x_conf.h(第 2 行)，该头文件中包含了全部库函数的头文件。

由于库函数文件是针对 STM23F10x 全系列的微控制器，所以宏定义常量 STM32F10X_HD 表示仅使得那些与 STM32F103RCT6 相关的常量和函数有效(尽管在图 4-20 中也宏定义了该常量，但是在基于寄存器的工程 PRJ01 中无实质意义)。

在工程管理器中，新建分组 LIB，将目录 D:\STM32F103RCT6PRJ\PRJ02\ STM32F10x_FWLib\src 下的文件 stm32f10x_gpio.c 和 stm32f10x_rcc.c 添加到分组 LIB 下(当然，也可以将 src 子目录下的全部文件都添加到分组 LIB 下，这里仅添加了本工程中用到的源文件)，如图 4-28 所示。

相对于工程 PRJ01 中的文件，工程 PRJ02 只需要修改 led.c 文件，如程序段 4-12 所示。

程序段 4-12 文件 led.c

```
1    //Filename: led.c
```

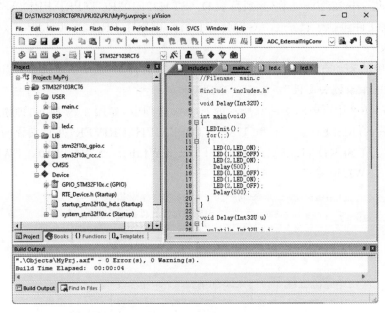

图 4-28　工程 PRJ02 工作窗口

```
2
3      #include "includes.h"
4
5      void LEDInit(void)
6      {
7        GPIO_InitTypeDef  g;
8        RCC_APB2PeriphClockCmd(RCC_APB2Periph_GPIOB | RCC_APB2Periph_GPIOD, ENABLE);
9
10       g.GPIO_Pin = GPIO_Pin_2 | GPIO_Pin_7;
11       g.GPIO_Mode = GPIO_Mode_Out_PP;
12       g.GPIO_Speed = GPIO_Speed_50MHz;
13       GPIO_Init(GPIOB, &g);
14
15       g.GPIO_Pin = GPIO_Pin_2;
16       g.GPIO_Mode = GPIO_Mode_Out_PP;
17       g.GPIO_Speed = GPIO_Speed_50MHz;
18       GPIO_Init(GPIOD, &g);
19     }
20
21     void LED(Int08U w, LEDState s) //w - which(0, 1or2), s - state(LED_ONorLED_OFF)
22     {
23       switch(w)
24       {
25           case 0:
26               if(s == LED_ON)
27                   GPIO_ResetBits(GPIOB, GPIO_Pin_2);
28               else
29                   GPIO_SetBits(GPIOB, GPIO_Pin_2);
30               break;
31           case 1:
32               if(s == LED_ON)
33                   GPIO_ResetBits(GPIOD, GPIO_Pin_2);
34               else
35                   GPIO_SetBits(GPIOD, GPIO_Pin_2);
36               break;
37           case 2:
```

```
38              if(s == LED_ON)
39                  GPIO_ResetBits(GPIOB,GPIO_Pin_7);
40              else
41                  GPIO_SetBits(GPIOB, GPIO_Pin_7);
42              break;
43          default:
44              break;
45      }
46  }
```

对比程序段 4-10 可知,程序段 4-12 中,第 8 行调用 RCC_APB2PeriphClockCmd 库函数打开 PB 口和 PD 口的时钟源。第 7 行定义变量 g,第 10~12 行为结构体变量 g 赋值,这里的类型 GPIO_InitTypeDef 定义在库函数头文件 stm32f10x_gpio.h 中,如下所示。

程序段 4-13　头文件 stm32f10x_gpio.h 中的类型 GPIO_InitTypeDef 定义

```
1   typedef enum
2   {
3     GPIO_Speed_10MHz = 1,
4     GPIO_Speed_2MHz,
5     GPIO_Speed_50MHz
6   }GPIOSpeed_TypeDef;
7
8   typedef enum
9   { GPIO_Mode_AIN = 0x0,
10    GPIO_Mode_IN_FLOATING = 0x04,
11    GPIO_Mode_IPD = 0x28,
12    GPIO_Mode_IPU = 0x48,
13    GPIO_Mode_Out_OD = 0x14,
14    GPIO_Mode_Out_PP = 0x10,
15    GPIO_Mode_AF_OD = 0x1C,
16    GPIO_Mode_AF_PP = 0x18
17  }GPIOMode_TypeDef;
18
19  typedef struct
20  {
21    uint16_t   GPIO_Pin;
22    GPIOSpeed_TypeDef   GPIO_Speed;
23    GPIOMode_TypeDef    GPIO_Mode;
24  }GPIO_InitTypeDef;
25
26  #define  GPIO_Pin_2     ((uint16_t)0x0004)
27  #define  GPIO_Pin_7     ((uint16_t)0x0080)
```

结合程序段 4-13 可知,程序段 4-12 中,第 10~12 行为配置 GPIO 的属性,第 13 行调用 GPIO_Init 库函数将 GPIOB 口按设定的属性初始化;同理,第 15~18 行初始化 GPIOD 口。GPIO_Init 函数的定义位于库函数文件 stm32f10x_gpio.c 中。

对比程序段 4-10 的函数 LED,这里程序段 4-12 的 LED 函数中调用库函数 GPIO_ResetBits 清零端口,调用库函数 GPIO_SetBits 置位端口,这两个库函数的定义位于库函数文件 stm32f10x_gpio.c 中。

当习惯使用库函数方法设计工程时,会发现库函数方式更加直观易用。

4.5　小结

　　本章介绍了 STM32F103RCT6 微控制器的 GPIO 结构及其寄存器,同时,也讨论了 AFIO 寄存器以及复位与时钟控制模块中与 GPIO 相关的寄存器。然后,阐述了库函数的用法,并讨论了寄存器类型的工程与库函数类型的工程的区别。最后,介绍了 Keil MDK 工程框架,以 LED 灯闪烁为例,详细介绍了寄存器类型工程和库函数类型工程的程序设计方法。对于库函数类型工程,需要初学者有一个长时间的适应过程,需要花一定的时间学习表 4-4 中列出的库函数文件和头文件。

习题

　　1. 详细说明 GPIO 各个寄存器的含义和作用。

　　2. 结合本章内容,说明 AFIO 各个寄存器的含义和作用。

　　3. 使用 Keil MDK 软件创建一个工程框架,并实现 LED 灯的闪烁功能。

　　4. 对比分析库函数类型工程与寄存器类型工程的特点。

　　5. 编写工程实现两个 LED 灯的周期闪烁,闪烁规律为"3 3 7 2 2 5",其中,数字表示 LED 灯点亮的时间(单位: s),熄灭时间固定为 1s。

第 5 章

按键与中断处理

本章将介绍 NVIC(嵌套向量中断控制器)的工作原理,阐述 STM32F103RCT6 微控制器外部输入中断的工作原理。接着,以用户按键为例,详细解释 NVIC 中断的寄存器类型和库函数类型的程序设计方法。然后,介绍 ZLG7289B 芯片驱动 LED 灯、按键和数码管的原理和程序设计方法。

本章的学习目标:

- 了解 NVIC 中断响应方法;
- 熟悉 GPIO 中断响应方法;
- 熟练应用寄存器或库函数进行 GPIO 中断程序设计;
- 熟练应用 ZLG7289B 驱动 LED 灯和按键。

5.1 NVIC 中断工作原理

NVIC 相关的中断管理工作主要有开放中断、关闭中断、设置中断请求标志、读中断请求标志、清除中断请求标志和配置中断优先级等。NVIC 的寄存器有 ISER0、ISER1、ICER0、ICER1、ISPR0、ISPR1、ICPR0、ICPR1、IABR0、IABR1、IPR0~IPR14 和 STIR,如表 5-1 所示。

表 5-1　NVIC 的寄存器

序号	地　　址	寄存器	名　　称	描　　述
1	0xE000E100	ISER0	中断开放寄存器	ISER0[0]~ISER0[31]、ISER1[0]~ISER1[27]依次对应中断号为 0~59 的中断,各位写 0 无效,写 1 开放中断
	0xE000E104	ISER1		
2	0xE000E180	ICER0	中断关闭寄存器	ICER0[0]~ICER0[31]、ICER1[0]~ICER1[27]依次对应中断号为 0~59 的中断,各位写 0 无效,写 1 关闭中断
	0xE000E184	ICER1		
3	0xE000E200	ISPR0	中断设置请求状态寄存器	ISPR0[0]~ISPR0[31]、ISPR1[0]~ISPR1[27]依次对应中断号为 0~59 的中断,各位写 0 无效,写 1 请求中断
	0xE000E204	ISPR1		
4	0xE000E280	ICPR0	中断清除请求状态寄存器	ICPR0[0]~ICPR0[31]、ICPR1[0]~ICPR1[27]依次对应中断号为 0~59 的中断,各位写 0 无效,写 1 清除中断标志
	0xE000E284	ICPR1		
5	0xE000E300	IABR0	中断活跃位寄存器(只读)	IABR0[0]~IABR0[31]、IABR1[0]~IABR1[27]依次对应中断号为 0~59 的中断,各位读出 1,表示相应中断活跃
	0xE000E304	IABR1		

续表

序号	地　址	寄存器	名　称	描　述
6	0xE000E400～ 0xE000E438	IPR0～ IPR14	中断优先级寄存器	共有16个优先级,优先级号为0～15, 优先级号0表示的优先级最高,优先 级号15表示的优先级最低
7	0xE000EF00	STIR	软件触发中断寄 存器	第[8:0]位域有效,写入0～59中的某 一中断号,则触发相应的中断

下面以 ISER0 和 ISER1 为例,介绍开放中断的方法。

根据表 5-1 可知,ISER0[0]～ISER0[31]对应着中断号为 0～31 的 NVIC 中断,而 ISER1[0]～ISER1[27]对应着中断号为 32～59 的 NVIC 中断。由表 2-4 可知,外部中断 2 的中断号为 8,而 USART2 中断的中断号为 38,开放这两个中断的语句依次为

```
ISER0 = (1uL << 8);
ISER1 = (1uL << 6);
```

设中断号为 IRQn,则这两个语句也可以写为如下统一的语句形式:

```
ISER0 = 1uL << (IRQn & 0x1F);
ISER1 = 1uL << (IRQn & 0x1F);
```

上述开放中断的方法被用在 CMSIS 库文件中。

在 CMSIS 库头文件 core_cm3.h 中定义了 NVIC 中断的相关操作,这里重点介绍开放中断、关闭中断、设置中断请求标志、读中断请求标志、清除中断请求标志、设置中断优先级和获取中断优先级的函数,如程序段 5-1 所示。

程序段 5-1　NVIC 中断相关的 CMSIS 库函数(摘自 core_cm3.h 文件)

```
1    typedef struct
2    {
3      __IO uint32_t ISER[8U];       //偏移地址:0x000(可读/可写) 中断设置使能寄存器
4          uint32_t RESERVED0[24U];
5      __IO uint32_t ICER[8U];       //偏移地址:0x080(可读/可写) 中断清除使能寄存器
6          uint32_t RSERVED1[24U];
7      __IO uint32_t ISPR[8U];       //偏移地址:0x100(可读/可写) 中断设置请求寄存器
8          uint32_t RESERVED2[24U];
9      __IO uint32_t ICPR[8U];       //偏移地址:0x180(可读/可写) 中断清除请求寄存器
10         uint32_t RESERVED3[24U];
11     __IO uint32_t IABR[8U];       //偏移地址:0x200(可读/可写) 中断活跃标志位寄存器
12         uint32_t RESERVED4[56U];
13     __IO uint8_t  IP[240U];       //偏移地址:0x300(可读/可写) 中断优先级寄存器(8位)
14         uint32_t RESERVED5[644U];
15     __O  uint32_t STIR;           //偏移地址:0xE00(只写) 软件触发中断寄存器
16   }  NVIC_Type;
17
18   # define SCS_BASE           (0xE000E000UL)
19   # define NVIC_BASE          (SCS_BASE +   0x0100UL)
20   # define NVIC               ((NVIC_Type   * )NVIC_BASE)
21
```

第 1～16 行为自定义结构体类型 NVIC_Type,各成员的位置与表 5-1 中各个寄存器的位置相对应,再结合第 18～20 行可知,NVIC 为指向首地址 0xE000E100 的结构体指针,这样(结合表 5-1),NVIC-> ISER[0]指向的地址即为 ISER0 寄存器的地址,NVIC-> ISER[1]指向的地址即为 ISER1 寄存器的地址,以此类推,NVIC-> STIR 指向的地址即为 STIR 寄存器的地址。

```
22   __STATIC_INLINE void NVIC_EnableIRQ(IRQn_Type IRQn)    // 开中断
23   {
```

```
24        NVIC - > ISER[((uint32_t)(IRQn) >> 5)] = (1 << ((uint32_t)(IRQn) & 0x1F));
25    }
26
```

第 22~25 行为开放 NVIC 中断函数 NVIC_EnableIRQ,形参为 IRQn_Type 类型的变量,该自定义类型定义在 stm32f10x.h 文件中,如程序段 5-2 所示。第 24 行根据 IRQn 的值设置 ISER[0]或 ISER[1]相应的位,即开放 IRQn 对应的 NVIC 中断。

```
27    __STATIC_INLINE void NVIC_DisableIRQ(IRQn_Type IRQn)    // 关中断
28    {
29        NVIC - > ICER[((uint32_t)(IRQn) >> 5)] = (1 << ((uint32_t)(IRQn) & 0x1F));
30    }
31
```

第 27~30 行为关闭 NVIC 中断函数 NVIC_DisableIRQ,形参为 IRQn_Type 类型的变量。第 29 行根据 IRQn 的值向 ICER[0]或 ICER[1]相应的位写入 1,关闭 IRQn 对应的 NVIC 中断。

```
32    __STATIC_INLINE void NVIC_SetPendingIRQ(IRQn_Type IRQn)    // 中断请求
33    {
34        NVIC - > ISPR[((uint32_t)(IRQn) >> 5)] = (1 << ((uint32_t)(IRQn) & 0x1F));
35    }
36
```

第 32~35 行为设置中断请求标志的函数 NVIC_SetPendingIRQ,形参为 IRQn_Type 类型的变量。第 34 行根据 IRQn 的值向 ISPR[0]或 ISPR[1]相应的位写入 1,设置 IRQn 对应的 NVIC 中断请求标志,即使该 NVIC 中断处于请求态。

```
37    __STATIC_INLINE uint32_t NVIC_GetPendingIRQ(IRQn_Type IRQn)    // 处于请求态时返回 1;
38                                                                  //否则返回 0
39        return((uint32_t) ((NVIC - > ISPR[(uint32_t)(IRQn) >> 5] & (1 << ((uint32_t)(IRQn) &
      0x1F)))?1:0));
40    }
41
```

第 37~40 行为获取 NVIC 中断的请求状态函数 NVIC_GetPendingIRQ,形参为 IRQn_Type 类型的变量。第 39 行根据 IRQn 的值读出它对应的 ISPR[0]或 ISPR[1]的位,如果 IRQn 中断处于请求态,则返回 1;否则返回 0。

```
42    __STATIC_INLINE void NVIC_ClearPendingIRQ(IRQn_Type IRQn)    // 清除中断请求标志
43    {
44        NVIC - > ICPR[((uint32_t)(IRQn) >> 5)] = (1 << ((uint32_t)(IRQn) & 0x1F));
45    }
46
```

第 42~45 行为清除 NVIC 中断请求标志的函数 NVIC_ClearPendingIRQ,形参为 IRQn_Type 类型的变量。第 44 行根据 IRQn 的值向 ICPR[0]或 ICPR[1]相应的位写入 1,清除 IRQn 对应的 NVIC 中断标志。

```
47    __STATIC_INLINE void NVIC_SetPriority(IRQn_Type IRQn, uint32_t priority)
48    {
49        if((int32_t)IRQn < 0)
50        {   //为 Cortex - M3 系统异常:MemManage,BusFault,UsageFault,SVC,DebugMon 设定优先级
51            SCB - > SHP[((uint32_t)(IRQn) & 0xF) - 4] = ((priority << (8 - __NVIC_PRIO_BITS)) & 0xff);
52        }
53        else
54        {   // 为中断:IRQn,n = 0~59 设定优先级
55            NVIC - > IP[(uint32_t)(IRQn)] = ((priority << (8 - __NVIC_PRIO_BITS)) & 0xff);
56        }
57    }
```

第 47~57 行为设置异常和中断优先级的函数 NVIC_SetPriority,形参有两个:
(1)IRQn_Type 类型的变量 IRQn 为中断号;(2)无符号 32 位整型变量 priority 为设置的
优先级号数值。第 49~52 行设置中断号为-12~-1 的异常的优先级号;第 53~56 行设
置中断号为 0~59 的中断的优先级号。这里的"__NVIC_PRIO_BITS"为宏定义的常数 4,
因此,priority 的取值为 0~15。中断优先级号小的中断具有较高的优先级;如果有多个中
断被设置为相同的优先级,则中断号小的中断优先级高。

```
58    __STATIC_INLINE uint32_t NVIC_GetPriority(IRQn_Type IRQn)
59    {
60        if ((int32_t)(IRQn) < 0)
61        {
62          return(((uint32_t)SCB->SHP[(((uint32_t) IRQn) & 0xFuL) -4UL] >> (8U - __NVIC_
      PRIO_BITS)));
63        }
64        else
65        {
66          return(((uint32_t)NVIC->IP[((uint32_t) IRQn)] >> (8U - __NVIC_PRIO_BITS)));
67        }
68    }
```

第 58~68 行为获取异常和中断优先级的函数 NVIC_GetPriority,形参为 IRQn_Type
类型的变量 IRQn,返回值为中断的优先级号。对于中断号小于 0 的异常,第 60~63 行获取
异常的优先级号;否则,第 65~67 行获取中断号为 0~59 的 NVIC 中断的优先级号。

程序段 5-1 中,第 47~68 行的代码需要访问中断优先级寄存器 IPR0~IPR14,这些寄
存器的结构如图 5-1 所示。

位号	31 30 29 28	27 26 25 24	23 22 21 20	19 18 17 16	15 14 13 12	11 10 9 8	7 6 5 4	3 2 1 0
IPR0	RTC	27 26 25 24	TAMPER	19 18 17 16	PVD	11 10 9 8	WWDG	3 2 1 0
IPR1	EXTI1	27 26 25 24	EXTI0	19 18 17 16	RCC	11 10 9 8	FLASH	3 2 1 0
IPR2	DMA1_Ch1	27 26 25 24	EXTI4	19 18 17 16	EXTI3	11 10 9 8	EXTI2	3 2 1 0
IPR3	DMA1_Ch5	27 26 25 24	DMA1_Ch4	19 18 17 16	DMA1_Ch3	11 10 9 8	DMA1_Ch2	3 2 1 0
IPR4	USB_HP	27 26 25 24	ADC1_2	19 18 17 16	DMA1_Ch7	11 10 9 8	DMA1_Ch6	3 2 1 0
IPR5	EXTI9_5	27 26 25 24	CAN_SCE	19 18 17 16	CAN_RX1	11 10 9 8	USB_LP	3 2 1 0
IPR6	TIM1_CC	27 26 25 24	TIM1_TRG	19 18 17 16	TIM1_UP	11 10 9 8	TIM1_BRK	3 2 1 0
IPR7	I2C1_EV	27 26 25 24	TIM4	19 18 17 16	TIM3	11 10 9 8	TIM2	3 2 1 0
IPR8	SPI1	27 26 25 24	I2C2_ER	19 18 17 16	I2C2_EV	11 10 9 8	I2C1_ER	3 2 1 0
IPR9	USART3	27 26 25 24	USART2	19 18 17 16	USART1	11 10 9 8	SPI2	3 2 1 0
IPR10	TIM8_BRK	27 26 25 24	USBWakeUp	19 18 17 16	RTCAlarm	11 10 9 8	EXTI15_10	3 2 1 0
IPR11	ADC3	27 26 25 24	TIM8_CC	19 18 17 16	TIM8_TRG	11 10 9 8	TIM8_UP	3 2 1 0
IPR12	SPI3	27 26 25 24	TIM5	19 18 17 16	SDIO	11 10 9 8	FSMC	3 2 1 0
IPR13	TIM7	27 26 25 24	TIM6	19 18 17 16	UART5	11 10 9 8	UART4	3 2 1 0
IPR14	DMA2_Ch4_5	27 26 25 24	DMA2_Ch3	19 18 17 16	DMA2_Ch2	11 10 9 8	DMA2_Ch1	3 2 1 0

图 5-1　中断优先级寄存器

由图 5-1 可知,每个 IPR 寄存器用于设置 4 个 NVIC 中断的优先级,32 位的 IPR 寄存器的 4 字节的低 4 位均无效,只有高 4 位有效,故可以设置的优先级号为 0~15。根据图 5-1 可知,如果设置 EXTI2 中断的优先级号为 10,则需要将 IPR2 的第[7:4]位域设为 10。当两个中断具有不同的优先级号时,优先级号小的中断优先级高;当两个中断具有相同的优先级号时,中断号小的中断优先级高。

可配置优先级的异常的优先级号由 3 个系统手柄优先级寄存器(SHPR1~SHPR3)设置,其地址依次为 0xE000ED18、0xE000ED1C 和 0xE000ED20,如表 5-2 所示。

表 5-2　异常号 4~15 的优先级配置寄存器

序号	异常号	异常名称	位域	配置名称	寄存器
1	4	MemManage	[7:0]	PRI_4	
2	5	BusFault	[15:8]	PRI_5	SHPR1
3	6	UsageFault	[23:16]	PRI_6	
4	7	保留	[31:24]	PRI_7	
5	8	保留	[7:0]	PRI_8	
6	9	保留	[15:8]	PRI_9	SHPR2
7	10	保留	[23:16]	PRI_10	
8	11	SVCall	[31:24]	PRI_11	
9	12	Debug Monitor	[7:0]	PRI_12	
10	13	保留	[15:8]	PRI_13	SHPR3
11	14	PendSV	[23:16]	PRI_14	
12	15	SysTick	[31:24]	PRI_15	

程序段 5-2　自定义枚举类型 IRQn_Type(摘自 stm32f10x.h 文件)

```
1   typedef enum IRQn
2   {
3   // Cortex-M3 处理器异常号
4     NonMaskableInt_IRQn      = -14,    // 不可屏蔽中断
5     MemoryManagement_IRQn    = -12,    // 4 Cortex-M3 存储器管理异常
6     BusFault_IRQn            = -11,    // 5 Cortex-M3 总线出错异常
7     UsageFault_IRQn          = -10,    // 6 Cortex-M3 Usage Fault 异常
8     SVCall_IRQn              = -5,     // 11 Cortex-M3 SV 调用异常
9     DebugMonitor_IRQn        = -4,     // 12 Cortex-M3 调试监测器异常
10    PendSV_IRQn              = -2,     // 14 Cortex-M3 请求 SV 中断
11    SysTick_IRQn             = -1,     // 15 Cortex-M3 系统节拍定时中断
12
13  // STM32 中断号
14    WWDG_IRQn                = 0,      // 加窗看门狗中断
15    PVD_IRQn                 = 1,      // PVD through EXTI Line detection 中断
16    TAMPER_IRQn              = 2,      // Tamper 中断
17    RTC_IRQn                 = 3,      // RTC 中断
18    FLASH_IRQn               = 4,      // Flash 中断
19    RCC_IRQn                 = 5,      // RCC 中断
20    EXTI0_IRQn               = 6,      // EXTI Line0 中断
21    EXTI1_IRQn               = 7,      // EXTI Line1 中断
22    EXTI2_IRQn               = 8,      // EXTI Line2 中断
23    EXTI3_IRQn               = 9,      // EXTI Line3 中断
24    EXTI4_IRQn               = 10,     // EXTI Line4 中断
25    DMA1_Channel1_IRQn       = 11,     // DMA1 Channel 1 中断
26    DMA1_Channel2_IRQn       = 12,     // DMA1 Channel 2 中断
27    DMA1_Channel3_IRQn       = 13,     // DMA1 Channel 3 中断
28    DMA1_Channel4_IRQn       = 14,     // DMA1 Channel 4 中断
29    DMA1_Channel5_IRQn       = 15,     // DMA1 Channel 5 中断
```

```
30      DMA1_Channel6_IRQn        = 16,      // DMA1 Channel 6 中断
31      DMA1_Channel7_IRQn        = 17,      // DMA1 Channel 7 中断
32      ADC1_2_IRQn               = 18,      // ADC1 and ADC2 中断
33      USB_HP_CAN1_TX_IRQn       = 19,      //USB Device HighPriority or CAN1TX 中断
34      USB_LP_CAN1_RX0_IRQn      = 20,      //USB Device LowPriority or CAN1RX0 中断
35      CAN1_RX1_IRQn             = 21,      // CAN1 RX1 中断
36      CAN1_SCE_IRQn             = 22,      // CAN1 SCE 中断
37      EXTI9_5_IRQn              = 23,      // External Line[9:5] 中断
38      TIM1_BRK_IRQn             = 24,      // TIM1 Break 中断
39      TIM1_UP_IRQn              = 25,      // TIM1 Update 中断
40      TIM1_TRG_COM_IRQn         = 26,      // TIM1 Trigger and Commutation 中断
41      TIM1_CC_IRQn              = 27,      // TIM1 Capture Compare 中断
42      TIM2_IRQn                 = 28,      // TIM2 中断
43      TIM3_IRQn                 = 29,      // TIM3 中断
44      TIM4_IRQn                 = 30,      // TIM4 中断
45      I2C1_EV_IRQn              = 31,      // I2C1 Event 中断
46      I2C1_ER_IRQn              = 32,      // I2C1 Error 中断
47      I2C2_EV_IRQn              = 33,      // I2C2 Event 中断
48      I2C2_ER_IRQn              = 34,      // I2C2 Error 中断
49      SPI1_IRQn                 = 35,      // SPI1 中断
50      SPI2_IRQn                 = 36,      // SPI2 中断
51      USART1_IRQn               = 37,      // USART1 中断
52      USART2_IRQn               = 38,      // USART2 中断
53      USART3_IRQn               = 39,      // USART3 中断
54      EXTI15_10_IRQn            = 40,      // External Line[15:10] 中断
55      RTCAlarm_IRQn             = 41,      // RTC Alarm through EXTI Line 中断
56      USBWakeUp_IRQn            = 42,      //USB Device WakeUp from suspend through EXTI 中断
57      TIM8_BRK_IRQn             = 43,      // TIM8 Break 中断
58      TIM8_UP_IRQn              = 44,      // TIM8 Update 中断
59      TIM8_TRG_COM_IRQn         = 45,      // TIM8 Trigger and Commutation 中断
60      TIM8_CC_IRQn              = 46,      // TIM8 Capture Compare 中断
61      ADC3_IRQn                 = 47,      // ADC3 中断
62      FSMC_IRQn                 = 48,      // FSMC 中断
63      SDIO_IRQn                 = 49,      // SDIO 中断
64      TIM5_IRQn                 = 50,      // TIM5 中断
65      SPI3_IRQn                 = 51,      // SPI3 中断
66      UART4_IRQn                = 52,      // UART4 中断
67      UART5_IRQn                = 53,      // UART5 中断
68      TIM6_IRQn                 = 54,      // TIM6 中断
69      TIM7_IRQn                 = 55,      // TIM7 中断
70      DMA2_Channel1_IRQn        = 56,      // DMA2 Channel 1 中断
71      DMA2_Channel2_IRQn        = 57,      // DMA2 Channel 2 中断
72      DMA2_Channel3_IRQn        = 58,      // DMA2 Channel 3 中断
73      DMA2_Channel4_5_IRQn      = 59       // DMA2 Channel 4 and Channel 5 中断
74      } IRQn_Type;
```

上述代码对应着表 2-4,由于 IRQn_Type 为指定了成员值的枚举类型,因此,可以用强制类型转换将 IRQn_Type 类型的变量转换为整型,例如,程序段 5-1 第 24 行的(uint32_t)(IRQn),就是将 IRQn 转换为无符号 32 位整型。如果 IRQn 为 EXTI2,则(uint32_t)(IRQn)为 8。

现在,就可以直接调用 CMSIS 库中关于中断的函数实现对 NVIC 中断的管理。例如,关闭 EXTI2 中断、开放 EXTI2 中断和清除 EXTI2 中断标志位的语句依次为

NVIC_DisableIRQ(EXTI2_IRQn);

NVIC_EnableIRQ(EXTI2_IRQn);

NVIC_ClearPendingIRQ(EXTI2_IRQn);

5.2　GPIO 外部输入中断

根据寄存器 AFIO_EXTICR1～AFIO_EXTICR4(见表 4-3),可从 GPIO 中选择 16 个引脚配置为 16 个外部中断的输入端,如图 5-2 所示。注意:对于 STM32F103RCT6 芯片,只有 PA、PB、PC 和 PD[2:0]有效,其余引脚无效。

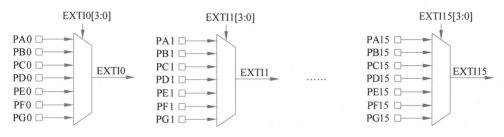

图 5-2　外部中断输入端引脚配置方法

EXTI 模块共有 19 根线路,除了外部中断 EXTI0～EXTI15 外,还有 EXTI16、EXTI17 和 EXTI18,这 3 根线路分别与 PVD 输出、RTC 报警事件和 USB 唤醒事件相连接。EXTI 模块有共 6 个寄存器,即中断屏蔽寄存器 EXTI_IMR、事件屏蔽寄存器 EXTI_EMR、上升沿触发选择寄存器 EXTI_RTSR、下降沿触发选择寄存器 EXTI_FTSR、软件触发事件寄存器 EXTI_SWIER 和中断请求寄存器 EXTI_PR。EXTI 模块寄存器的基地址为 0x4001 0400,下面详细介绍各个寄存器的情况。

中断屏蔽寄存器 EXTI_IMR 的偏移地址为 0x0,复位值为 0x0,只有第[18:0]位有效,第 i 位对应着 EXTIi,清零表示屏蔽该线路上的中断请求,置 1 表示打开该线路上的中断请求。

事件屏蔽寄存器 EXTI_EMR 的偏移地址为 0x04,复位值为 0x0,只有第[18:0]位有效,第 i 位对应着 EXTIi,清零表示屏蔽该线路上的事件请求,置 1 表示打开该线路上的事件请求。

上升沿触发选择寄存器 EXTI_RTSR 的偏移地址为 0x08,复位值为 0x0,只有第[18:0]位有效,第 i 位的名称为 TRi,清零表示关闭上升沿触发中断或事件,置 1 表示打开上升沿触发中断或事件。

下降沿触发选择寄存器 EXTI_FTSR 的偏移地址为 0x0C,复位值为 0x0,只有第[18:0]位有效,第 i 位的名称也记为 TRi,清零表示关闭下降沿触发中断或事件,置 1 表示打开下降沿触发中断或事件。

软件触发事件寄存器 EXTI_SWIER 的偏移地址为 0x10,复位值为 0x0,只有第[18:0]位有效,第 i 位记为 SWIERi,当 EXTIi 中断有效且 SWIERi=0 时,向 SWIERi 中写入 1,将触发中断请求。

中断请求寄存器 EXTI_PR 的偏移地址为 0x14,只有第[18:0]位有效,第 i 位称为 PRi,如果第 i 个中断触发了,则 PRi 自动置 1,向 PRi 写入 1 清零该位,同时清零第 SWIERi 位中的 1。

5.3　用户按键中断实例

结合图 3-4 和图 3-2 可知,STM32F103RCT6 微控制器的 PA6 和 PA7 依次借助网络标号 USER_BUT1 和 USER_BUT2 与按键 S18 和 S19 相连接;结合图 3-5 和图 3-2 可知,

PB1 与网络标号 USER_BELL 相连接,控制蜂鸣器 B2 的开启与关闭。

本节拟设计工程,实现如下功能:

(1) S18 按键作为外部中断 EXTI6 输入端,当按下 S18 按键时,点亮 LED 灯 D11;

(2) S19 按键作为外部中断 EXTI7 输入端,当按下 S19 按键时,熄灭 LED 灯 D11。同时,如果蜂鸣器原来是开启的,则关闭蜂鸣器;否则,开启蜂鸣器。

视频讲解

5.3.1 寄存器类型工程实例

在工程 PRJ01 的基础上,新建工程 PRJ03,保存在目录 D:\STM32F103RCT6PRJ\PRJ03 下,此时的工程 PRJ03 与工程 PRJ01 完全相同。修改 main.c 和 includes.h 文件,并新建 bsp.c、bsp.h、beep.c、beep.h、key.c、key.h、exti.c 和 exti.h 文件(新建的文件均保存在目录 D:\STM32F103RCT6PRJ\PRJ03\BSP 下),然后,将 bsp.c、beep.c、key.c 和 exti.c文件添加到 BSP 分组下,建设好的工程如图 5-3 所示。

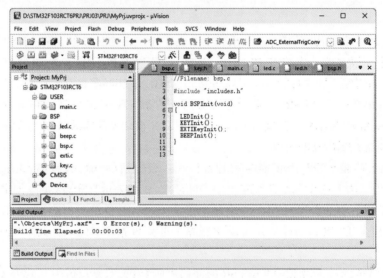

图 5-3　工程 PRJ03 工作窗口

修改后的 main.c 和 includes.h 文件如程序段 5-3 和程序段 5-4 所示,新创建的文件 bsp.c、bsp.h、beep.c、beep.h、key.c、key.h、exti.c 和 exti.h 分别如程序段 5-5~程序段 5-12所示。

程序段 5-3　文件 main.c

```
1    //Filename: main.c
2
3    # include "includes.h"
4
5    void Delay(Int32U);
6
7    int main(void)
8    {
9      BSPInit();
10
11     for(;;)
12     {
13         LED(0,LED_ON);            //LED 灯 D9 亮
14         LED(1,LED_OFF);           //LED 灯 D10 灭
15         Delay(500);
```

```
16          LED(0,LED_OFF);          //LED 灯 D9 灭
17          LED(1,LED_ON);           //LED 灯 D10 亮
18          Delay(500);
19      }
20   }
21
22   void Delay(Int32U u)
23   {
24     volatile Int32U i,j;
25     for(i = 0;i < u;i++)
26         for(j = 0;j < 6000;j++);
27   }
```

对比程序段 4-8,程序段 5-3 所示的主程序文件 main. c 中,第 9 行调用 BSPInit 函数实现外设的初始化,该函数在程序段 5-5 中介绍;在第 11～19 行的无限循环体中,实现 LED 灯 D9 和 D10 的循环闪烁功能。

程序段 5-4　文件 includes. h

```
1    //Filename: includes. h
2
3    # include "stm32f10x. h"
4
5    # include "vartypes. h"
6    # include "bsp. h"
7    # include "led. h"
8    # include "key. h"
9    # include "exti. h"
10   # include "beep. h"
```

文件 includes. h 为总的包括头文件,包括了工程 PRJ03 中全部的用户程序头文件,如第 5～10 行所示。

程序段 5-5　文件 bsp. c

```
1    //Filename: bsp.c
2
3    # include "includes. h"
4
5    void BSPInit(void)
6    {
7      LEDInit();
8      KEYInit();
9      EXTIKeyInit();
10     BEEPInit();
11   }
```

文件 bsp. c 只有一个函数 BSPInit,在该函数中调用了 LED 初始化函数 LEDInit、按键初始化函数 KEYInit、外部输入中断初始化函数 EXTIKeyInit 和蜂鸣器初始化函数 BEEPInit,如第 7～10 行所示,因此,BSPInit 函数是总的系统初始化函数。

程序段 5-6　文件 bsp. h

```
1    //Filename: bsp. h
2
3    # ifndef  _BSP_H
4    # define  _BSP_H
5
```

```
6      void BSPInit(void);
7
8      # endif
```

文件 bsp.h 是文件 bsp.c 对应的头文件,用于声明 bsp.c 中实现的函数。这里第 6 行声明了函数 BSPInit,该函数定义在文件 bsp.c 中。

程序段 5-7　文件 beep.c

```
1      //Filename: beep.c
2
3      # include "includes.h"
4
5      void BEEPInit(void)
6      {
7        RCC - > APB2ENR | = (1uL << 3);        //PB Clock
8        GPIOB - > CRL | = (1uL << 4);
9        GPIOB - > CRL & = ~(7uL << 5);         //PB1 Output 10MHz, Push - Pull
10
11       GPIOB - > ODR | = (1uL << 1);          //Close BEEP
12     }
13
14     void BEEP(void)
15     {
16       GPIOB - > ODR ^ = (1uL << 1);
17     }
```

文件 beep.c 用于驱动蜂鸣器,包括蜂鸣器初始化函数 BEEPInit 和蜂鸣器工作函数 BEEP。由于 PB1 口与蜂鸣器控制端相连接,所以在初始化函数 BEEPInit 中,应首先打开 PB 口的时钟源(第 7 行),接着配置 PB1 口工作在推挽输出模式下(第 8～9 行),然后,使 PB1 输出高电平(第 11 行),即关闭蜂鸣器。在第 14～17 行的函数 BEEP 中,只有第 16 行所示的一条语句,即调用 BEEP 函数时,如果 PB1 原来输出高电平,则输出低电平(蜂鸣器鸣叫);如果 PB1 原来输出低电平,则输出高电平(关闭蜂鸣器)。

程序段 5-8　文件 beep.h

```
1      //Filename: beep.h
2
3      # ifndef  _BEEP_H
4      # define  _BEEP_H
5
6      void BEEPInit(void);
7      void BEEP(void);
8
9      # endif
```

文件 beep.h 中声明了文件 beep.c 中定义的函数 BEEPInit 和 BEEP。

程序段 5-9　文件 key.c

```
1      //Filename: key.c
2
3      # include "includes.h"
4
5      void KEYInit(void)
6      {
7        RCC - > APB2ENR | = (1uL << 2);                //使能 PA 时钟
8        RCC - > APB2ENR | = (1uL << 0);                //AFIO Enable
9
10       GPIOA - > CRL & = ~((7uL << 24) | (7uL << 28));    //PA6～PA7 设置为输入,带上拉
11       GPIOA - > CRL | = (1uL << 27) | (1uL << 31);
```

```
12
13        GPIOA -> ODR | = (3uL << 6);                    // PA6~PA7 上拉
14      }
```

文件 key.c 包含了 KEYInit 函数,2 个按键 S18 和 S19 依次占用了 PA6 口和 PA7 口,所以第 7 行打开 PA 口的时钟源,第 8 行打开 AFIO 口的时钟源(见图 4-7)。第 10~11 行配置 PA6~PA7 口为带上拉的输入口,第 13 行使 PA6~PA7 口均输出高电平,相当于为 2 个按键 S18 和 S19 提供上拉电平(见图 3-4)。

程序段 5-10   文件 key.h

```
1     //Filename: key.h
2
3     #ifndef _KEY_H
4     #define _KEY_H
5
6     void KEYInit(void);
7
8     #endif
```

文件 key.h 中声明了 KEYInit 函数,该函数位于 key.c 文件中,用于初始化 2 个按键 S18 和 S19。

程序段 5-11   文件 exti.c

```
1     //Filename: exti.c
2
3     #include "includes.h"
4
5     void EXTIKeyInit(void)
6     {
7       AFIO -> EXTICR[1] & = ~(15uL << 8);          //PA6 as EXTI6
8       AFIO -> EXTICR[1] & = ~(15uL << 12);         //PA7 as EXTI7
9
```

这里,第 7 行将 PA6 口(S18 按键)用作外部中断 EXTI6 输入,第 8 行将 PA7 口(S19 按键)作为外部中断 EXTI7 输入。参考表 4-3 可知,将 PA6 口用作外部中断 EXTI6 输入,需将 EXTI6[3:0] 设置为 0;同理,将 PA7 口用作外部中断 EXTI7 输入,需将 EXTI7[3:0] 设置为 0。由于 EXTI6[3:0] 位于寄存器 AFIO_EXTICR2(即第 7 行的 AFIO-> EXTICR[1])的第 [11:8] 位,所以第 7 行中的配置字中出现了"<<8";同理,可理解第 8 行的配置字的含义。

```
10      EXTI -> IMR | = (3uL << 6);                   //remove mask
11      EXTI -> FTSR | = (3uL << 6);                  //falling edge
12
```

第 10 行打开外部中断 EXTI6 和 EXTI7,第 11 行配置这 2 个外部中断为下降沿触发。

```
13      NVIC_EnableIRQ(EXTI9_5_IRQn);                 //Open EXTI6,EXTI7
14      NVIC_SetPriority(EXTI9_5_IRQn,5);
15    }
16
```

第 13 行调用 CMSIS 库函数 NVIC_EnableIRQ 开放中断 EXTI5~EXTI9。结合第 10 行可知,外部中断的开放需要两步,首先要配置 EXTI 模块中的 EXTI_IMR 寄存器使外部中断的线路有效,然后,还要开放外部中断对应的 NVIC 中断。第 14 行配置 NVIC 中断 EXTI5~EXTI9 的优先级号为 5。注意:外部中断 5~9 共用一个中断入口地址。

因此,第 5~15 行的函数 EXTIKeyInit 实现的作用如下;

(1) 将外部按键对应的引脚配置为中断功能;

（2）开放 EXTI 模块中的这些外部输入中断；

（3）配置这些外部输入中断均为下降沿触发类型；

（4）开放 NVIC 中这些中断对应的 NVIC 中断；

（5）配置这些外部输入中断的优先级，共有 16 级，优先级号取值范围为 0～15。

```
17    void EXTI9_5_IRQHandler()
18    {
19      if((EXTI -> PR & (1uL << 6)) == (1uL << 6))
20      {
21          LED(2,LED_ON);
22          EXTI -> PR = (1uL << 6);
23      }
24      if((EXTI -> PR & (1uL << 7)) == (1uL << 7))
25      {
26          LED(2,LED_OFF);
27          BEEP();
28          EXTI -> PR = (1uL << 7);
29      }
30      NVIC_ClearPendingIRQ(EXTI9_5_IRQn);
31    }
```

第 17～31 行为外部中断 EXTI5～EXTI9 的中断服务函数，函数名必须为 EXTI9_5_IRQHandler（参考 2.6 节）。其中，第 19～23 行为外部中断 EXTI6 的响应代码；第 24～29 行为外部中断 EXTI7 的响应代码。当按键 S18 被按下后，第 19 行为真，将执行第 21～22 行代码，即点亮 LED 灯 D11（第 21 行），清除 EXTI6 中断标志位（第 22 行）。当按键 S19 被按下后，第 24 行为真，将执行第 26～28 行代码，即熄灭 LED 灯 D11（第 26 行）；第 27 行调用 BEEP 函数，如果蜂鸣器原来是关闭的，则打开蜂鸣器；否则，关闭蜂鸣器；第 28 行清除 EXTI7 中断标志位。在中断服务函数尾部，第 30 行清除 NVIC 寄存器中外部中断 EXTI5～EXTI9 对应的中断标志位。

程序段 5-12　文件 exti. h

```
1    //Filename: exti. h
2
3    # ifndef _EXTI_H
4    # define _EXTI_H
5
6    void EXTIKeyInit(void);
7
8    # endif
```

文件 exti. h 中声明了函数 EXTIKeyInit，该函数定义在 exti. c 中，用于初始化外部输入中断。注意，文件 exti. c 中的中断服务函数 EXTI9_5_IRQHandler 无须声明，因为中断服务函数不是由主函数或其他函数调用执行的，而是由硬件的中断系统被触发相应的中断后自动调用的。

工程 PRJ03 的工作流程如图 5-4 所示。

由图 5-4 可知，工程 PRJ03 运行到主函数 main()后，执行函数 BSPInit()初始化 LED 灯、按键、蜂鸣器和外部中断等外设，然后进行无限循环，执行 LED 灯 D9 和 D10 的循环闪烁功能。工程 PRJ03 中有 1 个中断服务函数，当按键 S18 被按下时，执行 EXTI9_5_IRQHandler 中断服务函数，点亮 LED 灯 D11；当按键 S19 被按下时，也触发执行 EXTI9_5_IRQHandler 中断服务函数，熄灭 LED 灯 D11，同时，使蜂鸣器切换工作状态。

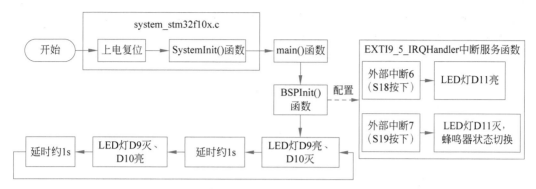

图 5-4   工程 PRJ03 的工作流程

5.3.2   库函数类型工程实例

视频讲解

本节讨论的工程与 5.3.1 节的工程 PRJ03 实现的功能完全相同,这里使用库函数方式进行工程设计。在工程 PRJ02 的基础上,新建工程 PRJ04,保存在目录 D:\STM32F103RCT6PRJ\PRJ04 下,此时的工程 PRJ04 与工程 PRJ02 完全相同,需要做的修改如下:

(1) 修改文件 main. c 和 includes. h;

(2) 新建文件 bsp. c、bsp. h、key. c、key. h、beep. c、beep. h、exti. c 和 exti. h,新建的文件均保存在目录 D:\STM32F103RCT6PRJ\PRJ04\BSP 下;

(3) 将 bsp. c、key. c、beep. c 和 exti. c 文件添加到工程管理器的 BSP 分组下;

(4) 将位于目录 D:\STM32F103RCT6PRJ\PRJ04\STM32F10x_FWLib\src 下的库文件 stm32f10x_exti. c 添加到工程管理器的 LIB 分组下。

建设好的工程 PRJ04 如图 5-5 所示。

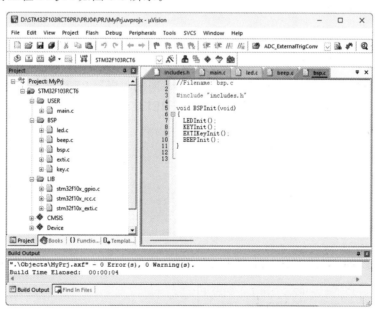

图 5-5   工程 PRJ04 工作窗口

工程 PRJ04 中的文件 vartypes. h、led. c 和 led. h 与工程 PRJ02 中的同名文件源代码相同;工程 PRJ04 中的文件 main. c、includes. h、bsp. c、bsp. h、exti. h、key. h、beep. h 与工

PRJ03 中的同名文件的内容相同。下面介绍其余文件的内容,即 beep. c、key. c 和 exti. c 文件的内容,如程序段 5-13～程序段 5-15 所示。

程序段 5-13　文件 beep. c

```
1    //Filename: beep.c
2
3    # include "includes. h"
4
5    void BEEPInit(void)
6    {
7      GPIO_InitTypeDef g;
8      RCC_APB2PeriphClockCmd(RCC_APB2Periph_GPIOB, ENABLE);
9
10     g.GPIO_Pin = GPIO_Pin_1;
11     g.GPIO_Mode = GPIO_Mode_Out_PP;
12     g.GPIO_Speed = GPIO_Speed_10MHz;
13     GPIO_Init(GPIOB, &g);
14
15     GPIO_SetBits(GPIOB,GPIO_Pin_1);
16   }
17
```

第 5～16 行为蜂鸣器的初始化函数。蜂鸣器的控制端为 PB1 口,第 8 行调用库函数 RCC_APB2PeriphClockCmd 打开 PB 口的时钟源;第 10～12 行为配置 PB1 口的属性为推挽输出且工作频率为 10MHz,第 13 行调用库函数 GPIO_Init 初始化 PB1 口。

```
18   void BEEP(void)  //BEEP@PB1
19   {
20     Int08U v;
21     v = GPIO_ReadOutputDataBit(GPIOB,GPIO_Pin_1);
22     if(v == 1)
23        GPIO_ResetBits(GPIOB,GPIO_Pin_1);
24     else
25        GPIO_SetBits(GPIOB,GPIO_Pin_1);
26   }
```

第 18～26 行为 BEEP 函数。第 21 行调用库函数 GPIO_ReadOutputDataBit 读出 PB1 口的输出状态,如果为高电平(第 22 行为真),则第 23 行调用 GPIO_ResetBits 函数清零 PB1 口,即关闭蜂鸣器;如果为低电平(第 24 行的情况),则第 25 行调用 GPIO_SetBits 函数置位 PB1 口,即打开蜂鸣器。因此,调用一次 BEEP 函数,就使得蜂鸣器切换一次工作状态。

程序段 5-14　文件 key. c

```
1    //Filename: key.c
2
3    # include "includes. h"
4
5    void KEYInit(void)
6    {
7      GPIO_InitTypeDef g;
8      RCC_APB2PeriphClockCmd(RCC_APB2Periph_GPIOA | RCC_APB2Periph_AFIO, ENABLE);
9
10     g.GPIO_Pin = GPIO_Pin_6 | GPIO_Pin_7;
11     g.GPIO_Mode = GPIO_Mode_IPU;
12     g.GPIO_Speed = GPIO_Speed_10MHz;
13     GPIO_Init(GPIOA, &g);
14
15     GPIO_SetBits(GPIOA,GPIO_Pin_6 | GPIO_Pin_7);
16   }
```

第 5~16 行为 KEYInit 函数。按键 S18 和 S19 占用 PA6 口和 PA7 口,同时需要开启 AFIO 功能,所以,第 8 行调用库函数 RCC_APB2PeriphClockCmd 开启 PA 口和 AFIO 口的时钟源。第 10~13 行初始化 PA6 和 PA7 为上拉有效的输入口,且工作频率为 10MHz。第 15 行使 PA6 口和 PA7 口输出高电平,相当于为 PA6 口和 PA7 口提供强上拉功能。

程序段 5-15 文件 exti. c

```
1    //Filename: exti.c
2
3    # include "includes. h"
4
5    void EXTIKeyInit(void)
6    {
7      EXTI_InitTypeDef  e;
8
9      GPIO_EXTILineConfig(GPIO_PortSourceGPIOA,GPIO_PinSource6);   //PA6 as EXTI6
10     GPIO_EXTILineConfig(GPIO_PortSourceGPIOA,GPIO_PinSource7);   //PA7 as EXTI7
11
12     e.EXTI_Line = EXTI_Line6 | EXTI_Line7;                       // | EXTI_Line4;
13     e.EXTI_Mode = EXTI_Mode_Interrupt;
14     e.EXTI_Trigger = EXTI_Trigger_Falling;
15     e.EXTI_LineCmd = ENABLE;
16     EXTI_Init(&e);
17
18     NVIC_EnableIRQ(EXTI9_5_IRQn);                                //Open EXTI16 和 EXTI17
19     NVIC_SetPriority(EXTI9_5_IRQn,5);
20   }
21
```

第 5~20 行为外部输入中断的初始化函数 EXTIKeyInit。第 9~10 行调用库函数 GPIO_EXTILineConfig 依次将 PA6 和 PA7 配置为外部中断 EXTI6 和 EXTI7。第 12~16 行配置外部输入中断 EXTI6 和 EXTI7 工作在中断模式,且为下降沿触发方式。第 18 行调用 CMSIS 库函数 NVIC_EnableIRQ 开放外部中断 EXTI5~EXTI9,第 19 行调用 CMSIS 库函数 NVIC_SetPriority 配置外部中断 EXTI5~EXTI9 的优先级号为 5。注意,外部中断 EXTI5~EXTI9 共用同一个中断入口地址。

```
22   void EXTI9_5_IRQHandler()
23   {
24     if(EXTI_GetFlagStatus(EXTI_Line6))
25     {
26         LED(2,LED_ON);
27         EXTI_ClearFlag(EXTI_Line6);
28     }
29     if(EXTI_GetFlagStatus(EXTI_Line7))
30     {
31         LED(2,LED_OFF);
32         BEEP();
33         EXTI_ClearFlag(EXTI_Line7);
34     }
35     NVIC_ClearPendingIRQ(EXTI9_5_IRQn);
36   }
```

对比程序段 5-11,在中断服务函数中,读取中断标志使用了库函数 EXTI_GetFlagStatus,如第 24 行和第 29 行所示;清除中断标志使用了库函数 EXTI_ClearFlag,如第 27 行和第 33 行所示,依次清零 EXTI6 和 EXTI7 的中断请求标志。

在上述库函数方式的工程程序中,新出现了结构体类型 EXIT_InitTypeDef 和新的库函数 GPIO_EXTILineConfig、EXTI_Init、EXTI_GetFlagStatus 和 EXTI_ClearFlag,它们均被定义在 stm32f10x_exti.c 或 stm32f10x_exti.h 中,因此需要将 stm32f10x_exti.c 添加到工程管理器的 LIB 分组中。关于这些新结构体类型和新库函数的具体描述可参考 STM32F10x 库函数手册,或直接从头文件 stm32f10x_exti.h 中查看。

5.4 ZLG7289B 按键、LED 灯和数码管

5.4.1 ZLG7289B 工作原理

嵌入式控制系统中最常用的部件是按键和七段数码管,用作系统的输入设备和输出设备,ZLG7289B 为专用于驱动按键和数码管的芯片。一片 ZLG7289B 可同时驱动 64 个按键和 8 个七段数码管(即 64 个 LED 灯)。STM32F103RCT6 开发板上集成了一片 ZLG7289B 芯片,驱动了 16 个按键、8 个 LED 灯和 1 个四合一七段数码管,电路原理图参考 3.8 节。

ZLG7289B 芯片引脚布局如图 5-6 所示。

图 5-6 中各个引脚的作用如表 5-3 所示。

1	RTCC	$\overline{\text{RST}}$	28
2	VCC	OSC1	27
3	NC	OSC2	26
4	GND	KC7/DIG7	25
5	NC	KC6/DIG6	24
6	$\overline{\text{CS}}$	KC5/DIG5	23
7	CLK	KC4/DIG4	22
8	DIO	KC3/DIG3	21
9	$\overline{\text{INT}}$	KC2/DIG2	20
10	SG/KR0	KC1/DIG1	19
11	SF/KR1	KC0/DIG0	18
12	SE/KR2	KR7/DP	17
13	SD/KR3	KR6/SA	16
14	SC/KR4	KR5/SB	15

图 5-6 ZLG7289B 芯片引脚布局

表 5-3 ZLG7289B 芯片各个引脚的作用

引脚号	引脚名	作　　用
1	RTCC	电源,一般直接与 VCC 相连
2	VCC	电源,2.7～6V
3	NC	悬空
4	GND	接地
5	NC	悬空
6	CS	片选信号,低电平有效,输入
7	CLK	串行数据位时钟信号,下降沿有效,输入
8	DIO	串行数据输入输出口,双向
9	INT	按键中断请求信号,下降沿有效,输出
10～17	KR0～KR7	键盘行信号 0～7,同时也用作数码管段选信号,依次为 g、f、e、d、c、b、a 和 dp
18～25	KC0～KC7	键盘列信号 0～7,同时也用作数码管字选信号 0～7
26	OSC2	晶振输出信号
27	OSC1	晶振输入信号
28	RST	复位信号,低有效

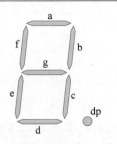

图 5-7 七段数码管各个段的显示位置

表 5-3 中的"数码管段选信号"是指用于驱动七段数码管中的某个段的控制信号,一般连接到数码管的 8 个段控制引脚的某一脚上(8 个段控制引脚为 a、b、c、d、e、f、g 和小数点 dp);"数码管字选信号"也常被称为"数码管位选信号",是指用于驱动多合一数码管中单个数码管的控制信号,一般连接到数码管的公共有效端,由于 ZLG7289B 只能驱动共阴式数码管,所以数码管字选信号连接到单个数码管的阴极公共端。图 5-7 示意了七段数码管各个段的显示位置。

结合第 3 章 3.1 节和 3.8 节可知在 STM32F103RCT6 开发板上,ZLG7289B 通过四根总线与 STM32F103RCT6 微控制器相连接,这四根总线的连接方式为:ZLG7289B 的引脚 CLK、CS、DIO 和 INT 通过网标 7289CLK、7289CS、7289DIO 和 7289INT 分别连接到 STM32F103RCT6 芯片的端口 PA11、PA8、PB11 和 PA12。根据表 5-3,CS 为 ZLG7289B 的片选输入信号,低有效;CLK 为 ZLG7289B 的时钟输入信号,下降沿有效(芯片手册上注明上升沿有效,使用时发现下降沿起作用);DIO 为 ZLG7289B 串行数据输入/输出口;INT 为 ZLG7289B 中断输出信号,当 ZLG7289B 驱动按键时,有按键按下后,INT 引脚的输出将由高电平下降为低电平,之后,自动拉高。此外,结合图 3-2、图 3-12 和图 3-14 可知,通过网标 USER_D3D4,STM32F103RCT6 芯片的 PB10 直接驱动四合一七段数码管的时间分隔符,即":",当 PB10 为高电平时,时间分隔符熄灭;当 PB10 为低电平时,时间分隔符点亮。

STM32F103RCT6 微控制器与 ZLG7289B 间的通信方式只有 3 种:其一,STM32F103RCT6 向 ZLG7289B 写 1 字节长的命令字;其二,STM32F103RCT6 向 ZLG7289B 写 1 字节长的命令字和 1 字节长的数据;其三,STM32F103RCT6 向 ZLG7289B 发送 0x15 命令,然后从 ZLG7289B 读出 1 字节长的数据(指按键编码信息)。这 3 种通信方式的时序如图 5-8 所示。

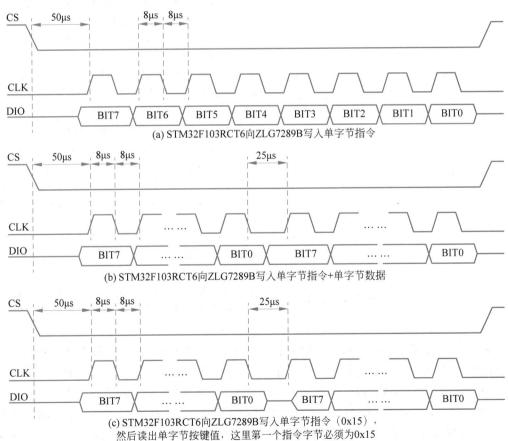

图 5-8 ZLG7289B 访问时序

STM32F103RCT6 对 ZLG7289B 的操作有两种:其一为控制 ZLG7289B 驱动的 64 个 LED 灯(或 8 个七段数码管);其二为读出 ZLG7289B 驱动的按键值。第一种操作方式只考虑 STM32F103RCT6 向 ZLG7289B 写指令或数据,参考图 5-8(a)和图 5-8(b)的工作时序,各条指令如表 5-4 所示。

表 5-4　STM32F103RCT6 控制 ZLG7289B 驱动 LED 显示的指令

序号	指令字节	数 据 字 节	含　义
1	0xA4	无	清除显示内容
2	0xBF	无	使全部 LED 灯闪烁
3	0xA0	无	数码管显示左移
4	0xA1	无	数码管显示右移
5	0xA2	无	数码管显示循环左移
6	0xA3	无	数码管显示循环右移
7	$0x80+k$	$(dp \ll 7) \mid (d_3 d_2 d_1 d_0)$	k 为数码管位置号,取 0~7(在图 3-12 中仅有 4 个数码管,即网标 DIG0 对应着 0,DIG1 对应着 1,DIG2 对应着 2,DIG3 对应 3);dp=0 表示小数点熄灭,dp=1 表示小数点点亮; $d_3 d_2 d_1 d_0$ 4 位为 0000b~1001b 对应着显示 0~9,为 1010b 显示"-"为 1011b~1110b 分别显示 E、H、L 和 P,为 1111b 无显示
8	$0xC8+k$	$(dp \ll 7) \mid (d_3 d_2 d_1 d_0)$	k 和 dp 的含义同上,d3d2d1d0 为 0000b~1111b 时分别对应着显示 0~9,A、B、C、D、E 和 F
9	$0x90+k$	$(dp \ll 7) \mid (abcdefg)$	k 和 dp 的含义同上,a、b、c、d、e、f、g 对应着数码管的各段,为 1 时亮,为 0 时灭
10	0x88	$d_7 d_6 d_5 d_4 d_3 d_2 d_1 d_0$	d_i 对应着第 i 个数码管,为 0 时闪烁,为 1 时不闪烁
11	0x98	$d_7 d_6 d_5 d_4 d_3 d_2 d_1 d_0$	d_i 对应着第 i 个数码管,为 1 时正常显示,为 0 时消隐
12	0xE0	$00 d_5 d_4 d_3 d_2 d_1 d_0$	将数码管视为 64 个 LED 灯,$d_5 d_4 d_3 d_2 d_1 d_0$ 表示 6 位地址,从 000000b~111111b,表示 64 个 LED 灯的地址,每个数码管内,点亮顺度为"g、f、e、d、c、b、a、dp",地址 000000b 对应着 KR0 和 KC0 相交的 LED 灯,000001b 对应着 KR1 和 KC0 相交的 LED 灯,以此类推
13	0xC0	$00 d_5 d_4 d_3 d_2 d_1 d_0$	第 12 条指令为段点亮指令,这里为段熄灭指令,数据字节的含义同上
14	0x15	读出单字节数据	读出的单字节数据包含按键值,键码从 0~63(0x00~0x3F),无效值为 0xFF,键码 0 对应着 KC0 与 KR0 相交的按键,键码 1 对应着 KC0 与 KR1 相交的按键,以此类推

表 5-4 中,除第 14 条之外,其余均为显示操作,如果没有数据字节,说明该条指令为单指令操作,否则为指令+数据操作,其中,第 7~9 条依次被称为显示模式 0、1 和 2。

STM32F103RCT6 对 ZLG7289B 的第二种操作为读 ZLG7289B 驱动的按键值,如表 5-4 第 14 条指令所示,当某个按键被按下时,ZLG7289B 的 INT 引脚将向 STM32F103RCT6 的 PA12 引脚发送中断请求信号(下降沿信号),然后,STM32F103RCT6 向 ZLG7289B 输出 0x15,等待 $25\mu s$ 后,读 ZLG7289B 得到按键的键码,ZLG7289B 内部带有按键去抖功能。

根据图 3-11~图 3-13、图 3-15 和表 5-4 可知,ZLG7289B 驱动的 16 个按键的键码如表 5-5 所示,键码的计算公式为:键码=KCn×8+KRm,n=0,1,…,7,m=0,1,…,7,其中 KCn 和 KRm 的含义如图 5-6 所示。

表 5-5　ZLG7289B 驱动的按键键码

键名	键码	键名	键码	键名	键码	键名	键码
S1	62	S5	58	S9	54	S13	50
S2	61	S6	57	S10	53	S14	49
S3	60	S7	56	S11	52	S15	48
S4	59	S8	63	S12	51	S16	55

根据图 3-11～图 3-13 和表 5-4 中的序号 12 可知,STM32F103RCT6 开发板上 ZLG7289B 驱动的 8 个 LED 灯 D1～D8 的地址依次为:46、45、44、43、42、41、40 和 47,对应着十六进制形式为 0x2E、0x2D、0x2C、0x2B、0x2A、0x29、0x28 和 0x2F。以 LED 灯 D5 为例,点亮 D5 的"指令＋数据"为 0xE0＋0x2A,熄灭 D5 的"指令＋数据"为 0xC0＋0x2A。

结合图 3-11～图 3-13、图 3-15 和表 5-4 中的序号 7(即使用该模式进行数码管显示)可知,要使四合一七段数码管的第 k 个管显示数据,则需要输出指令 0x80＋k,显示的数据为 $(dp \ll 7) \mid (d_3 d_2 d_1 d_0)$,其中,dp＝0 表示小数点亮,dp＝1 表示小数点灭;$d_3 d_2 d_1 d_0$ 4 位为 0000b～1001b 对应着显示 0～9,为 1010b 显示"-",为 1011b～1110b 分别显示 E、H、L 和 P,为 1111b 无显示。

5.4.2　寄存器类型工程实例

视频讲解

本节将创建工程 PRJ05,其在工程 PRJ03 基础上新添加的功能如下:

(1) 四合一数码管(见图 3-12 的 U2 器件)每个显示管均周期性从 0 显示至 9,且显示小数点和时间分隔符;

(2) 按下按键 S1～S8(见图 3-15)中的 $S_i(i＝1,2,\cdots,8)$ 将点亮相应的 LED 灯 D_i(见图 3-13);

(3) 按下按键 S9～S16(见图 3-15)中的 $S_i(i＝9,10,\cdots,16)$ 将熄灭相应的 LED 灯 D_{i-8}(见图 3-13)。

在工程 PRJ03 的基础上,新建工程 PRJ05,保存在目录 D:\STM32F103RCT6PRJ\PRJ05 下,此时的工程 PRJ05 与工程 PRJ03 完全相同。修改 main.c、includes.h、bap.c 文件,并新建 zlg7289.c 和 zlg7289.h 文件(新建的文件均保存在目录 D:\STM32F103RCT6PRJ\PRJ05\BSP 下),然后,将 zlg7289.c 文件添加到 BSP 分组下,建设好的工程如图 5-9 所示。

修改后的 main.c、includes.h 和 bap.c 文件如程序段 5-16～程序段 5-18 所示,新创建的文件 zlg7289.c 和 zlg7289.h 分别如程序段 5-19 和程序段 5-20 所示。

程序段 5-16　文件 main.c

```
1    //Filename: main.c
2
3    # include "includes.h"
4
5    void Delay(Int32U);
6
7    int main(void)
8    {
9        BSPInit();
10       int i = 0;
11       for(;;)
12       {
13           LED(0,LED_ON);
14           LED(1,LED_OFF);
15           Delay(500);
```

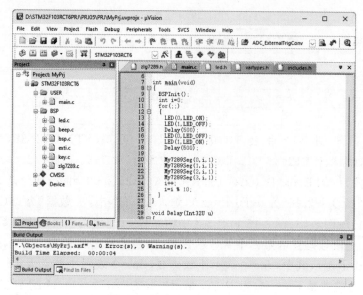

图 5-9   工程 PRJ05 工作窗口

```
16            LED(0,LED_OFF);
17            LED(1,LED_ON);
18            Delay(500);
19
20            My7289Seg(0,i,1);
21            My7289Seg(1,i,1);
22            My7289Seg(2,i,1);
23            My7289Seg(3,i,1);
24            i++;
25            i = i % 10;
26        }
27    }
28
29    void Delay(Int32U u)
30    {
31        volatile Int32U i,j;
32        for(i = 0;i < u;i++)
33            for(j = 0;j < 6000;j++);
34    }
```

相对于程序段 5-3 所示的工程 PRJ03 的 main.c,程序段 5-16 在 main()函数内部添加了第 10 行的局部变量 i;在 for 无限循环内部添加了第 20～25 行,调用 My7289Seg()函数点亮各个数码管。函数 My7289Seg 具有 3 个参数:第 1 个参数表示位置,取值为 0～3,如果取为 0 表示选取第 0 号数码管;第 2 个参数表示数码管的显示内容,这里取值为 0～9,即显示 0 至 9;第 3 个参数只能取 0 或 1,为 0 表示不显示小数点,为 1 表示显示小数点。

程序段 5-17   文件 includes.h

```
1    //Filename: includes.h
2
3    # include "stm32f10x.h"
4
5    # include "vartypes.h"
6    # include "bsp.h"
7    # include "led.h"
8    # include "key.h"
9    # include "exti.h"
```

```
10    # include "beep.h"
11    # include "zlg7289.h"
```

相对于程序段 5-4,这里添加了第 11 行,即包括了头文件 zlg7289.h。

程序段 5-18　文件 bsp.c

```
1    //Filename: bsp.c
2
3    # include "includes.h"
4
5    void BSPInit(void)
6    {
7      LEDInit();
8      KEYInit();
9      EXTIKeyInit();
10     BEEPInit();
11     My7289Init();
12   }
```

相对于程序段 5-5,程序段 5-18 添加了第 11 行,即调用函数 My7289Init()初始化 ZLG7289B 芯片。

程序段 5-19　文件 zlg7289.c

```
1    //Filename: zlg7289.c
2
3    # include "includes.h"
4
5    void My7289Init(void)
6    {
7      RCC->APB2ENR |= (1uL<<2);                      //Enable PA clock
8      RCC->APB2ENR |= (1uL<<0);                      //AFIO Enable
9      GPIOA->CRH &= ~(7uL<<16);                      //PA12 as input with up, 7289INT
10     GPIOA->CRH |= 1uL<<19;
11     GPIOA->ODR |= (1uL<<12);                       //PA12 up
12
13     AFIO->EXTICR[3] &= ~(15uL<<0);                 //PA12 as EXTI12, 7289INT
14
15     EXTI->IMR |= (1uL<<12);                        //remove mask
16     EXTI->FTSR |= (1uL<<12);                       //falling edge
17     NVIC_EnableIRQ(EXTI15_10_IRQn);                //Open EXTI12
18     NVIC_SetPriority(EXTI15_10_IRQn,6);
19
20     RCC->APB2ENR |= (1uL<<2) | (1uL<<3);           //Enable PA and PB clocks
21     GPIOA->CRH |= (1uL<<0) | (1uL<<12);            //PA8,PA11 as output
22     GPIOA->CRH &= ~((7uL<<1) | (7uL<<13));         //PA8--7289CS, PA11--7289CLK
23     GPIOB->CRH |= (1uL<<12);                       //PB11 as output 7289DIO
24     GPIOB->CRH &= ~(7uL<<13);
25
26     GPIOB->CRH |= (1uL<<8);                        //PB10 as output for SegD3D4
27     GPIOB->CRH &= ~(7uL<<9);
28     GPIOB->ODR &= ~(1uL<<10);                      //PB10 as low
29
30     My7289Seg(0,0x0F,0);                           //MUST WRITE TO ENABLE ZLG7289B
31     My7289Seg(1,0x0F,0);
32     My7289Seg(2,0x0F,0);
33     My7289Seg(3,0x0F,0);
34   }
```

第 5~34 行为 ZLG7289B 芯片初始化函数 My7289Init()。第 7~8 行为 PA 口提供工作时钟;第 9~10 行将 PA12 设为输入口,因为 PA12 用于接收 ZLG7289B 发送来的中断信

号；在 PA12 为输入口的情况下，第 11 行通过输出寄存器 ODR 向 PA12 口写入 1，表示将
PA12 口内部拉至高电平；第 13 行开启外部中断 EXTI12，即将 PA12 作为外部中断
EXTI12 的输入口；第 15～16 行设置下降沿触发外部中断 EXTI12；第 17～18 行开启外部
中断 EXTI15_10，并将其优先级配置为 6，注意，这里外部中断 EXTI10～EXTI15 共用一个
中断入口。

第 20 行为 PA 口和 PB 口提供工作时钟；第 21～22 行将 PA8 和 PA11 配置为输出口，
这里，PA8 与 ZLG7289B 芯片的片选信号 CS 相连，PA11 与 ZLG7289B 芯片的时钟信号
CLK 相连；第 23～24 行将 PB11 配置为输出口，PB11 与 ZLG7289B 芯片的数据线 DIO 相
连接。第 26～28 行将 PB10 配置为输出口，且输出低电压，这里 PB10 用于控制七段数码管
的时间分隔符的显示。第 30～33 行调用 My7289Seg 向各个数码管写入 0x0F 以启动数码
管，实际上关闭四合一数码管的显示。

```
35
36     void  My7289Delay(int t)//Wait t/8 us; here, as t/12 us, due to zlg7289b using 12MHz
37     {
38       volatile int a;
39       a = t;
40       while((－－a)> 0);
41     }
42
```

第 36～41 行为延时函数 My7289Delay，有一个参数 t，当 t 等于 8 时，大约延时 1μs。但
是由于 ZLG7289B 使用了 12MHz 的晶振，为了避免数码管和 LED 灯闪烁，下文引用
My7289Delay()函数时按 t 取值 12 约延时 1μs 进行处理。

```
43     void  My7289SPIWrite(Int08U dat)
44     {
45       volatile Int08U i;
46       GPIOB － > CRH | = (1uL << 12);          //PB11 as output 7289DIO
47       GPIOB － > CRH & = ～(7uL << 13);
48       for(i = 0; i < 8; i++)
49       {
50           if((dat & 0x80) == 0x80)
51           {
52               GPIOB － > BSRR = (1uL << 11);
53           }
54           else
55           {
56               GPIOB － > BRR = (1uL << 11);
57           }
58           dat << = 1;
59           GPIOA － > BSRR = (1uL << 11);        //7289CLK = 1
60           My7289Delay(96);                      //8us:8 * (12)
61           GPIOA － > BRR = (1uL << 11);         //7289CLK = 0
62           My7289Delay(96);                      //8us:8 * (12)
63       }
64     }
65
```

第 43～64 行为向 ZLG7289B 写入 1 字节数据 dat 的函数 My7289SPIWrite()。结合
图 5-8(a)，第 46～47 行将 PB11 设为输出口(PB11 与 ZLG7289B 的 DIO 数据口相连)，第
48～63 行为循环体，循环 8 次，每次将 dat 的最高位写入到 ZLG7289B 中。在每次循环中，
如果写入的最高位为 1(第 50 行为真)，则 PB11 输出高电平(第 52 行)；如果写入的最高位
为 0，第 56 行输出低电平。然后，dat 左移一位，次高位变为最高位(第 58 行)。第 59～61

行在 CLK 上产生下降沿信号,第 62 行再延时约 8μs 完成该位的写入操作。

```
66     Int08U My7289SPIRead(void)
67     {
68       volatile Int08U i,dat;
69       GPIOB->CRH &= ~(7uL << 12);        //PB11 as input 7289DIO
70       GPIOB->CRH |= (1uL << 15);
71       GPIOA->BRR = (1uL << 11);          //7289CLK = 0
72       for(i=0;i<8;i++)
73       {
74           GPIOA->BSRR = (1uL << 11);     //7289CLK = 1
75           My7289Delay(96);               //8us
76           dat <<= 1;
77           if((GPIOB->IDR & (1uL << 11)) == (1uL << 11))
78               dat |= 1;                  //ZLG7289DIO = 1
79           GPIOA->BRR = (1uL << 11);      //7289CLK = 0
80           My7289Delay(96);
81       }
82       return dat;
83     }
84
```

第 66～83 行为从 ZLG7289B 中读出 1 字节数据的函数 My7289SPIRead。第 68 行定义循环变量 i 和用于返回值的变量 dat。第 69～70 行设置 PB11 为输入口,读取 ZLG7289B 的数据端口 DIO。第 72～81 行为循环体,循环执行 8 次,每次读出一位保存在 dat 的最低位,然后,第 76 行左移 dat 一位,移除无用的最高位。结合图 5-8(c),每次循环中,第 74 行使 CLK 为高电平,等待约 8μs(第 75 行),第 77 行先读出 DIO 的值,如果读出的值为 1,即第 77 行为真,则第 78 将读出的值赋给 dat 的最低位;如果读出 0,无须任何操作。第 79 行将 CLK 拉低,再延时 8μs(第 80 行)后可进行下一次读操作。

注意:第 71 行的语句:"GPIOA->BRR=(1uL≪11);"可省略,该行语句将 CLK 设为低电平,可省略的原因在于 ZLG7289B 必须选写入 0x15 后才能读出键值,在写入后,CLK 将被拉低。

```
85     void  My7289Cmd(Int08U cmd)
86     {
87       GPIOA->BRR = (1uL << 8);          //ZLG7289CS = 0
88       GPIOA->BRR = (1uL << 11);         //7289CLK = 0
89
90       My7289Delay(600);                 //50us: 50 * 12
91       My7289SPIWrite(cmd);
92
93       GPIOA->BSRR = (1uL << 8);         //ZLG7289CS = 1
94     }
95
```

第 85～94 行的函数 My7289Cmd 调用函数 My7289SPIWrite 实现了图 5-8(a)的时序,向 ZLG7289B 写入 1 字节的命令字 cmd。

```
96      void  My7289CmdDat(Int08U cmd, Int08U dat)
97      {
98        GPIOA->BRR = (1uL << 8);         //ZLG7289CS = 0
99        GPIOA->BRR = (1uL << 11);        //7289CLK = 0
100
101       My7289Delay(600);                //50us
102       My7289SPIWrite(cmd);
103       My7289Delay(300);                //25us
104       My7289SPIWrite(dat);
105
```

```
106        GPIOA - > BSRR = (1uL << 8);                    //ZLG7289CS = 1
107    }
108
```

第 96 ～ 107 行的函数 My7289CmdDat 调用了两次 My7289SPIWrite 函数,实现了图 5-8(b)所示的时序,向 ZLG7289B 写入 1 字节命令 cmd 和 1 字节数据 dat。

```
109    void My7289LEDOn(Int08U i)                    //i = 1,2,…,8 corresponding to D1,D2,…,D8
110    {
111        volatile Int08U myled[8] = {46,45,44,43,42,41,40,47};
112        if(i > 0 && i < 9)
113            My7289CmdDat(0xE0,myled[i - 1]);
114    }
115
```

在 STM32F103RCT6 开发板上,ZLG7289B 驱动了 8 个 LED 灯,由前文的分析可知,这 8 个 LED 灯的地址依次如第 111 行的数组 myled 中的各个元素所示。因此,第 109 ～ 114 行的函数 My7289LEDOn 为点亮各个 LED 灯的函数,具有一个参数 i,表示 LED 灯的编号,i 取值为{1,2,…,8}。第 113 行调用 My7289CmdDat 点亮第 i 个 LED 灯(见表 5-4 的序号 12)。

```
116    void My7289LEDOff(Int08U i)                    //i = 1,2,…,8 corresponding to D1,D2,…,D8
117    {
118        volatile Int08U myled[8] = {46,45,44,43,42,41,40,47};
119        if(i > 0 && i < 9)
120            My7289CmdDat(0xC0,myled[i - 1]);
121    }
122
```

第 116 ～ 121 行的函数 My7289LEDOff 为熄灭第 i 个 LED 灯的函数,与 My7289LEDOn 的功能正好相反。当合法的参数 i 给定后,第 120 行调用 My7289CmdDat 函数熄灭第 i 个 LED 灯(见表 5-4 的序号 13)。

```
123    void My7289Disp(Int08U mod, Int08U x, Int08U dat, Int08U dp)
124    {    //dp = 0,Digital Point off;dp = 1,on. mod:0,1,2. x = 0,1,2,3. dat:0000～1111b.
125        volatile Int08U mymod[3] = {0x80,0xC8,0x90};
126        if(mod > 2)
127            mod = 2;
128        dat & = 0x0F;
129        x & = 0x07;
130        dp & = 1;
131        My7289CmdDat(mymod[mod] + x,(dp << 7)|dat);
132    }
133
```

第 123 ～ 132 行为 ZLG7289B 显示函数 My7289Disp,具有 4 个参数,第 1 个参数 mod 可取 0、1 或 2,依次表示使用表 5-4 中的序号 7、序号 8 或序号 9 的显示模式;第 2 个参数 x 表示数码管的位置号(简称位号),可取值 0～7(即最多驱动 8 个数码管);第 3 个参数为数码管的显示内容 dat;第 4 个参数 dp 为 0 则小数点熄灭,dp 为 1 则小数点点亮。

```
134    void My7289Seg(Int08U x, Int08U v, Int08U dp) //x = 0,1,2,3. dp = 0,1: digital point - off,on.
135    {
136        x & = 0x03;
137        v & = 0x0F;
138        My7289Disp(0,x,v,dp);
139    }
140
```

第 134 ～ 139 行为专用于 STM32F103RCT6 开发板的数码管显示函数 My7289Seg,具

有 3 个参数,第 1 个参数 x 表示数码管的位置号,只能取 0、1、2 或 3(STM32F103RCT6 开发板上为四合一数码管);第 2 个参数 v 为数码管上显示的内容,由于使用了表 5-4 中序号 7 对应的显示模式(第 138 行调用 My7289Disp 函数时其第一个参数为 0),v 只能取值 0000b~1111b;第 3 个参数为小数点是否点亮的参数 dp,dp=0 表示熄灭,dp=1 表示点亮。

```
141    void MyTimeSep(void)
142    {
143        GPIOB -> ODR ^ = (1uL << 10);          //PB10 -- D3D4
144    }
145
```

第 141~144 行的函数 MyTimeSep 为驱动四合一数码管中时间分隔符的函数,该函数调用一次,将 PB10 的输出值取反一次。当 PB10 原来为低电平(时间分隔符点亮)时,调用 MyTimeSep 函数一次,则将 PB10 置为高电平(时间分隔符熄灭)。

```
146    Int08U My7289GetKey(void)
147    {
148        volatile Int08U mykcode = 0;
149        GPIOA -> BSRR = (1uL << 8);            //ZLG7289CS = 1
150        GPIOA -> BRR = (1uL << 8);             //ZLG7289CS = 0
151        GPIOA -> BRR = (1uL << 11);            //7289CLK = 0
152
153        My7289Delay(600);                      //50us -- 600
154        My7289SPIWrite(0x15);
155        My7289Delay(300);                      //25us -- 300
156        mykcode = My7289SPIRead();
157        GPIOA -> BSRR = (1uL << 8);            //ZLG7289CS = 1
158        return mykcode;
159    }
160
```

第 146~159 行的 My7289GetKey 函数用于读取 ZLG7289B 驱动的按键值。参考图 5-8(c)的时序,先延时约 50μs(第 153 行)后,调用 My7289SPIWrite 写入命令字 0x15(第 154 行),然后再延时约 25μs(第 155 行)后,调用 My7289SPIRead 读出按键的键码(第 156 行)。

```
161    void EXTI15_10_IRQHandler(void)         //PA12(EXTI12) as 7289INT
162    {
163        volatile Int08U mykeyin = 0u;
164        mykeyin = My7289GetKey();
165        NVIC_ClearPendingIRQ(EXTI15_10_IRQn);
166        EXTI -> PR = (1uL << 12);
167        switch(mykeyin)
168        {
169            case 62: //S1
170                My7289LEDOn(1);   break;
171            case 61: //S2
172                My7289LEDOn(2);   break;
173            case 60: //S3
174                My7289LEDOn(3);   break;
175            case 59: //S4
176                My7289LEDOn(4);   break;
177            case 58: //S5
178                My7289LEDOn(5);   break;
179            case 57: //S6
180                My7289LEDOn(6);   break;
181            case 56: //S7
182                My7289LEDOn(7);   break;
183            case 63: //S8
```

```
184              My7289LEDOn(8);   break;
185         case 54: //S9
186              My7289LEDOff(1);   break;
187         case 53: //S10
188              My7289LEDOff(2);   break;
189         case 52: //S11
190              My7289LEDOff(3);   break;
191         case 51: //S12
192              My7289LEDOff(4);   break;
193         case 50: //S13
194              My7289LEDOff(5);   break;
195         case 49: //S14
196              My7289LEDOff(6);   break;
197         case 48: //S15
198              My7289LEDOff(7);   break;
199         case 55: //S16
200              My7289LEDOff(8);   break;
201         default:
202              break;
203     }
204  }
```

第 161～204 行为外部中断 15～10 的中断服务函数 EXTI15_10_IRQHandler，这里用于响应外部中断 EXTI12。第 163 行定义局部变量 mykeyin，用于保存读 ZLG7289B 得到的按键值。进入中断后，第 164 行调用 My7289GetKey 读取 ZLG7289B 的按键键码，赋给变量 mykeyin；然后，清零 NVIC 中的外部中断 EXTI15_10 的中断标志（第 165 行），并清零外部中断 EXTI12 的中断标志位（第 166 行），第 167～203 行为 switch 分支语句，根据按键的键码值，进行相应的 LED 灯点亮或熄灭操作：当第 k 个按键 Sk 被按下时，如果 k 为 1～8 中的某个值，则 LED 灯 Dk 点亮；如果 k 为 9～16 中的某个值，则 LED 灯 Dk－8 熄灭。例如，S7 按下时，D7 点亮；S15 按下时，D7 熄灭。

程序段 5-20　文件 zlg7289. h

```
1    //Filename: zlg7289.h
2
3    # ifndef _ZLG7289_H
4    # define _ZLG7289_H
5
6    # include "vartypes.h"
7
8    void My7289Init(void);
9    void My7289LEDOn(Int08U i);
10   void My7289LEDOff(Int08U i);
11   void My7289Seg(Int08U x, Int08U v, Int08U dp);
12   void MyTimeSep(void);
13   Int08U My7289GetKey(void);
14
15   # endif
```

文件 zlg7289. h 中声明了 zlg7289. c 中定义的函数 My7289Init、My7289LEDOn、My7289LEDOff、My7289Seg、MyTimeSep 和 My7289GetKey，这些函数可被外部文件调用。

5.4.3　库函数类型工程实例

视频讲解

本节将要讨论的工程 PRJ06 与 5.4.2 节的工程 PRJ05 实现的功能完全相同，这里使用库函数方式进行工程设计。需要强调指出的是，寄存器类型工程与库函数类型工程不是对立的，一个工程文件，既可以包含寄存器类型的代码，也可以包含库函数类型的代码。

在工程 PRJ04 的基础上,新建工程 PRJ06,保存在目录 D:\STM32F103RCT6PRJ\
PRJ06 下,此时的工程 PRJ06 与工程 PRJ04 完全相同,需要做的修改如下:

(1) 修改文件 main. c、includes. h 和 bsp. c;

(2) 新建文件 zlg7289. c 和 zlg7289. h,新建的文件均保存在目录 D:\STM32F103RCT6PRJ\
PRJ06\BSP 下;

(3) 将 zlg7289. c 文件添加到工程管理器的 BSP 分组下。

建设好的工程 PRJ06 如图 5-10 所示。

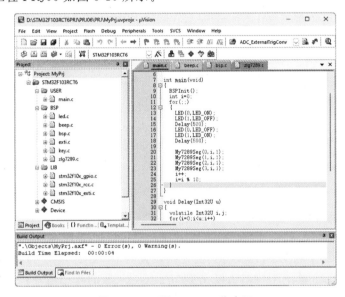

图 5-10　工程 PRJ06 工作窗口

在工程 PRJ06 中,修改后的文件 main. c、includes. h 和 bsp. c 与工程 PRJ05 中的同名
文件相同,依次如程序段 5-16~程序段 5-18 所示;新建的文件 zlg7289. h 与工程 PRJ05 中
的同名文件相同,如程序段 5-20 所示。下面程序段 5-21 为文件 zlg7289. c 的代码,仅讨论
相对于程序段 5-19 变化的部分内容。

程序段 5-21　文件 zlg7289. c

```
1    //Filename: zlg7289.c
2
3    # include "includes.h"
4
5    void My7289Init(void)
6    {
7    RCC_APB2PeriphClockCmd(RCC_APB2Periph_GPIOA| RCC_APB2Periph_GPIOB, ENABLE);
8        GPIO_InitTypeDef g;
9        g.GPIO_Pin = GPIO_Pin_12;
10       g.GPIO_Mode = GPIO_Mode_IPU;
11       g.GPIO_Speed = GPIO_Speed_10MHz;
12       GPIO_Init(GPIOA, &g);                 //PA12 as input with up, 7289INT
13
14       EXTI_InitTypeDef  e;                  //PA12 as EXTI12, 7289INT
15       GPIO_EXTILineConfig(GPIO_PortSourceGPIOA,GPIO_PinSource12);
16       e.EXTI_Line = EXTI_Line12;           //EXTI_Line12;
17       e.EXTI_Mode = EXTI_Mode_Interrupt;
18       e.EXTI_Trigger = EXTI_Trigger_Falling;   //remove mask,falling edge
19       e.EXTI_LineCmd = ENABLE;
20       EXTI_Init(&e);
```

```
21          NVIC_EnableIRQ(EXTI15_10_IRQn);              //Open EXTI12
22          NVIC_SetPriority(EXTI15_10_IRQn,6);
23
24          g.GPIO_Pin = GPIO_Pin_8 | GPIO_Pin_11;
25          g.GPIO_Mode = GPIO_Mode_Out_PP;
26          g.GPIO_Speed = GPIO_Speed_50MHz;
27          GPIO_Init(GPIOA, &g);                //PA8,PA11 as output,PA8 -- 7289CS,PA11 -- 7289CLK
28
29          g.GPIO_Pin = GPIO_Pin_11;
30          g.GPIO_Mode = GPIO_Mode_Out_PP;
31          g.GPIO_Speed = GPIO_Speed_50MHz;
32          GPIO_Init(GPIOB, &g);                        //PB11 as output 7289DIO
33
34          g.GPIO_Pin = GPIO_Pin_10;
35          g.GPIO_Mode = GPIO_Mode_Out_PP;
36          g.GPIO_Speed = GPIO_Speed_50MHz;
37          GPIO_Init(GPIOB, &g);                        //PB10 as output for SegD3D4
38          GPIO_ResetBits(GPIOB,GPIO_Pin_10);
39
40          My7289Seg(0,0x0F,0);                         //MUST WRITE TO ENABLE ZLG7289B
41          My7289Seg(1,0x0F,0);
42          My7289Seg(2,0x0F,0);
43          My7289Seg(3,0x0F,0);
44      }
45
```

第 7 行为 PA 口和 PB 口提供工作时钟；第 8~12 行将 PA12 配置为输入口，PA12 用于接收来自 ZLG7289B 的中断输出信号 INT；第 14~22 行配置 PA12 为外部中断 EXTI12，并开放外部中断 EXTI12，将其优先级设置为 6；第 24~27 行将 PA8 和 PA11 配置为输出口，带推挽功能，PA8 和 PA11 分别与 ZLG7289B 的片选信号 CS 和时钟信号 CLK 相连；第 29~32 行将 PB11 配置为输出口，PB11 与 ZLG7289B 的数据线 DIO 相连。

```
46      void  My7289Delay(int t)      //Wait t/8 us; here, as t/12 us, due to zlg7289b using 12MHz
47      {
48          volatile int a;
49          a = t;
50          while((--a)>0);
51      }
52
53      void  My7289SPIWrite(Int08U dat)
54      {
55          volatile Int08U i;
56
57          GPIO_InitTypeDef g;
58          g.GPIO_Pin = GPIO_Pin_11;
59          g.GPIO_Mode = GPIO_Mode_Out_PP;
60          g.GPIO_Speed = GPIO_Speed_50MHz;
61          GPIO_Init(GPIOB, &g);                        //PB11 as output 7289DIO
62
63          for(i = 0;i < 8;i++)
64          {
65              if((dat & 0x80) == 0x80)
66                  GPIO_SetBits(GPIOB, GPIO_Pin_11);
67              else
68                  GPIO_ResetBits(GPIOB,GPIO_Pin_11);
69              dat <<= 1;
70              GPIO_SetBits(GPIOA,GPIO_Pin_11);         //7289CLK = 1
71              My7289Delay(96);                         //8us:8 * (12)
72              GPIO_ResetBits(GPIOA,GPIO_Pin_11);       //7289CLK = 0
73              My7289Delay(96);                         //8us:8 * (12)
```

```
74          }
75      }
76
```

第 57～61 行将 PB11 配置为输出口，带推挽功能。第 63～74 行为 for 循环体，循环执行 8 次，将数据按最高位优先的顺序串行发送到 ZLG7289B 中(见图 5-8(a)时序)。这里第 66 行表示 PB11 输出高电平，PB11 与 ZLG7289B 的数据线 DIO 相连，这里表示向 ZLG7289B 写 1；第 68 行表示 PB11 输出低电平，即向 ZLG7289B 写 0。第 70 行表示 PA11 输出高电平，由于 PA11 与 ZLG7289B 的时钟线 CLK 相连，所以 PA11 输出高电压相当于 CLK 时钟为高电平；第 72 行表示 PA11 输出低电平，即 CLK 时钟为低电平。

```
77      Int08U My7289SPIRead(void)
78      {
79          volatile Int08U i,dat;
80          GPIO_InitTypeDef g;
81          g.GPIO_Pin = GPIO_Pin_11;
82          g.GPIO_Mode = GPIO_Mode_IPU;
83          g.GPIO_Speed = GPIO_Speed_10MHz;
84          GPIO_Init(GPIOB, &g);                    //PB11 as input 7289DIO
85
86          GPIO_ResetBits(GPIOA,GPIO_Pin_11);       //7289CLK = 0
87          for(i = 0;i < 8;i++)
88          {
89              GPIO_SetBits(GPIOA, GPIO_Pin_11);    //7289CLK = 1
90              My7289Delay(96);                     //8us
91              dat << = 1;
92              if(GPIO_ReadInputDataBit(GPIOB,GPIO_Pin_11))
93                  dat |= 1;                        //ZLG7289DIO = 1
94              GPIO_ResetBits(GPIOA,GPIO_Pin_11);   //7289CLK = 0
95              My7289Delay(96);
96          }
97          return dat;
98      }
99
```

第 80～84 行配置 PB11 为输入口。第 92 行调用库函数 GPIO_ReadInputDataBit 读取 PB11 的值，如果为 1，则执行第 93 行，将 1 保存在 dat 的最低位。

```
100     void  My7289Cmd(Int08U cmd)
101     {
102       GPIO_ResetBits(GPIOA,GPIO_Pin_8);          //ZLG7289CS = 0
103       GPIO_ResetBits(GPIOA,GPIO_Pin_11);         //ZLG7289CLK = 0
104
105       My7289Delay(600);                          //50us: 50 * 12
106       My7289SPIWrite(cmd);
107
108       GPIO_SetBits(GPIOA,GPIO_Pin_8);            //ZLG7289CS = 1
109     }
110
111     void  My7289CmdDat(Int08U cmd, Int08U dat)
112     {
113       GPIO_ResetBits(GPIOA,GPIO_Pin_8);          //ZLG7289CS = 0
114       GPIO_ResetBits(GPIOA,GPIO_Pin_11);         //ZLG7289CLK = 0
115
116       My7289Delay(600);                          //50us
117       My7289SPIWrite(cmd);
118       My7289Delay(300);                          //25us
119       My7289SPIWrite(dat);
120
121       GPIO_SetBits(GPIOA,GPIO_Pin_8);            //ZLG7289CS = 1
```

```
122   }
123
124   void My7289LEDOn(Int08U i)              //i = 1, 2, ···, 8 corresponding to D1, D2, ···, D8
125   {
126      volatile Int08U myled[8] = {46, 45, 44, 43, 42, 41, 40, 47};
127      if(i > 0 && i < 9)
128          My7289CmdDat(0xE0, myled[i − 1]);
129   }
130
131   void My7289LEDOff(Int08U i)             //i = 1, 2, ···, 8 corresponding to D1, D2, ···, D8
132   {
133      volatile Int08U myled[8] = {46, 45, 44, 43, 42, 41, 40, 47};
134      if(i > 0 && i < 9)
135          My7289CmdDat(0xC0, myled[i − 1]);
136   }
137
138   void My7289Disp(Int08U mod, Int08U x, Int08U dat, Int08U dp)
139   {   //dp = 0, Digital Point off; dp = 1, on. mod:0, 1, 2. x = 0, 1, 2, 3. dat:0000~1111b.
140      volatile Int08U mymod[3] = {0x80, 0xC8, 0x90};
141      if(mod > 2)
142          mod = 2;
143      dat &= 0x0F;
144      x &= 0x07;
145      dp &= 1;
146      My7289CmdDat(mymod[mod] + x, (dp << 7) | dat);
147   }
148
149   void My7289Seg(Int08U x, Int08U v, Int08U dp)
                                                //x = 0, 1, 2, 3. dp = 0, 1: digital point − off, on.
150   {
151      x &= 0x03;
152      v &= 0x0F;
153      My7289Disp(0, x, v, dp);
154   }
155
156   void MyTimeSep(void)                     //PB10 −− D3D4
157   {
158   GPIO_WriteBit(GPIOB, GPIO_Pin_10, 1 − GPIO_ReadOutputDataBit(GPIOB, GPIO_Pin_10));
159   }
160
```

第 158 行调用库函数 GPIO_ReadOutputDataBit 读出 PB10 的值,可能为 0 或 1,然后,借助于 1-GPIO_ReadOutputDataBit(GPIOB,GPIO_Pin_10)将读出的值转化为它的反码,再调用库函数 GPIO_WriteBit 向得到的反码输出到 PB10 口上。对比程序段 5-19 中完成相同功能的第 143 行,可见,使用寄存器类型的语句更简洁。

```
161   Int08U My7289GetKey(void)
162   {
163      volatile Int08U mykcode = 0;
164      GPIO_SetBits(GPIOA, GPIO_Pin_8);       //ZLG7289CS = 1
165      GPIO_ResetBits(GPIOA, GPIO_Pin_8);     //ZLG7289CS = 0
166      GPIO_ResetBits(GPIOA, GPIO_Pin_11);    //ZLG7289CLK = 0
167      My7289Delay(600);                      //50us −− 600
168      My7289SPIWrite(0x15);
169      My7289Delay(300);                      //25us −− 300
170      mykcode = My7289SPIRead();
171      GPIO_SetBits(GPIOA, GPIO_Pin_8);       //ZLG7289CS = 1
172      return mykcode;
173   }
174
```

第 164 行调用库函数 GPIO_SetBits 置位 PA8 口,即向 ZLG7289B 的片选信号 CS 输出

高电平；第 165 行调用库函数 GPIO_ResetBits 清零 PA8 口，即向 ZLG7289B 的片选信号 CS 输出低电平；第 166 行调用库函数 GPIO_ResetBits 清零 PA11 口，即向 ZLG7289B 的时钟信号 CLK 输出低电平。

```
175   void EXTI15_10_IRQHandler(void)   //PA12 as 7289INT
176   {
177       volatile Int08U mykeyin = 0xFFu;
178       if(EXTI_GetFlagStatus(EXTI_Line12))
179       {
180           mykeyin = My7289GetKey();
181           EXTI_ClearFlag(EXTI_Line12);
182           NVIC_ClearPendingIRQ(EXTI15_10_IRQn);
183       }
184       switch(mykeyin)
185       {
              此处省略的第 186～219 行与程序段 5 - 19 中的第 169～202 行相同
220       }
221   }
```

第 178 行的 if 语句调用库函数 EXTI_GetFlagStatus 判断外部中断 EXTI12 是否被触发；第 181 行调用库函数 EXTI_ClearFlag 清除外部中断 EXTI12 的中断标志位。

5.5 小结

本章介绍了 NVIC(嵌套向量中断控制器)的工作原理和 GPIO 口作为外部中断的程序设计方法，并以按键控制为例，讨论了下降沿触发中断的方法，并给出了寄存器类型和库函数类型的工程程序。然后，详细介绍了 ZLG7289B 驱动按键、LED 灯和数码管的方法。外部中断是 STM32F103RCT6 微控制器响应外部异步事件的唯一方式，中断的处理能力也是反映 STM32F103RCT6 的性能和灵活性的重要指标。建议读者在学习本章内容后，仔细阅读库函数手册和文件 stm32f10x_exti.c 与 stm32f10x_exti.h，充分掌握新出现的库函数的用法，并设计下降沿触发中断的工程程序。第 6 章介绍定时器时还将继续使用 NVIC 中断。需要强调指出的是，寄存器类型工程与库函数类型工程不是对立的，一个工程，既可以包含寄存器类型的文件，也可以同时包含库函数类型的文件；一个工程文件，既可以包含寄存器类型的代码，也可以同时包含库函数类型的代码。

习题

1. 阐述中断控制相关的操作及其 CMSIS 库函数。

2. 结合本章内容，说明 GPIO 外部输入中断的响应处理方法。

3. 编写寄存器类型工程，实现对按键的中断输入响应，用 LED 灯状态反映按键的按下或弹开。

4. 编写库函数类型工程，实现对按键的中断输入响应，用 LED 灯状态反映按键的按下或弹开。

5. 说明将 PB12 配置为外部中断输入 EXTI12 的方法。

6. 简述中断优先级的配置方法。

7. 编写库函数类型工程，借助于 ZLG7289B 驱动的数码管显示温度值。请参考第 9 章温度传感器 DS18B20 部分内容。

第6章

CHAPTER 6

定 时 器

本章将介绍 STM32F103RCT6 片内定时器的结构和用法,按照从简单到复杂的顺序依次介绍系统节拍定时器、看门狗定时器、实时时钟和通用定时器,其中,系统节拍定时器是 Cortex-M3 内核的定时器组件,主要用于为嵌入式实时操作系统提供时钟节拍(一般取为 100Hz)。STM32F103RCT6 具有 8 个定时器,其中定时器 1 和定时器 8 为高级定时器、定时器 2~5 为通用定时器、定时器 6 和定时器 7 为基本定时器,本章将主要介绍通用定时器,且以定时器 2 为例。

本章的学习目标:

- 了解看门狗定时器与实时时钟;
- 熟悉系统节拍定时器的工作原理;
- 掌握系统节拍定时器的库函数程序设计方法;
- 熟练应用寄存器或库函数进行通用定时器程序设计。

6.1 系统节拍定时器

系统节拍定时器 SysTick 属于 Cortex-M3 内核的组件,是一个 24 位的减计数器,常用于产生 100Hz 的定时中断(即系统节拍定时器异常,见表 2-4),用作嵌入式实时操作系统 μC/OS-II 等的时钟节拍。

6.1.1 系统节拍定时器的工作原理

图 6-1 表明系统节拍定时器有 4 个相关的寄存器,即 STCTRL、STRELOAD、STCURR 和 STCALIB,了解了这 4 个寄存器的内容,即可掌握系统节拍定时器的工作原理。这 4 个寄存器的内容分别如表 6-1~表 6-4 所示。

表 6-1 系统节拍定时器控制与状态寄存器 STCTRL

位号	符 号	复位值	含 义
0	ENABLE	0	写入 1,启动系统节拍定时器;写入 0,关闭系统节拍定时器
1	TICKINT	0	写入 1,开放系统节拍定时器定时中断;写入 0,关闭系统节拍定时器定时中断
2	CLKSOURCE	1	写入 1,选择系统时钟为系统节拍定时器时钟源;写入 0,选择外部时钟作为系统节拍定时器时钟源,对于 STM32F103RCT6 无效
15:3	—	—	保留,仅能写入 0

续表

位号	符　号	复位值	含　义
16	COUNTFLAG	0	当系统节拍定时器减计数到 0 后,该位自动置位,读 STCTRL 寄存器时自动清零
31:17	—	—	保留,仅能写入 0

表 6-2　系统节拍定时器重装值寄存器 STRELOAD

位号	符　号	复位值	含　义
23:0	RELOAD	0	系统节拍计数器计数到 0 后,下一个时钟节拍后将 RELOAD 的值装入 STCURR 寄存器中
31:24	—	—	保留,仅能写入 0

表 6-3　系统节拍定时器当前计数值寄存器 STCURR

位号	符　号	复位值	含　义
32:0	CURRENT	0	可读出系统节拍定时器的当前定时值;写入任意值,都将清零 CURRENT 的值,并清零 STCTRL 寄存器的 COUNTFLAG 位
31:24	—	—	保留,仅能写入 0

表 6-4　系统节拍定时器校正值寄存器 STCALIB

位号	符　号	复位值	含　义
23:0	TENMS	0x2328	当系统时钟为 9MHz 时,1ms 定时间隔的计数值,这里的 0x2328 为十进制数 9000
29:24	—	—	保留,仅能写入 0
30	SKEW	0	为 0 表示 TENMS 的值是准确的;为 1 表示 TENMS 的值不准确
31	NOREF	0	为 0 表示有独立的参考时钟;为 1 表示独立参考时钟不可用

系统节拍定时器的结构如图 6-1 所示。

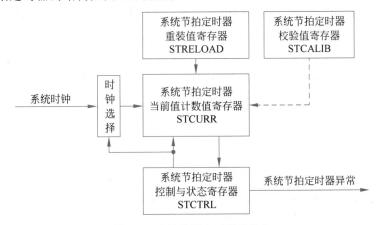

图 6-1　系统节拍定时器的结构

根据上述对系统节拍定时器的分析可知,设计一个定时频率为 100Hz(即定时周期为 10ms)的系统节拍定时器,可采用以下语句(结合上述表 6-1～表 6-4)。

(1) 配置 STCTRL 为(1uL≪1)|(1uL≪2),即关闭系统节拍定时器并开放系统节拍定

时器中断,同时设置系统时钟为系统节拍定时器时钟源。对于 STM32F103RCT6 微控制器使用内部 8MHz 时钟源而言,系统时钟为 64MHz,芯片手册上明确说明将系统时钟经 AHB 预分频器后的 32MHz 信号的 8 分频值用作系统节拍定时器的输入时钟信号(见图 2-3),但实际测试发现,系统节拍定时器的输入时钟信号仍然是 32MHz,即没有所谓的 8 分频器。

(2)向 STCURR 寄存器写入任意值,例如写入 0,清除 STCURR 的值,同时清除 STCTRL 的 COUNTFLAG 标志。

(3)向 STRELOAD 寄存器写入 320000-1,即十六进制数 0x4E1FF。

(4)配置 STCTRL 的第 0 位为 1(其余位保持不变),启动系统节拍定时器。

系统节拍定时器相关的寄存器定义在 CMSIS 库头文件 core_cm3.h 中,如程序段 6-1 所示。

程序段 6-1　系统节拍定时器相关的寄存器定义(摘自 core_cm3.h 文件)

```
1    typedef struct
2    {
3      __IOM uint32_t CTRL;     //偏移地址:0x000 (可读/可写) 系统节拍控制和状态寄存器
4      __IOM uint32_t LOAD;     //偏移地址:0x004 (可读/可写) 系统节拍重装值寄存器
5      __IOM uint32_t VAL;      //偏移地址:0x008 (可读/可写) 系统节拍当前计数值寄存器
6      __IM  uint32_t CALIB;    //偏移地址:0x00C (只读) 系统节拍校验寄存器
7    } SysTick_Type;
8
9    #define SCS_BASE        (0xE000E000UL)
10   #define SysTick_BASE    (SCS_BASE +  0x0010UL)
11
12   #define SysTick         ((SysTick_Type  * )SysTick_BASE)
```

这里的"__IOM"为 volatile 的宏定义,"__IM"为 volatile const 的宏定义。系统节拍定时器的 4 个寄存器 STCTRL、STRELOAD、STCURR 和 STCALIB 的地址分别为 0xE000 E010、0xE000 E014、0xE000 E018 和 0xE000 E01C。程序段 6-1 第 1~7 行自定义的结构体类型 SysTick_Type 的各个成员与系统节拍定时器的 4 个寄存器按偏移地址一一对应(基地址为 0xE000 E010),因此,第 12 行的 SysTick 为指向系统节拍定时器的各个寄存器的结构体指针。

在 CMSIS 库头文件 core_cm3.h 中还定义了一个初始化系统节拍定时器的函数,如程序段 6-2 所示。

程序段 6-2　系统节拍定时器初始化函数(摘自 core_cm3.h 文件)

```
1    __STATIC_INLINE  uint32_t  SysTick_Config(uint32_t  ticks)
2    {
3      if ((ticks - 1UL) > SysTick_LOAD_RELOAD_Msk)
4      {
5        return (1UL);
6      }
7      SysTick -> LOAD  = (uint32_t)(ticks - 1UL);
8      NVIC_SetPriority (SysTick_IRQn, (1UL << __NVIC_PRIO_BITS) - 1UL);
9      SysTick -> VAL   = 0UL;
10     SysTick -> CTRL  = SysTick_CTRL_CLKSOURCE_Msk |
11                        SysTick_CTRL_TICKINT_Msk   |
12                        SysTick_CTRL_ENABLE_Msk;
13     return (0UL);
14   }
```

函数 SysTick_Config 用于初始化系统节拍定时器,参数 ticks 表示系统节拍定时器的计数初值。第 1 行的 uint32_t 为自定义的无符号 32 位整型类型,__STATIC_INLINE 即

static inline,用于定义静态内敛函数。第 3 行的 SysTick_LOAD_RELOAD_Msk 为宏常量 0x00FF FFFF,这是因为系统定时器是 24 位的减计数器,最大值为 0x00FF FFFF,所以,当第 3 行为真时,说明参数 ticks 的值超过了系统节拍定时器的最大计数值,故第 5 行返回 1, 表示出错。第 7 行将 ticks 计数值减去 1 的值作为初值赋给 LOAD 寄存器(即系统节拍定时器重装值寄存器 STRELOAD)。第 8 行调用 CMSIS 库函数 NVIC_SetPriority,设置系统节拍定时器异常的优先级号为 15(见表 5-2 和程序段 5-2)。第 9 行向 VAL 寄存器(即系统节拍定时器当前计数值寄存器 STCURR)写入 0,使得 LOAD 内的值装入 VAL 寄存器中。第 10 行启动系统节拍定时器,并且打开系统节拍定时器中断,其中,系统定义的宏常量 SysTick_CTRL_CLKSOURCE_Msk、SysTick_CTRL_TICKINT_Msk 和 SysTick_CTRL_ ENABLE_Msk 依次为(1uL≪2)、(1uL≪1)和(1uL≪0)。

　　根据程序段 6-2 可知,设计一个定时频率为 100Hz(即定时周期为 10ms)的系统节拍定时器,只需要调用语句 SysTick_Config(320000uL)即可。

6.1.2　系统节拍定时器实例

视频讲解

　　系统节拍定时器异常一般用作嵌入式实时操作系统的时钟节拍,也可以用作普通的定时中断处理。下文使用系统节拍定时器实现 LED 灯 D9 的闪烁功能,其寄存器类型的工程实现步骤如下。

　　(1) 在工程 PRJ05 的基础上,新建工程 PRJ07,保存在目录 D:\STM32F103RCT6PRJ\ PRJ07 下,此时的工程 PRJ07 与工程 PRJ05 完全相同。

　　(2) 新建文件 systick.c 和 systick.h,这两个文件保存在目录 D:\STM32F103RCT6PRJ\ PRJ07\BSP 下,其代码分别如程序段 6-3 和程序段 6-4 所示。

　　程序段 6-3　文件 systick.c

```
1    //Filename:systick.c
2
3    # include "includes.h"
4
5    void   SysTickInit(void)
6    {
7      SysTick_Config(320000uL);
8    }
9
10   void   SysTick_Handler(void)
11   {
12     static Int08U i = 0;
13     i++;
14     if(i == 100)
15         LED(1,LED_ON);
16     if(i == 200)
17     {
18         i = 0;
19         LED(1,LED_OFF);
20     }
21   }
```

　　第 5～8 行的函数 SysTickInit 调用系统函数 SysTick_Config(第 7 行),配置系统节拍定时器工作频率为 100Hz,这个函数还将用于第 2 篇的操作系统级别的工程中。

　　第 10～21 行为系统节拍定时器异常服务函数,第 10 行的函数名 SysTick_Handler,是系统指定的,参考 2.6 节,该函数名来自启动文件 startup_stm32f10x_hd.s 中的同名标号。

第12行定义静态变量i,如果i累加到100(表示经过了1s),则点亮LED灯D9(第15行);如果i从100累加到200(表示又经过了1s),则熄灭LED灯D9(第19行),同时把变量i清零。

程序段6-4 文件 systick.h

```
1    //Filename:systick.h
2
3    #ifndef _SYSTICK_H
4    #define _SYSTICK_H
5
6    void SysTickInit(void);
7
8    #endif
```

文件 systick.h 声明了文件 systick.c 中定义的函数 SysTickInit(第6行),该函数用于系统节拍定时器的初始化。

(3) 修改文件 main.c、includes.h 和 bsp.c 文件,分别如程序段 6-5～程序段 6-7 所示。

程序段6-5 文件 main.c

```
1    /Filename: main.c
2
3    #include "includes.h"
4
5    void Delay(Int32U);
6
7    int main(void)
8    {
9      BSPInit();
10     int i = 0;
11     for(;;)
12     {
13         LED(1,LED_OFF);
14         Delay(500);
15         LED(1,LED_ON);
16         Delay(500);
17
18         My7289Seg(0,i,1);
19         My7289Seg(1,i,1);
20         My7289Seg(2,i,1);
21         My7289Seg(3,i,1);
22         i++;
23         i = i % 10;
24     }
25   }
26
27   void Delay(Int32U u)
28   {
29     volatile Int32U i,j;
30     for(i = 0;i < u;i++)
31         for(j = 0;j < 6000;j++);
32   }
```

在文件 main.c 中,第9行调用 BSPInit 函数实现外设的初始化,然后,进入一个无限循环体:(1)循环熄灭和点亮 LED 灯 D10,如第13、15行所示;(2)在每个数码管上循环显示数字0～数字9(第18～23行)。

程序段6-6 文件 includes.h

```
1    //Filename: includes.h
```

```
2
3      # include "stm32f10x.h"
4
5      # include "vartypes.h"
6      # include "bsp.h"
7      # include "led.h"
8      # include "key.h"
9      # include "exti.h"
10     # include "beep.h"
11     # include "zlg7289.h"
12     # include "systick.h"
```

与程序段 5-17 相比,程序段 6-6 添加了第 12 行,即包括了 systick.h 头文件。

程序段 6-7　文件 bsp.c

```
1      //Filename: bsp.c
2
3      # include "includes.h"
4
5      void BSPInit(void)
6      {
7        LEDInit();
8        KEYInit();
9        EXTIKeyInit();
10       BEEPInit();
11       My7289Init();
12       SysTickInit();
13     }
```

与程序段 5-18 相比,程序段 6-7 添加了第 12 行,即调用了系统节拍定时器初始化函数
SysTickInit。

(4) 将 systick.c 文件添加到工程管理器的 BSP 分组下,建设好的工程 PRJ07 如图 6-2
所示。

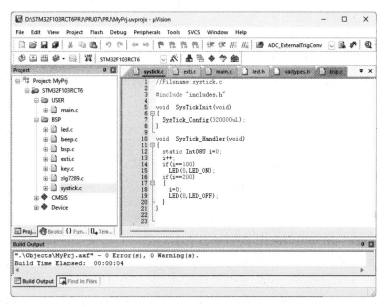

图 6-2　工程 PRJ07 工作窗口

工程 PRJ07 的工作流程如图 6-3 所示。

由图 6-3 可知,在工程 PRJ07 中,主函数 main 主要完成了系统的外设初始化工作,同

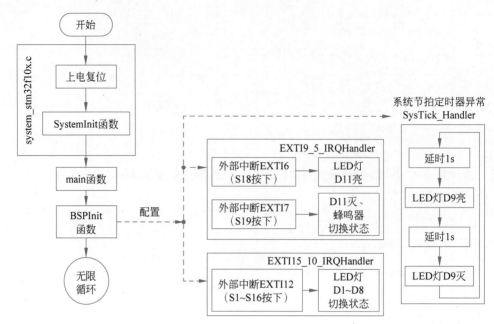

图 6-3　工程 PRJ07 的工作流程

时,工程 PRJ07 保留了工程 PRJ05 中的全部功能,并添加了系统节拍定时器功能。由于配置系统节拍定时器的工作频率为 100Hz,所以,定时异常每触发 100 次相当于延时准确的 1s。通过添加静态计数变量,使得系统节拍定时器异常服务函数实现了每隔 1s 使 LED 灯 D9 状态切换一次的功能。

　　系统节拍定时器的库函数类型工程的建设过程为:在工程 PRJ06 的基础上,新建工程 PRJ08,保存在目录 D:\STM32F103RCT6PRJ\PRJ08 下,此时的工程 PRJ08 与工程 PRJ06 完全相同,需要做的修改如下。

　　(1) 修改文件 main.c、includes.h 和 bsp.c,这些文件如程序段 6-5～程序段 6-7 所示;

　　(2) 新建文件 systick.c 和 systick.h,如程序段 6-3 和程序段 6-4 所示,保存在目录 D:\STM32F103RCT6PRJ\PRJ08\BSP 下,并将文件 systick.c 添加到工程管理器的 BSP 分组下。

视频讲解

▚ 6.2　看门狗定时器　　　◆

　　STM32F103RCT6 微控制器中有两个看门狗定时器,即独立看门狗定时器和窗口看门狗定时器。本书仅介绍复杂一些的窗口看门狗定时器。

6.2.1　窗口看门狗定时器的工作原理

　　窗口看门狗定时器的结构如图 6-4 所示。

　　由图 6-4 可知,窗口看门狗定时器的时钟源为 PCLK1(最高工作在 36MHz 下,STM32F103RCT6 使用内部 8MHz 时钟源,PCLK1 工作在 16MHz 下,但是,实际测试发现需按 32MHz 计算),经过 4096 分频后,再经过寄存器 WWDG_CFR 指定分频后,送给看门狗计数器。这里的寄存器 WWDG_CFR 只有第[9:0]位域有效,其中,第[8:7]位域记为 WDGTB[1:0],用于指定分频值为 $1/2^{WDGTB[1:0]}$,例如,WDGTB[1:0]设为 11b,则分频值为 1/8。WWDG_CFR 的第 9 位记为 EWI,该位置 1,则看门狗计数器 T[6:0]减计数到

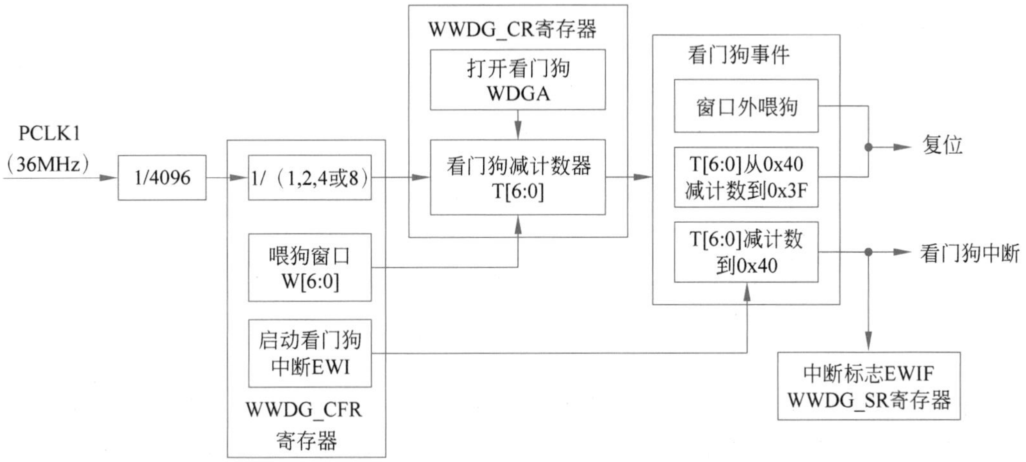

图 6-4　窗口看门狗定时器的结构

0x40 时,产生看门狗中断。WWDG_CFR 的第[6:0]位域为窗口 W,最大值为 0x7F,最小值可设为 0x41,当 T[6:0]的值大于 W[6:0]的值时,向 T[6:0]赋值(即喂狗)将产生复位。也就是说,正常程序的"喂狗"操作只能在"窗口"内,即 T[6:0]的值小于 W[6:0]的值时"喂狗",否则将导致芯片复位。

WWDG_CR 寄存器只有第[7:0]位域有效,其中,第[6:0]位域为看门狗计数器 T[6:0],第 7 位域记为 WDGA,设为 1 则启动看门狗,只有复位后才能自动清零。当看门狗计数器减计数到 0x40 时,将产生看门狗中断(若 EWI 位为 1);当看门狗计数器从 0x40 减计数到 0x3F 时(即 T[6]由 1 变为 0),将产生复位。

WWDG_SR 寄存器只有第 0 位有效,记为 EWIF,当产生看门狗中断时,EWIF 位自动置 1,该位写入 0 可清零。

在图 6-4 中,如果配置寄存器 WWDG_CFR 的 WDGTB[1:0]为 11b,则看门狗计数器每隔 1.024ms 减计数 1,由于看门狗中断和看门狗复位只相差一个计数时间,即相差 1.024ms,所以,在看门狗中断服务程序中应首先"喂狗",然后再执行其余的处理。如果设定看门狗计数器的初始值为 0x72,则减计数到 0x40 时,减计数值为 0x32,即十进制数 50,所花费的时间约为 50ms,即看门狗中断约每 50ms 触发一次。在 6.2.2 节的工程实例中,使用了该配置方式。

6.2.2　窗口看门狗定时器寄存器类型实例

在本节中,拟把看门狗定时器 WWDG 用作普通的定时器,实现每隔约 1s LED 灯 D10 闪烁的功能。

在工程 PRJ07 的基础上,新建工程 PRJ09,保存在目录 D:\STM32F103RCT6PRJ\ PRJ09 下,此时的工程 PRJ09 与工程 PRJ07 完全相同。然后,执行以下的步骤。

(1) 修改 main.c 文件,在程序段 6-5 所示代码的基础上,删除第 13～15 行,即 main 函数不再控制 LED 灯的闪烁。

(2) 新建文件 wwdog.c 和 wwdog.h,如程序段 6-8 和程序段 6-9 所示,保存在目录 D:\ STM32F103RCT6PRJ\PRJ09\BSP 下。

程序段 6-8　文件 wwdog.c

```
1    //Filename: wwdog.c
```

视频讲解

```
2
3    # include "includes. h"
4
5    void   WWDOGInit(void)
6    {
7      RCC - > APB1ENR | = (1uL << 11);
8
9      WWDG - > CR = 0x72;                    // T[6:0] = 0x72
10     WWDG - > CFR = (1uL << 9) | (3uL << 7) | (0x7F << 0);          //Enable Intr,1/8/4096
11     WWDG - > SR = 0;
12     WWDG - > CR | = (1uL << 7);            //Enable WWDOG
13     NVIC_EnableIRQ(WWDG_IRQn);
14   }
15
```

第 5～14 行为看门狗定时器初始化函数 WWDOGInit。第 7 行打开看门狗定时器时钟源(RCC_APB1ENR 寄存器含义请参考 STM32F103 参考手册,其中,第 11 位置 1 表示打开看门狗定时器的时钟源);第 9 行向看门狗计数器赋初值 0x72;第 10 行设置看门狗中断有效、1/8 分频值和窗口大小为 0x7F(不会触发"喂狗"复位);第 11 行清零中断标志位;第 12 行启动看门狗定时器。第 13 行调用 CMSIS 库函数打开看门狗 NVIC 中断。第 10 行设置窗口值为 0x7F,则看门狗计数器的值 T[6:0]始终小于窗口值,使得窗口值不起作用。

```
16   void   WWDG_IRQHandler(void)
17   {
18     static Int16U i = 0;
19
20     WWDG - > CR = 0x72;
21
22     i++;
23     if(i == 20)
24       LED(1,LED_ON);
25     if(i == 40)
26     {
27       i = 0;
28       LED(1,LED_OFF);
29     }
30
31     WWDG - > SR = 0;
32     NVIC_ClearPendingIRQ(WWDG_IRQn);
33   }
```

第 16～33 行为看门狗中断服务函数 WWDG_IRQHandler,该函数名是系统设定的(参考 2.6 节)。第 18 行定义静态变量 i,第 20 行"喂狗";第 22～29 行执行 LED 灯 D10 的闪烁操作,由于看门狗中断约每 50ms 触发一次,触发 20 次约 1s,当 i 累加到 20 时,LED 灯 D10 点亮,当 i 由 20 累加到 40 时,LED 灯 D10 熄灭。第 31 行清零看门狗中断标志;第 32 行清除看门狗中断的 NVIC 中断标志位。

程序段 6-9　文件 wwdog. h

```
1    //Filename: wwdog. h
2
3    # ifndef  _WWDOG_H
4    # define  _WWDOG_H
5
6    void  WWDOGInit(void);
7
8    # endif
```

文件 wwdog. h 是文件 wwdog. c 对应的头文件,用于声明 wwdog. c 中定义的函数,这里第 6 行声明了 WWDOGInit 函数。

（3）在 includes.h 文件的末尾添加语句♯include "wwdog.h"，即在总的包括头文件中包括文件 wwdog.h。

（4）在 bsp.c 文件的 BSPInit 函数中，添加对函数 WWDOGInit 的调用，如程序段 6-10 所示。

程序段 6-10　文件 bsp.c

```
1    //Filename: bsp.c
2
3    # include "includes.h"
4
5    void BSPInit(void)
6    {
7      LEDInit();
8      KEYInit();
9      EXTIKeyInit();
10     BEEPInit();
11     My7289Init();
12     SysTickInit();
13     WWDOGInit();
14   }
```

文件 bsp.c 中的函数 BSPInit（第 5～14 行）用于初始化 STM32F103RCT6 微控制器的片上外设。相对于程序段 6-7，程序段 6-10 添加的第 13 行调用了看门狗初始化函数 WWDOGInit，用于实现对看门狗定时器外设的初始化。

（5）将 wwdog.c 文件添加到工程管理器的 BSP 分组下。完成后的工程 PRJ09 如图 6-5 所示。

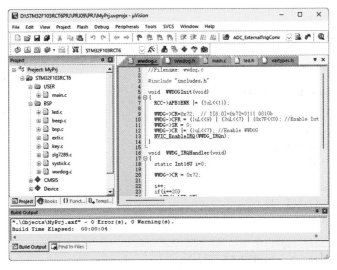

图 6-5　工程 PRJ09 工作窗口

在图 6-5 中，编译链接并运行工程 PRJ09，可以看到 STM32F103RCT6 开发板上的 LED 灯 D10 每隔约 1s 闪烁一次，从而实现了看门狗定时器的定时中断处理功能。

6.2.3　窗口看门狗定时器库函数类型实例

在工程 PRJ08 的基础上，新建工程 PRJ10，保存在 D:\STM32F103RCT6PRJ\PRJ10 目录下，此时的工程 PRJ10 与工程 PRJ08 完全相同。然后，进行如下的步骤。

（1）新建文件 wwdog.c 和 wwdog.h，其中，wwdog.h 文件与程序段 6-9 的同名文件内容

视频讲解

相同,wwdog.c 的内容如程序段 6-11 所示。这两个文件保存在目录 D:\STM32F103RCT6PRJ\PRJ10\BSP 下。

程序段 6-11   文件 wwdog.c

```
1    //Filename: wwdog.c
2
3    # include "includes.h"
4
5    void   WWDOGInit(void)
6    {
7      RCC_APB1PeriphClockCmd(RCC_APB1Periph_WWDG, ENABLE);
8
9      WWDG_SetPrescaler(WWDG_Prescaler_8);       //1/8/4098
10     WWDG_SetWindowValue(0x7F);
11     WWDG_ClearFlag();
12     WWDG_Enable(0x72);                         // T[6:0] = 0x72, Enable WWDOG
13     WWDG_EnableIT();
14
15     NVIC_EnableIRQ(WWDG_IRQn);
16   }
17
```

第 5～16 行为看门狗初始化函数 WWDOGInit。第 7 行调用 RCC_APB1PeriphClockCmd 库函数打开窗口看门狗的时钟源;第 9 行调用 WWDG_SetPrescaler 库函数设置预分频值为 1/8;第 10 行调用 WWDG_SetWindowValue 库函数设置窗口值为 0x7F;第 11 行调用 WWDG_ClearFlag 库函数清零看门狗中断标志;第 12 行启动看门狗,同时设置看门狗计数器的初始值为 0x72;第 13 行打开看门狗中断;第 15 行打开看门狗定时器的 NVIC 中断。

```
18     void   WWDG_IRQHandler(void)
19     {
20       static Int16U i = 0;
21
22       WWDG_SetCounter(0x72);
23
24       i++;
25       if(i == 20)
26           LED(1, LED_ON);
27       if(i == 40)
28       {
29           i = 0;
30           LED(1, LED_OFF);
31       }
32
33       WWDG_ClearFlag();
34       NVIC_ClearPendingIRQ(WWDG_IRQn);
35     }
```

对比程序段 6-8 中的看门狗中断服务函数 WWDG_IRQHandler,程序段 6-11 的第 22 行为喂狗,即设置看门狗计数器的值为 0x72;第 33 行调用 WWDG_ClearFlag 清零看门狗中断标志。

(2) 修改 main.c 文件,在程序段 6-5 所示代码的基础上,删除第 13～15 行,即 main 函数不再控制 LED 灯的闪烁。

(3) 在 includes.h 文件的末尾,添加语句 # include "wwdog.h",即在总的包括头文件中包括头文件 wwdog.h。

（4）修改 bsp.c 文件，如程序段 6-10 所示，即在 bsp.c 文件中的 BSPInit 函数中，添加语句"WWDOGInit();"，用于初始化窗口看门狗定时器。

（5）添加目录 D:\STM32F103RCT6PRJ\PRJ10\STM32F10x_FWLib\src 下的文件 stm32f10x_wwdg.c 到工程管理器的 LIB 分组下；添加新创建的文件 wwdog.c（保存在目录 D:\STM32F103RCT6PRJ\PRJ10\BSP 下）到工程管理器的 BSP 分组下。

工程 PRJ10 实现的功能与工程 PRJ09 完全相同，即将窗口看门狗定时器配置为约每50ms 触发一次看门狗中断的普通定时器，在看门狗中断服务函数中，通过静态的计数变量，实现每隔约 1s 使 LED 灯 D10 切换一次状态。

6.3 实时时钟

STM32F103RCT6 微控制器的实时时钟（RTC）模块，严格意义上讲，只是一个低功耗的定时器，如果要实现时间和日历功能，必须借助于软件。其优点在于灵活性较强，缺点在于程序员编程时需要考虑日历变化的闰年情况，即 RTC 模块不是真正意义上具有完整日历功能的实时时钟。估计意法半导体公司可能会在不久的将来对 RTC 模块进行功能升级。

6.3.1 实时时钟工作原理

STM32F103RCT6 微控制器的实时时钟结构如图 6-6 所示。

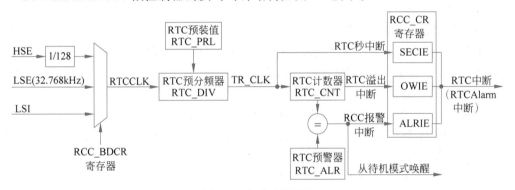

图 6-6 实时时钟结构

由图 6-6 可知，RTC 模块有 3 个时钟源可供选择，一般情况下，希望选择具有较高精度的外部低速时钟 LSE（32.768kHz）。这里的 HSE 是指片外高精度高速时钟（8MHz），LSI 指片内低速时钟（40kHz）。如果选择了 LSE 时钟，则 RTCCLK 时钟信号即为 32.768kHz，如果设定 RTC 预分频器的值为 32767，则 $TR\_CLK = RTCCLK/(RTC\_DIV+1)$，即 TR_CLK 时钟信号为 1Hz。RTC 模块可触发 3 种类型的中断，即秒中断、溢出中断和报警中断（或闹钟中断），通过配置 RCC_CR 寄存器实现这 3 类中断的开启。当 RTC 计数器的值与 RTC 预警器的值相等时，产生 RTC 报警中断，同时，该中断还可用于从待机模式唤醒微控制器。

图 6-6 中的 RCC_BDCR 寄存器是复位与时钟控制模块（RCC）的寄存器，其第[9:8]位域设为 01b 时，RTC 模块使用 LSE 时钟源，该寄存器的详细情况请参考 STM32F103 用户手册。

下面详细介绍 RTC 模块的各个寄存器，RTC 模块的基地址为 0x4000 2800。

（1）RTC 控制寄存器 RTC_CRH。

RTC_CRH（偏移地址 0x0，复位值为 0x0）是一个 16 位的寄存器，只有第[2:0]位域有效，第 2 位为 OWIE，取 1 表示开启溢出中断；第 1 位为 ALRIE，取 1 表示开启报警中断；

第 0 位为 SECIE,取 1 表示开启秒表中断。

(2) RTC 控制寄存器 RTC_CRL。

RTC_CRL(偏移地址 0x04,复位值为 0x0020)是一个 16 位的寄存器,只有第[5:0]位域有效。第 5 位为只读的 RTOFF 位,读出 0 表示写 RTC 寄存器正处理中,读出 1 表示写 RTC 寄存器操作已完成;第 4 位为 CNF 位,写入 1 表示进入配置模式,写入 0 表示退出配置模式;第 3 位为 RSF 位,当 RTC 各个寄存器同步后硬件置 1,可软件方式写入 0 清零;第 2 位为溢出中断标志位 OWF,取 1 表示溢出中断发生,写入 0 清零;第 1 位为报警中断标志位 ALRF,取 1 表示报警中断发生,写入 0 清零;第 0 位为秒中断标志位 SECF,取 1 表示秒中断发生,写入 0 清零。

RTC 模块的各个寄存器的访问规则为:首先,确认 RTOFF 位为 1;然后,置 CNF 位为 1 进入配置模式;接着,配置各个 RTC 寄存器(包括 RTC_CRH);之后,清零 CNF 位退出配置模式;最后,等待 RTOFF 位为 1。

(3) RTC 预装值寄存器 RTC_PRLH 和 RTC_PRLL。

RTC_PRLH 和 RTC_PRLL(偏移地址为 0x08 和 0x0C,复位值为 0x0 和 0x8000)是两个 16 位的寄存器,RTC_PRLH 的高 14 位保留,RTC_PRLH 的第[3:0]位域(作为 PRL[19:16])与 RTC_PRLL 的第[15:0]位域(作为 PRL[15:0])组合成 PRL[19:0],结合图 6-6,TR_CLK=RTCCLK/(PRL[19:0]+1)。

(4) RTC 预分频器寄存器 RTC_DIVH 和 RTC_DIVL。

RTC_DIVH 和 RTC_DIVL(偏移地址为 0x10 和 0x14,复位值为 0x0 和 0x8000)是两个只读的 16 位的计数器,其减计数到 0 后,RTC_PRLH 和 RTC_PRLL 中的预装值将自动装入 RTC_DIVH 和 RTC_DIVL 中。

(5) RTC 计数器寄存器 RTC_CNTH 和 RTC_CNTL。

RTC_CNTH 和 RTC_CNTL(偏移地址为 0x18 和 0x1C,复位值均为 0x0)是两个可读/可写的 16 位寄存器,用于保存 RTC 模块的时间和日历值。

(6) RTC 报警器寄存器 RTC_ALRH 和 RTC_ALRL。

RTC_ALRH 和 RTC_ALRL(偏移地址为 0x20 和 0x24,复位值均为 0xFFFF)是两个只写的 16 位寄存器,用于保存 RTC 模块报警时的时间和日历值。当 RTC 计数器寄存器 RTC_CNTH 和 RTC_CNTL 的值分别与 RTC_ALRH 和 RTC_ALRL 的值相等时,产生 RTC 报警中断。

下面 6.3.2 节和 6.3.3 节通过 RTC 模块实现数码管(图 3-12 中 U2 器件的第 1 个数码管,位于四合一数码管的最左边的数码管)每隔 1s 累加 1 的显示功能,以说明 RTC 模块的配置方法和秒中断程序设计方法。

6.3.2 实时时钟寄存器类型实例

在工程 PRJ09 的基础上,新建工程 PRJ11,保存在 D:\STM32F103RCT6PRJ\PRJ11 目录下,此时的工程 PRJ11 与工程 PRJ09 完全相同。然后,进行如下的步骤。

(1) 修改文件 main.c,如程序段 6-12 所示,即在主函数的无限循环体中,不做具体的处理工作。

程序段 6-12　文件 main.c

视频讲解

```
1    //Filename: main.c
2
```

```
3     # include "includes.h"
4
5     int main(void)
6     {
7       BSPInit();
8
9       for(;;)
10      {
11      }
12    }
```

主函数 main 中,第 7 行调用 BSPInit 初始化 STM32F103RCT6 微控制器片上外设,然后,进入第 9～11 行的无限循环体。

(2) 新建文件 rtc.c 和 rtc.h,保存在目录 D:\STM32F103RCT6PRJ\PRJ11\BSP 下,这两个文件的内容如程序段 6-13 和程序段 6-14 所示。

程序段 6-13　文件 rtc.c

```
1     //Filename: rtc.c
2
3     # include "includes.h"
4
5     void RTCInit(void)
6     {
7       Int32U i;
8       RCC -> CSR | = (1u << 0);                      //Open LSI about 40kHz
9       RCC -> APB1ENR | = (1uL << 27) | (1uL << 28); //BKP & PWR Enable
10      PWR -> CR | = (1uL << 8);                      //Access RTC & BKP Enable
11
```

第 8 行打开内部 LSI 时钟,该时钟频率约为 40kHz;第 9 行使复位与时钟控制模块的寄存器 RCC_APB1ENR 的第 27 位和第 28 位置 1,表示打开备份接口模块(BKP)和功耗管理模块(PWR)的时钟源,这两个模块与 RTC 有关。第 10 行设置 PWR_CR 寄存器的第 8 位为 1,表示可访问 RTC 和 BKP 模块的寄存器。

```
12      RCC -> BDCR | = (1uL << 16);
13      RCC -> BDCR & = ~(1uL << 16);                //BKP Software Reset
14      RCC -> BDCR & = ~(1uL << 0);                 //Close LSE 32.768kHz
15      RCC -> BDCR | = (1uL << 9);
16      RCC -> BDCR & = ~(1uL << 8);                 //Use LSI as RTC clock
17      RCC -> BDCR | = (1uL << 15);                 //Open RTC clock
```

第 12 行向 RCC_BDCR 寄存器的第 16 位写入 1 复位 BKP 模块;第 13 行向其写入 0,退出复位状态,进入工作状态;第 14 行向 RCC_BDCR 寄存器的第 0 位写入 0,表示关闭外部的 32.768kHz 时钟源 LSE。第 15～16 行向 RCC_BDCR 寄存器的第[9:8]位域写入 10b,表示使用内部的 40kHz 时钟源 LSI。第 17 行设置 RCC_BDCR 寄存器的第 15 位为 1,表示启动 RTC 时钟。

这里第 8～17 行使用了 BKP 和 RCC 模块的一些寄存器,本书未进行详细介绍,可参考 STM32F103 用户参考手册的第 6 章和第 7 章。

```
18
19      while((RTC -> CRL & (1uL << 5))!= (1uL << 5)); //RTOFF = 1
20      while((RTC -> CRL & (1uL << 3))!= (1uL << 3)); //RSF = 1
21      RTC -> CRL | = (1uL << 4);                      //CNF = 1 Enter conf. mode
22      RTC -> CRH | = (1uL << 0);                      //Second Interrupt Enable
23
24      RTC -> PRLH = 0;
```

```
25        RTC -> PRLL = 40000 - 1;
26        RTC -> CRL & = ~(1uL << 4);                //CNF = 0 Exit conf. mode
27        while((RTC -> CRL & (1uL << 5))!= (1uL << 5));    //RTOFF = 1
28
29        NVIC_EnableIRQ(RTC_IRQn);
30    }
31
```

第 5～30 行为 RTC 时钟模块的初始化函数 RTCInit。第 19 行等待 CRL 寄存器的 RTOFF 位为 1(表示 RTC 时钟已稳定);第 20 行等待 RSF 位为 1(表示 RTC 各个寄存器已同步);第 21 行置位 CNF,进入配置模式;第 22 行打开秒中断;第 24、25 行设置分频值为 40000-1;第 26 行清零 CNF,退出配置模式;第 27 行等待 CRL 寄存器的 RTOFF 位置 1。

第 29 行调用 CMSIS 库函数打开 RTC 模块对应的 NVIC 中断。

```
32    void RTC_IRQHandler(void)
33    {
34        static Int08U i = 0;
35        My7289Seg(0,i,1);
36        i++;
37        i = i % 10;
38        RTC -> CRL & = ~(1uL << 0);
39        NVIC_ClearPendingIRQ(RTC_IRQn);
40    }
```

第 32～40 行为 RTC 模块的中断服务函数,函数名必须为 RTC_IRQHandler(参考 2.6 节),来源于 startup_stm32f10x_hd.s 文件中的同名标号。第 34 行定义静态变量 i;根据 RTCInit 函数可知,RTC 中断每秒执行一次,每次执行第 35 行将 i 的值显示在数码管上;然后,第 36 行 i 的值自增 1;第 37 行当 i 的值为 10 时,i 重置为 0。第 38 行向 RTC_CRL 寄存器的第 0 位写入 0,清除 RTC 秒中断标志位;第 39 行调用 CMSIS 库的 NVIC_ClearPendingIRQ 函数清除 RTC 的 NVIC 中断标志位。

程序段 6-14   文件 rtc.h

```
1    //Filename: rtc.h
2
3    # ifndef  _RTC_H
4    # define  _RTC_H
5
6    void RTCInit(void);
7
8    # endif
```

文件 rtc.h 中声明了文件 rtc.c 中定义的函数 RTCInit。

(3) 在 includes.h 文件的末尾添加语句 # include "rtc.h",即包括头文件 rtc.h。

(4) 在 bsp.c 文件的 BSPInit 函数中,添加语句"RTCInit();",如程序段 6-15 所示。

程序段 6-15   文件 bsp.c

```
1    //Filename: bsp.c
2
3    # include "includes.h"
4
5    void BSPInit(void)
6    {
7        LEDInit();
8        KEYInit();
```

```
9        EXTIKeyInit();
10       BEEPInit();
11       My7289Init();
12       SysTickInit();
13       WWDOGInit();
14       RTCInit();
15   }
```

在文件 bsp.c 中，BSPInit 函数依次实现 LED 灯、按键、外部中断、蜂鸣器、ZLG7289B 芯片、SysTick 定时器、窗口看门狗定时器和 RTC 时钟的初始化（如第 7～14 行所示）。

（5）将 rtc.c 文件添加到工程管理器的 BSP 分组下。建设好的工程 PRJ11 如图 6-7 所示。

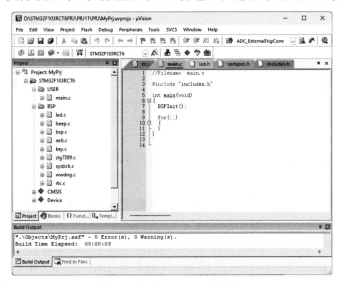

图 6-7　工程 PRJ11 工作窗口

在图 6-7 中，编译链接并运行工程 PRJ11，可观察到 STM32F103RCT6 开发板上的数码管循环显示 0～9，每隔 1s 自增 1。此外，工程 PRJ11 保留了工程 PRJ09 的全部功能。

6.3.3　实时时钟库函数类型实例

本节中使用库函数实现 rtc.c 文件中的全部功能，具体步骤如下。

（1）在工程 PRJ10 的基础上，新建工程 PRJ12，保存在目录 D:\STM32F103RCT6PRJ\PRJ12 下。此时的工程 PRJ12 与工程 PRJ10 完全相同。

（2）修改文件 main.c，如程序段 6-12 所示，即主函数的无限循环体为空。

（3）新建 rtc.c 和 rtc.h 文件，保存在目录 D:\STM32F103RCT6PRJ\PRJ12\BSP 下，其中，rtc.h 文件如程序段 6-14 所示，rtc.c 文件如程序段 6-16 所示。

程序段 6-16　文件 rtc.c

```
1    //Filename: rtc.c
2
3    # include "includes.h"
4
5    void RTCInit(void)
6    {
7      Int32U i;
8      RCC_LSICmd(ENABLE);                                    //Enable LSI 40kHz
9      RCC_APB1PeriphClockCmd(RCC_APB1Periph_PWR|RCC_APB1Periph_BKP, ENABLE);
10     PWR_BackupAccessCmd(ENABLE);                           //Access RTC & BKP Enable
```

视频讲解

```
11
12        BKP_DeInit();                                    //BKP Software Reset
13        RCC_RTCCLKConfig(RCC_RTCCLKSource_LSI);           //Using LSI
14        RCC_RTCCLKCmd(ENABLE);
15
16        RTC_WaitForLastTask();
17        RTC_WaitForSynchro();
18        RTC_EnterConfigMode();
19
20        RTC_ITConfig(RTC_IT_SEC, ENABLE);
21        RTC_SetPrescaler(40000 - 1);
22        RTC_ExitConfigMode();
23        RTC_WaitForLastTask();
24
25        NVIC_EnableIRQ(RTC_IRQn);
26    }
27
28    void RTC_IRQHandler(void)
29    {
30      static Int08U i = 0;
31      My7289Seg(0,i,1);
32      i++;
33      i = i % 10;
34      RTC_ClearITPendingBit(RTC_IT_SEC);
35      NVIC_ClearPendingIRQ(RTC_IRQn);
36    }
```

与程序段 6-13 相比,程序段 6-16 在初始化函数 RTCInit 中,第 8 行调用库函数 RCC_LSICmd 启动内部 LSI 时钟;第 9 行调用 RCC_APB1PeriphClockCmd 库函数打开 BKP 和 RCC 模块的时钟源;第 10 行调用 PWR_BackupAccessCmd 库函数,使 RTC 和 BKP 模块的寄存器可访问;第 12 行调用 BKP_DeInit 库函数使 BKP 进入工作状态;第 13 行调用 RCC_RTCCLKConfig 库函数,使内部的 40kHz 时钟源 LSI 有效;第 14 行打开 RTC 时钟。

第 16～23 行为配置 RTC 时钟模块的寄存器。第 16 行调用 RTC_WaitForLastTask 库函数等待上一个写寄存器操作完成;第 17 行调用 RTC_WaitForSynchro 库函数等待 RTC 模块的寄存器同步完成;第 18 行调用 RTC_EnterConfigMode 库函数进入配置模式;第 20 行调用库函数 RTC_ITConfig 打开秒中断;第 21 行调用库函数 RTC_SetPrescaler 设置预分频值为 40000-1;第 22 行调用库函数 RTC_ExitConfigMode 退出配置模式;第 23 行再次调用库函数 RTC_WaitForLastTask 等待写寄存器操作完成。

在第 28～36 行的 RTC 中断服务函数中,第 34 行调用库函数 RTC_ClearITPendingBit 清除秒中断标志位。

(4) 修改 bsp.c 文件,如程序段 6-15 所示,即添加对 RTC 初始化函数的调用语句。

(5) 在 includes.h 文件的末尾添加♯include "rtc.h",即包括头文件 rtc.h。

(6) 将 rtc.c 文件添加到工程管理器的 BSP 分组下,将目录 D:\STM32F103RCT6PRJ\PRJ12\STM32F10x_FWLib\src 下的文件 stm32f10x_rtc.c、stm32f10x_pwr.c 和 stm32f10x_bkp.c 添加到工程管理器的 LIB 分组下。

工程 PRJ12 实现的功能与工程 PRJ11 完全相同,所使用的库函数可以在相应的库函数源文件或头文件中查阅。

6.4 通用定时器

STM32F103RCT6 微控制器有 8 个定时器,其中,TIM1 和 TIM8 为高级控制定时器,

TIM2～TIM5 为通用定时器,TIM6 和 TIM7 为基本定时器。相对于传统的 80C51 单片机的定时器,STM32F103RCT6 微控制器的定时器功能更加完善和复杂。下文以 TIM2 为例介绍通用定时器的基本用法。

6.4.1　通用定时器工作原理

STM32F103RCT6 微控制器有 4 个通用定时器 TIM2～TIM5,它们的结构和工作原理相同。下文以通用定时器 TIM2 为例介绍通用定时器的工作原理,TIM2 的结构如图 6-8 所示。

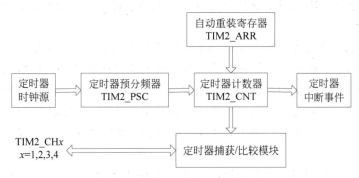

图 6-8　通用定时器 TIM2 的结构

由图 6-8 可知,定时器 TIM2 有 4 个通道,可实现对外部输入脉冲信号的捕获(计数)和比较输出,相关的寄存器有 TIM2 捕获与比较寄存器 TIM2_CCR1～TIM2_CCR4、TIM2 捕获与比较模式寄存器 TIM2_CCMR1～TIM2_CCMR2 和 TIM2 捕获与比较有效寄存器 TIM2_CCER。本节重点介绍通用定时器的定时计数功能,相关的寄存器如下所示(基地址为 0x4000 0000,见图 2-4):

(1) TIM2 控制寄存器 TIM2_CR1(偏移地址 0x0,复位值为 0x0)。

TIM2_CR1 寄存器是一个 16 位的可读/可写寄存器,如表 6-5 所示。

表 6-5　TIM2_CR1 寄存器

位号	名称	属性	含　义
15:10			保留
9:8	CKD[1:0]	可读/可写	定时捕获/比较模块中的采样时钟间的倍数值。为 0 表示相等;为 1 表示 2 分频;为 2 表示 4 分频;为 3 保留
7	ARPE	可读/可写	为 0,自动重装无缓存;为 1,自动重装带缓存
6:5	CMS	可读/可写	为 0,表示单边计数;为 1 表示双边计数模式 1,输出比较中断仅当减计数时触发;为 2 表示双边计数模式 2,输出比较中断仅当加计数时触发;为 3,表示双边计数模式 3,输出比较中断在加计数和减计数时均触发
4	DIR	可读/可写	若 CMS=00b,则 DIR 为 0 表示加计数;为 1 表示减计数
3	OPM	可读/可写	为 0 表示单拍计数方式;为 1 表示循环计数
2	URS	可读/可写	为 0 表示计数溢出和 TIM2_EGR 寄存器的第 0 位(UG 位)置位等事件均产生中断;为 1 表示仅有计数溢出时才产生中断
1	UDIS	可读/可写	为 0 表示定时器更新事件(UEV)有效;为 1 表示 UEV 无效
0	CEN	可读/可写	为 0,关闭定时器;为 1 打开定时器

如果定时器 TIM2 采用加计数方式,则可以保持其复位值,只需要置其第 0 位为 1 打开

定时器 TIM2。

(2) TIM2 定时器计数器寄存器 TIM2_CNT(偏移地址 0x24,复位值为 0x0)。

TIM2_CNT 寄存器是一个 16 位的可读/可写寄存器,保存了定时器的当前计数值。

(3) TIM2 定时器预分频器寄存器 TIM2_PSC(偏移地址 0x28,复位值为 0x0)。

TIM2_PSC 寄存器是一个 16 位的可读/可写寄存器,TIM2 计数器的计数频率=定时器时钟源频率/(TIM2_PSC+1)。如果采用 32MHz 的 APB1 总线时钟作为 TIM2 时钟源(理论分析应该为 16MHz,但实测是 32MHz),设置 TIM2_PSC=32000-1,则 TIM2 计数器计数频率为 1kHz。

(4) TIM2 自动重装寄存器 TIM2_ARR(偏移地址 0x2C,复位值为 0x0)。

如果 TIM2 设为加计数方式,则计数值从 0 计数到 TIM2_ARR 的值时,溢出而产生中断。如果计数频率为 1kHz,设定 TIM2_ARR 为 1000-1,则 TIM2 定时中断的频率为 1Hz。

(5) TIM2 定时器状态寄存器 TIM2_SR(偏移地址 0x10,复位值为 0x0)。

TIM2_SR 寄存器的第 0 位为 UIF 位,当发生定时中断时,UIF 位自动置 1,向其写入 0 清零该位。

(6) TIM2 定时器有效寄存器 TIM2_DIER(偏移地址 0x0C,复位值为 0x0)。

TIM2_DIER 寄存器的第 0 位为 UIE 位,写入 1 开放定时器更新中断,写入 0 关闭定时器更新中断。

关于定时器的捕获/比较功能以及 DMA 控制器相关的内容,请参考 STM32F103 用户手册。

6.4.2　通用定时器寄存器类型实例

视频讲解

本节使用通用定时器 TIM2 实现数码管计数显示的功能,使用了图 3-12 中 U2 器件对应的四合一七段数码管的右边 3 个数码管,循环从 000 至 999 计数,计数频率为 1Hz。同时关闭了看门狗定时器,使用 TIM2 定时器管理 LED 灯 D10 的闪烁。一般地,中断服务函数只能执行少许代码,以保证整个系统的实时性,这里在 TIM2 中断服务函数中放入了 3 个数码管的显示代码,影响了实时性,所以将窗口看门狗关闭了。

具体实现步骤如下所示。

(1) 在工程 PRJ11 的基础上,新建工程 PRJ13,保存在目录 D:\STM32F103RCT6PRJ\PRJ13 下。此时的工程 PRJ13 与工程 PRJ11 完全相同。

(2) 新建文件 tim2.c 和 tim2.h,保存在目录 D:\STM32F103RCT6PRJ\PRJ13\BSP 下,其代码如程序段 6-17 和程序段 6-18 所示。

程序段 6-17　文件 tim2.c

```
1    //Filename: tim2.c
2
3    # include "includes.h"
4
5    void TIM2Init(void)
6    {
7      RCC -> APB1ENR | = (1uL << 0);
8      TIM2 -> ARR = 1000 - 1;
9      TIM2 -> PSC = 32000 - 1;
10     TIM2 -> DIER | = (1uL << 0);
11     TIM2 -> CR1 | = (1uL << 0);
12
13     NVIC_EnableIRQ(TIM2_IRQn);
14     NVIC_SetPriority(TIM2_IRQn,8);
```

```
15        }
16
```

第 5～15 行为 TIM2 初始化函数。第 7 行打开 TIM2 定时器的时钟源；第 8 行设置 TIM2 重装计数值为 1000-1；第 9 行设置 TIM2 预分频值为 32000-1；第 10 行打开定时器刷新中断；第 11 行启动定时器 TIM2；第 13 行开启 NVIC 中的定时器中断；第 14 行配置定时器中断的优先级号为 8。

```
17    void TIM2_IRQHandler(void)
18    {
19      static Int16U i = 0;
20      TIM2 -> SR & = ~(1uL << 0);
21      NVIC_ClearPendingIRQ(TIM2_IRQn);
22      My7289Seg(1,i/100,1);
23      My7289Seg(2,i % 100 /10,1);
24      My7289Seg(3,i % 10,1);
25      i++;
26      if(i> = 1000)
27        i = 0;
28      LED(1,i % 2);
29    }
```

第 17～29 行为定时器 TIM2 中断服务函数。由于定时器中断触发的频率为 1Hz，故 1 次中断的时间间隔为 1s，通过静态计数变量 i，实现：①3 个数码管的计数值显示，从 000 至 999；②LED 灯 D10 每隔 1s 闪烁一次。

程序段 6-18　文件 tim2.h

```
1    //Filename: tim2.h
2
3    # ifndef  _TIM2_H
4    # define  _TIM2_H
5
6    void TIM2Init(void);
7
8    # endif
```

文件 tim2.h 中声明了文件 tim2.c 中定义的函数 TIM2Init。

(3) 在 includes.h 文件的末尾添加 #include "tim2.h"语句，即包括头文件 tim2.h。

(4) 修改 bsp.c 文件，如程序段 6-19 所示。

程序段 6-19　文件 bsp.c

```
1    //Filename: bsp.c
2
3    # include "includes.h"
4
5    void BSPInit(void)
6    {
7      LEDInit();
8      KEYInit();
9      EXTIKeyInit();
10     BEEPInit();
11     My7289Init();
12     SysTickInit();
13     //WWDOGInit();
14     RTCInit();
15     TIM2Init();
16    }
```

对比程序段 6-15 可知，程序段 6-19 第 13 行将函数 WWDOGInit 注释掉，即关闭窗口看门狗定时器；然后，添加了第 15 行语句，即调用 TIM2Init 函数对 TIM2 进行初始化。

（5）将文件 tim2.c 添加到工程管理器的 BSP 分组下。完成后的工程 PRJ13 如图 6-9 所示。

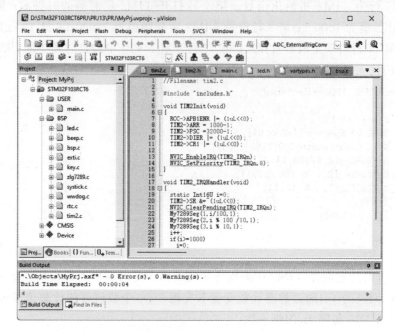

图 6-9　工程 PRJ13 工作窗口

在图 6-9 中，编译链接和运行工程 PRJ13，可以观察到 STM32F103RCT6 开发板上的 3 个数码管动态显示计数值，每隔 1s 计数值累加 1。此外，LED 灯 D10 每隔 1s 闪烁一次。

视频讲解

6.4.3　通用定时器库函数类型实例

本节用库函数方式实现与工程 PRJ13 同样的功能，具体设计步骤如下。

（1）在工程 PRJ12 的基础上，新建工程 PRJ14，保存在目录 D:\STM32F103RCT6PRJ\ PRJ14 下，此时的工程 PRJ14 与工程 PRJ12 完全相同。

（2）新建 tim2.c 和 tim2.h 文件，保存在目录 D:\STM32F103RCT6PRJ\PRJ14\BSP 下，其中，文件 tim2.h 如程序段 6-18 所示，文件 tim2.c 如程序段 6-20 所示。

程序段 6-20　文件 tim2.c

```
1    //Filename: tim2.c
2
3    # include "includes.h"
4
5    void TIM2Init(void)
6    {
7      TIM_TimeBaseInitTypeDef t;
8      RCC_APB1PeriphClockCmd(RCC_APB1Periph_TIM2,ENABLE);
9
10     t.TIM_Period = 1000 - 1;
11     t.TIM_Prescaler = 32000 - 1;
12     t.TIM_ClockDivision = TIM_CKD_DIV1;
13     t.TIM_CounterMode = TIM_CounterMode_Up;
14     TIM_TimeBaseInit(TIM2,&t);
15     TIM_ITConfig(TIM2,TIM_IT_Update,ENABLE);
16     TIM_Cmd(TIM2, ENABLE);
17
18     NVIC_EnableIRQ(TIM2_IRQn);
```

```
19         NVIC_SetPriority(TIM2_IRQn,8);
20     }
21
```

第 5～20 行为 TIM2 定时器初始化函数。第 8 行打开 TIM2 的时钟源；第 10～13 行分别配置定时器的重装值为 1000-1、预分频值为 32000-1、捕获/比较模块的采样频率等于定时频率以及工作在加计数模式；第 14 行调用库函数 TIM_TimeBaseInit 初始化 TIM2 定时器；第 15 行打开定时器 TIM2 刷新中断；第 16 行启动定时器。

```
22     void TIM2_IRQHandler(void)
23     {
24         static Int16U i = 0;
25         TIM_ClearFlag(TIM2,TIM_FLAG_Update);
26         TIM_ClearITPendingBit(TIM2,TIM_IT_Update);
27         //NVIC_ClearPendingIRQ(TIM2_IRQn);
28         My7289Seg(1,i/100,1);
29         My7289Seg(2,i % 100 /10,1);
30         My7289Seg(3,i % 10,1);
31         i++;
32         if(i > = 1000)
33             i = 0;
34         LED(1,i % 2);
35     }
```

第 22～35 行为定时器 TIM2 的中断服务函数。第 25 行调用 TIM_ClearFlag 库函数清除 TIM2 定时中断标志位。注释掉的第 27 行也可以实现第 25 行的功能。

（3）在 includes.h 文件的末尾添加语句♯include "tim2.h"，即包括头文件 tim2.h。

（4）修改 bsp.c 文件如程序段 6-19 所示。

（5）将文件 tim2.c 添加到工程管理器的 BSP 分组下，将目录 D:\STM32F103RCT6PRJ\PRJ14\STM32F10x_FWLib\src 下的文件 stm32f10x_tim.c 添加到工程管理器的 LIB 分组下。完成后的工程 PRJ14 如图 6-10 所示。

图 6-10　工程 PRJ14 工作窗口

6.5　小结

本章详细介绍了 STM32F103RCT6 微控制器片内系统节拍定时器、看门狗定时器、实时时钟和通用定时器的工作原理和工程程序实例。定时器是实际工程中最常用的片内外设之一，需要灵活地掌握它们的用法。建议读者在学完本章后，结合 STM32F103 参考手册，编写定时器 TIM1、TIM3 和 TIM6 的定时中断处理程序，并编写独立看门狗定时器的监控程序，从而加深对本章内容的巩固和理解。

习题

1. 简述系统节拍定时器的初始化方法。

2. 编写寄存器类型工程，借助系统节拍定时器实现 LED 灯周期闪烁。

3. 编写库函数类型工程，借助系统节拍定时器实现 LED 灯周期闪烁。

4. 简要说明窗口看门狗定时器的特点和初始化方法。

5. 编写工程文件，借助 RTC 实时时钟实现年、月、日、星期、时、分、秒的计时器，并考虑闰年的处理（提示：使用基姆拉尔森公式由年月日计算星期几）。

6. 简述 STM32F103RCT6 微控制器通用定时器的工作原理。

7. 编写工程文件，借助通用定时器实现 LED 灯周期闪烁。

8. 在工程 PRJ13 或 PRJ14 的基础上，简化 TIM2 定时器中断服务函数执行的代码，借助全局变量在 main 函数的无限循环体中添加代码，响应 TIM2 定时器中断，实现工程 PRJ13 或 PRJ14 相同的功能。

第7章
CHAPTER 7
串口通信与声码器

STM32F103RCT6 微控制器有 5 个串口,其中 USART1～USART3 是带有同步串行通信功能的同步异步串行口,而 UART4～UART5 是标准的异步串行通信口。本章将以 STM32F103RCT6 微控制器的 USART2 为例,介绍其片内串口外设的工作原理,并借助实例详细介绍串口通信的程序设计方法,包括串口发送数据和基于串口中断服务函数接收数据的方法。

本章的学习目标:

- 了解异步串行通信的特点;
- 熟悉 STM32F103RCT6 串口结构与寄存器配置;
- 掌握 STM32F103RCT6 串口通信寄存器类型或库函数类型程序设计方法;
- 掌握 STM32F103RCT6 微控制器借助串口控制声码器 SYN6288 的方法。

7.1 串口通信工作原理

串口通信是指数据的各位按串行的方式沿一根总线进行的通信方式,RS-232 标准的 UART 串口通信,是典型的异步双工串行通信,通信方式如图 7-1 所示。

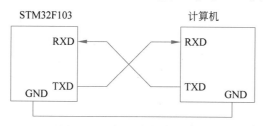

图 7-1 UART 异步双工串行通信

UART 串口通信需要两个引脚,即 TXD 和 RXD,TXD 为串口数据发送端,RXD 为串口数据接收端。STM32F103 微控制器的串口与计算机的串口按图 7-1 所示的方式相连,串行数据传输没有同步时钟,需要双方按相同的位传输速率异步传输,这个速率称为波特率,常用的波特率有 4800bps、9600bps 和 115200bps 等。UART 串口通信的数据包以帧为单位,常用的帧结构为:1 位起始位+8 位数据位+1 位奇偶校验位(可选)+1 位停止位,如图 7-2 所示。

奇偶校验方式分为奇校验和偶校验两种,是一种简单的数据误码检验方法,奇校验是指每帧数据中,包括数据位和奇偶校验位在内的全部 9 位中,1 的个数必须为奇数;偶校验为每帧数据中,包括数据位和奇偶校验位在内的全部 9 位中,1 的个数必须为偶数。例如,发

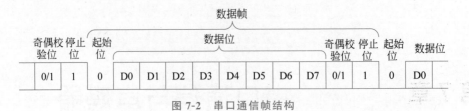

图 7-2　串口通信帧结构

送数据 00110101b,采用奇校验时,奇偶校验位必须为 1,这样才能满足奇校验条件。如果对方收到数据位和奇偶校验位后,发现 1 的个数为奇数,则认为数据传输正确;否则认为数据传输出现误码。

7.2　STM32F103 串口

STM32F103RCT6 微控制器共有 5 个串口,其中,USART1~USART3 为带同步串行通信功能的通用同步异步串行口,UART4~UART5 为标准的异步串行通信口。这里以 USART2 工作在标准的异步串行通信方式下为例,介绍 STM32F103RCT6 微控制器的串口工作原理。

USART2 串口结构如图 7-3 所示。

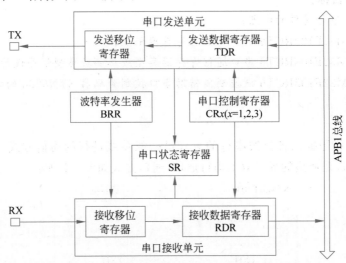

图 7-3　USART2 串口结构框图

由图 7-3 可知,串口 USART2 是 APB1 总线上的外设单元,通过波特率寄存器 USART_BRR 和串口控制寄存器 USART_CRx(x=1,2,3)配置串口的波特率和工作模式,向发送数据寄存器 TDR 写入数据,可按设定的波特率实现数据的发送,串口接收到的数据被保存在接收数据寄存器 RDR 中,APB1 总线读 RDR 寄存器可读到串口接收的数据。串口的数据发送和接收状态保存在串口状态寄存器中,一般地,串口发送数据通过写 TDR 寄存器实现,而串口接收数据通过串口中断实现。

串口 USART2 的基地址为 0x4000 4400,其各个寄存器的情况如下所述。

(1) 串口数据寄存器 USART_DR(偏移地址 0x04)。

32 位的串口数据寄存器 USART_DR 只有第[8:0]位域有效,用于发送串口数据时记为 TDR,用于接收串口数据时记为 RDR,TDR 和 RDR 是映射到同一个地址的两个物理寄存器,通过读、写指令来区分使用了哪个寄存器,即读 USART_DR 时自动识别为 RDR,写 USART_DR 时自动识别为 TDR。

(2)波特率寄存器 USART_BRR(偏移地址为 0x08,复位值为 0x0)。

32 位的波特率寄存器 USART_BRR 只有第[15:0]位域有效,其中,第[15:4]位域记为 DIV_Mantissa[11:0],第[3:0]位域记为 DIV_Fraction[3:0]。波特率的计算公式为:波特率= fck/(16×USART_DIV),而 USART_DIV=DIV_Mantissa+DIV_Fraction/16。例如,对 USART2 而言,当 fck = PCLK1=32MHz 时,如果波特率设为 9600bps,则可配置 DIV_Mantissa=208,DIV_Fraction=5;如果波特率设为 115200bps,则可配置 DIV_Mantissa=17, DIV_Fraction=6,实际波特率为 115108bps,误差为 0.08%(可接收范围内)。

(3)串口状态寄存器 USART_SR(偏移地址为 0x0,复位值为 0xC0)。

32 位的串口状态寄存器 USART_SR 只有第[9:0]位域有效,如表 7-1 所示。

表 7-1　串口状态寄存器 USART_SR

位号	名称	属性	含　义
31:10			保留
9	CTS	可读/可写	CTS 标志位。当 nCTS 线路输入跳变时,硬件置位,写入 0 清零
8	LBD	可读/可写	LIN 中止检测标志位。LIN 中止发生后硬件置位,写入 0 清零
7	TXE	只读	发送数据寄存器空标志位。TDR 内容传给移位寄存器时硬件置 1,写 DR 寄存器清零
6	TC	可读/可写	发送完成标志位。发送完成硬件置 1,写入 0 清零(写 DR+读 SR 也可清零)
5	RXNE	可读/可写	接收数据没有就绪标志位。接收数据准备好时硬件置 1,读 DR 或写 0 均可清零
4	IDLE	只读	空闲线路检测标志位。空闲时自动置 1,读 DR+读 SR 可清零
3	ORE	只读	溢出错误标志位。接收溢出时硬件置 1,读 DR+读 SR 清零
2	NE	只读	噪声错误标志位。接收的位在采样时出现噪声时则硬件置 1,读 DR+读 SR 可清零
1	FE	只读	帧错误标志位。帧错误发生时硬件置 1,读 DR+读 SR 可清零该位
0	PE	只读	校验位错误标志位。接收的数据校验错误时硬件置 1,读 DR+读 SR 可清零该位

表 7-1 中的"读 DR+读 SR"或"写 DR+读 SR"是指连续性的两个操作,即"读 DR"或"写 DR"后,立即进行读 SR 的操作。

(4)串口控制寄存器 USART_CR1(偏移地址为 0x0C,复位值为 0x0)。

32 位的串口控制寄存器 USART_CR1 只有第[13:0]位域有效,如表 7-2 所示。

表 7-2　串口控制寄存器 USART_CR1

位号	名称	属性	含　义
31:14			保留
13	UE	可读/可写	USART 有效位。写入 1 开启 USART,写入 0 关闭
12	M	可读/可写	字长位。为 0 表示 8 位数据位;为 1 表示 9 位数据位

位号	名称	属性	含　义
11	WAKE	可读/可写	USART 唤醒方式位。为 0 表示空闲位唤醒；为 1 表示最后有效数据位唤醒
10	PCE	可读/可写	校验控制位。为 0 表示无校验；为 1 表示有校验
9	PS	可读/可写	校验选择位。为 0 表示偶校验；为 1 表示奇校验
8	PEIE	可读/可写	PE 中断有效位。为 1 表示校验位出错触发中断，为 0 表示不触发
7	TXEIE	可读/可写	TXE 中断有效位。为 1 表示发送数据进入移位寄存器后触发中断，为 0 表示不触发
6	TCIE	可读/可写	发送完成中断有效位。为 1 表示发送数据完成后触发中断，为 0 表示不触发
5	RXNEIE	可读/可写	RXNE 中断有效位。为 1 表示接收数据就绪或溢出时触发中断，为 0 表示不触发
4	IDLEIE	可读/可写	空闲中断有效位。为 1 表示空闲将触发中断，为 0 表示不触发
3	TE	可读/可写	发送有效位。为 0 表示关闭发送单元；为 1 表示开启发送单元
2	RE	可读/可写	接收有效位。为 0 表示关闭接收单元；为 1 表示开启接收单元
1	RWU	可读/可写	接收唤醒位。为 0 表示接收处于活跃模式下；为 1 表示处于静默模式下
0	SBK	可读/可写	发送中止符位。为 1 表示中止符将被发送，为 0 表示不发送中止符

由表 7-2 可知，STM32F103RCT6 微控制器串口的发送和接收单元是相对独立的，可以单独关闭或启动它们(表 7-2 中 TE 和 RE 位)。此外，串口还有两个控制寄存器 USART_CR2 和 USART_CR3，主要用于同步串行控制和流控制，这里不做详细介绍，可参考 STM32F103 用户手册第 27 章。其中，USART_CR2 的第[13:12]位域称为 STOP 位，为 00b 表示 1 位停止位，为 01b 表示 0.5 位停止位，为 10b 表示 2 位停止位，为 11b 表示 1.5 位停止位。默认值为 00b，即 1 位停止位。

综上所述，可知串口的操作主要有如下 3 种。

(1) 串口初始化。

串口初始化包括 3 个主要的操作，即配置串口通信的波特率、设置串口数据帧的格式以及开启串口接收中断等。对于 STM32F103RCT6，还应通过寄存器 USART_CR1 打开接收单元和发送单元。

(2) 发送数据。

串口发送数据一般通过函数调用实现，发送数据前应先判断前一个发送的数据是否发送完成，即判断 USART_SR 寄存器的 TC 位是否为 1，如果为 1 表示前一个数据发送完成，则可以启动本次数据发送。发送数据只需要将待发送的数据写入串口数据寄存器 USART_DR 中，发送单元会按拟定的波特率将数据串行发送出去。

(3) 接收数据。

串口接收数据一般通过串口接收中断实现，需要开启串口接收中断，当接收到新的数据就绪时,在串口中断服务函数中读取串口接收到的数据。

下面将在 7.3 节和 7.4 节中讨论基于串口 USART2 的串行数据通信实例。

7.3 串口通信寄存器类型实例

视频讲解

在 STM32F103RCT6 开发板上,PA2 口和 PA3 口通过网标 TXD232 和 RXD232 与串口电平转换芯片 ST3232 的 T2IN 和 R2OUT 引脚相连,参考图 3-2 和图 3-6。本节将讨论寄存器类型的串口 USART2 通信实例,具体实现步骤如下所示。

(1) 在工程 PRJ13 的基础上,新建工程 PRJ15,保存在目录 D:\STM32F103RCT6PRJ\PRJ15 下。此时的工程 PRJ15 与 PRJ13 完全相同。

(2) 新建文件 uart2.c 和 uart2.h,保存在目录 D:\STM32F103RCT6PRJ\PRJ15\BSP 下,这两个文件的源代码如程序段 7-1 和程序段 7-2 所示。

程序段 7-1 文件 uart2.c

```
1    //Filename: uart2.c
2
3    # include "includes.h"
4
5    Int08U rev;                 //rev 变量用于保存串口接收到的字符
6
7    void UART2Init(void)
8    {                           //开启 PA 口时钟,PA2 和 PA3 分别作为 USART2 的发送端和接收端
9      RCC -> APB2ENR | = (1uL << 2);
10     RCC -> APB1ENR | = (1uL << 17);   //开启 USART2 工作时钟
11
```

第 9 行打开 PA 口的时钟源,这是因为 USART2 复用了 PA 口的 PA2(TX)和 PA3(RX);第 10 行打开 USART2 的时钟源,这里使用了 RCC 模块的 RCC_APB2ENR 和 RCC_APB1ENR 寄存器,详细内容参考 STM32F103 用户手册第 7 章。

```
12     GPIOA -> CRL & = ~(((7uL << 4) | (1uL << 2)) << 8);   //PA2 为 U2_TX,PA3 为 U2_RX
13     GPIOA -> CRL | = ((1uL << 7) | (1uL << 3) | (3uL << 0)) << 8;
14
```

第 12 行和第 13 行配置 GPIOA_CRL 寄存器的第[15:8]位域为 1000 1011b,参考图 4-2 可知,这里配置 PA2 为推挽模式替换功能输出口,PA3 为带上拉或下拉功能的输入口。

```
15     RCC -> APB1RSTR | = (1uL << 17);
16     RCC -> APB1RSTR & = ~(1uL << 17);              //USART2 复位完成
17
```

第 15 行复位 USART2;第 16 行使 USART2 退出复位状态,即进行工作状态,这里的 RCC_APB1RSTR 寄存器为 APB1 外设复位寄存器;第 17 位为 USART2 外设的复位控制位,写入 1 复位 USART2,写入 0 退出复位状态。

```
18     USART2 -> BRR = (208uL << 4) | (5uL << 0);     //波特率 9600bps
19     USART2 -> CR1 & = ~(1uL << 12);                //M = 0, 帧长为 8 位
20     USART2 -> CR2 & = ~(3uL << 12);                //1 位停止位
21     USART2 -> CR1 = (1uL << 13) | (1uL << 5) | (1uL << 3) | (1uL << 2);
22
23     NVIC_EnableIRQ(USART2_IRQn);
24   }
25
```

第 7～24 行为串口 USART2 的初始化函数 UART2Init。第 18 行设置波特率为 9600bps;第 19 行配置 USART2_CR1 的第 12 位(即 M 位,参考表 7-2)为 0,表示串口数据

帧包含 8 位数据位;第 20 行配置 USART2_CR2 的第[13∶12]位域为 00b,表示具有 1 位停止位;第 21 行配置 USART2_CR1 的第 13、5、3、2 位为 1,依次表示开启串口 USART2、开启 USART2 接收中断、开启发送单元和开启接收单元。

第 23 行调用 CMSIS 库函数 NVIC_EnableIRQ 打开 USART2 串口的 NVIC 中断。

```
26    void UART2PutChar(Int08U ch)
27    {
28      while((USART2 -> SR & (1uL << 6)) == 0);
29      USART2 -> DR = ch;
30    }
31
```

第 26~30 行为串口发送字符函数 UART2PutChar。第 28 行判断前一个发送的字符发送完毕没有,如果发送完成,则 USART2_SR 寄存器的第 6 位(即 TC 位,见表 7-1)硬件置 1;第 29 行将待发送的字符 ch 赋给串口数据寄存器 USART2_DR。

```
32    void UART2PutString(Int08U * str)
33    {
34      while((* str)!= '\0')
35        UART2PutChar( * str++);
36    }
37
```

第 32~36 行为串口发送字符串的函数 UART2PutString,通过调用串口发送字符函数 UART2PutChar 实现。

```
38    Int08U UART2GetChar(void)
39    {
40      return USART2 -> DR;
41    }
42
```

第 38~41 行为串口接收字符函数 UART2GetChar,通过直接读数据寄存器 USART2_DR 实现。

```
43    void USART2_IRQHandler(void)
44    {
45      rev = UART2GetChar();
46      UART2PutChar(rev);
47      UART2PutChar('\n');
48
49      NVIC_ClearPendingIRQ(USART2_IRQn);
50    }
```

第 43~50 行为串口 USART2 的中断服务函数,函数名必须为 USART2_IRQHandler (参考 2.6 节),来自 startup_stm32f10x_hd.s 文件中的同名标号。第 45 行调用串口接收字符函数 UART2GetChar 将接收到的数据赋给变量 rev;第 46 行将接收到的字符再次通过串口发送出去;第 47 行发送一个换行字符;第 49 行调用 CMSIS 库函数 NVIC_ClearPendingIRQ 清除串口中断的 NVIC 中断标志位。

程序段 7-2   文件 uart2.h

```
1     //Filename:uart2.h
2
3     # include "vartypes.h"
4
5     # ifndef  _UART2_H
6     # define  _UART2_H
7
8     void UART2Init(void);
```

```
9     void UART2PutChar(Int08U);
10    void UART2PutString(Int08U * );
11    Int08U UART2GetChar(void);
12
13    # endif
```

文件 uart2.h 声明了文件 uart2.c 中定义的各个函数,第 8~11 行依次声明了串口 USART2 初始化函数 UART2Init、串口 USART2 发送字符函数 UART2PutChar、发送字符串函数 UART2PutString 和接收字符函数 UART2GetChar。

(3) 修改 includes.h 文件,如程序段 7-3 所示。

程序段 7-3 文件 includes.h

```
1     //Filename: includes.h
2
3     # include "stm32f10x.h"
4
5     # include "vartypes.h"
6     # include "bsp.h"
7     # include "led.h"
8     # include "key.h"
9     # include "exti.h"
10    # include "beep.h"
11    # include "zlg7289.h"
12    # include "systick.h"
13    # include "wwdog.h"
14    # include "rtc.h"
15    # include "tim2.h"
16    # include "uart2.h"
```

文件 includes.h 是工程中总的包括头文件。第 3 行包括了 STM32F103 芯片外设头文件 stm32f10x.h(该头文件来自 Keil MDK 提供的 Device 库);第 5~16 行包括了用户自定义的头文件,依次为自定义变量类型头文件、板级支持包头文件、LED 灯控制头文件、用户按键控制头文件、外部中断头文件、蜂鸣器控制头文件、ZLG7829B 芯片头文件、系统节拍定时器头文件、窗口看门狗头文件、实时时钟头文件、通用定时器 2 头文件和串口 USART2 头文件。

(4) 修改 bsp.c 文件,如程序段 7-4 所示。

程序段 7-4 文件 bsp.c

```
1     //Filename: bsp.c
2
3     # include "includes.h"
4
5     void BSPInit(void)
6     {
7       LEDInit();
8       KEYInit();
9       EXTIKeyInit();
10      BEEPInit();
11      My7289Init();
12      SysTickInit();
13      //WWDOGInit();
14      RTCInit();
15      TIM2Init();
16      UART2Init();
17    }
```

与程序段 6-19 相比,程序段 7-4 添加了第 16 行,即调用 UART2Init 函数对串口 USART2 进行初始化。

（5）修改 tim2.c 文件，如程序段 7-5 所示。

程序段 7-5　文件 tim2.c

```
1    //Filename: tim2.c
2
3    #include "includes.h"
4
5    void TIM2Init(void)
6    {
7      RCC -> APB1ENR |= (1uL << 0);
8      TIM2 -> ARR = 1000 - 1;
9      TIM2 -> PSC = 32000 - 1;
10     TIM2 -> DIER |= (1uL << 0);
11     TIM2 -> CR1 |= (1uL << 0);
12
13     NVIC_EnableIRQ(TIM2_IRQn);
14     NVIC_SetPriority(TIM2_IRQn, 8);
15   }
16
17   void TIM2_IRQHandler(void)
18   {
19     static Int16U i = 0;
20     TIM2 -> SR &= ~(1uL << 0);
21     NVIC_ClearPendingIRQ(TIM2_IRQn);
22     My7289Seg(1, i/100, 1);
23     My7289Seg(2, i % 100 /10, 1);
24     My7289Seg(3, i % 10, 1);
25     i++;
26     if(i >= 1000)
27        i = 0;
28     LED(1, i % 2);
29     if(i % 6 == 0)
30        UART2PutString((Int08U *)"Running...\n");
31   }
```

与程序段 6-17 相比，程序段 7-5 添加了第 29～30 行，表示每隔 6s STM32F103RCT6 微控制器向上位机通过串口发送字符串"Running…"。

（6）添加文件 uart2.c 到工程管理器的 BSP 分组下。完成后的工程如图 7-4 所示。

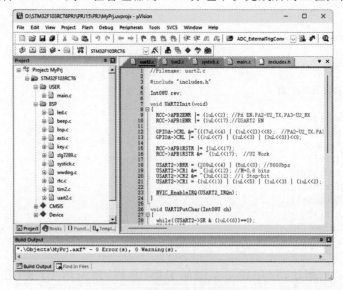

图 7-4　工程 PRJ15 工作窗口

在图 7-4 中,编译链接和运行工程 PRJ15,同时在计算机端打开串口调试助手,其显示结果如图 7-5 所示。在图 7-5 中,单击"手动发送",即将 DEF 3 个字符由计算机发送给 STM32F103RCT6 开发板,然后,开发板的 STM32F103RCT6 微控制器将这 3 个字符再回送给上位机(这里表示计算机)。

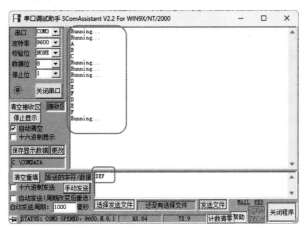

图 7-5 串口调试助手显示结果

工程 PRJ15 的运行流程如图 7-6 所示。

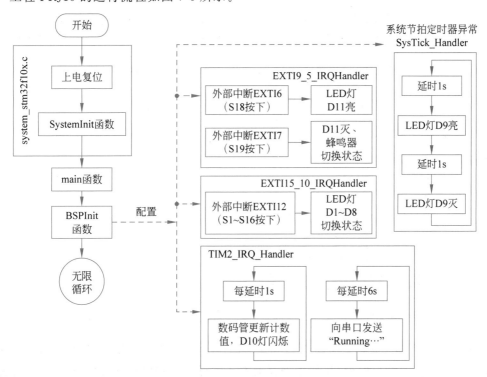

图 7-6 工程 PRJ15 的运行流程

由图 7-6 可知,工程 PRJ15 保留了工程 PRJ13 的所有功能,并添加了串口 USART2 初始化、串口发送字符串和串口中断服务程序接收字符等功能。定时器 2 中断服务函数表明,每延时 6s,将执行一次向串口发送字符串"Running…"的操作。BSPInit 函数初始化串口 USART2 后,如果上位机向 STM32F103RCT6 微控制器发送字符,则将触发其串口中断服务函数,在该函数中,将接收上位机发送来的字符,同时将收到的字符回传给上位机。

视频讲解

7.4 串口通信库函数类型实例

本节介绍库函数类型的串口通信工程实例,与寄存器类型工程 PRJ15 实现相同的功能,具体建设步骤如下。

(1) 在工程 PRJ14 的基础上,新建工程 PRJ16,保存在目录 D:\STM32F103RCT6PRJ\PRJ16 下。此时的工程 PRJ16 与工程 PRJ14 完全相同。

(2) 新建文件 uart2.c 和 uart2.h,保存在目录 D:\STM32F103RCT6PRJ\PRJ16\BSP 下,其中,文件 uart2.h 如程序段 7-2 所示,文件 uart2.c 如程序段 7-6 所示。

程序段 7-6 文件 uart2.c

```
1    //Filename: uart2.c
2
3    # include "includes.h"
4
5    Int08U rev;
6
7    void UART2Init(void)
8    {
9      GPIO_InitTypeDef   g;
10     USART_InitTypeDef  u;
11
12     RCC_APB2PeriphClockCmd(RCC_APB2Periph_GPIOA,ENABLE);   //开启 PA 口的时钟源
13     RCC_APB1PeriphClockCmd(RCC_APB1Periph_USART2,ENABLE);  //开启 USART2 的时钟源
14
```

第 12 行打开 PA 口的时钟源;第 13 行打开串口 USART2 的时钟源。

```
15     g.GPIO_Pin = GPIO_Pin_2;
16     g.GPIO_Mode = GPIO_Mode_AF_PP;
17     g.GPIO_Speed = GPIO_Speed_50MHz;
18     GPIO_Init(GPIOA,&g);                         //PA2 作为 USART2 的发送端 TX
19     g.GPIO_Pin = GPIO_Pin_3;
20     g.GPIO_Mode = GPIO_Mode_IPU;
21     GPIO_Init(GPIOA,&g);                         //PA3 作为 USART2 的接收端 RX
22
```

第 15～18 行初始化 PA2 口;第 19～21 行初始化 PA3 口。

```
23     u.USART_BaudRate = 10800;                    //9600bps
24     u.USART_WordLength = USART_WordLength_8b;
25     u.USART_StopBits = USART_StopBits_1;
26     u.USART_Parity = USART_Parity_No;
27     u.USART_HardwareFlowControl = USART_HardwareFlowControl_None;
28     u.USART_Mode = USART_Mode_Rx | USART_Mode_Tx;
29     USART_Init(USART2, &u);
30
```

第 23～29 行初始化串口 USART2。第 23 行设置串口 USART2 的波特率为 9600bps,这里可直接指定波特率的值,比使用寄存器方式进行串口程序设计方便很多,需要注意的是,这里需要指定波特率为 10800bps,因为库函数计算波特率按照 36MHz 的 APB1 总线频率计算,而实际 APB1 频率为 32MHz,故需要输入 10800 才能保证实际波特率为 9600bps;第 24 行设置数据位为 8 位;第 25 行设置 1 位停止位;第 26 行指定无校验位;第 27 行指定无流控制;第 28 行指示开启串口接收和发送功能;第 29 行调用库函数 USART_Init 初始化 USART2 串口。

```
31      USART_ITConfig(USART2,USART_IT_RXNE,ENABLE);
32      USART_Cmd(USART2,ENABLE);
33
34      NVIC_EnableIRQ(USART2_IRQn);
35    }
36
```

第 7~35 行为串口 USART2 初始化函数。第 31 行调用库函数 USART_ITConfig 打开串口 USART2 的接收中断；第 32 行调用库函数 USART_Cmd 开启串口 USART2。

```
37    void UART2PutChar(Int08U ch)
38    {
39      while(!USART_GetFlagStatus(USART2,USART_FLAG_TC));
40      USART_SendData(USART2,ch);
41    }
42
```

第 37~41 行为串口发送字符函数。第 39 行调用库函数 USART_GetFlagStatus 判断串口 USART2 发送字符是否完成，如果完成，则返回 1，然后执行第 40 行；第 40 行调用库函数 USART_SendData 实现串口 USART2 发送字符 ch 的功能。

```
43    void UART2PutString(Int08U * str)
44    {
45      while((* str)!= '\0')
46          UART2PutChar(* str++);
47    }
48
49    Int08U UART2GetChar(void)
50    {
51      return USART_ReceiveData(USART2);
52    }
53
```

第 49~52 行为串口 USART2 接收字符的函数 UART2GetChar，该函数直接调用库函数 USART_ReceiveData 接收串口数据（第 51 行）。

```
54    void USART2_IRQHandler(void)
55    {
56      rev = UART2GetChar();
57      UART2PutChar(rev);
58      UART2PutChar('\n');
59
60      NVIC_ClearPendingIRQ(USART2_IRQn);
61    }
```

（3）修改 includes.h 文件，如程序段 7-3 所示。

（4）修改 bsp.c 文件，如程序段 7-4 所示。

（5）修改 tim2.c 文件，如程序段 7-7 所示。

程序段 7-7　文件 tim2.c

```
1     //Filename: tim2.c
2
3     # include "includes.h"
4
5     void TIM2Init(void)
6     {
```

此处省略的第 7~19 行与程序段 6-20 中的第 7~19 行相同。

```
20    }
21
22    void TIM2_IRQHandler(void)
```

```
23  {
24    static Int16U i = 0;
25    TIM_ClearFlag(TIM2,TIM_FLAG_Update);
26    TIM_ClearITPendingBit(TIM2,TIM_IT_Update);
27    //NVIC_ClearPendingIRQ(TIM2_IRQn);
28    My7289Seg(1,i/100,1);
29    My7289Seg(2,i % 100 /10,1);
30    My7289Seg(3,i % 10,1);
31    i++;
32    if(i > = 1000)
33        i = 0;
34    LED(1,i % 2);
35    if(i % 6 == 0)
36        UART2PutString((Int08U * )"Running…\n");
37  }
38
```

在程序段 6-20 的基础上,程序段 7-7 中添加了第 35~36 行,表示每 6s 执行一次第 36 行,向串口输出字符串"Running…"。

(6) 将文件 uart2.c 添加到工程管理器的 BSP 分组下,将目录 D:\STM32F103RCT6PRJ\ PRJ16\STM32F10x_FWLib\src 下的文件 stm32f10x_usart.c 添加到工程管理器的 LIB 分组下。完成后的工程 PRJ16 如图 7-7 所示。

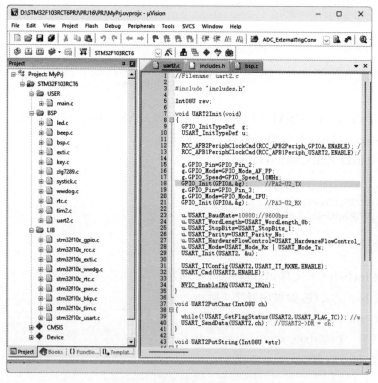

图 7-7　工程 PRJ16 工作窗口

在图 7-7 中,编译链接并运行工程 PRJ16,其运行结果与工程 PRJ15 完全相同,不再赘述。

7.5　声码器

声码器 SYN6288 是一种中文语音合成芯片,通过硬件的形式实现了将中文文本转换为语音(TTS)的功能。一般地,上位机(这里指 ARM 微控制器)通过串口将文本数据发送到 SYN6288,然后,SYN6288 通过文本(包括汉字、数字和字母等)的编码值,在语音库中查找其数字形式存储的发音,再通过片内的数模转换器(集成了数字滤波器等)将数字形式的语音转换为模拟语音信号,并送出模拟语音信号。SYN6288 可以直接驱动 8Ω 0.5W 的扬声器。

7.5.1 声码器工作原理

结合图 3-2 和图 3-17 可知,借助于网标 TXD_AUDIO 和 RXD_AUDIO,STM32F103RCT6 微控制器的 PA9 和 PA10 引脚与 SYN6288 的 RXD 和 TXD 相连接。由于 SYN6288 的输入端 RXD 与标准的串口信号反向,所以,需要借助于一个反相器(这里使用了三极管 S8050)连接 TXD_AUDIO 和 RXD。

在 STM32F103RCT6 微控制器中,PA9 和 PA10 复用了 USART1_TX 和 USART1_RX 功能,即 PA9 和 PA10 可作为串口 USART1 的 TXD 和 RXD 端口。声码器 SYN6288 只能工作在波特率为 9600bps、19200bps 和 38400bps 下,并且要求串口数据格式为 1 位起始位、8 位数据位、无校验位、1 位停止位。因此,可配置 STM32F103RCT6 微控制器串口 USART1 工作在 9600bps 波特率下,然后,通过串口 USART1 按照 SYN6288 规定的数据包协议向其发送文本数据,实现文本数据的语音转换与输出。

声码器 SYN6288 规定的数据包格式如表 7-3 所示。

表 7-3 SYN6288 规定的数据包格式

包结构	包头 (1 字节)	数据区长度	数据区			
			命令字 (1 字节)	命令参数 (1 字节)	文本数据	异或校验码 (1 字节)
数据	0xFD	0x00 0x??	0x??	0x??	0x?? 0x?? … 0x??	0x??
说明	固定为 0xFD	0x?? 为数据区的字节数	见表 7-5		长度必须小于或等于 200 字节	全部数据(不含校验码)的异或值

例如,查询 SYN6288 的工作状态,其数据包如表 7-4 所示。

表 7-4 查询 SYN6288 的工作状态

包结构	包头 (1 字节)	数据区长度	数据区			
			命令字 (1 字节)	命令参数 (1 字节)	文本数据	异或校验码 (1 字节)
数据	0xFD	0x00 0x02	0x21	无	无	0xDE
说明	固定为 0xFD	数据区共有 2 字节	命令字固定为 0x21		0xFD⊕0x00⊕ 0x02⊕0x21＝0xDE 即包中全部数据的异或值为 0xDE	

STM32F103RCT6 微控制器通过串口 USART1 向 SYN6288 发送如表 7-4 所示的数据包,即发送{0xFD, 0x00, 0x02, 0x21, 0xDE},发送完成后,当收到 SYN6288 返回的数据 0x41 或 0x4F 时,表示 SYN6288 工作正常。0x41 表示 SYN6288 接收数据正常,0x4F 表示 SYN6288 处于空闲状态。在图 3-17 中,LED 灯 D12 为 SYN6288 空闲指示灯,当 SYN6288 空闲时,D12 处于点亮状态,而当 SYN6288 进行文本转换为语音的工作时,D12 熄灭。

表 7-3 中数据区的控制命令如表 7-5 所示。

表 7-5　数据区的控制命令格式

数据区（长度小于或等于 203 字节）					文本（最多 200 字节）	异或校验码（1 字节）
命令字（1 字节）		命令参数（1 字节）				
取值	含义	高 5 位	含义	低 3 位	含义	
0x01	播放文本	可取值 0，1，2，…，15 中的任一值	当取值为 0 时，无背景音乐；当取值为 1～15 中的某一数值 k 时，播放编号为 k 的背景音乐	0	文本采用 GB2312 编码	要转换为语音的文本	全部数据（含包头、表示数据区长度的 2 字节、命令字、命令参数和文本，不含异或校验码）的异或值
				1	文本采用 GBK 编码		
				2	文本采用 BIG5 编码		
				3	文本采用 UNICODE 码		
0x31	设置波特率	00000b		0	设置波特率为 9600bps	无文本	
				1	设置波特率为 19200bps		
				2	设置波特率为 38400bps		
0x02	停止播放	无参数					
0x03	暂停播放						
0x04	继续播放						

声码器 SYN6288 上电复位后默认波特率为 9600bps。结合表 7-3 和表 7-5 可知，设置 SYN6288 工作波特率为 9600bps、19200bps 和 38400bps 的数据包如表 7-6 所示。

表 7-6　SYN6288 设置波特率数据包

波特率（bps）	数 据 包
9600	0xFD 0x00 0x03 0x31 0x00 0xCF
19200	0xFD 0x00 0x03 0x31 0x01 0xCE
38400	0xFD 0x00 0x03 0x31 0x02 0xCD

如果要改变 SYN6288 的工作波特率（例如改为 19200bps），需要先使 STM32F103RCT6 的串口 USART1 工作在 9600bps 波特率下，然后，发送数据包"0xFD 0x00 0x03 0x31 0x01 0xCE"，接着，改变 STM32F103RCT6 的串口 USART1 工作波特率为 19200bps，才能进入与 SYN6288 正常通信模式。一般情况下，建议使用默认波特率 9600bps。

结合表 7-3 和表 7-5 可知，停止文本播放、暂停文本播放和继续文本播放的数据包如表 7-7 所示。

表 7-7 SYN6288 播放控制的数据包

播 放 控 制	数 据 包
停止播放	0xFD 0x00 0x02 0x2 0xFD
暂停播放	0xFD 0x00 0x02 0x03 0xFC
继续播放	0xFD 0x00 0x02 0x04 0xFB

在表 7-5 中,命令字为 0x01 时,将正常播放文本。SYN6288 规定以下几种文本是转义文本,即这类文本不会被播放,而被识别为配置 SYN6288 的配置字。常用的转义文本如表 7-8 所示。

表 7-8 转义文本

序号	转义文本	含 义
1	[v?]	这里的"?"可取值为 0~6,表示播放文本的音量大小,0 为静音,16 为最大音量,默认为"[v10]"
2	[m?]	这里的"?"可取值为 0~16,表示播放背景音乐的音量大小,0 为静音,16 为最大音量,默认为"[m4]"
3	[t?]	这里的"?"可取值为 0~5,表示语速,0 为最慢,5 为最快,默认为"[t4]"
4	[n?]	数字的发音方式,这里的"?"可取值为 0~2,为 1 表示数字单个发音(例如"12"发音为"一二",为 2 表示相邻数字合成为数值发音(例如"12"发音为"十二"),为 0 表示自动识别,默认为"[n0]"
5	[y?]	数字 1 的读法,"?"只能取值 0 或 1,为 0 时,"1"读"幺";为 1 时,"1"读"一",默认为"[y0]"
6	[o?]	文本朗读方式,"?"只能取值 0 或 1,为 0 时,自然朗读;为 1 时,逐字发音,默认为"[o0]"
7	[r]	[r]后面紧跟的汉字按姓氏发音,用于多音字的情况
8	[2]	[2]后紧跟的 2 个汉字联合成一个词语发音,中间无停顿
9	[3]	[3]后紧跟的 3 个汉字联合成一个词语发音,中间无停顿

声码器 SYN6288 支持 4 种文本编码体系,即 GB2312、GBK、BIG5 和 Unicode。如果使用 Keil MDK 编程环境,建议使用 GB2312 或 GBK(GBK 包括了 GB2312)。大多数情况下,GB2312 已经能满足日常需求了,GB2312 包括半角 ASCII 码(编码范围为 0x00~0x7F)、全角符号(编码范围为 0xA1A0~0xA3FE)和 6768 个汉字(编码范围为 0xB0A1~0xF7FE)。程序员无须去查阅文本的编码值,Keil MDK 自动将汉字转换为编码形式存储。

7.5.2 声码器寄存器类型实例

视频讲解

在 STM32F103RCT6 开发板上(见图 3-2 和图 3-17),STM32F103RCT6 微控制器配置 PA9 和 PA10 端口工作在串口 1(或记为 USART1 或 UART1)模式下,PA9 作为串口 1 的 TXD 端口,PA10 作为串口 1 的 RXD 端口,并设置串口 1 的工作波特率为 9600bps,串口帧数据格式为 1 位起始位+8 位数据位+1 位停止位。STM32F103RCT6 微控制器的串口 1 控制声码器 SYN6288,向 SYN6288 发送串行数据包,并接收来自 SYN6288 的工作状态信息。

在工程 PRJ15 的基础上新建工程 PRJ17,保存在 D:\STM32F103RCT6PRJ\PRJ17 目录下,此时的工程 PRJ17 与 PRJ15 完全相同。然后,编写程序文件 syn6288.c 和 syn6288.h,并修改文件 includes.h、bsp.c 和 tim2.c。接着,将文件 syn6288.c 添加到工程管理器的 BSP分组下。完成后的工程 PRJ17 如图 7-8 所示。

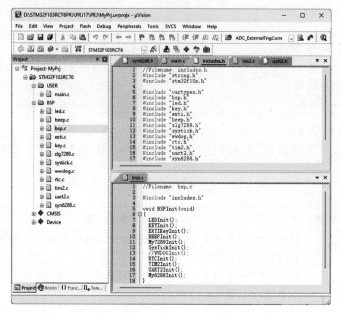

图 7-8　工程 PRJ17 工作窗口

在图 7-8 中展示了文件 includes. h 和 bsp. c 的内容。相对于工程 PRJ15 中的 includes. h 文件(见程序段 7-3),工程 PRJ17 中的 includes. h 添加了第 2 行和第 17 行语句,即

```
# include "string.h"
# include "my6288.h"
```

工程 PRJ17 中的系统头文件 string. h 中声明了系统函数 strlen,strlen 被用于 syn6288. c 文件中,用于求取字符串的长度。

相对于工程 PRJ15 中的 bsp. c 文件(见程序段 7-4),工程 PRJ17 中的 bsp. c 文件中的 BSPInit 函数添加了第 17 行语句"My6288Init();",即 main 函数调用 BSPInit 函数时将调用 My6288Init 函数初始化 STM32F103RCT6 控制器的串口 1,为 STM32F103RCT6 控制器访问 SYN6288 服务。

下文详细介绍文件 syn6288. c、syn6288. h 和 tim2. c 的内容,如程序段 7-8～程序段 7-10 所示。

程序段 7-8　文件 syn6288. c

```
1    //Filename: syn6288.c
2
3    # include "includes.h"
4
5    void My6288Init(void)
6    {
7      RCC -> APB2ENR |= (1uL << 2) | (1uL << 14);         //PA EN,PA9 - TX,PA10 - RX,USART1 EN
8
9      GPIOA -> CRH &= ~(((7uL << 4) | (1uL << 2))<< 4); //PA9 - TX,PA10 - RX
10     GPIOA -> CRH |= ((1uL << 7) | (1uL << 3) | (3uL << 0))<< 4;
11
12     RCC -> APB2RSTR |= (1uL << 14);
13     RCC -> APB2RSTR &= ~(1uL << 14);                    //USART1 WORK
14
15     USART1 -> BRR = (104uL << 4) | (3uL << 0);          //9600bps,APB2:16MHz
16     USART1 -> CR1 &= ~(1uL << 12);                      //M = 0,8 bits
17     USART1 -> CR2 &= ~(3uL << 12);                      //1 Stop - bit
18     USART1 -> CR1 = (1uL << 13) | (1uL << 5) | (1uL << 3) | (1uL << 2);
```

```
19
20      AFIO -> MAPR & = (1uL << 2);
21      NVIC_EnableIRQ(USART1_IRQn);
22    }
23
```

第 5～22 行为 My6288Init 函数。第 7 行为 PA 口和 USART1 提供工作时钟；第 9～
10 行配置 PA9 口和 PA10 口作为 USART1 的 TX 口和 RX 口，PA9 口配置为替换功能输
出口，PA10 口配置为带上拉功能的输入口；第 12～13 行使 USART1 进行工作状态；第
15～17 行配置 USART1 工作的波特率为 9600bps、8 位数据位、1 位停止位模式下；第 18
行打开 USART1 串口、开放 USART1 串口中断、打开串口数据发送功能、打开串口数据接
收功能。由于 USART1 使用了 APB2 总线时钟（实测 16MHz），这里 9600bps 波特率的配
置字为 104 和 3；第 20 行配置 PA9 口和 PA10 口为 USART1 的 TX 和 RX，这是默认配置，
可省略该行；第 21 行开放 NVIC 中断管理器中的 USART1 中断。

```
24    void MySendByte(Int08U c)
25    {
26      while((USART1 -> SR & (1uL << 6)) == 0);
27      USART1 -> DR = c;
28    }
29
```

第 24～28 行的函数 MySendByte 为 STM32F103RCT6 微控制器串口 1 发送 1 字节的
函数，具有一个参数 c，当判定串口 1 发送缓冲区为空时（即第 26 行为真），则将 c 赋给发送
缓冲区 DR，然后，USART1 自动按设定的波特率将字节 c 发送出去。

```
30    void MySpeaker(char * str)
31    {
32      volatile Int08U headerOfFrame[5];
33      volatile Int08U length;
34      volatile Int08U ecc = 0;
35      length = strlen(str);
36      volatile Int08U i;
37
38      headerOfFrame[0] = 0xFD;
39      headerOfFrame[1] = 0x00;
40      headerOfFrame[2] = length + 3;
41      headerOfFrame[3] = 0x01;
42      headerOfFrame[4] = 0x0;
43      for(i = 0;i < 5;i++)
44      {
45          ecc = ecc ^ headerOfFrame[i];
46          MySendByte(headerOfFrame[i]);
47      }
48      for(i = 0;i < length;i++)
49      {
50          ecc = ecc ^ str[i];
51          MySendByte(str[i]);
52      }
53      MySendByte(ecc);
54    }
55
```

第 30～54 行为 STM32F103RCT6 微控制器通过串口 1 以数据包的形式向 SYN6288
发送文本的函数 MySpeaker，具有一个字符串（严格上讲是字符指针）参数 str，SYN6288 接
收到 str 后，将 str 转换为语音播放出来。

第 32 行定义了数组 headerOfFrame,用于存放表 7-3 中的包头(1 字节)、数据区长度(2 字节)、命令字(1 字节)和命令参数(1 字节);第 33 行定义了变量 length,用于保存本文 str 的长度,在第 35 行调用系统函数 strlen 求得 str 的长度;第 34 行定义变量 ecc,并初始化为 0,ecc 用于保存表 7-3 中的异或校验码;第 36 行定义变量 i 用作循环变量。

第 38～42 行依次将包头(固定为 0xFD)、数据区长度(2 字节,第一个字节固定为 0x00,第二个字节为文本长度 length 加上 3 的值)、命令字(这里 0x01 表示正常播放)和命令参数(参考表 7-5 可知 0x00 表示无背景音乐并采用 GB2312 编码方式)赋给 headerOfFrame 数组变量的各个元素。

第 43～47 行循环 5 次,每次循环时,都计算异或校验码(第 45 行),然后,依次将 headerOfFrame 中的各个元素发送到 SYN6288;第 48～52 行循环 length 次,每次循环时,都计算异或校验码(第 50 行),然后,依次将文本 str 中的各个元素发送到 SYN6288;第 53 行将异或校验码发送到 SYN6288。SYN6288 中有一个较小的 RAM 存储空间,将临时保存这些数据,当校验成功后,自动播放其中的本文数据。

```
56    void USART1_IRQHandler(void)
57    {
58      volatile Int08U ch;
59      NVIC_ClearPendingIRQ(USART1_IRQn);
60      if((USART1 -> SR & (1u << 5)) == (1u << 5))        //Data ready
61      {
62          ch = USART1 -> DR;
63          UART2PutChar(ch);                              //To computer
64      }
65    }
```

第 56～65 行为 USART1 的中断服务函数 USART1_IRQHandler。第 58 行定义变量 ch,用于保存 SYN6288 返回的信息;第 59 行清零 NVIC 中的 USART1 中断标志位;第 60 行判断 USART1 接收中断是否被触发,如果为真,则第 62 行读取 USART1 口接收到的数据,赋给 ch;然后,第 63 行将 ch 通过串口 2(即调用 UART2PutChar 函数)发送到上位机(指计算机)的串口调试助手上。

程序段 7-9   文件 syn6288.h

```
1    //Filename: syn6288.h
2
3    # ifndef _SYN6288_H
4    # define _SYN6288_H
5
6    void My6288Init(void);
7    void MySpeaker(char * str);
8
9    # endif
```

头文件 syn6288.h 中声明了文件 syn6288.c 中定义的函数 My6288Init 和 MySpeaker。

程序段 7-10   文件 tim2.c

```
1    //Filename: tim2.c
2
3    # include "includes.h"
4    char str[200] = "当前温度 20 摄氏度";
```

第 4 行定义全局字符数组变量 str,用于保存发送到声码器 SYN6288 的文本数据。

```
5    void TIM2Init(void)
6    {
```

```
7       RCC - > APB1ENR │ = (1uL << 0);
8       TIM2 - > ARR = 1000 - 1;
9       TIM2 - > PSC = 32000 - 1;
10      TIM2 - > DIER │ = (1uL << 0);
11      TIM2 - > CR1 │ = (1uL << 0);
12
13      NVIC_EnableIRQ(TIM2_IRQn);
14      NVIC_SetPriority(TIM2_IRQn,8);
15    }
16
```

第 5~15 行为通用定时器 2 的初始化函数 TIM2Init。

```
17    void TIM2_IRQHandler(void)
18    {
19      static Int16U i = 0;
20      TIM2 - > SR & = ~(1uL << 0);
21      NVIC_ClearPendingIRQ(TIM2_IRQn);
22      My7289Seg(1,i/100,1);
23      My7289Seg(2,i % 100 /10,1);
24      My7289Seg(3,i % 10,1);
25      i++;
26      if(i > = 1000)
27          i = 0;
28      LED(1,i % 2);
29      if(i % 6 == 0)
30          UART2PutString((Int08U * )"Running...\n");
31
32      if(i % 10 == 0)
33          MySpeaker(str);
34    }
```

第 17~34 行为通用定时器 2 的定时中断服务函数 TIM2_IRQHandler。相对于程序
段 7-5,程序段 7-10 添加了第 32~33 行,表示每隔 10s,调用 MySpeaker 函数通过串口 1 将
str 发送到声码器 SYN6288 进行语音播报。

工程 PRJ17 实现的功能如图 7-9 所示(图中省略了工程 PRJ15 实现的功能)。

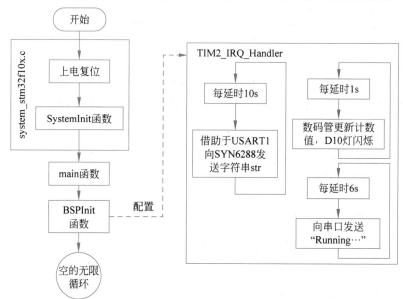

图 7-9 工程 PRJ17 实现的功能框图

视频讲解

结合程序段 7-8～程序段 7-10 和图 7-9 可知,工程 PRJ17 在通用定时器 2 的定时中断服务函数中,每隔 10s 播报一次温度值。

7.5.3 声码器库函数类型实例

本节介绍库函数类型的声码器驱动程序,与工程 PRJ17 实现相同的功能。具体建设步骤如下。

(1) 在工程 PRJ16 的基础上,新建工程 PRJ18,保存在目录 D:\STM32F103RCT6PRJ\PRJ18 下。此时的工程 PRJ18 与工程 PRJ16 完全相同。

(2) 新建 syn6288.c 和 syn6288.h 文件,保存在 D:\STM32F103RCT6PRJ\PRJ18\BSP 目录下,其中,文件 syn6288.h 如程序段 7-9 所示,文件 syn6288.c 如程序段 7-11 所示。

程序段 7-11   文件 syn6288.c

```
1    //Filename: syn6288.c
2
3    # include "includes.h"
4
5    void My6288Init(void)
6    {
7      GPIO_InitTypeDef   g;
8      USART_InitTypeDef u;
9
10     RCC_APB2PeriphClockCmd(RCC_APB2Periph_GPIOA,ENABLE);      //PA EN
11     RCC_APB2PeriphClockCmd(RCC_APB2Periph_USART1,ENABLE);     //USART1 EN
12
13     g.GPIO_Pin = GPIO_Pin_9;
14     g.GPIO_Mode = GPIO_Mode_AF_PP;
15     g.GPIO_Speed = GPIO_Speed_10MHz;
16     GPIO_Init(GPIOA,&g);                                       //PA9 - U1_TX
17     g.GPIO_Pin = GPIO_Pin_10;
18     g.GPIO_Mode = GPIO_Mode_IPU;
19     GPIO_Init(GPIOA,&g);                                       //PA10 - U1_RX
20
21     u.USART_BaudRate = 10800;                                  //9600bps
22     u.USART_WordLength = USART_WordLength_8b;
23     u.USART_StopBits = USART_StopBits_1;
24     u.USART_Parity = USART_Parity_No;
25     u.USART_HardwareFlowControl = USART_HardwareFlowControl_None;
26     u.USART_Mode = USART_Mode_Rx | USART_Mode_Tx;
27     USART_Init(USART1, &u);
28
```

第 21 行配置串口 1 的波特率为 9600bps,因为 USART1 使用 APB2 总线时钟,而 APB2 总线时钟为 16MHz,但是库函数中 APB2 总线时钟按 18MHz 计算波特率,所以这里给定 10800 相当于配置波特率为 9600bps。

```
29       USART_ITConfig(USART1,USART_IT_RXNE,ENABLE);
30       USART_Cmd(USART1,ENABLE);
31       NVIC_EnableIRQ(USART1_IRQn);
32     }
33
34     void MySendByte(Int08U c)
35     {
36       while(!USART_GetFlagStatus(USART1,USART_FLAG_TC));
37       USART_SendData(USART1,c);
38     }
39
40     void MySpeaker(char * str)
41     {
```

此处省略的第 42～63 行与程序段 7-8 中的第 32～53 行完全相同。

```
64      }
65
66      void USART1_IRQHandler(void)
67      {
68        volatile Int08U ch;
69        NVIC_ClearPendingIRQ(USART1_IRQn);
70        if(USART_GetFlagStatus(USART1,USART_FLAG_RXNE))
71        {
72            ch = USART_ReceiveData(USART1);
73            UART2PutChar(ch);                              //To computer
74        }
75      }
```

第 66～75 行为串口 1 的中断服务函数,其中,第 70 行判断串口 1 的接收数据是否就绪,如果已就绪,第 72 行调用函数 USART_ReceiveData 读取串口 1 接收到的数据,赋给变量 ch;第 73 行将 ch 通过串口 2 发送到计算机的串口调试助手上。

(3) 修改 includes. h 文件和 bsp. c 文件,如图 7-8 中的 includes. h 和 bsp. c 文件所示,即工程 PRJ18 中的 includes. h、bsp. c 文件与工程 PRJ17 中的同名文件相同。

(4) 修改 tim2. c 文件,如程序段 7-12 所示。

程序段 7-12　文件 tim2. c

```
1       //Filename: tim2.c
2
3       # include "includes. h"
4       char str[200] = "当前温度 20 摄氏度";
5       void TIM2Init(void)
6       {
7         TIM_TimeBaseInitTypeDef t;
8         RCC_APB1PeriphClockCmd(RCC_APB1Periph_TIM2,ENABLE);
9
10        t. TIM_Period = 1000 - 1;
11        t. TIM_Prescaler = 32000 - 1;
12        t. TIM_ClockDivision = TIM_CKD_DIV1;
13        t. TIM_CounterMode = TIM_CounterMode_Up;
14        TIM_TimeBaseInit(TIM2,&t);
15        TIM_ITConfig(TIM2,TIM_IT_Update,ENABLE);
16        TIM_Cmd(TIM2, ENABLE);
17
18        NVIC_EnableIRQ(TIM2_IRQn);
19        NVIC_SetPriority(TIM2_IRQn,8);
20      }
21
22      void TIM2_IRQHandler(void)
23      {
24        static Int16U i = 0;
25        TIM_ClearFlag(TIM2,TIM_FLAG_Update);
26        TIM_ClearITPendingBit(TIM2,TIM_IT_Update);
27        //NVIC_ClearPendingIRQ(TIM2_IRQn);
28        My7289Seg(1,i/100,1);
29        My7289Seg(2,i % 100 /10,1);
30        My7289Seg(3,i % 10,1);
31        i++;
32        if(i >= 1000)
33            i = 0;
34        LED(1,i % 2);
```

```
35        if(i % 6 == 0)
36            UART2PutString((Int08U * )"Running...\n");
37
38        if(i % 10 == 0)
39            MySpeaker(str);
40   }
```

相对于程序段 7-7,程序段 7-12 添加了第 4 行,即定义全局字符数组 str,保存发送到声码器 SYN6288 的字符串。在通用定时器 2 的中断服务函数 TIM2_IRQHandler 中,第 38～39 行表示每隔 10s,调用 MySpeaker 函数向声码器 SYN6288 发送字符串 str。

(5) 将文件 syn6288.c 添加到工程管理器的 BSP 分组下,然后,编译链接并运行工程 PRJ18,其运行结果与工程 PRJ17 相同。

▊ 7.6 小结 ◆

本章详细介绍了 STM32F103RCT6 串口的工作原理和常用操作方法,以 USART2 为例阐述了寄存器类型和库函数类型的工程程序设计方法,然后介绍了借助串口控制声码器 SYN6288 的方法。一般地,串口发送数据到上位机是通过调用发送数据函数实现的,而串口接收上位机传送来的数据则是在串口中断服务程序中实现的。由于异步串行通信协议简单,且占用端口资源少,因此,异步串行通信是目前应用最广泛的数据通信方式之一,其最关键的两个要素为数据帧的格式和波特率。建议读者在学习 USART2 之后,将按键、LED 灯显示和各类定时器等操作与 USART2 通信结合起来,试着编写复杂一些的工程程序,例如,使用串口调试助手同步显示按键信息、LED 灯状态和定时器的计数值等程序运行结果。

▊ 习题 ◆

1. 阐述 STM32F103RCT6 微控制器的串口波特率设定方法。

2. 编写寄存器类型工程,实现 STM32F103RCT6 微控制器与上位机间的串口收发功能。

3. 编写库函数类型工程,实现 STM32F103RCT6 将按键信息传送给上位机显示的功能。

4. 编写库函数类型工程,实现声码器带背景音乐的汉字播放功能。

第8章
CHAPTER 8

ADC与存储器管理

本章将介绍 STM32F103RCT6 开发板上 ADC 模块电路以及存储器 AT24C128 (EEPROM)和 W25Q64(Flash)的访问方法。STM32F103RCT6 微控制器片内集成了 3 个 12 位的模数转换器(ADC),采样速率最高达 1MSPS(SPS: 每秒采样点个数),具有 16 个通道,包括 14 个外部模拟输入通道和 2 个内部信号(内部温度传感器和参考电压)。 STM32F103RCT6 微控制器片内集成了 2 个 I^2C 总线接口和 3 个 SPI 总线接口,这两种总线均为串行总线,且比 UART 口速度更快。I^2C 总线接口一般用于驱动 EEPROM 存储器,而 SPI 总线接口常用于驱动 Flash 存储器。这里,AT24C128 芯片借助 I^2C 总线与 STM32F103RCT6 微控制器进行数据通信;而 W25Q64 芯片工作在 SPI 总线协议下,与 STM32F103RCT6 微控制器片上 SPI 外设进行通信。本章的教学重点在于 ADC、I^2C 和 SPI 3 个模块的访问控制方法。

本章的学习目标:

- 了解 STM32F103 微控制器 ADC 模块工作原理;
- 熟悉常用的 EEPROM 和 Flash 芯片的访问方法;
- 熟练应用库函数或寄存器方法访问外部存储器。

8.1 STM32F103RCT6 微控制器 ADC

结合图 3-2 和图 3-10 可知,通过网标 USER_ADC0_CH7,PA0 口连接到滑动变阻器的分压输出端。在图 3-10 中,通过调节滑动变阻器 VR1,其分压输出端可输出 0~3.3V 的电压,该模拟电压信号被送到 STM32F103RCT6 微控制器的 ADC 模块,进行模数转换后,得到电压值。

8.1.1 ADC 工作原理

STM32F103RCT6 微控制器内置了 3 个 12-bit 的 ADC 模块,最高采样速率为 1MSPS,具有常规方式和注入方式等多种工作模式。在 STM32F103RCT6 开发板上,用 10kΩ 滑动变阻器输出 0~3.3V 模拟电压送给 STM32F103RCT6 微控制器的 ADC 通道 0 输入端,如图 3-2 和图 3-10 所示。ADC 通道 0 复用了引脚 PA0,需要将 PA0 配置为 ADC123_IN0 功能(见表 2-1 序号 1)。ADC 模块时钟最大可为 14MHz,ADC 模块时钟来自 APB2 总线(即 PCLK2,16MHz),需配置时钟配置寄存器 RCC_CFGR 的第[15:14]位域为 00b,表示将对 PCLK2 二分频后的 8MHz 时钟信号供给 ADC 模块。ADC 模块相关的寄存器列于表 8-1 中。

表8-1　ADC模块相关的寄存器（ADC1基地址：0x4001 2400；ADC2基地址：0x4001 2800；ADC3基地址：0x4001 3C00）

寄存器名	属性	偏移地址	含　义
SR	RW	0x00	ADC状态寄存器
CR1	RW	0x04	ADC控制寄存器1
CR2	RW	0x08	ADC控制寄存器2
SMPR1	RW	0x0C	ADC采样时间寄存器1
SMPR2	RW	0x10	ADC采样时间寄存器2
JOFR1	RW	0x14	ADC注入通道数据偏移寄存器1
JOFR2	RW	0x18	ADC注入通道数据偏移寄存器2
JOFR3	RW	0x1C	ADC注入通道数据偏移寄存器3
JOFR4	RW	0x20	ADC注入通道数据偏移寄存器4
HTR	RW	0x24	ADC看门狗高阈值寄存器
LTR	RW	0x28	ADC看门狗低阈值寄存器
SQR1	RW	0x2C	ADC正常序列寄存器1
SQR2	RW	0x30	ADC正常序列寄存器2
SQR3	RW	0x34	ADC正常序列寄存器3
JSQR	RW	0x38	ADC注入序列寄存器
JDRx(x=1,2,3,4)	RO	0x3C～0x48	ADC注入方式数据寄存器
DR	RO	0x4C	ADC正常方式数据寄存器

下文介绍表8-1中常用的ADC寄存器的含义，其余寄存器请参考STM32F103RCT6用户手册。

ADC控制寄存器CR1的各位含义如表8-2所示。

表8-2　CR1寄存器的各位含义

寄存器位	符　号	含　义
31:24	Reserved	保留
23	AWDEN	模拟看门狗监测常规通道使能位。软件置1表示使能，清零表示关闭
22	JAWDEN	模拟看门狗监测注入通道使能位。软件置1表示使能，清零表示关闭
21:20	Reserved	保留
19:16	DUALMOD[3:0]	双组模式选择位域。可设为0000～1001b，依次表示独立模式、常规同步＋注入同步组合模式、常规同步＋交替触发组合模式、注入同步＋快速交替组合模式、注入同步＋慢速交替组合模式、注入同步模式、常规同步模式、快速交替模式、慢速交替模式、交替触发模式
15:13	DISCNUM[2:0]	非连续转换模式通道数。可设为000～111b，依次表示1～8个通道
12	JDISCEN	工作在非连续转换模式下的注入通道使能位，设为0表示关闭；设为1表示使能
11	DISCEN	工作在非连续转换模式下的常规通道使能位，设为0表示关闭；设为1表示使能
10	JAUTO	自动注入组转换使能位，设为0表示关闭，设为1表示使能
9	AWDSGL	在扫描模式下看门狗监测单通道使能位，设为0表示监测所有通道；设为1表示监测单通道

续表

寄存器位	符　号	含　义
8	SCAN	扫描模式使能位,设为 0 表示关闭;设为 1 表示使能
7	JEOCIE	注入通道中断使能位,设为 0 表示关闭;设为 1 表示使能
6	AWDIE	模拟看门狗中断使能位,设为 0 表示关闭,设为 1 表示使能
5	EOCIE	EOC(转换完成)中断使能位,设为 0 表示关闭,设为 1 表示使能
4:0	AWDCH[4:0]	模拟看门狗通道选择位域。可设为 00000～10001,依次表示 ADC_IN0～ADC_IN17

ADC 控制寄存器 CR2 的各位含义如表 8-3 所示。

表 8-3　CR2 寄存器的各位含义

寄存器位	符　号	含　义
31:24	Reserved	保留
23	TSVREFE	内部温度传感器和参考电压使能位,设为 0 关闭;设为 1 使能
22	SWSTART	常规通道开始转换使能位,设为 0 复位;设为 1 启动常规通道转换
21	JSWSTART	注入通道开始转换使能位,设为 0 复位;设为 1 启动注入通道转换
20	EXTTRIG	常规通道外部触发启动转换使能位,设为 0 关闭;设为 1 使能
19:17	EXTSEL[2:0]	常规组外部事件选择位域,可取 000～111b,对于 ADC1 和 ADC2 依次表示选择外部事件:定时器 1 的 CC1 事件、CC2 事件、CC3 事件,定时器 2 的 CC2 事件、定时器 3 的 TRGO 事件、定时器 4 的 CC4 事件、外部中断 11 或 TIM8_TRGO 事件、SWSTART 事件;对于 ADC3 依次表示选择事件:定时器 3 的 CC1 事件、定时器 2 的 CC3 事件、定时器 1 的 CC3 事件、定时器 8 的 CC1 事件、定时器 8 的 TRGO 事件、定时器 5 的 CC1 事件、CC3 事件和 SWSTART 事件
16	Reserved	保留
15	JEXTTRIG	注入通道外部触发启动转换使能位,设为 0 关闭;设为 1 使能
14:12	JEXTSEL[2:0]	注入组外部事件选择位域,可取 000～111b,对于 ADC1 和 ADC2 依次表示选择外部事件:定时器 1 的 TRGO 事件、CC4 事件,定时器 2 的 TRGO 事件、CC1 事件,定时器 3 的 CC4 事件,定时器 4 的 TRGO 事件、外部中断 15 或 TIM8_CC4 事件、SWSTART 事件;对于 ADC3 依次表示选择事件:定时器 1 的 TRGO 事件、CC4 事件,定时器 4 的 CC3 事件,定时器 8 的 CC2 事件、CC4 事件,定时器 5 的 TRGO 事件、CC4 事件和 JSWSTART 事件
11	ALIGN	数据存储方式位,设为 0 表示右对齐(默认方式),即 ADC 转换得到的 12 位保存在 16 位长的寄存器的低 12 位;设为 1 表示左对齐
10:9	Reserved	保留
8	DMA	直接内存访问模式使能位,设为 0 关闭;设为 1 使能
7:4	Reserved	保留
3	RSTCAL	复位校正位,软件方式置 1,硬件方式清零。硬件清零后表示校正完成;软件置 1 表示初始化校正
2	CAL	ADC 校正位,软件方式置 1,硬件方式清零。软件置 1 表示启动校正;校正完成后硬件自动清零

续表

寄存器位	符　　号	含　　义
1	CONT	连续转换模式使能位,设为 0 表示单次转换模式;设为 1 表示连续转换模式
0	ADON	ADC 启动位,设为 0 关闭 ADC;设为 1,启动 ADC,如果该位原来为 1,再次设为 1 将启动一次 ADC 转换

ADC 状态寄存器 SR 的各位含义如表 8-4 所示。

表 8-4　SR 寄存器的各位含义

寄存器位	符　　号	含　　义
31:5	Reserved	保留
4	STRT	常规通道启动标志位。为 0 表示无常规通道转换开始;为 1 表示常规通道转换开始。只读,硬件置位
3	JSTRT	注入通道启动标志位。为 0 表示无注入组转换开始;为 1 表示注入组转换开始。只读,硬件置位
2	JEOC	注入通道转换结束标志位。为 0 表示注入通道转换没有完成;为 1 表示已转换完成。只读,硬件置位
1	EOC	转换结束标志位。为 0 表示转换没有完成;为 1 表示已转换完成。只读,硬件置位
0	AWD	模拟看门狗标志位。为 0 表示无模拟看门狗事件发生;为 1 表示已发生模拟看门狗事件

ADC 常规数据寄存器 DR 的偏移地址为 0x4C,是一个 32 位的只读寄存器,高 16 位仅用于双组转换模式下,用于保存 ADC2 的 16 位转换结果(默认仅右边 12 位有效);低 16 位用于保存常规通道的 ADC 转换结果(默认为低 12 位有效)。

8.1.2　ADC 工程实例

视频讲解

在工程 PRJ15 的基础上新建工程 PRJ19,保存在 D:\STM32F103RCT6PRJ\PRJ19 目录下,此时的工程 PRJ19 与 PRJ15 完全相同。然后,新建文件 adc.c 和 adc.h,并修改 includes.h、bsp.c、exti.c 和 tim2.c 文件。其中,includes.h 文件中需要添加对 adc.h 头文件的包括,即添加以下一条语句(位于文件最后一行,即在程序段 7-3 的第 16 行下面添加):

```
# include "adc.h"
```

文件 bsp.c 的 MyBSPInit 初始化函数中(函数内部末尾处,即在程序段 7-4 的第 16 行和第 17 行中间),插入以下一条语句:

```
MyADCInit();
```

即调用 MyADCInit 函数初始化模数转换器 ADC。

文件 exti.c 的 EXTI9_5_IRQHandler 中断服务函数中(参考程序段 5-11,在其第 22 行和第 23 行间)添加以下一条语句:

```
MyADCStart();
```

当按下按键 S18 时点亮 LED 灯 D10 且同时调用 MyADCStart 函数启动模数转换。

在文件 tim2.c 中将下面的语句注释掉(参考程序段 7-5,将其第 29~30 行注释掉),即

```
//if(i % 6 == 0)
//   UART2PutString((Int08U *)"Running...\n");
```

不再通过串口 2 向上位机发送"Running...",如图 8-1 所示。

将文件 adc.c 添加到工程管理器的 BSP 分组下,建设好的工程 PRJ19 如图 8-1 所示。

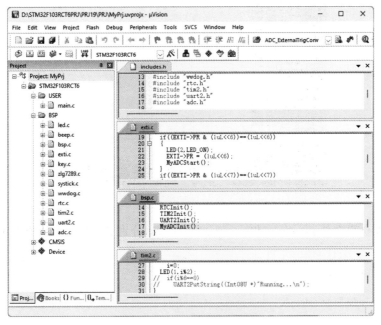

图 8-1 工程 PRJ19 工作窗口

工程 PRJ19 实现的功能如图 8-2 所示,图 8-2 只展示了工程 PRJ19 在工程 PRJ15 基础上新添加的功能。在用户按键 S18 的中断服务函数 EXTI9_5_IRQHandler 中,添加了 MyADCStart 函数,当 S18 被按下时,将启动 STM32F103RCT6 微控制器的 ADC1 转换,当模数转换完成后,自动触发 ADC1 中断服务程序 ADC1_2_IRQHandler,在其中读取模拟电压的数字信号量,保存在 myadcv 全局变量中,并进一步调用 MyADCValDisp 函数将数字电压通过串口 2 送到上位机(计算机)显示出来,其结果如图 8-3 所示。

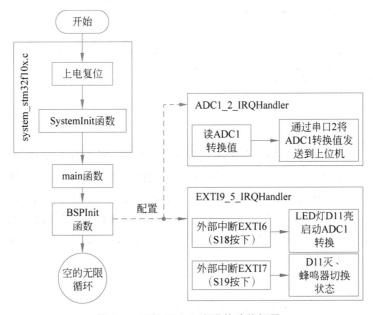

图 8-2 工程 PRJ19 实现的功能框图

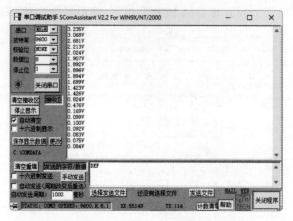

图 8-3 ADC 转换结果显示

下面详细介绍文件 myadc.c 和 myadc.h 的内容,分别如程序段 8-1 和程序段 8-2 所示。

程序段 8-1 文件 adc.c

```
1    //Filename:adc.c
2
3    # include "includes.h"
4
5    volatile Int32U myadcv;
6
```

第 5 行定义全局变量 myadcv,用于保存模拟变换器输出的数字电压值。

```
7    void MyADCInit(void)
8    {
9        RCC -> APB2ENR |= (1uL << 9) | (1uL << 2) | (1uL << 0);  //使能 ADC1,PA,AFIO 时钟
10       GPIOA -> CRL &= ~(15 << 0);          //PA0 设置成模拟输入
11
12       RCC -> CFGR |= (1uL << 14);
13       RCC -> CFGR &= ~(1uL << 15);         //CFGR[15:14] = 01b, PCLK2/4 = 8MHz
14       ADC1 -> CR1   &= ~(1uL << 8);        //SCAN = 0 Disable scan mode
15       ADC1 -> CR2   &= ~(1uL << 1);        //CONT = 0 Single conversion mode
16
17       ADC1 -> CR1 |= (1u << 5);            //EOC interrupt enable
18       NVIC_ClearPendingIRQ(ADC1_2_IRQn);
19       NVIC_EnableIRQ(ADC1_2_IRQn);
20
21       ADC1 -> CR2 |= (1u << 0);            //Open ADC1
22   }
23
```

第 7～22 行为模数转换器初始化函数 MyADCInit。第 9 行为 ADC1 模块、PA 口和 AFIO 模块提供工作时钟;第 10 行将 PA0 配置为模拟输入口;第 12～13 行配置 ADC1 模块的工作时钟为 8MHz;第 14 行配置 ADC1 工作在单通道模式下;第 15 行配置 ADC1 工作在单次转换模式下;第 17 行开放 ADC1 中断信号,当 ADC1 转换完成后触发 ADC 中断;第 18 行清除 ADC1 在 NVIC 中的中断标志位;第 19 行开放 NVIC 中的 ADC1 中断;第 21 行使 ADC1 处于工作状态。

```
24   void MyADCStart(void)
25   {
26      ADC1 -> CR2 |= (1u << 0);  //Start ADC
27   }
28
```

第 24～27 行为启动 ADC 进行模数转换的函数 MyADCStart。第 26 行启动 ADC1 进行模数转换。

```
29    void MyADCValDisp(void)
30    {
31      volatile Int08U d0,d1,d2,d3;
32      volatile Int32U t;
33      t = myadcv & 0x0FFF;
34      t = 3300 * t/4095;
35      d0 = t / 1000;
36      d1 = (t / 100)  % 10;
37      d2 = (t  /10)   % 10;
38      d3 = t % 10;
39      UART2PutChar(d0 + '0');
40      UART2PutChar('.');
41      UART2PutChar(d1 + '0');
42      UART2PutChar(d2 + '0');
43      UART2PutChar(d3 + '0');
44      UART2PutChar('V');
45      UART2PutChar('\n');
46    }
47
```

第 29～46 行的函数 MyADCValDisp 用于向上位机发送 ADC 转换结果 myadcv。第 31 行定义了 4 个变量 d0、d1、d2 和 d3,分别用于保存 ADC 转换后的电压信号的个位、十分位、百分位和千分位上的数字;第 32 行定义变量 t,用于保存 ADC 转换后的电压值;由于 STM32F103RCT6 微控制器内部 ADC1 字长为 12 位且使用右对齐模式存储,所以 myadcv 的第[11:0]位域中保存了数字形式电压值,故第 33 行将 myadcv 中的电压值分离出来赋给变量 t;在 STM32F103RCT6 开发板上,3.3V 电压的数字量为 0xFFF,0V 电压的数字量为 0x000,第 34～38 行得到电压值 t 在个位、十分位、百分位和千分位上的数字;第 39～45 行调用 UART2PutChar 函数将数字电压值(加上小数点)通过串口 2 发送到上位机,这里的"+'0'"表示将数字量转换为字符。

```
48    void ADC1_2_IRQHandler(void)          //ADC1 Interrupt
49    {
50      NVIC_ClearPendingIRQ(ADC1_2_IRQn);
51      if((ADC1 -> SR & (1u << 1)) == (1u << 1))     //Conversion complete, Interrupt
52      {
53          myadcv = ADC1 -> DR;
54          MyADCValDisp();
55      }
56    }
```

当 ADC1 完成一次模数转换后,将触发 ADC1 中断,进入第 48～56 行的中断服务程序 ADC1_2_IRQHandler。第 50 行清除 NVIC 中的 ADC1 中断标志;第 51 行判断 ADC1 是否转换完成,如果为真,表示 ADC1 已完成模数转换,则第 53 行读出转换结果,然后,第 54 行调用 MyADCValDisp 函数通过上位机串口调试助手显示转换结果(即模数转换器输出的电压值)。

程序段 8-2　文件 adc.h

```
1    //Filename:adc.h
2
3    # ifndef _MYADC_H
4    # define _MYADC_H
5
6    void MyADCInit(void);
```

```
7     void MyADCStart(void);
8     void MyADCValDisp(void);
9
10    #endif
```

在文件 adc.h 中,声明了文件 adc.c 中定义的 3 个函数,即 ADC 初始化函数 MyADCInit、ADC 启动转换函数 MyADCStart 和 ADC 转换值显示函数 MyADCValDisp。

下面介绍库函数类型的 ADC 工程。在工程 PRJ16 的基础上新建工程 PRJ20,保存在 D:\STM32F103RCT6PRJ\PRJ20 目录下,此时的工程 PRJ20 与 PRJ16 完全相同。然后,进行如下的工作。

(1) 修改文件 includes.h、bsp.c、exti.c 和 tim2.c,其中 includes.h 和 bsp.c 与工程 PRJ19 中的同名文件相同,即在 includes.h 的末尾添加语句"#include "adc.h"",在 bsp.c 文件中的 BSPInit 函数内部的末尾添加语句"MyADCInit();"。在 exti.c 文件的中断服务函数 EXTI9_5_IRQHandler 中添加语句"MyADCStart();",下面的程序段 8-3 仅列出了修改后的中断服务函数的内容。

视频讲解

程序段 8-3   修改后的中断服务函数 EXTI9_5_IRQHandler

```
1     void EXTI9_5_IRQHandler()
2     {
3       if(EXTI_GetFlagStatus(EXTI_Line6))
4       {
5           LED(2,LED_ON);
6           MyADCStart();
7           EXTI_ClearFlag(EXTI_Line6);
8       }
9       if(EXTI_GetFlagStatus(EXTI_Line7))
10      {
11          LED(2,LED_OFF);
12          BEEP();
13          EXTI_ClearFlag(EXTI_Line7);
14      }
15      NVIC_ClearPendingIRQ(EXTI9_5_IRQn);
16    }
```

第 3~8 行为按下按键 S18 后的响应事件,第 6 行调用 MyADCStart 函数启动 ADC 转换。

然后,在文件 tim2.c 中注释掉中断服务函数 TIM2_IRQHandler 中的下述代码,即

```
//if(i%6==0)
//    UART2PutString((Int08U * )"Running…\n");
```

(2) 添加新文件 adc.h 和 adc.c,其中 adc.h 与程序段 8-2 完全相同,文件 adc.c 如程序段 8-4 所示。

程序段 8-4   文件 adc.c

```
1     //Filename:adc.c
2
3     #include "includes.h"
4
5     volatile Int32U myadcv;
6
7     void MyADCInit(void)
8     {
9       //使能 ADC1,PA,AFIO 时钟
10      RCC_APB2PeriphClockCmd(RCC_APB2Periph_GPIOA | RCC_APB2Periph_AFIO| RCC_APB2Periph_
        ADC1, ENABLE );
11
```

```
12      GPIO_InitTypeDef g;
13      g.GPIO_Pin = GPIO_Pin_0;
14      g.GPIO_Mode = GPIO_Mode_IPU;
15      g.GPIO_Speed = GPIO_Speed_10MHz;
16      GPIO_Init(GPIOA, &g);              //PA0 设置成模拟输入
17
18      RCC_ADCCLKConfig(RCC_PCLK2_Div4); //CFGR[15:14] = 01b, PCLK2/4 = 8MHz
19
20      ADC_InitTypeDef a;
21      a.ADC_Mode = ADC_Mode_Independent;
22      ADC_Init(ADC1,&a);
23
24      ADC_ITConfig(ADC1,ADC_IT_EOC,ENABLE);
25      NVIC_ClearPendingIRQ(ADC1_2_IRQn);
26      NVIC_EnableIRQ(ADC1_2_IRQn);
27
28      ADC_Cmd(ADC1,ADC_CR2_ADON);       //Open ADC1
29    }
30
```

第 12～16 行将 PA0 配置为模拟输入；第 18 行配置 ADC 时钟为 8MHz；第 20～22 行配置 ADC1 为单次转换模式；第 24 行配置转换结束（EOC）将触发 ADC1 中断；第 28 行打开 ADC1。

```
31    void MyADCStart(void)
32    {
33      ADC_Cmd(ADC1,ADC_CR2_ADON);  //Start ADC
34    }
35
```

第 33 行启动 ADC1 的模数转换工作。当 CR2 寄存器的 ADON 位为 1 时，再次向其置 1 则启动 ADC 模数转换工作，参见表 8-3 的第 0 位。

```
36    void MyADCValDisp(void)
37    {
38      volatile Int08U d0,d1,d2,d3;
39      volatile Int32U t;
40      t = myadcv & 0x0FFF;
41      t = 3300 * t/4095;
42      d0 = t / 1000;
43      d1 = (t / 100) % 10;
44      d2 = (t /10)  % 10;
45      d3 = t % 10;
46      UART2PutChar(d0 + '0');
47      UART2PutChar('.');
48      UART2PutChar(d1 + '0');
49      UART2PutChar(d2 + '0');
50      UART2PutChar(d3 + '0');
51      UART2PutChar('V');
52      UART2PutChar('\n');
53    }
54
55    void ADC1_2_IRQHandler(void)                //ADC1 Interrupt
56    {
57      NVIC_ClearPendingIRQ(ADC1_2_IRQn);
58      if(ADC_GetFlagStatus(ADC1,ADC_FLAG_EOC))  //Conversion complete, Interrupt
59      {
60          myadcv = ADC_GetConversionValue(ADC1);   //ADC1 - > DR;
61          MyADCValDisp();
62      }
63    }
```

第55～63行为ADC1的中断服务函数,在STM32F103RCT6微控制器中,ADC1和ADC2的中断共用同一个中断地址。第58行判断ADC1模数转换是否完成,如果已完成,则第60行读取ADC1的模数转换值。

(3) 将adc.c文件添加到工程管理器的BSP分组下,将目录D:\STM32F103RCT6PRJ\PRJ20\STM32F10x_FWLib\src下的文件stm32f10x_adc.c添加到工程管理器的LIB分组下,编译链接并运行工程PRJ20,其运行结果与工程PRJ19相同。

8.2 EEPROM 存储器

STM32F103RCT6开发板上集成了一片EEPROM芯片AT24C128(工作在3.3V下),其电路连接如图3-8和图3-2所示,通过I^2C1接口模块的网标AT_SCL(复用PB8)和AT_SDA(复用PB9)与STM32F103RCT6通信。AT24C128除了SCL和SDA引脚外,还有WP引脚,当WP接高电平时,写保护;还有A1和A0两个地址输入引脚,允许最多4片AT24C128串联使用,在图3-8中,A1和A0均接地,因此,AT24C128的地址为00b。

AT24C128内部ROM容量为131072b,即16384B,被分成256页,每页64B。因此,AT24C128的地址长度为14位(被称为字地址),其中,8位用于页寻址,6位用于页内寻址。AT24C128写入数据方式有两种,即整页写入数据和单字节写入数据;其读出数据方式有3种,即当前地址读出数据、随机地址读出数据和顺序地址读出数据。为了节省篇幅,下文仅介绍常用的单字节写入数据和随机地址读出数据的编程方法,这两种方法可以实现对AT24C128整个ROM空间任一地址的读/写操作。单字节写入数据和随机地址读出数据的时序如图8-4所示。

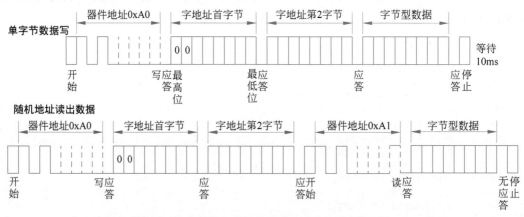

图 8-4　单字节写入数据和随机地址读出数据的时序

由图8-4可知,当向AT24C128写入单字节数据时,需要首先写入器件地址,由于A1和A0引脚接地,故器件地址为$0xA0+[A1:A0]\ll 1+R/W=0xA0$(写时R/W=0b)。然后依次写入两个字地址,这两个字地址合成为一个AT24C128的ROM地址,由于AT24C128的ROM容量为16384B,其地址范围为0x0000～0x3FFF,故第一个字地址的最高两位为0(无意义)。接着写入字节型数据,最后延时10ms才能进行下一次写入字节操作,延时的时间内AT24C128进行内部的编程操作,无须用户程序干预。从AT24C128任一地址读出数据,需要先写入器件地址0xA0和两个字地址,然后,再写入一次器件地址0xA1(R/W=1),才能读出两个字地址处的字节型数据。图8-4中包括了开始、写、应答、读、无应答和停止等控制位,这些控制位由I^2C总线发出,可以采用中断方式或轮询方式响应这些控制位(本节程序采用了轮询方式)。

例如,向地址 0x0100 写入数据 0x1F,则依次向 AT24C128 写入 0xA0、0x01、0x00 和 0x1F。从地址 0x0100 读出数据,则应先向 AT24C128 写入 0xA0、0x01、0x00 和 0xA1,然后读出数据。

STM32F103RCT6 微控制器的 I^2C1 接口模块支持通过 I^2C 通信协议访问 AT24C128 芯片,此时,I^2C1 接口模块工作在主模式下,如图 8-5 所示。

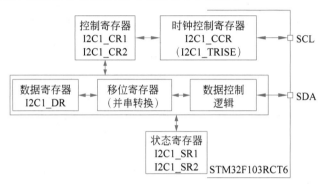

图 8-5　I^2C1 接口模块功能框图(工作在主模式下)

如图 8-5 所示,在使用 I^2C1 接口模块前,必须先配置控制寄存器 I2C1_CR2 和时钟控制寄存器 I2C1_CCR、I2C1_TRISE,使得时钟信号 SCL 工作正常(正常模式下最高 100kHz,快速模式下最高为 400kHz),然后配置控制寄存器 I2C1_CR1 使 I^2C1 模块进入工作态。下面讨论图 8-5 中各个寄存器的含义,分别如表 8-5 ~ 表 8-11 所示,I^2C1 模块的基地址为 0x4000 5400(见图 2-4)。

表 8-5　I^2C1 控制寄存器 I2C1_CR2(偏移地址 0x04)

位号	名　称	设定值	含　义
15:13			保留
12	LAST	0	无意义(用于 DMA 传输数据时)
11	DMAEN	0	关闭 DMA 请求功能
10	ITBUFEN	0	接收数据或发送数据均不产生中断
9	ITEVTEN	0	关闭事件中断
8	ITERREN	0	关闭出错中断
7:6			保留
5:0	FREQ[5:0]	8	I^2C1 模块时钟源频率为 8MHz

表 8-6　I^2C1 时钟控制寄存器 I2C1_CCR(偏移地址 0x1C)

位号	名　称	设定值	含　义
15	F/S	0	为 0 表示 I^2C1 工作在正常速度下;为 1 表示工作在快速模式下
14	DUTY	0	无意义(用于快速模式下)
13:12			保留
11:0	CCR[11:0]	40	分频值设为 40。由于 I^2C1 时钟源为 8MHz,则 SCL 时钟频率为 8MHz/(40×2)=100kHz

表 8-7　I²C1 时钟控制寄存器 I2C1_TRISE（偏移地址 0x20）

位号	名　称	设定值	含　义
15:6			保留
5:0	TRISE[5:0]	9	按公式 1000ns×时钟源频率＋1＝1000ns×8M＋1＝9,以保证 SCL 最大上升沿时间为 1000ns

表 8-8　I²C1 控制寄存器 I2C1_CR1（偏移地址 0x00）

位号	名　称	设定值	含　义
15	SWRST	0	使 I²C1 模块处于工作态
14			保留
13	ALERT	0	SMBA 引脚为高电平
12	PEC	0	无 PEC 传输（PEC 表示数据包错误检验计算）
11	POS	0	无意义（双字节传输中使用）
10	ACK	0	0 表示无应答;1 表示有应答
9	STOP	0	设为1,将产生"停止"信号（见图 8-4）
8	START	0	设为1,将产生"开始"信号（见图 8-4）
7	NO STRETCH	0	无意义（从模式下使用）
6	ENGC	1	通用呼叫有效,即地址 0 将被应答
5	ENPEC	0	关闭 PEC 计算功能
4	ENARP	0	关闭 ARP（地址解析协议）功能
3	SMB TYPE	0	无意义（SMBus 类型为 SMBus 设备）
2			保留
1	SMBUS	0	无意义（SMBus 工作在 I²C 模式下）
0	PE	1	I²C1 接口模块有效

表 8-9　I²C1 数据寄存器 I2C1_DR（偏移地址 0x10）

位号	名　称	复位值	含　义
15:8			保留
7:0	DR[7:0]	0x00	8 位数据寄存器

表 8-10　I²C1 状态寄存器 I2C1_SR1（偏移地址 0x14）

位号	名　称	复位值	含　义
15	SMBALERT	0	无意义（需工作在 SMBus 模式下）
14	TIMEOUT	0	为 0 表示无超时;为 1 表示超时（SCL 为低超过 10ms）。写入 0 可清零
13		0	保留
12	PECERR	0	无意义（用于接收数据的 PEC 检测）
11	OVR	0	为 0 表示无溢出;为 1 表示溢出。写入 0 可清零
10	AF	0	为 0 表示无应答错误;为 1 表示应答错误。写入 0 可清零
9	ARLO	0	为 0 表示无仲裁丢失检测;为 1 表示有仲裁丢失检测。写入 0 可清零
8	BERR	0	为 0 表示总线正常;为 1 表示"开始"或"停止"信号出错（见图 8-4）。写入 0 可清零
7	TxE	0	为 0 表示发送数据中;为 1 表示数据发送完成。写 DR、发"开始"信号或发"停止"信号均可清零该位

续表

位号	名　　称	复位值	含　　义
6	RxNE	0	为 0 表示无接收数据;为 1 表示接收到数据。读该位或写 DR 寄存器可清零该位
5		0	保留
4	STOPF	0	为 0 表示无"停止"信号;为 1 表示有"停止"信号。读 SR1 后接着写 CR1 可清零该位
3	ADD10	0	用于主模式下,为 0 表示无 ADD10 事件发生;为 1 表示主机已发送地址的首字节
2	BFT	0	为 0 表示数据字节在传输;为 1 表示数据字节传送完。读 SR1 后接着读或写 DR 寄存器可清零该位
1	ADDR	0	为 0 表示地址发送中;为 1 表示地址发送完成。读 SR1 后接着读 SR2 可清零该位。无应答(NACK)不会置位该位
0	SB	0	为 0 表示无"开始"信号;为 1 表示有"开始"信号。读 SR1 后接着写 DR 可清零该位

表 8-11　I^2C1 状态寄存器 I2C1_SR2(只读,偏移地址为 0x18)

位号	名　　称	复位值	含　　义
15:8	PEC[7:0]	0x00	无意义(当 ENPEC=1 时为内部 PEC 的值)
7	DUALF	0	无意义(用于从模式)
6	SMB HOST	0	无意义(用于从模式)
5	SMBDEFAULT	0	无意义(用于从模式)
4	GENCALL	0	无意义(用于从模式)
3		0	保留
2	TRA	0	为 0 表示数据接收;为 1 表示数据发送
1	BUSY	0	为 0 表示空闲;为 1 表示线路忙
0	MSL	0	为 0 表示从模式,为 1 表示主模式

8.2.1　访问 EEPROM 寄存器类型实例

视频讲解

本节介绍访问 AT24C128 存储器的寄存器类型实例,其建设步骤如下。

(1) 在工程 PRJ15 的基础上,新建工程 PRJ21,保存在 D:\STM32F103RCT6PRJ\ PRJ21 目录下。此时的工程 PRJ21 与工程 PRJ15 完全相同,然后,进行后续工作。

(2) 新建文件 iic1.c 和 iic1.h,保存在目录 D:\STM32F103RCT6PRJ\PRJ21\BSP 下, 其源代码如程序段 8-5 和程序段 8-6 所示。

程序段 8-5　文件 iic1.c

```
1    //Filename: iic1.c
2
3    # include "includes.h"
4
5    void IIC1Init(void)
6    {
7      Int08U i;
8
9      RCC -> APB2ENR | = (1uL << 3);        //PB Clock
10     GPIOB -> CRH | = 0xFF << 0;           //PB8 - SCL, PB9 - SDA, AFPP
11     AFIO -> MAPR | = (1u << 1);           //IIC1 Remap to PB8, PB9
12
```

第 9 行打开 PB 口时钟源;第 10 行配置 PB8 和 PB9 引脚为替换功能开漏模式。由

图 3-8 和图 3-2 可知, PB8 和 PB9 分别用作 I^2C1 模块的 SCL 和 SDA 引脚。

```
13      RCC -> APB1ENR |= (1uL << 21);        // I2C1 Clock
14      RCC -> APB1RSTR |= (1uL << 21);       //Reset I2C1
15      for(i = 0;i < 10;i++);
16      RCC -> APB1RSTR &= ~(1uL << 21);      //I2C1 Work
17
```

第 13 行开启 I^2C1 模块的时钟源；第 14 行复位 I^2C1 模块；第 15 行等待约 $1\mu s$；第 16 行使 I^2C1 退出复位状态, 进入工作状态。

```
18      I2C1 -> CR1 |= (1uL << 15);           //Reset I2C1
19      for(i = 0;i < 10;i++);
20      I2C1 -> CR1 &= ~(1uL << 15);          //I2C1 Work
21
```

第 18~20 行与第 14~16 行的含义相同, 是借助 CR1 寄存器的第 15 位, 使 I^2C1 模块先复位再进入工作状态。这样做的目的是确保 I^2C1 模块的各个寄存器的复位值稳定。

```
22      I2C1 -> CR2 = (8uL << 0);             //8MHz, 125ns -- APB2(16MHz,here as 18MHz)
23      I2C1 -> CCR = (40uL << 0);            //40 * 125ns = 5us, 1/(2 * 5us) = 100kHz
24      I2C1 -> TRISE = (9uL << 0);           //1000ns/125ns + 1 = 9
25
```

第 22~24 行配置 SCL 时钟为 100kHz, 参考表 8-5~表 8-7。对于工作在常规速度下的 I^2C1, 100kHz 是其最高速度。由于 I^2C1 模块使用了 APB2 总线时钟, 而 APB2 总线时钟实际值为 16MHz, 而非 18MHz(使用外部 8MHz 晶振情况), 故 I^2C1 模块的实际工作时钟频率小于 100kHz, 约为 88.9kHz。

```
26      I2C1 -> CR1 |= (1uL << 6);
27      I2C1 -> CR1 &= ~(1uL << 1);           //0:I2C Mode
28      I2C1 -> CR1 |= (1uL << 0);            //Enable I2C1
29    }
30
```

上述第 5~29 行为 I^2C1 的初始化函数 IIC1Init。第 26 行开启通用呼叫应答；第 27 行设定 I^2C1 模式为 I^2C 协议工作模式；第 28 行启动 I^2C1。

```
31    void IIC1Delay(Int32U t) //Delay t - ms
32    {
33      volatile Int32U i,j;
34      for(i = 0;i < t;i++)
35      {
36          for(j = 0;j < 12000;j++);
37      }
38    }
39
```

第 31~38 行为延时函数 IIC1Delay, 参数为 t, 延时 tms。

下述函数 AT24C128WrByte 对照着图 8-4 中的"单字节数据写"进行时序分析。

```
40    void AT24C128WrByte(Int16U addr, Int08U dat)
41    {
42      int tmp;
43      tmp = tmp;
44
45      while((I2C1 -> SR2 & (1uL << 1)) == (1uL << 1));       //Wait Idle
46      I2C1 -> CR1 |= (1uL << 8);                             //Start Gener.
47      while((I2C1 -> SR1 & (1uL << 0))!= (1uL << 0));        //Wait Start Cond.
48      I2C1 -> CR1 &= ~(1uL << 10);                           //AF Clear
49      I2C1 -> DR = 0xA0;
50
```

第 45 行等待线路空闲；第 46 行发出开始信号；第 47 行等待开始信号发送完成；第 48 行清除应答错误位；第 49 行发送地址 0xA0＋写信号 0(即 0xA0)，这里的地址是指 AT24C128 芯片的 A1 和 A0 引脚状态所确定的地址,当有多片 AT24C128 时,用这个地址区分它们。

```
51        while((I2C1 -> SR1 & (1uL << 1))!= (1uL << 1));        //Wait Addr Send
52        tmp = I2C1 -> SR1;
53        tmp = I2C1 -> SR2;                                      //Clear SR1.Addr
54        I2C1 -> DR = (addr >> 8) & 0x3F;
55
56        while((I2C1 -> SR1 & (1uL << 7))!= (1uL << 7));         //Wait Ack
57        tmp = I2C1 -> SR1;
58        tmp = I2C1 -> SR2;                                      //Clear SR1.Addr
59        I2C1 -> DR = addr & 0xFF;
60
```

第 51 行等待地址发送完成；第 52、53 行依次读 SR1 和 SR2,目的是清零 SR1 寄存器的第 1 位(即 ADDR 位,见表 8-10)；第 54 行发送地址数据的高 8 位(只有低 6 位有效),第 59 行发送地址数据的低 8 位,这里的地址是指 AT24C128 内部存储空间的地址,AT24C128 共有 16384 个寻址单元,每个单元为 1 字节,所以这里的地址取值范围为 0x0000～0x3FFF。第 56 行等待应答信号。

```
61        while((I2C1 -> SR1 & (1uL << 2))!= (1uL << 2));
62        tmp = I2C1 -> SR1;
63        I2C1 -> DR = dat;
64
```

第 61 行等待地址数据发送完成；第 62、63 行依次读 SR1 寄存器和写 DR 寄存器,这两个连续的操作将清零 SR1 的第 2 位(即 BFT 位,见表 8-10)；第 63 行发送数据 dat。

```
65        while((I2C1 -> SR1 & (1uL << 2))!= (1uL << 2));         //Wait BTF = 1
66        I2C1 -> CR1 |= (1uL << 9); //Stop Gener.
67
```

第 65 行等待数据发送完成；第 62 行发送停止信号(见图 8-4),同时清零 SR1 的第 2 位(即 BFT 位)。

```
68        IIC1Delay(10);
69     }
70
```

第 40～69 行为向地址 addr 写入数据 dat 的函数 AT24C128WrByte。STM32F103RCT6 每次输出数据到 AT24C128 后,需等待 AT24C128 内部将数据写入指定的地址内,等待时间至少为 5ms。第 68 行等待约 10ms。

下面的函数 AT24C128RdByte 对照着图 8-4 中的"随机地址读出数据"进行时序分析。

```
71     Int08U AT24C128RdByte(Int16U addr)
72     {
73        Int08U tmp,dat;
74        tmp = tmp;
75
76        while((I2C1 -> SR2 & (1uL << 1)) == (1uL << 1));        //Wait Idle
77        I2C1 -> CR1 |= (1uL << 8);                             //Start Gener.
78        while((I2C1 -> SR1 & (1uL << 0))!= (1uL << 0));         //Wait Start Cond.
79        I2C1 -> CR1 &= ~(1uL << 10);                           //AF Clear
80        I2C1 -> DR = 0xA0;                                     //Write Intr.
81
```

第 76 行等待线路空闲；第 77 行发出开始信号；第 78 行等待开始信号发送完；第 79

行清除应答错误位;第 80 行发送地址 0xA0 + 写信号 0(即 0xA0)。

```
82        while((I2C1 -> SR1 & (1uL << 1))!= (1uL << 1));            //Wait Addr Send
83        tmp = I2C1 -> SR1;
84        tmp = I2C1 -> SR2;                                         //Clear SR1.Addr
85        I2C1 -> DR = (addr >> 8) & 0x3F;
86
87        while((I2C1 -> SR1 & (1uL << 7))!= (1uL << 7));            //Wait Addr Send
88        tmp = I2C1 -> SR1;
89        tmp = I2C1 -> SR2;                                         //Clear SR1.Addr
90        I2C1 -> DR = addr & 0xFF;
91
92        while((I2C1 -> SR1 & (1uL << 2))!= (1uL << 2));            //等待数据发送完成(BFT = 1)
```

第 82 行等待地址发送完成;第 83、84 行依次读 SR1 和 SR2,目的是清零 SR1 寄存器的第 1 位(即 ADDR 位,见表 8-10);第 85 行发送地址数据 addr 的高 8 位(只有低 6 位有效);第 87 行等待应答信号;第 90 行发送地址数据 addr 的低 8 位;第 92 行等待数据发送完成。

```
93        I2C1 -> CR1 |= (1uL << 8);                                 //Start Gener.
94        while((I2C1 -> SR1 & (1uL << 0))!= (1uL << 0));            //Wait Start Cond.
95        I2C1 -> CR1 &= ~(1uL << 10);                               //AF Clear
96        I2C1 -> DR = 0xA1;                                         //Read Intr.
97
```

第 93 行发出开始信号;第 94 行等待开始信号发送完;第 95 行清除应答错误位;第 96 行发送地址 0xA0 + 读信号 1(即 0xA1)。

```
98        while((I2C1 -> SR1 & (1uL << 1))!= (1uL << 1));            //Wait Addr Send
99        tmp = I2C1 -> SR1;
100       tmp = I2C1 -> SR2;                                         //Clear SR1.Addr
101
```

第 98 行等待地址发送完成;第 99、100 行依次读 SR1 和 SR2,目的是清零 SR1 寄存器的第 1 位(即 ADDR 位,见表 8-10)。

```
102       while((I2C1 -> SR1 & (1uL << 6))!= (1uL << 6));            //Wait Data Ready(RxNE = 1)
103       I2C1 -> CR1 |= (1uL << 9);                                 //Stop Gener.
104
105       dat = I2C1 -> DR;
106       return dat;
107   }
```

第 102 行等待接收到数据;第 103 行发送停止信号;第 105 行读数据寄存器 DR,读到的数据保存在 dat 局部变量中。

上述第 71～107 行为随机地址读出单字节数据的函数 AT24C128RdByte,函数的返回值即为从地址 addr 读到的数据。

程序段 8-6　文件 iic1.h

```
1     //Filename: iic1.h
2
3     # include "vartypes.h"
4
5     # ifndef  _IIC1_H
6     # define  _IIC1_H
7
8     void IIC1Init(void);
9     void AT24C128WrByte(Int16U, Int08U);
10    Int08U AT24C128RdByte(Int16U);
11
12    # endif
```

文件 iic1.h 中声明了定义在文件 iic1.c 中的函数,第 8～10 行依次为 I^2C1 初始化函数 IIC1Init、单字节写入函数 AT24C128WrByte 和随机地址单字节读出函数 AT24C128RdByte 的声明。文件 iic1.c 中定义的函数 IIC1Delay(见程序段 8-5 第 31 行),只在 iic1.c 中使用,故没有在头文件 iic1.h 中声明它。

(3) 修改 includes.h 文件,如程序段 8-7 所示。

程序段 8-7 文件 includes.h

```
1    //Filename: includes.h
2
3    # include "stm32f10x.h"
4
5    # include "vartypes.h"
6    # include "bsp.h"
7    # include "led.h"
8    # include "key.h"
9    # include "exti.h"
10   # include "beep.h"
11   # include "zlg7289.h"
12   # include "systick.h"
13   # include "wwdog.h"
14   # include "rtc.h"
15   # include "tim2.h"
16   # include "uart2.h"
17   # include "iic1.h"
```

对比程序段 7-3,程序段 8-7 添加了第 17 行,即包括了头文件 iic1.h。

(4) 修改 bsp.c 文件,如程序段 8-8 所示。

程序段 8-8 文件 bsp.c

```
1    //Filename: bsp.c
2
3    # include "includes.h"
4
5    void BSPInit(void)
6    {
7      LEDInit();
8      KEYInit();
9      EXTIKeyInit();
10     BEEPInit();
11     My7289Init();
12     SysTickInit();
13     //WWDOGInit();
14     RTCInit();
15     TIM2Init();
16     UART2Init();
17     IIC1Init();
18   }
```

对比程序段 7-4,程序段 8-8 添加了第 17 行,即调用 IIC1Init 函数初始化 I^2C1 模块。

(5) 修改 main.c 文件,如程序段 8-9 所示。

程序段 8-9 文件 main.c

```
1    //Filename: main.c
2
3    # include "includes.h"
4
5    Int08U dat1,dat2;
6    Int08U Dat1[100],Dat2[100];
7
```

第 5、6 行定义了全局变量 dat1、dat2 和全局数组变量 Dat1、Dat2,将它们定义为全局变量而不是局部变量的目的是仿真调试时可以在 Watch 窗口中观察它们的值。

```
8    int main(void)
9    {
10     Int08U i;
11
12     BSPInit();
13
14     dat1 = 0x16;
15     for(i = 0; i < 100; i++)
16        Dat1[i] = i + 1;
17
```

第 14 行赋值 dat1 为 0x16;第 15~16 行为数组 Dat1 赋初值,即 Dat1[i] 的值为 i+1,
i=0,1,…,99。

```
18     AT24C128WrByte(0x5A,dat1);
19     dat2 = AT24C128RdByte(0x5A);
20
```

第 18 行将 dat1 写入 AT24C128 的地址 0x5A 处;第 19 行读出 AT24C128 地址 0x5A 处的字节数据,并赋给变量 dat2。

```
21     for(i = 0; i < 100; i++)
22        AT24C128WrByte(0x60 + i, Dat1[i]);
23     for(i = 0; i < 100; i++)
24       Dat2[i] = AT24C128RdByte(0x60 + i);
25
```

第 21~22 行将数组 Dat1 的 100 个数据写入 AT24C128 的起始地址 0x60 处。第 23~24 行将 AT24C128 起始地址 0x60 处的 100 字节数据读出来,赋给数组 Dat2。

```
26     for(;;)
27     {
28     }
29   }
```

上述第 8~29 行为主函数 main,当在线仿真时,可以在第 26 行设定断点,从而观察
dat2 和 Dat2 的值。

(6) 将文件 iic1.c 添加到工程管理器的 BSP 分组下。完成后的工程 PRJ21 如图 8-6
所示。

在图 8-6 中,编译链接并在线仿真工程 PRJ21,在程序段 8-9 的第 26 行设定断点,运行
到断点处后,可以得到如图 8-7 所示的 Watch 1 窗口结果。由图 8-7 可知,写入 AT24C128
和读出 AT24C128 的操作均正确。

8.2.2 访问 EEPROM 库函数类型实例

本节介绍访问 AT24C128 的库函数类型的工程实例,其建设步骤如下。

(1) 在工程 PRJ16 的基础上,新建工程 PRJ22,保存在目录 D:\STM32F103RCT6PRJ\
PRJ22 下。此时的工程 PRJ22 与工程 PRJ16 完全相同,然后,进行后续工作。

(2) 新建文件 iic1.c 和 iic1.h,保存在目录 D:\STM32F103RCT6PRJ\PRJ22\BSP 下,
其中,文件 iic1.h 如程序段 8-6 所示,文件 iic1.c 如程序段 8-10 所示。

程序段 8-10   文件 iic1.c

```
1    //Filename: iic1.c
2
```

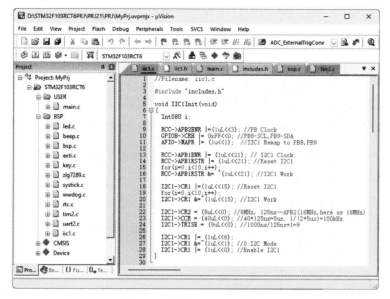

图 8-6　工程 PRJ21 工作窗口

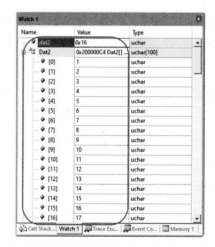

图 8-7　仿真调试情况下观察窗口 Watch 1 显示结果

```
3     # include "includes. h"
4
5     void IIC1Delay( Int32U t)                                //Delay t – ms
6     {
7       volatile Int32U i,j;
8       for(i = 0;i < t;i++)
9       {
10          for(j = 0;j < 12000;j++);
11      }
12    }
13
```

第 5～12 行为延时函数 IIC1Delay,延时约 tms。

```
14    void IIC1Init(void)
15    {
16      GPIO_InitTypeDef   g;
17      I2C_InitTypeDef   iic1;
18      RCC_APB2PeriphClockCmd(RCC_APB2Periph_GPIOB,ENABLE);     //PB Clock
```

```
19      RCC_APB1PeriphClockCmd(RCC_APB1Periph_I2C1,ENABLE);//I2C1 Clock
20
```

第 18 行打开 PB 口时钟源；第 19 行打开 I^2C1 模块时钟源。

```
21      g.GPIO_Pin = GPIO_Pin_8 | GPIO_Pin_9;              //PB8(SCL),9(SDA) AFOD
22      g.GPIO_Mode = GPIO_Mode_AF_OD;
23      g.GPIO_Speed = GPIO_Speed_50MHz;
24      GPIO_Init(GPIOB,&g);
25      GPIO_PinRemapConfig(GPIO_Remap_I2C1,ENABLE);       //PB8,PB9 as IIC1
26
```

第 21～24 行配置 PB8(SCL)口和 PB9(SDA)口工作在替换功能开漏模式；第 24 行将 I^2C1 功能重映射到 PB8 口和 PB9 口上。

```
27      I2C_DeInit(I2C1);
28      iic1.I2C_Ack = I2C_Ack_Enable;
29      iic1.I2C_AcknowledgedAddress = I2C_AcknowledgedAddress_7bit;
30      iic1.I2C_ClockSpeed = 100000;                      //100kHz
31      iic1.I2C_DutyCycle = I2C_DutyCycle_2;
32      iic1.I2C_Mode = I2C_Mode_I2C;
33      iic1.I2C_OwnAddress1 = 0x00;
34
35      I2C_Init(I2C1,&iic1);
```

第 27～35 行初始化 I^2C1 模块,按第 28～33 行结构体变量 iic1 的设定值可知,I^2C1 模块工作在 7 位地址模式下,SCL 时钟速度为 100kHz。

```
36      I2C_Cmd(I2C1,ENABLE);
37      I2C_AcknowledgeConfig(I2C1,ENABLE);                //ACK
38      I2C_GeneralCallCmd(I2C1,ENABLE);                   //General Call
39  }
40
```

第 14～39 行为 I^2C1 模块初始化函数 IIC1Init；第 36 行开启 I^2C1 模块；第 37 行设置应答有效；第 38 行设置广播呼叫有效。

```
41  void AT24C128WrByte(Int16U addr,Int08U dat)
42  {
43    while(I2C_GetFlagStatus(I2C1,I2C_FLAG_BUSY) == SET);  //Wait Idle
44    I2C_GenerateSTART(I2C1,ENABLE);                       //Start Gener.
45    while(!I2C_CheckEvent(I2C1,I2C_EVENT_MASTER_MODE_SELECT));
46
47    I2C_Send7bitAddress(I2C1,0xA0,I2C_Direction_Transmitter);
48    while(!I2C_CheckEvent(I2C1,I2C_EVENT_MASTER_TRANSMITTER_MODE_SELECTED));
49
50    I2C_SendData(I2C1,(addr >> 8) & 0x3F);
51    while(I2C_GetFlagStatus(I2C1,I2C_FLAG_AF));
52    I2C_SendData(I2C1,addr & 0xFF);
53    while(!I2C_CheckEvent(I2C1,I2C_EVENT_MASTER_BYTE_TRANSMITTING));
54
55    I2C_SendData(I2C1,dat);
56    while(!I2C_CheckEvent(I2C1,I2C_EVENT_MASTER_BYTE_TRANSMITTED));
57
58    I2C_GenerateSTOP(I2C1, ENABLE);
59
60    IIC1Delay(10);
61  }
62
```

第 41～61 行为向 AT24C128 写入单字节数据的函数 AT24C128WrByte,结合图 8-4

"单字节数据写"进行分析：第 43 行等待 I²C1 空闲；第 44 行发送开始信号；第 45 行等待开始信号确认完毕；第 47 行发送地址 0xA0＋写信号 0(即 0xA0)；第 48 行等待地址发送确认完毕；第 50 行发送要向存储空间写入数据的地址 addr 的高 8 位(只有低 6 位有效)；第 51 行等待应答；第 52 行发送地址 addr 的低 8 位；第 53 行等待地址发送完成；第 55 行发送要写入存储空间的数据 dat；第 56 行等待数据发送完成；第 58 行发送停止信号；第 60 行等待 10ms，在这段时间内，AT24C128 内部进行数据写入操作。

```
63    Int08U AT24C128RdByte(Int16U addr)
64    {
65      while(I2C_GetFlagStatus(I2C1,I2C_FLAG_BUSY) == SET);     //Wait Idle
66      I2C_GenerateSTART(I2C1,ENABLE);                          //Start Gener.
67      while(!I2C_CheckEvent(I2C1,I2C_EVENT_MASTER_MODE_SELECT));
68      I2C_AcknowledgeConfig(I2C1, DISABLE);
69      I2C_Send7bitAddress(I2C1,0xA0, I2C_Direction_Transmitter);
70
71      while(!I2C_CheckEvent(I2C1,I2C_EVENT_MASTER_TRANSMITTER_MODE_SELECTED));
72      I2C_SendData(I2C1,(addr >> 8) & 0x3F);
73      while(I2C_GetFlagStatus(I2C1,I2C_FLAG_AF));
74      I2C_SendData(I2C1,addr & 0xFF);
75
76      while(!I2C_CheckEvent(I2C1,I2C_EVENT_MASTER_BYTE_TRANSMITTING));
77      I2C_GenerateSTART(I2C1,ENABLE);                          //Restart Gener.
78
79      while(!I2C_CheckEvent(I2C1,I2C_EVENT_MASTER_MODE_SELECT)); //EV5
80      I2C_Send7bitAddress(I2C1,0xA1, I2C_Direction_Receiver);
81      while(!I2C_CheckEvent(I2C1,I2C_EVENT_MASTER_RECEIVER_MODE_SELECTED));
82      I2C_GenerateSTOP(I2C1,ENABLE);
83      while(!I2C_CheckEvent(I2C1,I2C_EVENT_MASTER_BYTE_RECEIVED)); //ev7
84
85      return I2C_ReceiveData(I2C1);
86    }
```

第 63～86 行为从 AT24C128 指定地址 addr 读出单字节数据的函数 AT24C128RdByte，结合图 8-4"随机地址读出数据"进行分析：第 65 行等待 I²C1 空闲；第 66 行发送开始信号；第 67 行等待开始信号确认完毕；第 68 行清零 CR1 寄存器的应答有效位；第 69 行发送地址 0xA0＋写信号 0(即 0xA0)；第 71 行等待地址发送确认完毕；第 72～74 行发送要从存储空间读取数据的地址 addr；第 76 行等待地址发送完成；第 77 行再次发送开始信号；第 79 行等待开始信号确认完毕；第 80 行发送地址 0xA0＋读信号 1(即 0xA1)；第 81 行等待地址信号确认完毕；第 82 行发送停止信号；第 83 行等待接收数据准备好；第 85 行调用库函数 I2C_ReceiveData 读出 I²C1 接收到的数据，并作为函数值返回该数据。

(3) 修改 includes.h 文件，如程序段 8-7 所示。

(4) 修改 bsp.c 文件，如程序段 8-8 所示。

(5) 修改 main.c 文件，如程序段 8-9 所示。

(6) 将文件 iic1.c 添加到工程管理器的 BSP 分组下，将目录 D:\STM32F103RCT6PRJ\PRJ17\STM32F10x_FWLib\src 下的文件 stm32f10x_i2c.c 添加到工程管理器的 LIB 分组下。建设好的工程 PRJ22 如图 8-8 所示。

在图 8-8 中，编译链接并在线仿真工程 PRJ22，同样地，在程序段 8-9 所示的 main 函数的第 26 行设定断点，可得到如图 8-7 所示的结果。

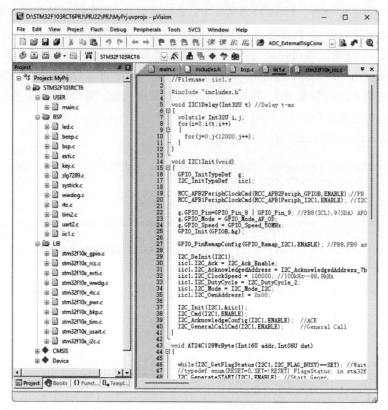

图 8-8 工程 PRJ22 工作窗口

8.3 Flash 存储器

STM32F103RCT6 微控制器具有 3 个同步串行口,其中有 2 个复用了 I^2S 接口协议。在 STM32F103RCT6 开发板上,SPI2 口与 Flash 存储器 W25Q64 相连接,如图 3-7 和图 3-2 所示。本节将以 SPI2 口为例详细介绍 SPI 通信协议、工作时序和 STM32F103RCT6 微控制器通过 SPI2 口访问 Flash 存储器 W25Q64 的程序设计方法。

8.3.1 STM32F103 同步串行口

STM32F103RCT6 微控制器的 SPI2 口具有 4 个功能引脚,按图 3-2 和图 3-7 所示电路与 W25Q64 相连接,其中 STM32F103RCT6 工作在主机模式,W25Q64 为从机模式,STM32F103RCT6 芯片借助 SP12 口与 W25Q64 的连接情况如表 8-12 所示。

表 8-12 STM32F103RCT6 芯片借助 SPI2 口与 W25Q64 的连接情况

序号	STM32F103RCT6 引脚	替换功能	W25Q64 引脚	含　义
1	PB13	SPI2_SCK	CLK	数据位串行时钟信号
2	PB15	SPI2_MOSI	DI	主机发送或从机接收数据端
3	PB14	SPI2_MISO	DO	主机接收或从机发送数据端
4	PB12	无(SPI2_NSS)	CS	片选信号,低有效

根据 SPI2_SCK 信号的时钟极性 CPOL 和相位 CPHA(见表 8-13),SPI 工作协议有 4 种工作模式。当设定 CPOL＝1 和 CPHA＝1 时,SPI 的工作时序如图 8-9 所示(摘自 STM32F103 参考手册)。

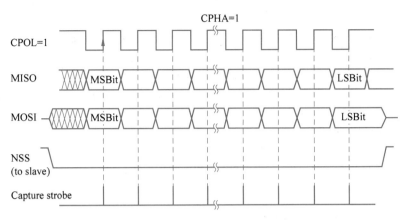

图 8-9　SPI 的工作时序

在图 8-9 中,Capture strobe(捕获点)上的脉冲启动数据读或写的时刻。由图 8-9 可知,在 CPOL=1 和 CPHA=1 时,在 CLK 的上升沿时读或写数据位,从左至右先发送或接收最高位,一帧数据可以为 8 位长或 16 位长,由 SPI_CR1 寄存器的 DFF 位决定(见表 8-13)。NSS 一般用作片选信号,低有效。

STM32F103RCT6 微控制器的 SPI 模块结构如图 8-10 所示。

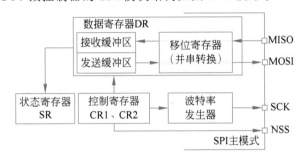

图 8-10　SPI 模块结构

由图 8-10 可知,当 SPI 工作在主模式下时,通过控制寄存器 CR1 设定串行通信的波特率,接收和发送数据共用同一个映射寄存器 DR,与异步串行通信(UART)类似,该数据寄存器 DR 对应着两个物理寄存器,通过读或写信号进行区分。SPI 模块的工作状态记录在状态寄存器 SR 中。

下面详细介绍 SPI 模块的各个寄存器的情况,如表 8-13~表 8-16 所示。SPI2 模块的基地址为 0x4000 3800,与 APB1 外设总线(最高 36MHz,这里为 32MHz)相连接。

表 8-13　SPI 控制寄存器 SPI_CR1(偏移地址为 0x00)

位号	名　称	设定值	含　义
15	BIDIMODE	0	表示双线收发模式
14	BIDIOE	0	无意义(当 BIDIMODE=1 处于单线双向模式时才有意义)
13	CRCEN	0	表示不进行 CRC 计算
12	CRCNEXT	0	无意义(当 CRCEN=1 进行 CRC 计算时才有意义)
11	DFF	0	表示帧数据长度为 8 位
10	RXONLY	0	表示全双工模式,即发送数据帧的同时也接收数据帧
9	SSM	1	表示不使用 NSS 引脚的输入信号
8	SSI	-	该位的值作为 NSS 引脚的状态

续表

位号	名　　称	设定值	含　　义
7	LSBFIRST	0	传送或接收数据帧从最高位开始
6	SPE	1	启动 SPI 模块
5:3	SR[2:0]	011b	波特率为 $fpclk/[2^\wedge(SR[2:0]+1)]=36MHz/16=2.25MHz$(实际为 2MHz)
2	MSTR	1	表示 SPI 工作在主机模式下
1	CPOL	1	位时钟极性设为 1,参考图 8-9
0	CPHA	1	位时钟相位设为 1,参考图 8-9

表 8-14　SPI 控制寄存器 SPI_CR2(偏移地址为 0x04)

位号	名　　称	设定值	含　　义
15:8			保留
7	TXEIE	0	表示关闭发送数据帧完成中断
6	RXNEIE	0	表示关闭接收到数据帧中断
5	ERRIE	0	表示关闭数据误码中断
4			保留
3			保留
2	SSOE	0	关闭 NSS 引脚输出
1	TXDMAEN	0	关闭发送缓冲区 DMA 控制
0	RXDMAEN	0	关闭接收缓冲区 DMA 控制

表 8-15　SPI 状态寄存器 SPI_SR(偏移地址为 0x08)

位号	名　　称	复位值	含　　义
15:8		0x00	保留
7	BSY	0	为 0 表示 SPI 空闲;为 1 表示 SPI 忙
6	OVR	0	为 0 表示无数据溢出;为 1 表示有溢出
5	MODF	0	为 0 表示无模式错误;为 1 表示发生模式错误
4	CRCERR	0	为 0 表示无 CRC 误码;为 1 表示有 CRC 误码
3	UDR	0	在 SPI 模式下该位无意义
2	CHSIDE	0	在 SPI 模式下该位无意义
1	TXE	1	为 0 表示正在发送数据帧;为 1 表示发送缓冲区空
0	RXNE	0	为 0 表示接收缓冲区空;为 1 表示接收到数据帧

表 8-16　SPI 数据寄存器 SPI_DR(偏移地址为 0x0C)

位号	名　　称	复位值	含　　义
15:8	DR[15:8]	0x00	16 位通信模式下,接收帧或发送帧的高 8 位;8 位通信模式下,无意义
7:0	DR[7:0]	0x00	16 位通信模式下,接收帧或发送帧的低 8 位;8 位通信模式下,为接收或发送的数据帧

8.3.2　W25Q64 访问控制

W25Q64 为 64Mb(即 8MB)的串行接口 Flash 存储芯片,工作电压为 3.3V,与微控制器 STM32F103RCT6 的电路连接如图 3-7 和图 3-2 所示。当采用标准 SPI 模式访问 W25Q64 时,其各个引脚的含义为:CS 表示片选输入信号(低有效),CLK 表示串行时钟输入信号,DI 为串行数据输入信号,DO 为串行数据输出信号,WP 表示写保护输入信号(低有效），VCC 和 GND 分别表示电源和地。STM32F103RCT6 通过 PB12、PB13(SPI2_SCK)、PB15(SPI2_MOSI)和 PB14(SPI2_MISO)4 根线实现对 W25Q64 的读/写访问,指令、地址和数据在 CLK 上升沿通过 DI 线进入 W25Q64,而在 SCK 下降沿从 W25Q64 的 DO 线中读出数据或状态字。

W25Q64 芯片容量为 8MB,分为 32768 页,每页 256B。向 W25Q64 芯片写入数据,仅能按页写入,即一次写入一页内容。在写入数据(称为编程)前,必须首先对该页擦除,然后才能向该页写入一整页的内容。对 W25Q64 的擦除操作可以基于扇区或块,每个扇区包括 16 页,大小为 4KB;每块包括 8 个扇区,大小为 32KB;甚至可以整片擦除。对 W25Q64 的读操作,可以读出任一地址的字节,或一次读出一页的内容。W25Q64 的编址分为页地址(16 位)和字节地址(8 位),通过指定一个 24 位的地址,可以读出该地址的字节内容。

W25Q64 具有 2 个 8 位的状态寄存器:状态寄存器 1 和状态寄存器 2。状态寄存器 1 第 0 位为只读的 BUSY 位,当 W25Q64 忙时,读出该位的值为 1;当 W25Q64 空闲时,读出该位的值为 0。状态寄存器 1 的第 1 位为只读 WEL 位,当可写入时 WEL 为 1,当不可写入时 WEL 为 0。状态寄存器 1 的第[6:2]位域均写入 0,表示非写保护状态。第 7 位 SRP0 写入 1,该位与状态寄存器 2 的第 0 位 SRP1(该位写入 0)组合在一起表示可写入模式。状态寄存器 2 的第[7:2]位域保留,始终为 0;第 1 位为 QE 位,写入 0 表示为标准 SPI 模式。因此,初始化 W25Q64 时,状态寄存器 1 和状态寄存器 2 应分别写入 0x80 和 0x00。

W25Q64 具有 27 条操作指令,下面介绍常用的几条指令,如表 8-17 所示。表 8-17 中读器件 ID 号指令读出的 W25Q64 的 ID 号为 0xEF16。

表 8-17 常用的 W25Q64 指令

指 令	字节 1	字节 2	字节 3	字节 4	字节 5
整片擦除	C7H/60H				
扇区擦除(4KB)	20H	A23-A16	A15-A8	A7-A0	
页编程	02H	A23-A16	A15-A8	A7-A0	D7-D0
写状态寄存器	01H	S7-S0	S15-S8		
读状态寄存器 1	05H	S7-S0			
读状态寄存器 2	35H	S15-S8			
写使能	06H				
写禁止	04H				
读数据	03H	A23-A16	A15-A8	A7-A0	D7-D0
读器件 ID 号	90H	00H	00H	00H	读出 EF16H

W25Q64 整片擦除的工作流程如图 8-11 所示。

整片擦除将 W25Q64 的所有字节擦除为 0xFF,由图 8-11 可知,首先需写使能芯片,然后输出整片擦除指令 0xC7 或 0x60,在擦除过程中,状态寄存器 1 的第 0 位 BUSY 位保持为 1,当擦除完成后,BUSY 位自动转变为 0(即硬件清零),通过判断 BUSY 位的状态识别擦除工作是否完成。

W25Q64 芯片 4KB 扇区擦除的工作流程如图 8-12 所示。

由图 8-12 可知,当只擦除 1 个扇区时,首先需写使能 W25Q64 芯片,然后,向 W25Q64 芯片发送扇区擦除指令 0x20,接着发送待擦除扇区的首地址(有效的扇区 24 位首地址的低 12 位为 0),之后,W25Q64 执行内部擦除操作。在擦除过程中,状态寄存器 1 的第 0 位 BUSY 位保持为 1,当扇区擦除完成后,BUSY 位自动转变为 0。

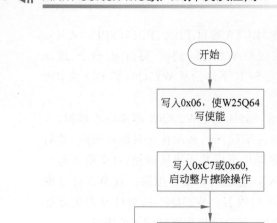
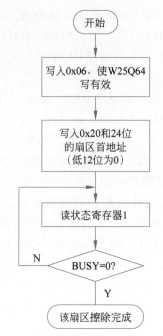

图 8-11　W25Q64 整片擦除的工作流程　　图 8-12　4KB 扇区擦除的工作流程

W25Q64 的页编程工作流程如图 8-13 所示。

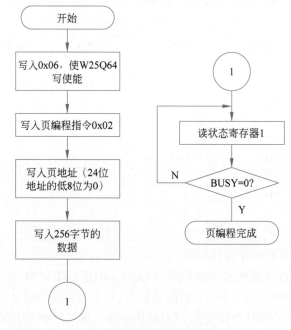

图 8-13　页编程工程流程

　　页编程是指向擦除过的页面内写入数据,每次页编程前必须有一次擦除操作。如图 8-13 所示,页编程首先使 W25Q64 写入操作有效,然后写入页编程指令 0x02,接着写入 24 位的页地址(低 8 位为 0),之后连续写入 256 字节的数据,最后,等待状态寄存器 1 的 BUSY 位为 0,说明页编程完成。

　　读 W25Q64 操作只需要写入读指令 0x03,然后写入 24 位的地址,即可以从该地址开始

视频讲解

读取数据,如果 CLK 时钟是连续的,一条读指令就可以实现对整个芯片的读取,当然,也可以只读取 1 字节。

8.3.3 访问 Flash 存储器寄存器类型工程实例

为了节省篇幅,本节的工程 PRJ23 中重点实现了 W25Q64 存储器的整片擦除、4KB 扇区擦除(共 2048 个扇区)、页编程(共 32768 页)、页数据读出和随机地址单字节读出的功能。第 n 个 4KB 扇区(n=0~0x07FF)的首地址为 n≪12,这里,2048=0x800,第 m 页(m=0~0x7FFF)的首地址为 m≪8,这里,32768=0x8000。工程 PRJ23 的具体实现步骤如下。

(1) 在工程 PRJ21 的基础上,新建工程 PRJ23,保存在目录 D:\STM32F103RCT6PRJ\PRJ23 下。此时的工程 PRJ23 与工程 PRJ21 完全相同,然后,进行后续步骤。

(2) 新建文件 spiflash.c 和 spiflash.h 文件,保存在 D:\STM32F103RCT6PRJ\PRJ23\BSP 目录下,其源代码如程序段 8-11 和程序段 8-12 所示。

程序段 8-11 文件 spiflash.c

```
1    //Filename: spiflash.c
2
3    # include "includes.h"
4
5    typedef enum{SPI2_CS_HIGH,SPI2_CS_LOW} CS_STATE;
6
```

第 5 行自定义了枚举型变量类型 CS_STATE。

```
7    void  SPI2Init(void)                    //SPI2 初始化
8    {
9        RCC -> APB2ENR |= (1uL << 3);        //打开 PB 口时钟源
10       RCC -> APB1ENR |= (1uL << 14);       //开启 SPI2 时钟源
11
```

第 9 行打开 PB 口时钟源;第 10 行开启 SPI2 时钟源。

```
12       GPIOB -> CRH &= 0x000FFFFF;
13       GPIOB -> CRH |= 0xBBB00000;          //PB[15:13]工作在替换功能推挽模式,50MHz
14       GPIOB -> ODR |= (7uL << 13);         //PB[15:13] 上拉有效
15
```

PB15、PB14 和 PB13 分别用作 SPI2 的 MOSI、MISO 和 SCK,这里第 12~14 行配置 PB15、PB14 和 PB13 工作在替换功能推挽模式,第 14 行将它们拉高。

```
16       SPI2 -> CR1 &= ~(1 << 10);           //SPI2 为全双工模式
17       SPI2 -> CR1 |= (1uL << 9);           //不使用 NSS 引脚
18       SPI2 -> CR1 |= (1uL << 8);
19       SPI2 -> CR1 |= (1uL << 2);           //SPI 2 工作在主模式
20       SPI2 -> CR1 &= ~(1 << 11);           //帧数据长度为 8 位
21       SPI2 -> CR1 |= (3uL << 0);           //CPOL = 1,CPHA = 1
22       SPI2 -> CR1 |= (3uL << 3);           //Clk = 36M/[2^(3 + 1)] = 2.25MHz(实际上为 2MHz)
23       SPI2 -> CR1 &= ~(1uL << 7);          //优先发送最高位
24       SPI2 -> CR1 |= (1uL << 6);           //开启 SPI2 模块
25    }
26
```

第 7~25 行为 SPI2 模块初始化函数 SPI2Init,第 16~24 行配置 SPI2 模块的工作模式:第 16 行设置 SPI2 为全双工模式;第 17、18 行设置 SPI2 不使用 NSS 引脚;第 19 行使 SPI2 工作在主模式;第 20 行配置帧数据长度为 8 位;第 21 行设置 CPOL 和 CPHA 均为 1,如图 8-9 所示;第 22 行设置 SPI2 工作时钟为 2.25MHz,最高可设为 18MHz,STM32F103RCT6 开发板上的 W25Q64 可支持高达 35MHz 的速率;第 23 行设置数据帧传输时最高位优先；第 24 行打开 SPI2 模块。

```
27    void  SPI2CSOutput(CS_STATE st)              //PB12用作SPI2模块的片选CS信号
28    {
29      switch(st)
30      {
31        case SPI2_CS_HIGH:
32           GPIOB -> BSRR = (1uL << 12);
33           break;
34        case SPI2_CS_LOW:
35           GPIOB -> BRR = (1uL << 12);
36           break;
37      }
38    }
39
```

第 27~38 行为 SPI2 模块的片选 CS 信号输出函数 SPI2CSOutput。第 29 行判断 st 的值，如果为 SPI2_CS_HIGH（第 31 行为真），则执行第 32 行使 PB12 输出高电平；如果 st 为 SPI2_CS_LOW（第 34 行为真），则执行第 35 行使 PB12 输出低电平，PB12 为 W25Q64 的片选输入信号，如图 3-7 和图 3-2 所示。

```
40    void W25Q64Init(void)                        //W25Q64初始化函数
41    {
42      RCC -> APB2ENR | = (1uL << 3);             //开启PB口时钟
43      GPIOB -> CRH &= 0xFFF0FFFF;
44      GPIOB -> CRH | = 0x00030000;               //PB12上拉有效
45      SPI2CSOutput(SPI2_CS_HIGH);
46    }
47
```

第 40~46 行为 W25Q64 的初始化函数 W25Q64Init。第 42 行打开 PB 口时钟源；第 43、44 行配置 PB12 工作在推挽数字输出模式下；第 45 行将 W25Q64 片选信号 CS 拉高。

```
48    void  SPI2FLASHInit(void)                    //SPI2和W25Q64初始化函数
49    {
50      W25Q64Init();
51      SPI2Init();
52    }
53
```

第 48 行为 SPI2 模块和 W25Q64 芯片的总的初始化函数 SPI2FLASHInit，通过调用函数 W25Q64Init 和 SPI2Init 实现。

```
54    Int08U  SPI2RdWrByte(Int08U TxDat)
55    {
56      Int08U RxDat;
57      while((SPI2 -> SR & (1uL << 1)) == 0);
58      SPI2 -> DR = TxDat;
59
60      while((SPI2 -> SR & (1uL << 0)) == 0);
61      RxDat = SPI2 -> DR;
62      return RxDat;
63    }
64
```

第 54~63 行为 SPI2 的读/写访问函数 SPI2RdWrByte，结合图 8-9 和表 8-15 可知，第 57 行判断状态寄存器 SR 的第 1 位是否为 0，如果为 0 表示正在发送数据，则等待；否则，即该位为 1 时表示发送完毕、发送缓冲区为空，则执行第 58 行，将发送的数据 TxDat 赋给数据寄存器 DR。第 60 行判断状态寄存器 SR 的第 0 位是否为 0，如果为 0 表示没有接收到数据，则等待；否则，即该位为 1 时表示接收到新的数据，则执行第 61 行，将数据寄存器 DR

中的数据赋给变量 RxDat。

```
65    Int16U  W25Q64ReadID(void)
66    {
67      Int16U ID;
68      SPI2CSOutput(SPI2_CS_LOW);
69      SPI2RdWrByte(0x90);
70      SPI2RdWrByte(0x00);
71      SPI2RdWrByte(0x00);
72      SPI2RdWrByte(0x00);
73      ID = SPI2RdWrByte(0xFF)<< 8;
74      ID | = SPI2RdWrByte(0xFF);
75      SPI2CSOutput(SPI2_CS_HIGH);
76      return ID;
77    }
78
```

第 65～77 行为读 W25Q64 芯片的器件 ID 号的函数 W25Q64ReadID。参考表 8-17 中
"读器件 ID 号"的指令,第 68 行使 W25Q64 片选信号为低电平;第 69 行输出指令 0x90;第
70～72 行输出地址 0x000000;第 73、74 行读入器件 ID 号,对于 W25Q64 而言,读入的 ID
号为 0xEF16;第 75 行使 W25Q64 片选信号为高电平。

```
79    Int08U  ReadStReg1(void)
80    {
81      Int08U RegDat;
82      SPI2CSOutput(SPI2_CS_LOW);
83      SPI2RdWrByte(0x05);
84      RegDat = SPI2RdWrByte(0xFF);
85      SPI2CSOutput(SPI2_CS_HIGH);
86      return RegDat;
87    }
88
```

第 79～87 行为读 W25Q64 状态寄存器 1 的函数 ReadStReg1。参考表 8-17 中"读状态
寄存器 1"的指令,第 82 行选中 W25Q64;第 83 行向 W25Q64 写入 0x05;第 84 行读出状态
寄存器 1 的值,这里写入 0xFF 无实际意义;第 85 行关闭 W25Q64。

```
89    Int08U  ReadStReg2(void)
90    {
91      Int08U RegDat;
92      SPI2CSOutput(SPI2_CS_LOW);
93      SPI2RdWrByte(0x35);
94      RegDat = SPI2RdWrByte(0xFF);
95      SPI2CSOutput(SPI2_CS_HIGH);
96      return RegDat;
97    }
98
```

第 89～97 行为读 W25Q64 状态寄存器 2 的函数 ReadStReg2。参考表 8-17 中"读状态
寄存器 2"的指令,第 92 行选中 W25Q64;第 93 行向 W25Q64 写入 0x35;第 94 行读出状态
寄存器 2 的值,这里写入 0xFF 无实际意义;第 95 行关闭 W25Q64。

```
99     void  WriteEn(void)
100    {
101       SPI2CSOutput(SPI2_CS_LOW);
102       SPI2RdWrByte(0x06);
103       SPI2CSOutput(SPI2_CS_HIGH);
104    }
105
```

第 99～104 行为向 W25Q64 写入数据操作有效的函数 WriteEn(或称写使能函数)。参

考表 8-17 中"写有效"指令,第 101 行选中 W25Q64;第 102 行向 W25Q64 写入命令字
0x06;第 103 行关闭 W25Q64。该函数执行后将使状态寄存器 1 中具有只读属性的第 1 位
WEL 位置 1。

```
106    void  WriteDis(void)
107    {
108        SPI2CSOutput(SPI2_CS_LOW);
109        SPI2RdWrByte(0x04);
110        SPI2CSOutput(SPI2_CS_HIGH);
111    }
112
```

第 106～111 行为向 W25Q64 写入数据操作无效的函数 WriteDis(或称写失能函数)。
参考表 8-17 中"写禁止"指令,第 108 行选中 W25Q64;第 109 行向 W25Q64 写入命令字
0x04;第 110 行关闭 W25Q64。该函数执行后将使状态寄存器 1 中具有只读属性的第 1 位
WEL 位清零。

```
113    void  WriteStReg(Int08U reg1,Int08U reg2)
114    {
115        WriteEn();
116        SPI2CSOutput(SPI2_CS_LOW);
117        SPI2RdWrByte(0x01);
118        SPI2RdWrByte(reg1);
119        SPI2RdWrByte(reg2);
120        SPI2CSOutput(SPI2_CS_HIGH);
121    }
122
```

第 113～121 行为写状态寄存器函数 WriteStReg,两个参数 reg1 和 reg2 分别为状态寄
存器 1 和状态寄存器 2 的设定值。参考表 8-17 中"写状态寄存器"指令,第 115 行打开写使
能;第 116 行选中 W25Q64;第 117 行向 W25Q64 写入指令 0x01;第 118 行向 W25Q64 写
入 reg1;第 119 行写入 reg2;第 120 行关闭 W25Q64。

```
123  void  W25Q64EraseChip(void)                 //耗时约 37s
124  {
125      WriteEn();
126      SPI2CSOutput(SPI2_CS_LOW);
127      SPI2RdWrByte(0x60);
128      SPI2CSOutput(SPI2_CS_HIGH);
129      while((ReadStReg1() & 0x01) == 0x01);    //等待芯片空闲
130  }
131
```

第 123～130 行为整片擦除 W25Q64 的函数 W25Q64EraseChip。参考表 8-17 中"整片
擦除"指令,第 125 行打开写使能;第 126 行选中 W25Q64;第 127 行向 W25Q64 写入指令
0x60(也可写入 0xC7);第 128 行关闭 W25Q64;第 129 行等待读状态寄存器 1 的第 1 位为
0,如果该位读出 1,表示内部擦除操作正在进行中,完成擦除操作需要约 37s,之后,读出状
态寄存器 1 的第 1 位(BUSY 位)的值为 0。

```
132      //共有 2048 (0x800) 个扇区
133      //1 扇区 = 16 页
134      void  W25Q64EraseSect(Int16U sect)       //sect = 0,1,…,2048(0x7FF),耗时远小于 1s
135      {
136          Int08U A23_16,A15_8 = 0,A7_0 = 0;
137          A23_16 = (sect >> 4) & 0xFF;
138          A15_8 |= ((sect & 0x0F)<< 4) & 0xF0;
139          WriteEn();
140          SPI2CSOutput(SPI2_CS_LOW);
```

```
141        SPI2RdWrByte(0x20);
142        SPI2RdWrByte(A23_16);
143        SPI2RdWrByte(A15_8);
144        SPI2RdWrByte(A7_0);
145        SPI2CSOutput(SPI2_CS_HIGH);
146        while((ReadStReg1() & 0x01) == 0x01);        //等待芯片空闲
147    }
148
```

第 134~147 行为 W25Q64 的扇区擦除函数 W25Q64EraseSect,该函数带有一个无符号 16 位的整型参数 sect,表示要擦除第 sect 个扇区。W25Q64 共有 2048 个扇区,编号为 0~2047,因此,sect 取值为 0~2047。参考表 8-17 中"扇区擦除(4KB)"指令,第 136 行定义的变量 A23_16、A15_8 和 A7_0 为扇区 sect 的首地址,第 137、138 行由 sect 得到其首地址,即 sect≪12 为其首地址,然后按 8 位一组分别赋给变量 A23_16、A15_8 和 A7_0;第 139 行打开写使能;第 140 行选中 W25Q64;第 141 行向 W25Q64 写入指令 0x20;第 142~144 行向 W25Q64 依次写入 24 位的扇区首地址;第 145 行关闭 W25Q64;第 146 行等待 W25Q64 内部操作完毕。调用该函数擦除一个扇区所花的时间远小于 1s。

```
149    //0#      page -- 0x00 0000 - 00 00FF
150    //1#      page -- 0x00 0100 - 00 01FF
151    //2#      page -- 0x00 0200 - 00 02FF
152    //3#      page -- 0x00 0300 - 00 03FF
153    //..
154    //15#     page -- 0x00 0F00 - 00 0FFF
155    //..
156    //32767# page -- 0x7F FF00 - 7F FFFF        page = 0,1,…,32767, len <= 256
157    void  W25Q64ProgPage(Int16U page, Int08U * WrDat, Int16U len)
158    {
159        Int16U i;
160        Int08U A23_16, A15_8, A7_0 = 0;
161        A23_16 = (page >> 8) & 0xFF;
162        A15_8 = (page & 0xFF);
163        WriteEn();
164        SPI2CSOutput(SPI2_CS_LOW);
165        SPI2RdWrByte(0x02);
166        SPI2RdWrByte(A23_16);
167        SPI2RdWrByte(A15_8);
168        SPI2RdWrByte(A7_0);
169        for(i = 0; i < len; i++)
170        {
171            SPI2RdWrByte( * WrDat++);
172        }
173        SPI2CSOutput(SPI2_CS_HIGH);
174        while((ReadStReg1() & 0x01) == 0x01);        //等待芯片空闲
175    }
```

第 157~175 行为向 W25Q64 写入一页数据的函数 W25Q64ProgPage(又称页编程),该函数具有 3 个参数,其中 page 为页的编号,W25Q64 具有 32768 页,故 page 的取值为 0~32767(0x7FFF);WrDat 指向要写入的数据;len 为要写入的数据长度,由于每页包含 256 字节,所以,len 的最大值为 256,该函数不能跨页写入数据。

第 160~162 行将 page 转换为 24 位的地址数据;第 163 行打开写使能;第 164 行选中 W25Q64;参考表 8-17 中"页编程"指令,第 165 行向 W25Q64 写入指令 0x02;第 166~168 行依次写入页首地址;第 169~172 行写入长度为 len 的数据 WrDat;第 173 行关闭 W25Q64;第 174 行等待 W25Q64 内部编程完毕。

```
176                                              //page = 0, 1, ⋯, 32767, len < 256
177    void  W25Q64ReadPage(Int16U page, Int08U  * RdDat, Int16U len)
178    {
179        Int16U i;
180        Int08U A23_16, A15_8, A7_0 = 0;
181        A23_16 = (page >> 8) & 0xFF;
182        A15_8 = (page & 0xFF);
183        WriteDis();
184        SPI2CSOutput(SPI2_CS_LOW);
185        SPI2RdWrByte(0x03);
186        SPI2RdWrByte(A23_16);
187        SPI2RdWrByte(A15_8);
188        SPI2RdWrByte(A7_0);
189        for(i = 0; i < len; i++)
190        {
191            * RdDat++ = SPI2RdWrByte(0xFF);
192        }
193        SPI2CSOutput(SPI2_CS_HIGH);
194    }
195
```

第 177~194 行为从 W25Q64 中读出一页数据的函数 W25Q64ReadPage，该函数具有 3 个参数，page 为页号，取值为 0~32767；RdDat 指向读出数据的缓冲区；len 表示读出数据的长度，len 最大值可取为 256。第 180~182 行将页号 page 转换为页的首地址；第 183 行关闭写使能；第 184 行选中 W25Q64；参考表 8-17 中"读数据"指令，第 185 行向 W25Q64 写入指令 0x03；第 186~188 行写入页首地址；第 189~192 行连接从页中读出长度为 len 的字节数据，保存在 RdDat 缓冲区；第 193 行关闭 W25Q64。

```
196    Int08U  W25Q64ReadData(Int32U addr)    //地址:0x0000 0000~0x007F FFFF
197    {
198        Int08U RxDat;
199        Int08U A23_16, A15_8, A7_0;
200        A23_16 = (addr >> 16) & 0xFF;
201        A15_8 = (addr >> 8) & 0xFF;
202        A7_0 = addr & 0xFF;
203        WriteDis();
204        SPI2CSOutput(SPI2_CS_LOW);
205        SPI2RdWrByte(0x03);
206        SPI2RdWrByte(A23_16);
207        SPI2RdWrByte(A15_8);
208        SPI2RdWrByte(A7_0);
209        RxDat = SPI2RdWrByte(0xFF);
210        SPI2CSOutput(SPI2_CS_HIGH);
211        return RxDat;
212    }
```

第 196~212 行为从 W25Q64 中任一地址 addr 读出 1 字节数据的函数 W25Q64ReadData。第 199~202 行将地址 addr 分为 3 个 8 位的地址；第 203 行关闭写使能；第 204 行选中 W25Q64；参考表 8-17 中"读数据"指令，第 205 行向 W25Q64 写入指令 0x03；第 206~208 行写入 3 个 8 位的地址；第 209 行读出数据并赋给变量 RxDat；第 210 行关闭 W25Q64。

程序段 8-12   文件 spiflash. h

```
1    //Filename: spiflash. h
2
3    # include "vartypes. h"
4
5    # ifndef   _SPIFLASH_H
```

```
6      # define   _SPIFLASH_H
7
8      void   SPI2FLASHInit(void);
9      Int16U   W25Q64ReadID(void);
10     void   W25Q64EraseChip(void);
11     void   W25Q64EraseSect(Int16U sect);
12     void   W25Q64ProgPage(Int16U page,Int08U * ,Int16U);
13     void   W25Q64ReadPage(Int16U page,Int08U * ,Int16U);
14     Int08U W25Q64ReadData(Int32U addr);
15
16     # endif
```

文件 spiflash.h 声明了文件 spiflash.c 中被外部文件调用的函数,即 SPI2 与 W25Q64 初始化函数 SPI2FLASHInit、读 W25Q64 器件 ID 号函数 W25Q64ReadID、整片擦除函数 W25Q64EraseChip、扇区擦除函数 W25Q64EraseSect、页编程函数 W25Q64ProgPage、读页数据函数 W25Q64ReadPage 和随机地址读单字节数据函数 W25Q64ReadData。

(3) 修改 includes.h 文件,如程序段 8-13 所示。

程序段 8-13　文件 includes.h

```
1      //Filename: includes.h
2
3      # include "stm32f10x.h"
4
5      # include "vartypes.h"
6      # include "bsp.h"
7      # include "led.h"
8      # include "key.h"
9      # include "exti.h"
10     # include "beep.h"
11     # include "zlg7289.h"
12     # include "systick.h"
13     # include "wwdog.h"
14     # include "rtc.h"
15     # include "tim2.h"
16     # include "uart2.h"
17     # include "iic1.h"
18     # include "spiflash.h"
```

与程序段 8-7 相比,程序段 8-13 添加了第 18 行,即包括头文件 spiflash.h。

(4) 修改 bsp.c 文件,如程序段 8-14 所示。

程序段 8-14　文件 bsp.c

```
1      //Filename: bsp.c
2
3      # include "includes.h"
4
5      void BSPInit(void)
6      {
7        LEDInit();
8        KEYInit();
9        EXTIKeyInit();
10       BEEPInit();
11       My7289Init();
12       SysTickInit();
13       //WWDOGInit();
14       RTCInit();
15       TIM2Init();
16       UART2Init();
17       IIC1Init();
```

```
18      SPI2FLASHInit();
19    }
```

与程序段 8-8 相比,程序段 8-14 添加了第 18 行,即调用函数 SPI2FLASHInit 对 SPI2 口和 W25Q64 存储器访问进行初始化。

(5) 修改 main.c 文件,如程序段 8-15 所示。

程序段 8-15 文件 main.c

```
1    //Filename: main.c
2
3    # include "includes.h"
4
5    Int08U dat1,dat2;
6    Int08U Dat1[100],Dat2[100];
7    Int16U W25Q64ID;
8    Int08U WDat1[256],WDat2[256],wdat;
9
```

第 7 行定义的变量 W25Q64ID 用于保存 W25Q64 器件 ID 号;第 8 行定义了数组变量 WDat1、WDat2 和 8 位整型变量 wdat。

```
10   int main(void)
11   {
12     Int16U i;
13     BSPInit();
14
15     dat1 = 0x16;
16     for(i = 0;i < 100;i++)
17         Dat1[i] = i + 1;
18     AT24C128WrByte(0x5A,dat1);
19     dat2 = AT24C128RdByte(0x5A);
20     for(i = 0;i < 100;i++)
21             AT24C128WrByte(0x60 + i,Dat1[i]);
22     for(i = 0;i < 100;i++)
23           Dat2[i] = AT24C128RdByte(0x60 + i);
24
25     W25Q64ID = W25Q64ReadID();
```

第 25 行读出 W25Q64 器件 ID 号,赋给变量 W25Q64ID。

```
26     //W25Q64EraseChip();
27     W25Q64EraseSect(400);
```

第 27 行擦除第 400 号扇区,其地址范围为(400≪12)~(400≪12)+0xFFF。

```
28     for(i = 0;i < 256;i++)
29     {
30         WDat1[i] = i & 0xFF;
31     }
```

第 28~31 行为 WDat1 赋初值,即 WDat1 数组的第 i 个元素的值为 i。

```
32     W25Q64ProgPage((400 << 4) + 2,WDat1,256);
33     W25Q64ReadPage((400 << 4) + 2,WDat2,256);
```

需要注意,在进行页编程前,必须将该页所在的扇区进行擦除操作。上述第 27 行将第 400 号扇区擦除完成,第 32 行向第 400 号扇区的第 2 页写入 WDat1 中的 256 个数据,因为扇区号左移 4 位为该扇区的首页,即其第 0 页,加上 2,为其第 2 页。同样地,第 33 行读第 400 号扇区的第 2 页的全部 256 个数据,赋给数组变量 WDat2。此时,WDat2 数组的第 i 个元素的值为 i。

```
34        wdat = W25Q64ReadData((((400 << 4) + 2) << 8) + 10); //读出该地址的值应为 10
35
```

第 34 行读出第 400 号扇区第 2 页第 10 个地址中的数据,按第 34 行的含义,地址中的数据应为 10,即保存在 wdat 中的读出的值应该为 10。扇区号左移 4 位为该扇区的首页编号,加上 2 后为该扇区的第 2 页的页编号,再总体左移 8 位为该页的首地址,再加上 10 为该页中的第 10 个地址。

```
36        for(;;)
37        {
38        }
39    }
```

在 main 函数的第 36 行设置断点,可在线仿真调试工程 PRJ23,运行到断点处后,可以在观察窗口 Watch 1 中查看 W25Q64ID、WDat2 和 wdat 变量的值,以证实读/写 W25Q64 的操作运行正确。

(6) 将文件 spiflash.c 添加到工程管理器的 BSP 分组下。完成后的工程 PRJ23 如图 8-14 所示。

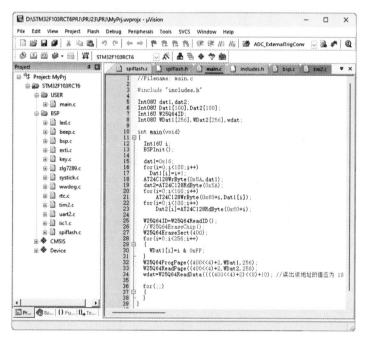

图 8-14 工程 PRJ23 工作窗口

在图 8-14 中,编译链接并在线调试运行工程 PRJ23,在程序段 8-15 的第 27 行设置断点,运行到断点后,如图 8-15 所示,可看到 W25Q64ID 的值为 0xEF16,wdat 变量的值为 0x0A(即十进制数 10),数组 WDat2 各个元素的值均正确(图 8-15 中给出了前 15 个数组元素),说明工程 PRJ23 中读/写 Flash 存储器 W25Q64 的操作运行正常。

(7) 写入 W25Q64 中的数据,在系统掉电后仍然保存着,一般地,W25Q64 能有效存储数据 20 年,存取次数可达 10 万次。将程序段 8-15 中第 27~32 行全部注释,并将 STM32F103RCT6 开发板断开电源几分钟后再次上电,再次借助 ULINK2 在线仿真工程 PRJ23,可以看到变量 wdat 和数组 WDat2 中的数据仍然是正确的,如图 8-15 中 Watch 1 窗口所示。

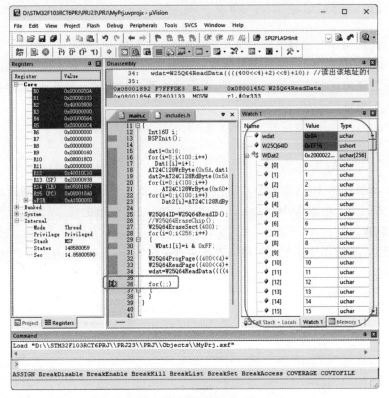

图 8-15　工程 PRJ23 在线仿真结果图

视频讲解

8.3.4　访问 Flash 存储器库函数类型工程实例

本节介绍读写 W25Q64 存储器的库函数类型工程实例,具体建设步骤如下。

(1) 在工程 PRJ22 的基础上,新建工程 PRJ24,保存在目录 D:\STM32F103RCT6PRJ24\PRJ24 下。此时的工程 PRJ24 与工程 PRJ22 完全相同,然后进行下述工作。

(2) 新建文件 spiflash.c 和 spiflash.h,保存在 D:\STM32F103RCT6PRJ\PRJ24\BSP目录下,其中,spiflash.h 文件如程序段 8-12 所示; spiflash.c 文件如程序段 8-16 所示。

程序段 8-16　文件 spiflash.c

```
1    //Filename: spiflash.c
2
3    # include "includes.h"
4
5    typedef enum{SPI2_CS_HIGH,SPI2_CS_LOW} CS_STATE;
6
7    void   SPI2Init(void)                      //SPI2 初始化函数
8    {
9      GPIO_InitTypeDef g;
10     SPI_InitTypeDef s;
11
12   RCC_APB2PeriphClockCmd(RCC_APB2Periph_GPIOB,ENABLE);    //开启 PB 口时钟
13   RCC_APB1PeriphClockCmd(RCC_APB1Periph_SPI2,ENABLE);     //开启 SPI2 时钟源
14
```

第 12 行打开 PB 口时钟源; 第 13 行打开 SPI 口时钟源。

```
15     g.GPIO_Pin = GPIO_Pin_13 | GPIO_Pin_14 | GPIO_Pin_15;
```

```
16      g.GPIO_Mode = GPIO_Mode_AF_PP;
17      g.GPIO_Speed = GPIO_Speed_50MHz;
18      GPIO_Init(GPIOB,&g);                                    //PB[15:13]配置为替换功能模式,时钟50MHz
19      GPIO_SetBits(GPIOB,GPIO_Pin_13 | GPIO_Pin_14 | GPIO_Pin_15);   //上拉有效
20
```

第 15～19 行将 PB13、PB14 和 PB15 配置为替换功能推挽工作模式,并将它们拉高。

```
21      s.SPI_BaudRatePrescaler = SPI_BaudRatePrescaler_16;    //Clk = 36M/16 = 2.25MHz
22      s.SPI_CPHA = SPI_CPHA_2Edge;                           //CPHA = 1
23      s.SPI_CPOL = SPI_CPOL_High;                            //CPOL = 1
24      s.SPI_CRCPolynomial = 7u;                              //必须大于或等于1u
25      s.SPI_DataSize = SPI_DataSize_8b;                      //帧长8位
26      s.SPI_Direction = SPI_Direction_2Lines_FullDuplex;     //全双工
27      s.SPI_FirstBit = SPI_FirstBit_MSB;                     //优先传输最高位
28      s.SPI_Mode = SPI_Mode_Master;                          //SPI主模式
29      s.SPI_NSS = SPI_NSS_Soft;                              //不使用NSS
30      SPI_Init(SPI2,&s);
31
32      SPI_Cmd(SPI2,ENABLE);                                  //启动SPI模块
33    }
34
```

第 7～33 行为 SPI2 模块初始化函数 SPI2Init。第 21～30 行将 SPI2 配置为全双工的帧长为 8 位的主模式,每帧数据传输时最高位在前,传输时钟频率为 2.25MHz,时序图如图 8-9 所示;第 32 行启动 SPI 模块。

```
35    void  SPI2CSOutput(CS_STATE st)                          //PB12用作片选CS信号
36    {
37    switch(st)
38    {
39        case SPI2_CS_HIGH:
40            GPIO_SetBits(GPIOB,GPIO_Pin_12);
41            break;
42        case SPI2_CS_LOW:
43            GPIO_ResetBits(GPIOB,GPIO_Pin_12);
44            break;
45    }
46    }
47
```

第 35～46 行为 SPI2 模块的片选 CS 信号输出函数 SPI2CSOutput。第 37 行判断 st 的值,如果为 SPI2_CS_HIGH(第 39 行为真),则执行第 40 行使 PB12 输出高电平;如果 st 为 SPI2_CS_LOW(第 42 行为真),则执行第 43 行使 PB12 输出低电平。PB12 为 W25Q64 的片选输入信号,见图 3-7 和图 3-2。

```
48    void W25Q64Init(void)                                    //W25Q64初始化函数
49    {
50      GPIO_InitTypeDef g;
51
52      RCC_APB2PeriphClockCmd(RCC_APB2Periph_GPIOB,ENABLE);   //开启PB口时钟
53      g.GPIO_Pin = GPIO_Pin_12;
54      g.GPIO_Mode = GPIO_Mode_Out_PP;
55      g.GPIO_Speed = GPIO_Speed_50MHz;
56      GPIO_Init(GPIOB,&g);                                    //PB12上拉有效
57
58      SPI2CSOutput(SPI2_CS_HIGH);
```

```
59        }
60
```

第 48～59 行为 W25Q64 初始化函数 W25Q64Init。第 52～56 行配置 PB12 工作在数字推挽输出模式；第 58 行使 PB12(即 CS)输出高电平,即关闭 W25Q64。

```
61     void  SPI2FLASHInit(void)              //SPI2 和 W25Q64 初始化函数
62     {
63        W25Q64Init();
64        SPI2Init();
65     }
66
67     Int08U  SPI2RdWrByte(Int08U TxDat)
68     {
69        Int08U RxDat;
70        while(SPI_I2S_GetFlagStatus(SPI2,SPI_I2S_FLAG_TXE) == RESET);        //等待 TXE = 1
71        SPI_I2S_SendData(SPI2, TxDat);
72        //等待 RxNE = 1,即等待
73        while (SPI_I2S_GetFlagStatus(SPI2,SPI_I2S_FLAG_RXNE) == RESET);
74        RxDat = SPI_I2S_ReceiveData(SPI2);
75        return RxDat;
76     }
77
```

第 67～76 行为 SPI2 的读写访问函数 SPI2RdWrByte,结合图 8-9 和表 8-15,第 70 行调用库函数 SPI_I2S_GetFlagStatus 获取状态寄存器 SR 的第 1 位(即 TXE 位)的值,如果为 0,表示正在发送数据,则等待；否则,即该位为 1 时表示发送完成、发送缓冲区为空,则执行第 71 行,调用库函数 SPI_I2S_SendData 发送数据 TxDat。第 73 行再次调用库函数 SPI_I2S_GetFlagStatus 获取状态寄存器 SR 的第 0 位(即 RxNE 位)的值,如果为 0,表示没有接收到数据,则等待；否则,即该位为 1 时表示接收到新的数据,则执行第 74 行,调用库函数 SPI_I2S_ReceiveData 将接收到的数据赋给变量 RxDat。

```
78     Int16U  W25Q64ReadID(void)
79     {
80        Int16U ID;
81        SPI2CSOutput(SPI2_CS_LOW);
82        SPI2RdWrByte(0x90);
```

这里省略的第 83～220 行与程序段 8-11 的第 70～207 行完全相同。

```
221    SPI2RdWrByte(A7_0);
222    RxDat = SPI2RdWrByte(0xFF);
223    SPI2CSOutput(SPI2_CS_HIGH);
224    return RxDat;
225    }
```

(3) 修改文件 includes. h,如程序段 8-13 所示。

(4) 修改文件 bsp. c,如程序段 8-14 所示。

(5) 修改文件 main. c,如程序段 8-15 所示。

(6) 将文件 spiflash.c 添加到工程管理器的 BSP 分组下,将目录 D:\STM32F103RCT6PRJ\PRJ24\STM32F10x_FWLib\src 下的文件 stm32f10x_spi. c 添加到工程管理器的 LIB 分组下,完成后的工程 PRJ24 如图 8-16 所示。

在图 8-16 中,编译链接并在线仿真工程 PRJ24,将断点设在 main. c 文件中 main 函数的 for 循环语句处,调试结果如图 8-15 所示。

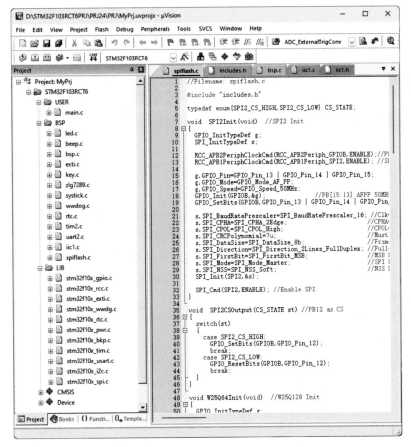

图 8-16　工程 PRJ24 工作窗口

8.4　小结

　　本章详细介绍了 STM32F103RCT6 微控制器 ADC 模块、I^{2}C 模块和 SPI 模块的工作原理与程序设计方法。本章的工程实例阐述了访问 ADC 模块、EEPROM 芯片 AT24C128和 Flash 芯片 W25Q64 的程序设计方法。AT24C128 和 W25Q64 芯片是常用存储器芯片的代表,其访问操作方法具有通用性和指导意义。建议读者在本章学习的基础上,编写将汉字库存入 W25Q64 芯片的工程,整个 16×16 点阵宋体汉字库约占 300KB,建议将汉字库存储在 W25Q64 芯片中的首地址设为 0x8000,可参考文献[5]第 12 章。

习题

1. 介绍 STM32F103RCT6 微控制器 ADC 模块的工作原理。
2. 编写库函数类型工程,实现 STM32F103RCT6 的 ADC1 数模转换功能。
3. 阐述 AT24C128 存储器的特点和访问方法。
4. 编写寄存器类型工程,实现 AT24C128 存储器的数据读/写功能。
5. 介绍 W25Q64 存储器的整片擦除方法。
6. 编写库函数类型工程,实现 W25Q64 的单页写入和读出功能。

第9章 LCD屏与温度传感器

CHAPTER 9

LCD 显示屏是嵌入式系统中重要的输出设备之一,STM32F103RCT6 开发板集成了一块 3.2 英寸(1 英寸=2.54cm)、分辨率为 240 像素×320 像素的真彩色 TFT 型 LCD 屏,可工作在 262K 色彩下。本章将介绍 STM32F103RCT6 微控制器驱动 LCD 屏的显示技术和工程程序设计方法,并介绍温度传感器 DS18B20 的应用方法。

本章的学习目标:

- 了解 LCD 屏显示原理;
- 熟悉 DS18B20 温度传感器的工作原理;
- 掌握 DS18B20 温度读取方法;
- 熟练应用寄存器或库函数方法在 LCD 屏上输出字符、汉字和图像。

9.1 LCD 屏显示原理

一般地,LCD 显示模块包括 4 部分,即 LCD 屏显示部分(LCD 面板)、LCD 屏驱动部分、LCD 屏控制部分(称为 LCD 控制器)和 LCD 屏显示存储器(简称为显存)。有些微控制器,如基于 Cortex-M3 内核的 LPC1788 芯片,片内集成了 LCD 控制器,可以直接与 LCD 屏相连接。然而,STM32F103RCT6 芯片中没有集成 LCD 控制器,不能直接与 LCD 屏相连接,而要与 LCD 显示模块相连接。

在 STM32F103RCT6 开发板上集成了一块 3.2 英寸 TFT 型 LCD 屏,可显示色彩数为 262144 色,可视面积为 $48.60×64.80 \text{mm}^2$,分辨率为 240 像素×320 像素,使用 LED 背光,驱动芯片为 SSD1289。STM32F103RCT6 微控制器驱动 LCD 屏显示,需将微控制器的输入输出口与 LCD 屏显示模块引脚相连接。

根据图 3-16 和图 3-2 可知,LCD 显示模块与 STM32F103RCT6 微控制器的电路连接如表 9-1 所示。

表 9-1　LCD 显示模块与 STM32F103RCT6 微控制器的电路连接

序　号	LCD 屏引脚名	LCD 屏引脚	网络标号	STM32F103 引脚
1	背光控制脚	LEDK1~LEDK5	LCDBKEN	PD0
2	芯片选通脚	CS	LCDCS	PA5
3	写选通脚	WR	LCDWR	PA4
4	读选通脚	RD	LCDRD	PD1
5	命令/数据脚	RS	LCDRS	PA1
6	数据总线[15:0]	DB[15:0]	DB15~DB0	PC15~PC0

在表 9-1 中，PD0 口输出高电平，则点亮 LCD 屏背光。

STM32F103RCT6 微控制器通过 SSD1289 芯片驱动 LCD 屏的显示。SSD1289 芯片中集成了 172800 字节的 RAM 空间（记为 GDDRAM，即图形显示数据存储空间）。由于 LCD 屏的显示色彩数为 262144 色，因此每个像素点的色彩位数为 18 位（$2^{18} = 262144$），又因为其分辨率为 240 像素×320 像素，故需要存储空间为 240×320×18 位＝240×320×18/8 字节＝172800 字节。LCD 屏按设定的刷新频率（这里设为 65Hz）不断地将 RAM 空间中的内容显示在 LCD 屏上。所以，控制 LCD 屏显示的本质在于读写 SSD1289 的 RAM 空间（事实上，全部的 LCD 屏和液晶电视都基于这个工作原理）。

对于 SSD1289 驱动芯片而言，通过配置其寄存器的值设置其工作状态，并且借助其寄存器访问其 RAM 空间。由表 9-1 可知，STM32F103RCT6 与 SSD1289 间是通过并口进行通信的，这种方式数据传输速率快。在 8080 并口方式下，读写 SSD1289 的时序如图 9-1 所示。

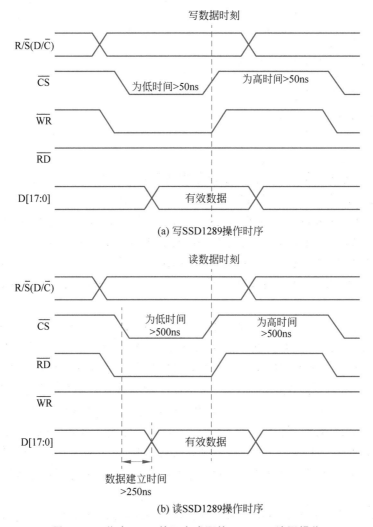

图 9-1　工作在 8080 并口方式下的 SSD1289 读写操作

根据图 9-1 可编写读写 SSD1289 的函数，如程序段 9-1 所示。

程序段 9-1　读写 SSD1289 的函数

```
1    void My1289WrRegDat( Int16U dat)
```

```
2    {
3        DCHigh;RDHigh;WRHigh;CSHigh;
4        WRLow;CSLow;
5        GPIOC -> ODR = dat;
6        CSHigh;WRHigh;
7    }
8
```

第 1～7 行为向 SSD1289 写入 16 位数据的函数 My1289WrRegDat。对照图 9-1(a)可知,第 3 行将 DC、RD、WR 和 CS 全部设为高电平(即 1),第 4 行将 WR 和 CS 设为低电平(即 0),第 5 行将要发送的数据输送到总线上,这里需至少延时 50ns,第 6 行将 CS 和 WR 都拉高,此时,SSD1289 内部进行写寄存器操作,至少需要约 50ns。这些操作正好符合图 9-1(a)的时序要求,从而实现了 STM32F103RCT6 向 SSD1289 写入 16 位并行数据的功能。

```
9    Int16U My1289RdRegDat(void)
10   {
11       volatile Int16U res;
12       GPIOC -> CRL = 0x88888888;GPIOC -> CRH = 0x88888888;
13
14       DCHigh;WRHigh;RDHigh;CSHigh;
15       RDLow;CSLow;
16       CSHigh;WRHigh;
17       res = GPIOC -> IDR;
18       //res = GPIOC -> IDR;
19       GPIOC -> CRL = 0x11111111;GPIOC -> CRH = 0x11111111;
20       return res;
21   }
```

第 9～21 行为从 SSD1289 读出 16 位数据的函数 My1289RdRegDat。第 11 行定义变量 res,用于保存读出的数据。第 12 行将 PC 口设为输入口,第 19 行将 PC 口恢复为输出口。对照图 9-1(b)可知,第 14 行将 DC、WR、RD 和 CS 全部设为高电平(即 1);第 15 行将 RD 和 CS 设为低电平(即 0),至少等待 250ns,这段时间为数据建立时间;第 16 行将 CS 和 RD 都拉高;第 17 行从并行总线中读出 16 位数据,至少延时 500ns。这些操作正好符合图 9-1(b)的时序要求,从而实现了 STM32F103RCT6 从 SSD1289 读出 16 位并行数据的功能。

SSD1289 只有一个只写的命令寄存器,称为索引寄存器,当 WR=0 且 DC=0 时,可以向该寄存器写入数据,只有低 8 位有效,记作 Index。SSD1289 具有 45 个数据寄存器(又称配置寄存器),当 WR=0 且 DC=1 时,可以向这些数据寄存器写入配置字,具体访问哪个数据寄存器,由 Index 的值决定。例如,要访问第 01 号数据寄存器,需要先向 SSD1289 写入 Index=0x01,即使 WR=0 且 DC=0,并输出 0x01;然后,再使 WR=0 且 DC=1,并输出要写入数据寄存器的配置字。SSD1289 具有一个只读的数据寄存器(Index=0x00),称为 ID 号寄存器,当 RD=0 且 DC=1 时,可以读该寄存器的值,读出值为 0x8989。当 Index=0x22 时,可以读写 SSD1289 片内的 RAM 空间,具体读写的位置,由光标寄存器决定(参考程序段 9-2)。

一般情况下,为了驱动 LCD 屏,需要仔细阅读 SSD1289 各个配置寄存器每位的含义,并给定配置值。这是一个非常烦琐的过程。LCD 屏厂商会根据驱动器给出标准的配置字,只需要根据配置字做适当的修改即可满足特定的要求(需参考 SSD1289 芯片数据手册)。

下面的程序段 9-2 详细介绍了 SSD1289 的初始化和在 LCD 屏上绘制点、线段、矩形和圆以及显示英文字符和汉字的方法。

程序段 9-2 文件 lcd.c

```
1     //Filename: lcd.c
2
3     # include "includes.h"
4     # include "textlib.h"
5
6     # define CSLow    (GPIOA - > BRR = 1u << 5)              //PA5
7     # define CSHigh   (GPIOA - > BSRR = 1u << 5)
8     # define DCLow    (GPIOA - > BRR = 1u << 1)              //PA1
9     # define DCHigh   (GPIOA - > BSRR = 1u << 1)
10    # define WRLow    (GPIOA - > BRR = 1u << 4)              //PA4
11    # define WRHigh   (GPIOA - > BSRR = 1u << 4)
12    # define RDLow    (GPIOD - > BRR = 1u << 1)              //PD1
13    # define RDHigh   (GPIOD - > BSRR = 1u << 1)
14
15    volatile Int08U MyPenColor[3],MyBKColor[3];
16
```

第 4 行包括了文本库头文件 textlib.h,该头文件中包含了全部的 128 个 ASCII 码的 16×8 点阵结构图形和"温度：℃"等 4 个汉字符号的 16×16 点阵结构图形,如程序段 9-6 所示。第 6~13 行宏定义了 CS、DC、WR 和 RD 控制命令,例如,第 6 行 CSLow 表示 CS 输出低电平。第 15 行定义了全局数组变量 MyPenColor 和 MyBKColor,用于保存画笔颜色和背景色。

```
17    void MyLCDInit(void)
18    {
19      RCC - > APB2ENR | = (1u << 5) | (1u << 4) | (1u << 2);    //Enable PD,PC,PA Clock
20      GPIOD - > CRL | =(1u << 0);GPIOD - > CRL & = ~(7u << 1);   //Back Light@PD0 - Output
21      GPIOD - > BSRR = 1u << 0;                                 //Light LCD
22
23      GPIOA - > CRL | = (1u << 4);   GPIOA - > CRL & = ~(7u << 5);   //PA1 - Output
24      GPIOA - > CRL | = (1u << 16);GPIOA - > CRL & = ~(7u << 17);    //PA4 - Output
25      GPIOA - > CRL | = (1u << 20);GPIOA - > CRL & = ~(7u << 21);    //PA5 - Output
26      GPIOD - > CRL | = (1u << 4);   GPIOD - > CRL & = ~(7u << 5);   //PD1 - Output
27      GPIOC - > CRL = 0x11111111;GPIOC - > CRH = 0x11111111;
28
29      MyLCDReady();
30      MySetBKColor(0x00,0x00,0x00);
31      MyLCDClr();
32      MyLCDReginClr(0,0,239,319);
33    }
34
```

第 17~33 行为 LCD 屏初始化函数 MyLCDInit。第 19 行打开 PA 口、PC 口和 PD 口的时钟;第 20 行配置 PD0 为输出口;第 21 行使 PD0 输出高电平,即点亮 LCD 屏的背光。第 23~26 行依次配置 PA1、PA4、PA5 和 PD1 口为输出口;第 27 行配置 PC 口为输出口。第 29 行调用 MyLCDReady 函数使 LCD 屏就绪,即初始化 SSD1289 显示控制器;第 30 行设置背景色为白色;第 31 行清屏;第 32 行调用 MyLCDReginClr 再次清屏。

```
35    void MyBKLightOn(void)                                 //Background Light ON
36    {
37      GPIOD - > BSRR = 1u << 0;                            //Light LCD
38    }
39
40    void MyBKLightOff(void)                                //Background Light Off
41    {
42      GPIOD - > BRR = 1u << 0;
```

```
43    }
44
```

结合图 3-2 和图 3-16 可知,当 PD0 为高电平时,LCD 屏背光点亮;当 PD0 为低电平时,LCD 屏背光熄灭。因此,第 35~38 行为 LCD 屏背光点亮的函数 MyBKLightOn;而第 40~43 行为 LCD 屏背光熄灭的函数 MyBKLightOff。

```
45    void My1289Delay(int t)                          //Delay t/5 us
46    {
47       volatile int a;
48       a = t;
49       while((－－a)>＝0);
50    }
51
```

第 45~50 行为延时函数 My1289Delay,延时约为 $t/5\mu s$。

```
52    void My1289WrRegNo(Int16U regno)
53    {
54       DCLow;RDHigh;WRHigh;CSHigh;
55       WRLow;CSLow;
56       GPIOC－>ODR = regno;
57       CSHigh;WRHigh;
58    }
59
```

第 52~58 行为 STM32F103RCT6 写 SSD1289 命令寄存器的函数 My1289WrRegNo,具有一个参数 regno,表示数据寄存器的索引号。这段程序与图 9-1(a)中 D/$\overline{\text{C}}$ 为“高—低—高”的写入时序相符合。

```
60    void My1289WrRegDat(Int16U dat)
61    {
62       DCHigh;RDHigh;WRHigh;CSHigh;
63       WRLow;CSLow;
64       GPIOC－>ODR = dat;
65       CSHigh;WRHigh;
66    }
67
```

第 60~66 行为 STM32F103RCT6 写 SSD1289 数据寄存器的函数 My1289WrRegDat,具有一个参数 dat,表示要写入的数据或配置字。这段程序与图 9-1(a)中 D/$\overline{\text{C}}$ 为“低—高—低”的写入时序相符合。

```
68    Int16U My1289RdRegDat(void)
69    {
70       volatile Int16U res;
71       GPIOC－>CRL = 0x88888888;GPIOC－>CRH = 0x88888888;
72
73       DCHigh;WRHigh;RDHigh;CSHigh;
74       RDLow;CSLow;
75       CSHigh;WRHigh;
76       res = GPIOC－>IDR;
77       GPIOC－>CRL = 0x11111111;GPIOC－>CRH = 0x11111111;
78       return res;
79    }
80
```

第 68~79 行为 STM32F103RCT6 读 SSD1289 数据寄存器的函数 My1289RdRegDat。这段程序与图 9-1(b)中 D/$\overline{\text{C}}$ 为“低—高—低”的读出数据时序相符合。

```
81    void My1289WrReg(Int16U regno,Int16U dat)
82    {
```

```
83        My1289WrRegNo(regno);
84        My1289WrRegDat(dat);
85      }
86
```

第 81～85 行为向第 regno 号配置寄存器写入配置字 dat 的函数 My1289WrReg,具有两个参数 regno 和 dat,分别表示配置寄存器的索引号和待写入配置寄存器的数据。第 83 行调用 My1289WrRegNo 函数向只读的命令寄存器写入 regno(在下一次写命令寄存器之前,该 regno 一直有效),第 84 行向第 regno 号数据寄存器写入 dat。

```
87    Int16U My1289RdReg(Int16U regno)          //My1289RdReg(0x0) returns 0x8989
88    {
89      volatile Int16U res;
90      My1289WrRegNo(regno);
91      res = My1289RdRegDat();
92      return res;
93    }
94
```

第 87～93 行为读取 SSD1289 数据寄存器的函数 My1289RdReg,具有一个参数 regno,表示数据寄存器的索引号。第 89 行定义变量 res,用于保存从寄存器中读出的数据;第 90 行调用 My1289WrRegNo 函数,指定要访问数据寄存器的索引号;第 91 行调用函数 My1289RdRegDat 读出索引号为 regno 的寄存器的配置字。

```
95    void MyLCDWrRamRdy(void)
96    {
97      My1289WrRegNo(0x22);
98    }
99
```

第 95～98 行为向命令寄存器写入索引号 0x22 的函数 MyLCDWrRamRdy,如果命令寄存器中保存了索引号 0x22,则读写数据寄存器相当于读写 RAM 空间,即读写索引号为 0x22 的数据寄存器相当于读写 SSD1289 的 RAM 空间,这部分空间又称为显存。需要注意的是,读出显存数据操作的第一次读出操作为哑操作(即读出的数据无效)。

```
100   void MyLCDWrRam(Int08U r,Int08U g,Int08U b)      //18 - bits, 262144 = 2^18
101   {
102     volatile Int16U hw1,hw2;
103     hw1 = r & (~(3u << 0)); hw1 << = 8; hw1| = (g & (~(3u << 0)));
104     hw2 = (b & (~(3u << 0)));
105     My1289WrRegDat(hw1);                    //R:G:B = 6:6:6
106     My1289WrRegDat(hw2);
107   }
108
```

第 100～107 行为将 18 位的颜色值(红、绿、蓝各占 6 位,代表一个像素点)写入 RAM 空间当前光标位置的函数 MyLCDWrRam,其具有 3 个参数 r、g 和 b,分别表示红色、绿色和蓝色分量的值,每个分量用 8 位表示,函数内部自动舍弃各自的最低 2 位。由于并口总线只有 16 位,因此 18 位需要分两次写入。在后面的 MyLCDReady 函数中配置 SSD1289 向 RAM 写入像素点颜色数据的方式为分两次写入,第一次写入的高 8 位(不含其低 2 位)为红色分量,第一次写入的低 8 位(不含其低 2 位)为绿色分量,第二次写入的低 8 位(不含其低 2 位)为蓝色分量,参考 SSD1289 芯片手册的第 11 号寄存器。

第 102 行定义变量 hw1 和 hw2,其中,hw1 的高 8 位(不含其低 2 位)用于保存红色分量 r,hw1 的低 8 位(不含其低 2 位)用于保存绿色分量 g,hw2 的低 8 位(不含其低 2 位)用于保存蓝色分量 b。第 105、106 行向当前光标处依次写入 hw1 和 hw2,两者在 SSD1289 内部自动合成为一个 18 位的数据字,表示一个像素点。

```
109    Int32U MyLCDRdRam(void)
110    {
111        volatile Int32U res;
112        My1289WrRegNo(0x22); res = My1289RdRegDat();    //Dummy read
113        res = My1289RdRegDat(); res <<= 16;
114        res| = My1289RdRegDat();
115        return res;
116    }
117
```

第 109～116 行为读 RAM 当前光标处的值的函数 MyLCDRdRam。第 111 行定义变量 res,用于保存读出的数据。第 112 行设置命令寄存器中索引号的值为 0x22;然后为哑读语句,即读出的数据无效。第 113 行读出 RAM 当前光标处的值,连续读了两次:第一次读出红色分量和绿色分量,分别保存在 res 的低半字的高 8 位(最低 2 位无效)和低 8 位(最低 2 位无效);然后,res 左移 16 位;第二次读出蓝色分量,保存在 res 的低半字的低 8 位(最低 2 位无效)。第 115 行返回读出的值,即 32 位的 res,里面包含当前像素点的 18 位的颜色数据。

```
118    void MyLCDSetCursor(Int16U x, Int16U y)
119    {
120        My1289WrReg(0x4E,x);
121        My1289WrReg(0x4F,y);
122    }
123
```

第 118～122 行为设置光标的函数 MyLCDSetCursor,具有两个参数 x 和 y,表示当前光标位置。第 124 行的函数 MyLCDReady 将 LCD 配置为左上角为(0,0)坐标,右下角为(239,319)坐标。光标的位置即为 LCD 屏上当前坐标的位置,也是 RAM 空间中对应着该坐标的存储位置。x 坐标对应的数据寄存器索引号为 0x4E,y 坐标对应的数据寄存器索引号为 0x4F。

```
124    void MyLCDReady(void)
125    {
126        My1289WrReg(0x07,0x0021);                //Operation
127        My1289WrReg(0x00,0x0001);                //OSC Enable
128        My1289WrReg(0x07,0x0023);
129        My1289WrReg(0x03,0x66A4);
130        My1289WrReg(0x0C,0x0000);
131        My1289WrReg(0x0D,0x000C);
132        My1289WrReg(0x0E,0x2B00);
133        My1289WrReg(0x1E,0x00B0);
134        //My1289WrReg(0x01,0x0B3F);
135        My1289WrReg(0x01,0x033F);
136        My1289WrReg(0x02,0x0600);
137        My1289WrReg(0x10,0x0000);                //Exit sleep mode
138        My1289Delay(30 * 5000);                  //Wait 30ms
139        My1289WrReg(0x11,0x4070);                //262k colors, Type B 18 bits
140
141        My1289WrReg(0x05,0x0000);
142        My1289WrReg(0x06,0x0000);
143        My1289WrReg(0x16,0xEF1C);
144        My1289WrReg(0x17,0x0103);
145        My1289WrReg(0x07,0x0033);                //Display ON
146        My1289WrReg(0x0B,0x5308);
147        My1289WrReg(0x0F,0x0000);
148        My1289WrReg(0x41,0x0000);                //1st Screen Vertical Scroll Control
```

```
149    My1289WrReg(0x42,0x0000);              //2nd Screen Vertical Scroll Control
150    My1289WrReg(0x48,0x0000);              //1st Screen:0～
151    My1289WrReg(0x49,0x013F);              //319
152    My1289WrReg(0x4A,0x0000);              //2nd Screen:0～
153    My1289WrReg(0x4B,0x0000);              //0
154    My1289WrReg(0x44,0xEF00);              //0～239
155    My1289WrReg(0x45,0x0000);              //0～
156    My1289WrReg(0x46,0x013F);              //319
157    My1289WrReg(0x30,0x0707);              //0x30 - 0x3B:Gama Control
158    My1289WrReg(0x31,0x0204);
159    My1289WrReg(0x32,0x0204);
160    My1289WrReg(0x33,0x0502);
161    My1289WrReg(0x34,0x0507);
162    My1289WrReg(0x35,0x0204);
163    My1289WrReg(0x36,0x0204);
164    My1289WrReg(0x37,0x0502);
165    My1289WrReg(0x3A,0x0302);
166    My1289WrReg(0x3B,0x0302);
167    My1289WrReg(0x23,0x0000);              //RAM Data Mask
168    My1289WrReg(0x24,0x0000);              //RAM Data Mask
169    My1289WrReg(0x25,0x8000);              //0x8000,510kHz 65Hz Fresh
170    My1289WrReg(0x4E,0);                   //RAM x = 0
171    My1289WrReg(0x4F,0);                   //RAM y = 0
172  }
173
```

第 124～172 行为 SSD1289 驱动芯片的初始化函数,这些配置字都参考 SSD1289 芯片手册,其中,需要注意的寄存器与配置字有:(1)第 127 行的第 0x00 号寄存器,其第 0 位设为 1,启动 SSD1289 内部时钟振荡器;(2)第 0x10 号寄存器,设为 0x0,使 SSD1289 退出低功耗模式;(3)第 0x11 号寄存器,设为 0x4070,表示工作在 262k 色模式下,每个像素点需要 18 位表示,在读写时,需要 2 个 16 位的半字,第一个半字的高 8 位(其低 2 位无效)保存红色分量,第一个半字的低 8 位(其低 2 位无效)保存绿色分量;第二个半字的低 8 位(其低 2 位无效)保存蓝色分量;(4)第 0x07 号寄存器,写入 0x33 表示启动 LCD 显示,即将 RAM 空间(显存)中的数据显示出来;(5)第 0x25 号寄存器,写入 0x8000,表示 LCD 屏的刷新频率设为 65Hz;(6)第 0x4E 和 0x4F 号寄存器,这两个寄存器为光标的 x 坐标和 y 坐标,均设为 0x0,表示开机后光标位于屏幕左上角。

```
174    void MySetPenColor(Int08U r, Int08U g, Int08U b)
175    {
176      MyPenColor[0] = r; MyPenColor[1] = g;  MyPenColor[2] = b;
177    }
178
```

第 174～177 行为设置画笔颜色的函数 MySetPenColor,具有 3 个参数 r、g 和 b,分别表示红色、绿色和蓝色分量,每个分量用 8 位表示,即输入真彩色的 8×3＝24 位颜色值,在向显存中赋像素点的颜色值时自动舍弃每种颜色的最低 2 位。第 176 行表明画笔颜色保存在全局数组变量 MyPenColor 中。

```
179    void MySetBKColor(Int08U r, Int08U g, Int08U b)
180    {
181      MyBKColor[0] = r;  MyBKColor[1] = g;  MyBKColor[2] = b;
182    }
183
```

第 179～182 行为设置背景色的函数 MySetBKColor,具有 3 个参数 r、g 和 b,分别表示红色、绿色和蓝色分量,每个分量用 8 位表示。第 181 行表明背景色保存在全局数组变量

MyBKColor 中

```
184   void MyLCDClr(void)
185   {
186     volatile Int32U i = 0;
187     MyLCDSetCursor(0,0);
188     MyLCDWrRamRdy();
189     for(i = 0;i < 320 * 240;i++)
190     {
191         MyLCDWrRam(MyBKColor[0],MyBKColor[1],MyBKColor[2]);
192     }
193   }
194
```

第 184～193 行为清屏函数 MyLCDClr。第 187 行设置光标为左上角的(0,0)坐标,第 188 行启动写 RAM,第 189～192 行循环 320×240 次,每次使用背景色写显存中的各个位置。由于第 188 行向命令寄存器写入了索引号 0x22,而第 189～192 行中没有新的写命令寄存器语句,故命令寄存器始终为 0x22,此时,连续写 RAM 时,光标会根据配置情况自动下移一个像素点,因此,可以连续执行 320×240 次写 RAM 操作实现对整个 RAM 空间的写操作。

```
195   void MyDrawPoint(Int16U x,Int16U y)
196   {
197     MyLCDSetCursor(x,y);
198     MyLCDWrRamRdy();
199     MyLCDWrRam(MyPenColor[0],MyPenColor[1],MyPenColor[2]);
200   }
201
```

第 195～200 行为用画笔颜色进行画点的函数 MyDrawPoint,其具有两个参数 x 和 y,表示点的位置坐标,0≤x<240,0≤y<320。第 197 行设置光标移动到(x,y)坐标处,第 198 行启动写 RAM,第 199 行使用画笔颜色在(x,y)处画点。

```
202   void MyDrawBKPoint(Int16U x,Int16U y)
203   {
204     MyLCDSetCursor(x,y);
205     MyLCDWrRamRdy();
206     MyLCDWrRam(MyBKColor[0],MyBKColor[1],MyBKColor[2]);
207   }
208
```

第 202～207 行为使用背景色画点的函数 MyDrawBKPoint,其具有两个参数 x 和 y,表示点的位置坐标,0≤x<240,0≤y<320。第 204 行设置光标移动到(x,y)坐标处,第 205 行启动写 RAM,第 206 行使用背景颜色在(x,y)处画点。

```
209   void MyLCDReginClr(Int16U x1,Int16U y1,Int16U x2,Int16U y2)
210   {
211     volatile Int16U i,j;
212     if((x1 < x2) && (y1 < y2))
213     {
214       for(i = x1;i < = x2;i++)
215       {
216         for(j = y1;j < = y2;j++)
217         {
218                 MyDrawBKPoint(i,j);
219         }
220       }
221     }
222   }
223
```

第 209～222 行为清除 LCD 屏一块显示区域的函数 MyLCDReginClr,其具有 4 个参数 x1、y1、x2 和 y2,由(x1,y1)和(x2,y2)分别作为矩形的左上角和右下角坐标,用背景色填充这个矩形。第 211 行定义循环变量 i 和 j。如果第 212 行为真,即由(x1,y1)和(x2,y2)可以定义一个矩形,则第 214～220 行将该区域内的点用背景色填充。

```
224   void MyDrawLine(Int16U x1,Int16U y1,Int16U x2,Int16U y2)
225   {
226     volatile float   k1,k2,fx1,fx2,fy1,fy2,fx,fy;
227     volatile Int16U i,ix,iy,xmin,xmax,ymin,ymax;
228     xmin = x1;xmax = x2;ymin = y1;ymax = y2;
```

第 226 行定义变量 k1、k2、fx1、fx2、fy1、fy2、fx 和 fy,其中,k1 和 k2 保存斜率,fx1、fx2、fy1 和 fy2 保存相应的整型变量 x1、x2、y1 和 y2 的浮点数形式(见第 237 行),fx 和 fy 保存线段上的点的坐标。第 227 行定义变量 i、ix、iy、xmin、xmax、ymin 和 ymax,其中,i 为循环变量,ix 和 iy 为线段 x 方向和 y 方向上的长度,xmin、xmax、ymin 和 ymax 依次保存 x 方向上的最小和最大 x 坐标以及 y 方向上的最小和最大 y 坐标,如第 229～236 行所示。

```
229   if(x1 > x2)
230   {
231     xmin = x2; xmax = x1;
232   }
233   if(y1 > y2)
234   {
235     ymin = y2; ymax = y1;
236   }
237   fx1 = (float)x1; fy1 = (float)y1; fx2 = (float)x2; fy2 = (float)y2;
238   if((x1!= x2) & (y1!= y2))
239   {
240     k1 = (fy2 - fy1)/(fx2 - fx1);
241     for(i = xmin;i <= xmax;i++)
242     {
243       fx = (float)i; fy = fy1 + k1 * (fx - fx1);
244       ix = i;          iy = (Int16U)fy;
245       MyDrawPoint(ix,iy);
246     }                                    // x continum
247     k2 = (fx2 - fx1)/(fy2 - fy1);
248     for(i = ymin;i <= ymax;i++)
249     {
250       fy = (float)i; fx = fx1 + k2 * (fy - fy1);
251       iy = i;          ix = (Int16U)fx;
252       MyDrawPoint(ix,iy);
253     }                                    // y continum
254   }
```

第 238 行为真时,表明线段既不垂直也不水平,执行第 239～254 行。第 240 行计算斜率 k1,然后,按照横坐标从小到大的顺序(第 241 行),依次计算线段上的各个点(第 243 行),并将它们转换为整型(第 244 行),并绘制出来(第 245 行)。第 247～253 行与第 240～246 行的工作原理相同,只是按照纵坐标由小到大的顺序再绘制一遍。

```
255   else if(x1 == x2)
256   {
257     for(i = ymin;i <= ymax;i++)
258     {
259       ix = x1; iy = i;
260       MyDrawPoint(ix,iy);
261     }
262   }
```

当线段为垂直时,第 255 行为真,按照纵坐标由小到大的顺序,依次绘制各个点(第 257～261 行)。

```
263    else
264    {
265      for(i = xmin;i < = xmax;i++)
266      {
267        ix = i; iy = y1;
268        MyDrawPoint(ix,iy);
269      }
270    }
271  }
272
```

当线段为水平时,第 263 行为真,按照横坐标由小到大的顺序,依次绘制各个点(第 265～269 行)。

上述第 224～271 行为画线段的函数 MyDrawLine,其具有 4 个参数 x1、y1、x2 和 y2,表示绘制连接(x1,y1)和(x2,y2)的线段。

```
273  void MyRrawRect(Int16U x1,Int16U y1,Int16U x2,Int16U y2)
274  {
275    if((x1!= x2) && (y1!= y2))
276    {
277      MyDrawLine(x1,y1,x2,y1);
278      MyDrawLine(x2,y1,x2,y2);
279      MyDrawLine(x2,y2,x1,y2);
280      MyDrawLine(x1,y2,x1,y1);
281    }
282  }
283
```

第 273～282 行为画矩形的函数 MyDrawRect,其具有 4 个参数 x1、y1、x2 和 y2,其中,(x1,y1)和(x2,y2)分别为矩形的左上角和右下角的坐标值。

```
284  void MyDrawCircle(Int16U x0,Int16U y0,Int16U r)
285  {
286    volatile float   x1,y1,x2,y2,theta;
287    volatile float   fr,fx0,fy0;
288    volatile Int16U i;
289    fr = (float)r;fx0 = (float)x0;fy0 = (float)y0;
290    x1 = fx0 + fr;   y1 = fy0;
291    if(r > 0)
292    {
293      for(i = 0;i < 360 * 2;i++)
294      {
295        theta = i * 3.1416/(180.0 * 2.0);
296        x2 = fx0 + fr * arm_cos_f32(theta);
297        y2 = fy0 + fr * arm_sin_f32(theta);
298        MyDrawLine((Int16U)x1,(Int16U)y1,(Int16U)x2,(Int16U)y2);
299        x1 = x2; y1 = y2;
300      }
301    }
302  }
303
```

第 284～302 行为画圆的函数 MyDrawCircle,其具有 3 个函数 x0、y0 和 r,其中,(x0,y0)为圆心坐标,r 为半径。第 286 行定义变量 x1、y1、x2、y2 和 theta,其中,(x1,y1)和(x2,y2)分别表示圆周上的两个点,theta 表示圆周上步进点走过的圆心角。第 287 行定义了变量 fr、fx0 和 fy0,依次保存圆半径和圆心角的坐标的浮点数形式(第 289 行)。第 288 行定义循环变量 i。

如果半径为正数(第 291 行为真),则循环 720 次(第 293 行),依次连接每次步进前后的圆周上的两个点,得到圆周的图形(第 295～299 行)。第 296 行和第 297 行应用了余弦函数 arm_cos_f32 和正弦函数 arm_sin_f32,输入均为弧度,这两个函数位于 DSP 库中,需要使用头文件 arm_math.h(包括在 includes.h 文件中)。

```
304    void MyPrintChar(Int16U x, Int16U y, Int08U ch)
305    {                                          //(x,y):left - top corner of char
306        volatile Int16U i,j;
307        volatile Int08U k,m,v;
308        for(k = 0;k < 16;k++)
309        {
310            v = ASC16X8[ch][k];
311            for(m = 0;m < 8;m++)
312            {
313                i = x + m; j = y + k;
314                if((v & (1u <<(7 - m))) == (1u <<(7 - m)))
315                {
316                    MyDrawPoint(i,j);
317                }
318                else
319                {
320                    MyDrawBKPoint(i,j);
321                }
322            }
323        }
324    }
325
```

第 304～324 行为在 LCD 屏上输出字符的函数 MyPrintChar,其具有 3 个参数,即输出字符的左上角坐标位置(x,y)和要输出的字符 ch,坐标为图像坐标系,即左上角为坐标原点(0,0),x 轴向右增长,y 轴向下增长。把每个字符视为 16 行 8 列的点阵,保存在文件 textlib.h 中的二维数组变量 ASC16X8 中,其中 ASC16X8 数组的行号对应着字符的 ASCII 码值,每行包括 16 个元素,每个元素 8 位,即每行正好是该行号对应的 ASCII 字符的点阵。

第 306 行定义变量 i 和 j,用于保存要画点的位置。第 307 行定义变量 k、m 和 v,其中,k 和 m 为循环变量,v 保存字符的点阵值。第 308～323 循环 16 次,每次画出字符的一行。每次循环中,第 310 行从数组变量 ASC16X8 中读出第 k 行,第 311～322 行循环 8 次,第 313 行更新画点的位置(i,j),当点阵中该位为 1 时,第 314～317 行用画笔颜色画点;当点阵中该位为 0 时,第 319～321 行用背景色画点。

```
326    void MyPrintString(Int16U x, Int16U y, Int08U * ch, Int08U n)//n -- length of string
327    {
328        volatile Int16U i,j,k,w1,w2;
329        volatile Int08U v;
330        for(k = 0;k < n;k++)
331        {
332            if(ch[k] == '\0')
333                break;
334            else
335            {
336                for(i = 0;i < 16;i++)
337                {
338                    v = ASC16X8[ch[k]][i];
339                    for(j = 0;j < 8;j++)
340                    {
```

```
341              w1 = x + 8 * k + j;   w2 = y + i;
342              if(((v >> (7 - j)) & 0x01) == 0x01)
343              {
344                  MyDrawPoint(w1,w2);
345              }
346              else
347              {
348                  MyDrawBKPoint(w1,w2);    //must write for moving point
349              }
350          }
351       }
352     }
353   }
354 }
355
```

第 326～354 行为在 LCD 屏上输出字符串的函数 MyPrintString,其具有 4 个参数,其中,(x,y)为字符串的左上角位置坐标,ch 为字符串(实际上是字符数组)首地址,n 为需要显示的字符个数。由于该函数的工作原理与 MyPrintChar 函数相似,故不再赘述。

```
356 void MyPrintHZ( Int16U x, Int16U y, Int08U * hz, Int08U n)      //n - number of HZ
357 {
358   volatile Int16U i, j, k, w1, w2;
359   volatile Int08U v;
360   for(k = 0;k < n;k++)
361   {
362       for(i = 0;i < 16;i++)
363       {
364           v = hz[k * 32 + 2 * i];
365           for(j = 0;j < 8;j++)
366           {
367               w1 = x + 16 * k + j; w2 = y + i;
368               if(((v >> (7 - j)) & 0x01) == 0x01)
369               {
370                   MyDrawPoint(w1,w2);
371               }
372               else
373               {
374                   MyDrawBKPoint(w1,w2);                //must write for moving point
375               }
376           }
377           v = hz[k * 32 + 2 * i + 1];
378           for(j = 0;j < 8;j++)
379           {
380               w1 = x + 16 * k + 8 + j; w2 = y + i;
381               if(((v >> (7 - j)) & 0x01) == 0x01)
382               {
383                   MyDrawPoint(w1,w2);
384               }
385               else
386               {
387                   MyDrawBKPoint(w1,w2);                //must write for moving point
388               }
389           }
390       }
391   }
392 }
393
```

第 356～392 行为在 LCD 屏上输出汉字的函数 MyPrintHZ,其具有 4 个参数,其中,(x,y)为显示汉字的左上角位置坐标,hz 为汉字数组,n 为要显示的汉字个数。其工作原理与 MyPrintChar 相似,不再赘述。

```
394   void MyPrintHZWenDu( Int16U x,Int16U y)
395   {
396     MyPrintHZ(x,y,(Int08U *)&HZ16X16[0 * 32],3);
397     MyPrintHZ(x + 96,y,(Int08U *)&HZ16X16[3 * 32],1);
398   }
```

第 394~398 行为在 LCD 屏(x,y)处输出"温度:℃"的函数 MyPrintHZWenDu,用到的数组 HZ16X16 位于文件 textlib.h 中。

9.2　温度传感器

美信公司的 DS18B20 芯片是最常用的温度传感器,工作在单一总线模式下,称作"一线"芯片,只占用 STM32F103RCT6 微控制器的一个通用 I/O 口,测量精度为 ±0.5℃,表示测量结果的最高精度为 0.0625℃,主要用于测温精度要求不高的环境温度测量。本节将首先介绍 DS18B20 芯片的单总线访问工作原理,主要参考 DS18B20 芯片手册;然后介绍读取实时温度的程序设计方法。

DS18B20 是一款常用的温度传感器,只有 3 个引脚,即电源 V_{DD}、地 GND 和双向数据口 DQ。根据图 3-9 和图 3-2 可知,在 STM32F103RCT6 开发板上,DS18B20 的 DQ 与 STM32F103RCT6 芯片的 PB0 相连接。DS18B20 的测温精度为 ±0.5℃(-10~85℃时),可用 9~12 位表示测量结果,默认情况下,用 12 位表示测量结果,数值精度为 0.0625℃。

DS18B20 内部集成的快速 RAM 结构如图 9-2 所示。

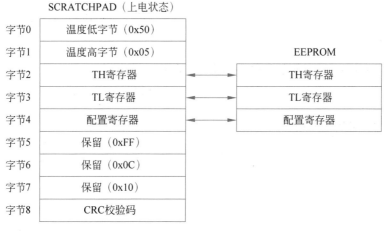

图 9-2　DS18B20 的 RAM 结构

在图 9-2 中 8 位的配置寄存器只有第 6 位 R1 和第 5 位 R0 有意义(第 7 位必须为 0,第 0~4 位必须为 1),如果 R1:R0=11b 时,用 12 位表示采样的温度值,数据格式如图 9-3 所示。

在图 9-3 中,S 表示符号位和符号扩展位,1 表示负,0 表示正;其余位标注了各位上的权值。例如,0000 0001 1001 0001b 表示 25.0625。

在图 9-2 中字节 0 和字节 1 用于保存温度值,字节 2 和字节 3 分别对应着 TH 寄存器和 TL 寄存器,用于表示高温报警门限和低温报警门限,如果不使用温度报警命令,这两个字节可用作用户存储空间。字节 8 为 CRC 检验码,用于检验读出的 RAM 数据的正确性。DS18B20 CRC 校验使用的生成函数为 $x^8+x^5+x^4+1$。例如,读出 RAM 的 9 字节的值依

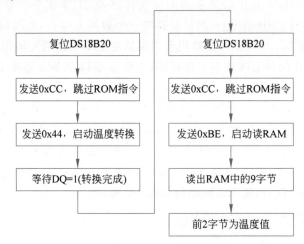

	位7							位0
温度低字节	2^3	2^2	2^1	2^0	2^{-1}	2^{-2}	2^{-3}	2^{-4}

	位15							位8
温度高字节	S	S	S	S	S	2^6	2^5	2^4

图 9-3 温度值数据格式

次为：0xDD、0x01、0x4B、0x46、0x7F、0xFF、0x03、0x10 和 0x1E，其中 0x1E 为 CRC 检验码，当前温度值为 0x01DD，即 29.8125℃。

DS18B20 的常用操作流程如图 9-4 所示。

```
┌──────────────┐        ┌──────────────┐
│  复位DS18B20  │        │  复位DS18B20  │
└──────┬───────┘        └──────┬───────┘
       ↓                       ↓
┌────────────────┐    ┌────────────────┐
│发送0xCC，跳过ROM指令│    │发送0xCC，跳过ROM指令│
└──────┬─────────┘    └──────┬─────────┘
       ↓                     ↓
┌────────────────┐    ┌────────────────┐
│发送0x44，启动温度转换│    │ 发送0xBE，启动读RAM │
└──────┬─────────┘    └──────┬─────────┘
       ↓                     ↓
┌────────────────┐    ┌────────────────┐
│等待DQ=1(转换完成) │    │ 读出RAM中的9字节  │
└────────────────┘    └──────┬─────────┘
                             ↓
                      ┌────────────────┐
                      │  前2字节为温度值  │
                      └────────────────┘
```

图 9-4 DS18B20 的常用操作流程

在图 9-4 中，DS18B20 的复位时序如图 9-5 所示。

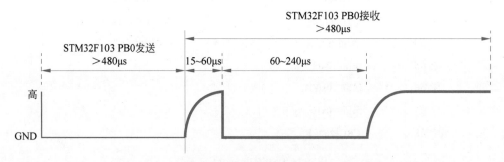

图 9-5 DS18B20 复位时序

在图 9-5 中，将 STM32F103RCT6 微控制器的 PB0 口设为输出口，输出宽度为 480μs 的低电平，然后，将 PB0 口配置为输入模式，等待约 60μs 后，可以读到低电平，再等待 420μs 后，DS18B20 复位完成。在图 9-4 中当 DS18B20 复位完成后，STM32F103RCT6 向 DS18B20 发送 0xCC，该指令跳过 ROM 指令，再发送 0x44，启动温度转换。在 12 位的数据模式下，DS18B20 将花费较多的时间完成转换(最长为 750ms)，在转换过程中，DQ 被 DS18B20 锁住为 0，当转换完成后，DQ 被释放为 1。STM32F103RCT6 微控制器的 PB0 口读取 DQ 的值，直到读到 1 后，才进行下一步的操作。然后，再一次复位 DS18B20，发送 0xCC 指令给 DS18B20，然后，发送 0xBE 指令，启动读 RAM 的 9 数据，接着读出 RAM 中的 9 个字节，其中前 2 字节为温度值。

DS18B20 位的读写时序如图 9-6 所示。

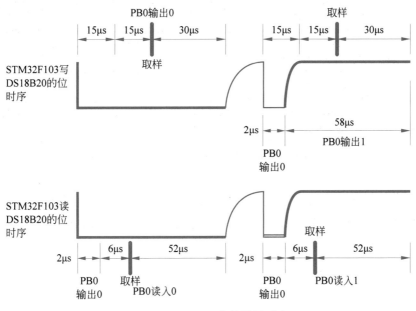

图 9-6　DS18B20 位的读写时序

图 9-6 给出了 STM32F103RCT6 读写 DS18B20 的位访问时序,对于写而言:令 STM32F103RCT6 微控制器的 PB0 为输出口,先输出 15μs 宽的低电平,然后输出所要求输出的电平(0 或 1),等待 15μs 后 DS18B20 将识别 STM32F103RCT6 芯片 PB0 输出的位的值,再等待 30μs 后才能进行下一个位操作。对于读时序:当 STM32F103RCT6 读 DS18B20 时,首先令 PB0 为输出口,输出 2μs 宽的低电平,然后,将 PB0 配置为输入模式,等待 6μs 后读入值,此时读到的值即为 DS18B20 的 DQ 输出值,然后,再等待 52μs 后,才能进行下一个位操作。

在上述工作原理的基础上,DS18B20 的访问程序文件 ds18b20.c 和头文件 ds18b20.h 分别如程序段 9-3 和程序段 9-4 所示,它们将应用于工程 PRJ25 中。

程序段 9-3　ds18b20.c 文件

```
1    //Filename: ds18b20.c
2
3    # include "includes.h"
4
5    void My18B20Init(void)                                //PB0
6    {
7      RCC -> APB2ENR | = (1uL << 3);                     //使能 PORTB 时钟
8      GPIOB -> CRL | = (1uL << 0);GPIOB -> CRL & = ~(7uL << 1);  //PB0 as Output
9    }
10
```

第 5～9 行为 DS18B20 初始化函数 My18B20Init。结合图 3-9 和图 3-2 可知,STM32F103RCT6 微控制器的 PB0 口与 DS18B20 的 DQ 端口相连接。这里第 7 行给 PB 口提供工作时钟,第 8 行将 PB0 设为输出模式(注:后面根据需要将调整 PB0 的工作模式)。

```
11      volatile const Int08U CRCTable[256] = {            //CRC8(Little - endian)
12      0x00,0x5E,0xBC,0xE2,0x61,0x3F,0xDD,0x83,0xC2,0x9C,0x7E,0x20,0xA3,0xFD,0x1F,0x41,
13      0x9D,0xC3,0x21,0x7F,0xFC,0xA2,0x40,0x1E,0x5F,0x01,0xE3,0xBD,0x3E,0x60,0x82,0xDC,
14      0x23,0x7D,0x9F,0xC1,0x42,0x1C,0xFE,0xA0,0xE1,0xBF,0x5D,0x03,0x80,0xDE,0x3C,0x62,
```

```
15      0xBE,0xE0,0x02,0x5C,0xDF,0x81,0x63,0x3D,0x7C,0x22,0xC0,0x9E,0x1D,0x43,0xA1,0xFF,
16      0x46,0x18,0xFA,0xA4,0x27,0x79,0x9B,0xC5,0x84,0xDA,0x38,0x66,0xE5,0xBB,0x59,0x07,
17      0xDB,0x85,0x67,0x39,0xBA,0xE4,0x06,0x58,0x19,0x47,0xA5,0xFB,0x78,0x26,0xC4,0x9A,
18      0x65,0x3B,0xD9,0x87,0x04,0x5A,0xB8,0xE6,0xA7,0xF9,0x1B,0x45,0xC6,0x98,0x7A,0x24,
19      0xF8,0xA6,0x44,0x1A,0x99,0xC7,0x25,0x7B,0x3A,0x64,0x86,0xD8,0x5B,0x05,0xE7,0xB9,
20      0x8C,0xD2,0x30,0x6E,0xED,0xB3,0x51,0x0F,0x4E,0x10,0xF2,0xAC,0x2F,0x71,0x93,0xCD,
21      0x11,0x4F,0xAD,0xF3,0x70,0x2E,0xCC,0x92,0xD3,0x8D,0x6F,0x31,0xB2,0xEC,0x0E,0x50,
22      0xAF,0xF1,0x13,0x4D,0xCE,0x90,0x72,0x2C,0x6D,0x33,0xD1,0x8F,0x0C,0x52,0xB0,0xEE,
23      0x32,0x6C,0x8E,0xD0,0x53,0x0D,0xEF,0xB1,0xF0,0xAE,0x4C,0x12,0x91,0xCF,0x2D,0x73,
24      0xCA,0x94,0x76,0x28,0xAB,0xF5,0x17,0x49,0x08,0x56,0xB4,0xEA,0x69,0x37,0xD5,0x8B,
25      0x57,0x09,0xEB,0xB5,0x36,0x68,0x8A,0xD4,0x95,0xCB,0x29,0x77,0xF4,0xAA,0x48,0x16,
26      0xE9,0xB7,0x55,0x0B,0x88,0xD6,0x34,0x6A,0x2B,0x75,0x97,0xC9,0x4A,0x14,0xF6,0xA8,
27      0x74,0x2A,0xC8,0x96,0x15,0x4B,0xA9,0xF7,0xB6,0xE8,0x0A,0x54,0xD7,0x89,0x6B,0x35
28      };
29
```

第 11~28 行为计算 CRC 码的查找表 CRCTable,这种方法可参考"岳云峰,等. 单线数字温度传感器 DS18B20 数据校验与纠错. 传感器技术,2002,21(7):52-55"。

```
30      void  My18B20Delay( int t)                              //Wait t/5 us
31      {
32          volatile int a;
33          a = t;
34          while(( -- a)> 0);
35      }
36
```

第 31~35 行为延时函数 My18B20Delay,其具有一个参数 t,当 STM32F103RCT6 微控制器工作在 64MHz 时钟下时,t 取值 5,大约延时 $1\mu s$。

```
37      Int08U My18B20Reset(void)
38      {
39          volatile Int08U flag = 1u;
40          GPIOB - > CRL | = (1uL << 0);GPIOB - > CRL & = ~(7uL << 1);    //PB0 as Output
41
42          GPIOB - > BSRR  =  (1uL << 0);                      //DQ = 1
43          GPIOB - > BRR  =  (1uL << 0);                       //DQ = 0
44          My18B20Delay(480 * 5);                             //Delay 480us
45
46          GPIOB - > CRL & = ~(7uL << 0);GPIOB - > CRL | = (1uL << 3);    //PB0 as Input
47          My18B20Delay(60 * 5);                              //Delay 60us
48          flag = ((GPIOB - > IDR) & 0x01);
49
50          My18B20Delay(420 * 5);                             //Delay 420us
51          return (flag);
52      }
53
```

第 37~52 行为 DS18B20 复位函数 My18B20Reset。第 40 行将 PB0 设为输出口,第 40 行使 PB0 输出高电平。然后,结合图 9-5 可知,PB0 输出 $480\mu s$ 的低电平(第 43~44 行),接着,将 PB0 设为输入口(第 46 行),等待 $60\mu s$(第 47 行),读 PB0 的值(此时应该读出 0),之后,延时 $420\mu s$(第 50 行)完成复位。flag 的值返回为 0 时复位成功,flag 的值返回为 1 时复位失败。

```
54      void  My18B20WrChar(Int08U dat)
55      {
56          volatile Int08U i;
57          GPIOB - > CRL | = (1uL << 0);GPIOB - > CRL & = ~(7uL << 1);    //PB0 as Output
58          for(i = 0;i < 8;i++)
59          {
```

```
60              GPIOB - > BSRR  =  (1uL << 0);                          //DQ = 1
61              GPIOB - > BRR  =  (1uL << 0);                           //DQ = 0
62              My18B20Delay(2 * 5);                                    //Delay 2us
63              if((dat & 0x01) == 0x01)
64              {
65                  GPIOB - > BSRR  =  (1uL << 0);                      //DQ = 1
66              }
67              else
68              {
69                  GPIOB - > BRR  =  (1uL << 0);                       //DQ = 0
70              }
71              My18B20Delay(58 * 5);                                   //Delay 58us
72
73              GPIOB - > BSRR  =  (1uL << 0);                          //DQ = 1
74              dat = dat >> 1;
75          }
76      }
77
```

第 54～76 行为向 DS18B20 写入 1 字节数据的函数 My18B20WrChar,其具有一个参数 dat,表示要写入的字节数据。第 57 行将 PB0 设为输出口。第 58～75 行为循环体,循环 8 次,每次将 dat 字节数据的最低位写入 DS18B20,共写入 8 位即 1 字节。在每次循环中,结合图 9-6 中"STM32F103 写 DS18B20 的位时序",第 60 行置 PB0 为高电平,然后,第 61 行使 PB0 输出低电平,延时 $2\mu s$(第 62 行),如果要输出 1(第 63 行为真),则第 65 行使 PB0 输出高电平;如果要输出 0,则第 69 行使 B0 输出低电平。延时约 $58\mu s$(第 71 行),拉高 PB0(第 73 行),第 74 行使 dat 字节数据右移一位(因为每次循环都写入 dat 数据的最低位)。

```
78      Int08U My18B20RdChar(void)
79      {
80          volatile Int08U i,dat = 0;
81          for(i = 0;i < 8;i++)
82          {
83              GPIOB - > CRL | = (1uL << 0);GPIOB - > CRL & = ~(7uL << 1);  //PB0 as Output
84              GPIOB - > BSRR  =  (1uL << 0);                          //DQ = 1
85
86              GPIOB - > BRR  =  (1uL << 0);                           //DQ = 0
87              dat >> = 1;
88              My18B20Delay(2 * 5);                                    //Delay 2us
89
90              GPIOB - > CRL & = ~(7uL << 0);GPIOB - > CRL | = (1uL << 3);  //PB0 as Input
91              My18B20Delay(6 * 5);                                    //Delay 6us
92              if((GPIOB - > IDR & 0x01) == 0x01)
93              {
94                  dat | = 0x80;
95              }
96              else
97              {
98                  dat & = 0x7F;
99              }
100             My18B20Delay(52 * 5);                                   //Delay 52us
101         }
102     return (dat);
103     }
104
```

第 78～103 行为从 DS18B20 中读出 1 字节数据的函数 My18B20RdChar。第 80 行定义变量 i,用作循环变量;定义变量 dat,保存从 DS18B20 中读出的字节数据。第 81～101 行为循环体,循环 8 次,每次循环操作从 DS18B20 中读出保存在 dat 的最高位,第 87 行的

dat 右移一位表示去掉无用的最低位。结合图 9-6 中"STM32F103 读 DS18B20 的位时序", 第 83 行将 PB0 设为输出口,并输出高电平(第 84 行),接着,PB0 输出低电平(第 86 行),延 时 $2\mu s$(第 88 行)。第 90 行将 PB0 设为输入口,延时 $6\mu s$(第 91 行),第 92 行读 PB0 口,如果 读出 1(第 92 行为真),则第 94 行将 dat 的最高位置 1;如果读出 0,则第 98 行将 dat 的最高 位清零。然后,延时 $52\mu s$ 后才能进入下一位的读操作(第 100 行)。最后,第 102 行返回读 出的字节数据 dat。

```
105    void My18B20Ready(void)
106    {
107      My18B20Reset();
108      My18B20WrChar(0xCC);
109      My18B20WrChar(0x44);
110
111      GPIOB -> CRL & = ~(7uL << 0);GPIOB -> CRL | = (1uL << 3);    //PB0 as Input
112      while((GPIOB -> IDR & 0x01) == 0);                          //Wait Until Conversion End
113
114      My18B20Reset();
115      My18B20WrChar(0xCC);
116      My18B20WrChar(0xBE);
117    }
118
```

第 105～117 行为 DS18B20 的温度转换就绪函数 My18B20Ready。结合图 9-4 可知,第 107 行复位 DS18B20,第 108 行向 DS18B20 发送 0xCC 指令跳过读 ROM,第 109 行向 DS18B20 发送 0x44 指令启动温度转换,第 111 行将 PB0 设为输入口,DS18B20 温度转换过 程中,其 DQ 引脚被锁定为低电平,等到 DQ 输出高电平时表示温度转换完成(第 112 行为 真)。然后,再一次复位 DS18B20(第 114 行),再次发送 0xCC 指令跳过读 ROM(第 115 行),发送 0xBE 指令启动读 RAM(第 116 行)。此时,可从 DS18B20 读取温度值。

```
119    Int08U MyGetCRC(Int08U * crcBuff, Int08U crcLen)
120    {
121      volatile Int08U i,crc = 0x0;
122      for(i = 0; i < crcLen; i ++)
123        crc = CRCTable[crc ^ crcBuff[i]];
124      return crc;
125    }
126
```

第 119～125 行为 CRC 码校验函数 MyGetCRC。将需要校验的数据赋给参数 crcBuff, 需要校验的数据长度赋给 crcLen,执行 MyGetCRC 函数将计算 crcBuff 中全部数据的 CRC 码。

```
127    Int16U My18B20ReadT(void)
128    {
129      volatile Int08U i,crc;
130      volatile Int08U my18b20pad[9];
131      volatile Int16U val;
132      volatile Int16U t1,t2;                    //t1: Integer part, t2: digital part
133
134      My18B20Ready();
135      for(i=0;i <= 8;i++)
136          my18b20pad[i] = My18B20RdChar();
137
138      crc = MyGetCRC((Int08U * )my18b20pad, sizeof(my18b20pad) - 1);
139      if(crc == my18b20pad[8])              //If CRC OK
140      {
```

```
141          t1 = my18b20pad[1] * 16 + my18b20pad[0]/16;
142          t2 = (my18b20pad[0] % 16) * 100/16;
143          val = (t1 << 8) | t2;
144      }
145      else                            //CRC Error
146          val = 0;
147      return val;
148  }
```

第 127～148 行为从 DS18B20 中读取温度值的函数 My18B20ReadT,返回值为 16 位无符号整型,其中高 8 位为温度的整数部分,低 8 位为温度的小数部分。第 129 行定义了变量 i 和 crc,i 用作循环变量,crc 用于保存计算得到的 CRC 码。第 130 行定义了数组 my18b20pad,长度为 9,结合图 9-2,该数组用于保存从 DS18B20 中读出的 RAM 的 9 字节值,其中前 2 字节为温度值。第 131 行定义了变量 val,保存返回值。第 132 行定义了变量 t1 和 t2,分别用于保存温度的整数部分和小数部分。第 134 行调用函数 My18B20Ready 使 DS18B20 完成温度转换。第 135～136 行读出 DS18B20 中 RAM 的 9 字节,其中由前 8 字节计算得到的 CRC 码(保存在 crc 中,第 138 行)应等于第 9 字节。如果相等(第 139 行为真),说明读出的数据是正确的,读出的数据中的前 2 字节为温度值(其格式如图 9-3 所示)。第 141 行将温度值的整数部分赋给 t1。第 142 行将温度值的小数部分赋给 t2。第 143 行将 t1 和 t2 赋给 val,其中 t1 作为 val 的高 8 位,t2 作为 val 的低 8 位。如果 CRC 校验失败,则将 val 清为 0(第 145～146 行)。第 147 行返回 val 的值,即读出的温度的值。

　　程序段 9-4　ds18b20.h 文件

```
1    //Filename: ds18b20.h
2
3    # ifndef _DS18B20_H
4    # define _DS18B20_H
5
6    # include "vartypes.h"
7
8    void   My18B20Init(void);
9    Int16U My18B20ReadT(void);
10
11   # endif
```

在头文件 ds18b20.h 中声明了 ds18b20.c 中定义的两个函数 My18B20Init 和 My18B20ReadT(ds18b20.c 中的其他函数外部文件没有使用,因此无须在此声明),分别为 DS18B20 初始化函数和读 DS18B20 温度值函数。

9.3　LCD 显示实例

　　本节将使用前述两节的内容,设计 LCD 屏显示的工程实例,在 9.3.1 节阐述寄存器类型的实例,9.3.2 节介绍库函数类型的实例。

9.3.1　寄存器类型实例

　　在工程 PRJ15 的基础上,新建工程 PRJ25,保在 D:\STM32F103RCT6PRJ\PRJ25 目录下,此时的工程 PRJ25 与工程 PRJ15 完全相同,然后,进行如下的设计工作。

　　(1) 新建文件 lcd.c、lcd.h、ds18b20.c 和 ds18b20.h,保存在目录 D:\STM32F103RCT6PRJ\PRJ25\BSP 下,其中,lcd.c、ds18b20.c 和 ds18b20.h 文件如程序段 9-2、程序段 9-3 和程序段 9-4 所示,lcd.h 如程序段 9-5 所示。

视频讲解

程序段 9-5　文件 lcd. h

```
1    //Filename: lcd. h
2
3    #ifndef _MYLCD_H
4    #define _MYLCD_H
5
6    #include "vartypes. h"
7
8    void MyLCDInit(void);
9    void MyBKLightOn(void);
10   void MyBKLightOff(void);
11   Int16U My1289RdReg(Int16U regno);
12   void MyLCDReady(void);
13   void MyLCDSetCursor(Int16U x,Int16U y);
14   void MySetPenColor(Int08U r,Int08U g,Int08U b);
15   void MySetBKColor(Int08U r,Int08U g,Int08U b);
16   void MyLCDClr(void);
17   void MyLCDReginClr(Int16U x1,Int16U y1,Int16U x2,Int16U y2);
18   void MyDrawPoint(Int16U x,Int16U y);
19   void MyDrawLine(Int16U x1,Int16U y1,Int16U x2,Int16U y2);
20   void MyRrawRect(Int16U x1,Int16U y1,Int16U x2,Int16U y2);
21   void MyDrawCircle(Int16U x0,Int16U y0,Int16U r);
22   void MyPrintChar(Int16U x,Int16U y, Int08U ch);
23   void MyPrintString(Int16U x,Int16U y, Int08U * ch,Int08U n);
24   void MyPrintHZ(Int16U x,Int16U y,Int08U * hz,Int08U n);
25   void MyPrintHZWenDu(Int16U x,Int16U y);
26
27   #endif
```

上述代码中,各个函数的声明的含义为:第 8 行 MyLCDInit 为 LCD 屏初始化函数;第 9 行 MyBKLightOn 为开启 LCD 屏背光函数;第 10 行 MyBKLightOff 为关闭 LCD 屏背光函数;第 11 行 My1289RdReg 为读 SSD1289 寄存器函数;第 12 行 MyLCDReady 为初始化 SSD1289 函数;第 13 行 MyLCDSetCursor 为设置光标位置函数;第 14 行 MySetPenColor 为设置前景色(或画笔颜色)函数;第 15 行 MySetBKColor 为设置背景色函数;第 16 行 MyLCDClr 为 LCD 清屏函数;第 17 行 MyLCDReginClr 为清除 LCD 屏的一块显示区域的函数;第 18 行 MyDrawPoint 为画点函数;第 19 行 MyDrawLine 为画线函数;第 20 行 MyRrawRect 为画矩形函数;第 21 行 MyDrawCircle 为画圆函数;第 22 行 MyPrintChar 为输出字符函数;第 23 行 MyPrintString 为输出字符串函数;第 24 行 MyPrintHZ 为输出汉字函数;第 25 行 MyPrintHZWenDu 是专用的输出"温度"汉字函数。

(2) 新建文件 textlib. h,保存在目录 D:\STM32F103RCT6PRJ\PRJ25\BSP 下,其代码如程序段 9-6 所示。

程序段 9-6　文件 textlib. h

```
1    //Filename: textlib. h
2
3    #include "vartypes. h"
4
5    const Int08U ASC16X8[128][16] = {      //ASCII 0～127 8 * 16
6    0x00,0x00,0x00,0x00,0x00,0x00,0x00,0x00,0x00,0x00,0x00,0x00,0x00,0x00,0x00,0x00,
7    0x00,0x00,0x00,0x00,0x00,0x00,0x00,0x00,0x00,0x00,0x00,0x00,0x00,0x00,0x00,0x00,
8    0x00,0x00,0x00,0x00,0x00,0x00,0x00,0x00,0xF8,0x08,0x08,0x08,0x08,0x08,0x08,0x08,
9    0x08,0x08,0x08,0x08,0x08,0x08,0x08,0x08,0x0F,0x00,0x00,0x00,0x00,0x00,0x00,0x00,
10   0x08,0x08,0x08,0x08,0x08,0x08,0x08,0x08,0xF8,0x00,0x00,0x00,0x00,0x00,0x00,0x00,
11   0x08,0x08,0x08,0x08,0x08,0x08,0x08,0x08,0x08,0x08,0x08,0x08,0x08,0x08,0x08,0x08,
12   0x00,0x00,0x00,0x00,0x00,0x00,0x00,0x00,0xFF,0x00,0x00,0x00,0x00,0x00,0x00,0x00,
```

```
13    0x00,0x00,0x00,0x00,0x18,0x3C,0x7E,0x7E,0x7E,0x3C,0x18,0x00,0x00,0x00,0x00,0x00,
14    0xFF,0xFF,0xFF,0xFF,0xE7,0xC3,0x81,0x81,0x81,0xC3,0xE7,0xFF,0xFF,0xFF,0xFF,0xFF,
15    0x00,0x00,0x00,0x00,0x18,0x24,0x42,0x42,0x42,0x24,0x18,0x00,0x00,0x00,0x00,0x00,
16    0xFF,0xFF,0xFF,0xFF,0xE7,0xDB,0xBD,0xBD,0xBD,0xDB,0xE7,0xFF,0xFF,0xFF,0xFF,0xFF,
17    0x00,0x00,0x1F,0x05,0x05,0x09,0x09,0x10,0x10,0x38,0x44,0x44,0x44,0x38,0x00,0x00,
18    0x00,0x00,0x1C,0x22,0x22,0x22,0x1C,0x08,0x08,0x7F,0x08,0x08,0x08,0x08,0x00,0x00,
19    0x00,0x10,0x18,0x14,0x12,0x11,0x11,0x11,0x11,0x12,0x30,0x70,0x70,0x60,0x00,0x00,
20    0x00,0x03,0x1D,0x11,0x13,0x1D,0x11,0x11,0x11,0x13,0x17,0x36,0x70,0x60,0x00,0x00,
21    0x00,0x08,0x08,0x5D,0x22,0x22,0x22,0x63,0x22,0x22,0x22,0x5D,0x08,0x08,0x00,0x00,
22    0x08,0x08,0x08,0x08,0x08,0x08,0x08,0x08,0xFF,0x08,0x08,0x08,0x08,0x08,0x08,0x08,
23    0x00,0x00,0x01,0x03,0x07,0x0F,0x1F,0x3F,0x7F,0x3F,0x1F,0x0F,0x07,0x03,0x01,0x00,
24    0x00,0x08,0x1C,0x2A,0x08,0x08,0x08,0x08,0x08,0x08,0x08,0x08,0x2A,0x1C,0x08,0x00,
25    0x00,0x00,0x24,0x24,0x24,0x24,0x24,0x24,0x24,0x24,0x24,0x00,0x00,0x24,0x24,0x00,
26    0x00,0x00,0x1F,0x25,0x45,0x45,0x45,0x25,0x1D,0x05,0x05,0x05,0x05,0x05,0x00,0x00,
27    0x08,0x08,0x08,0x08,0x08,0x08,0x08,0x08,0xFF,0x00,0x00,0x00,0x00,0x00,0x00,0x00,
28    0x00,0x00,0x00,0x00,0x00,0x00,0x00,0x00,0xFF,0x08,0x08,0x08,0x08,0x08,0x08,0x08,
29    0x08,0x08,0x08,0x08,0x08,0x08,0x08,0x08,0xF8,0x08,0x08,0x08,0x08,0x08,0x08,0x08,
30    0x00,0x08,0x1C,0x2A,0x08,0x08,0x08,0x08,0x08,0x08,0x08,0x08,0x08,0x08,0x08,0x08,
31    0x08,0x08,0x08,0x08,0x08,0x08,0x08,0x08,0x0F,0x08,0x08,0x08,0x08,0x08,0x08,0x08,
32    0x00,0x00,0x00,0x00,0x00,0x00,0x04,0x02,0x7F,0x02,0x04,0x00,0x00,0x00,0x00,0x00,
33    0x00,0x00,0x00,0x00,0x00,0x00,0x10,0x20,0x7F,0x20,0x10,0x00,0x00,0x00,0x00,0x00,
34    0x00,0x00,0x00,0x40,0x40,0x40,0x40,0x40,0x40,0x40,0x40,0x40,0x7F,0x00,0x00,0x00,
35    0x00,0x00,0x00,0x00,0x00,0x00,0x22,0x41,0x7F,0x41,0x22,0x00,0x00,0x00,0x00,0x00,
36    0x00,0x08,0x08,0x08,0x1C,0x1C,0x1C,0x1C,0x3E,0x3E,0x3E,0x3E,0x7F,0x7F,0x7F,0x00,
37    0x00,0x7F,0x7F,0x7F,0x3E,0x3E,0x3E,0x3E,0x1C,0x1C,0x1C,0x1C,0x08,0x08,0x08,0x00,
38    0x00,0x00,0x00,0x00,0x00,0x00,0x00,0x00,0x00,0x00,0x00,0x00,0x00,0x00,0x00,0x00,
39    0x00,0x00,0x00,0x10,0x10,0x10,0x10,0x10,0x10,0x10,0x00,0x00,0x18,0x18,0x00,0x00,
40    0x00,0x12,0x36,0x24,0x48,0x00,0x00,0x00,0x00,0x00,0x00,0x00,0x00,0x00,0x00,0x00,
41    0x00,0x00,0x00,0x24,0x24,0x24,0xFE,0x48,0x48,0x48,0xFE,0x48,0x48,0x48,0x00,0x00,
42    0x00,0x00,0x10,0x38,0x54,0x54,0x50,0x30,0x18,0x14,0x14,0x54,0x54,0x38,0x10,0x10,
43    0x00,0x00,0x00,0x44,0xA4,0xA8,0xA8,0xA8,0x54,0x1A,0x2A,0x2A,0x2A,0x44,0x00,0x00,
44    0x00,0x00,0x00,0x30,0x48,0x48,0x48,0x50,0x6E,0xA4,0x94,0x88,0x89,0x76,0x00,0x00,
45    0x00,0x60,0x60,0x20,0xC0,0x00,0x00,0x00,0x00,0x00,0x00,0x00,0x00,0x00,0x00,0x00,
46    0x00,0x02,0x04,0x08,0x08,0x10,0x10,0x10,0x10,0x10,0x10,0x08,0x08,0x04,0x02,0x00,
47    0x00,0x40,0x20,0x10,0x10,0x08,0x08,0x08,0x08,0x08,0x08,0x10,0x10,0x20,0x40,0x00,
48    0x00,0x00,0x00,0x00,0x10,0x10,0xD6,0x38,0x38,0xD6,0x10,0x10,0x00,0x00,0x00,0x00,
49    0x00,0x00,0x00,0x00,0x10,0x10,0x10,0x10,0xFE,0x10,0x10,0x10,0x10,0x00,0x00,0x00,
50    0x00,0x00,0x00,0x00,0x00,0x00,0x00,0x00,0x00,0x00,0x00,0x00,0x60,0x60,0x20,0xC0,
51    0x00,0x00,0x00,0x00,0x00,0x00,0x00,0x00,0x7F,0x00,0x00,0x00,0x00,0x00,0x00,0x00,
52    0x00,0x00,0x00,0x00,0x00,0x00,0x00,0x00,0x00,0x00,0x00,0x00,0x60,0x60,0x00,0x00,
53    0x00,0x00,0x01,0x02,0x02,0x04,0x04,0x08,0x08,0x10,0x10,0x20,0x20,0x40,0x40,0x00,
54    0x00,0x00,0x00,0x18,0x24,0x42,0x42,0x42,0x42,0x42,0x42,0x42,0x24,0x18,0x00,0x00,
55    0x00,0x00,0x00,0x10,0x70,0x10,0x10,0x10,0x10,0x10,0x10,0x10,0x10,0x7C,0x00,0x00,
56    0x00,0x00,0x00,0x3C,0x42,0x42,0x42,0x04,0x04,0x08,0x10,0x20,0x42,0x7E,0x00,0x00,
57    0x00,0x00,0x00,0x3C,0x42,0x42,0x04,0x18,0x04,0x02,0x02,0x42,0x44,0x38,0x00,0x00,
58    0x00,0x00,0x00,0x04,0x0C,0x14,0x24,0x24,0x44,0x44,0x7E,0x04,0x04,0x1E,0x00,0x00,
59    0x00,0x00,0x00,0x7E,0x40,0x40,0x40,0x58,0x64,0x02,0x02,0x42,0x44,0x38,0x00,0x00,
60    0x00,0x00,0x00,0x1C,0x24,0x40,0x40,0x58,0x64,0x42,0x42,0x42,0x24,0x18,0x00,0x00,
61    0x00,0x00,0x00,0x7E,0x44,0x44,0x08,0x08,0x10,0x10,0x10,0x10,0x10,0x10,0x00,0x00,
62    0x00,0x00,0x00,0x3C,0x42,0x42,0x42,0x24,0x18,0x24,0x42,0x42,0x42,0x3C,0x00,0x00,
63    0x00,0x00,0x00,0x18,0x24,0x42,0x42,0x42,0x26,0x1A,0x02,0x02,0x24,0x38,0x00,0x00,
64    0x00,0x00,0x00,0x00,0x00,0x00,0x18,0x18,0x00,0x00,0x00,0x00,0x18,0x18,0x00,0x00,
65    0x00,0x00,0x00,0x00,0x00,0x00,0x00,0x10,0x00,0x00,0x00,0x00,0x00,0x10,0x10,0x20,
66    0x00,0x00,0x00,0x02,0x04,0x08,0x10,0x20,0x40,0x20,0x10,0x08,0x04,0x02,0x00,0x00,
67    0x00,0x00,0x00,0x00,0x00,0x00,0xFE,0x00,0x00,0x00,0xFE,0x00,0x00,0x00,0x00,0x00,
68    0x00,0x00,0x00,0x40,0x20,0x10,0x08,0x04,0x02,0x04,0x08,0x10,0x20,0x40,0x00,0x00,
69    0x00,0x00,0x00,0x3C,0x42,0x42,0x62,0x02,0x04,0x08,0x08,0x00,0x18,0x18,0x00,0x00,
70    0x00,0x00,0x00,0x38,0x44,0x5A,0xAA,0xAA,0xAA,0xAA,0xB4,0x42,0x44,0x38,0x00,0x00,
71    0x00,0x00,0x00,0x10,0x10,0x18,0x28,0x28,0x24,0x3C,0x44,0x42,0x42,0xE7,0x00,0x00,
72    0x00,0x00,0x00,0xF8,0x44,0x44,0x44,0x78,0x44,0x42,0x42,0x42,0x44,0xF8,0x00,0x00,
73    0x00,0x00,0x00,0x3E,0x42,0x42,0x80,0x80,0x80,0x80,0x80,0x42,0x44,0x38,0x00,0x00,
```

```
74    0x00,0x00,0x00,0xF8,0x44,0x42,0x42,0x42,0x42,0x42,0x42,0x42,0x44,0xF8,0x00,0x00,
75    0x00,0x00,0x00,0xFC,0x42,0x48,0x48,0x78,0x48,0x48,0x40,0x42,0x42,0xFC,0x00,0x00,
76    0x00,0x00,0x00,0xFC,0x42,0x48,0x48,0x78,0x48,0x48,0x40,0x40,0x40,0xE0,0x00,0x00,
77    0x00,0x00,0x00,0x3C,0x44,0x44,0x80,0x80,0x80,0x8E,0x84,0x44,0x44,0x38,0x00,0x00,
78    0x00,0x00,0x00,0xE7,0x42,0x42,0x42,0x42,0x7E,0x42,0x42,0x42,0x42,0xE7,0x00,0x00,
79    0x00,0x00,0x00,0x7C,0x10,0x10,0x10,0x10,0x10,0x10,0x10,0x10,0x10,0x7C,0x00,0x00,
80    0x00,0x00,0x00,0x3E,0x08,0x08,0x08,0x08,0x08,0x08,0x08,0x08,0x08,0x08,0x88,0xF0,
81    0x00,0x00,0x00,0xEE,0x44,0x48,0x50,0x70,0x50,0x48,0x48,0x44,0x44,0xEE,0x00,0x00,
82    0x00,0x00,0x00,0xE0,0x40,0x40,0x40,0x40,0x40,0x40,0x40,0x40,0x42,0xFE,0x00,0x00,
83    0x00,0x00,0x00,0xEE,0x6C,0x6C,0x6C,0x6C,0x54,0x54,0x54,0x54,0x54,0xD6,0x00,0x00,
84    0x00,0x00,0x00,0xC7,0x62,0x62,0x52,0x52,0x4A,0x4A,0x4A,0x46,0x46,0xE2,0x00,0x00,
85    0x00,0x00,0x00,0x38,0x44,0x82,0x82,0x82,0x82,0x82,0x82,0x44,0x38,0x00,0x00,0x00,
86    0x00,0x00,0x00,0xFC,0x42,0x42,0x42,0x42,0x7C,0x40,0x40,0x40,0x40,0xE0,0x00,0x00,
87    0x00,0x00,0x00,0x38,0x44,0x82,0x82,0x82,0x82,0x82,0xB2,0xCA,0x4C,0x38,0x06,0x00,
88    0x00,0x00,0x00,0xFC,0x42,0x42,0x42,0x7C,0x48,0x48,0x44,0x44,0x42,0xE3,0x00,0x00,
89    0x00,0x00,0x00,0x3E,0x42,0x42,0x40,0x20,0x18,0x04,0x02,0x42,0x42,0x7C,0x00,0x00,
90    0x00,0x00,0x00,0xFE,0x92,0x10,0x10,0x10,0x10,0x10,0x10,0x10,0x10,0x38,0x00,0x00,
91    0x00,0x00,0x00,0xE7,0x42,0x42,0x42,0x42,0x42,0x42,0x42,0x42,0x42,0x3C,0x00,0x00,
92    0x00,0x00,0x00,0xE7,0x42,0x42,0x44,0x24,0x24,0x28,0x28,0x18,0x10,0x10,0x00,0x00,
93    0x00,0x00,0x00,0xD6,0x92,0x92,0x92,0x92,0xAA,0xAA,0x6C,0x44,0x44,0x44,0x00,0x00,
94    0x00,0x00,0x00,0xE7,0x42,0x24,0x24,0x18,0x18,0x18,0x24,0x24,0x42,0xE7,0x00,0x00,
95    0x00,0x00,0x00,0xEE,0x44,0x44,0x28,0x28,0x10,0x10,0x10,0x10,0x10,0x38,0x00,0x00,
96    0x00,0x00,0x00,0x7E,0x84,0x04,0x08,0x08,0x10,0x20,0x20,0x42,0x42,0xFC,0x00,0x00,
97    0x00,0x1E,0x10,0x10,0x10,0x10,0x10,0x10,0x10,0x10,0x10,0x10,0x10,0x10,0x1E,0x00,
98    0x00,0x00,0x40,0x40,0x20,0x20,0x10,0x10,0x10,0x08,0x08,0x04,0x04,0x04,0x02,0x02,
99    0x00,0x78,0x08,0x08,0x08,0x08,0x08,0x08,0x08,0x08,0x08,0x08,0x08,0x08,0x78,0x00,
100   0x00,0x1C,0x22,0x00,0x00,0x00,0x00,0x00,0x00,0x00,0x00,0x00,0x00,0x00,0x00,0x00,
101   0x00,0x00,0x00,0x00,0x00,0x00,0x00,0x00,0x00,0x00,0x00,0x00,0x00,0x00,0x00,0xFF,
102   0x00,0x60,0x10,0x00,0x00,0x00,0x00,0x00,0x00,0x00,0x00,0x00,0x00,0x00,0x00,0x00,
103   0x00,0x00,0x00,0x00,0x00,0x00,0x00,0x3C,0x42,0x1E,0x22,0x42,0x42,0x3F,0x00,0x00,
104   0x00,0x00,0x00,0xC0,0x40,0x40,0x40,0x58,0x64,0x42,0x42,0x42,0x64,0x58,0x00,0x00,
105   0x00,0x00,0x00,0x00,0x00,0x00,0x00,0x1C,0x22,0x40,0x40,0x40,0x22,0x1C,0x00,0x00,
106   0x00,0x00,0x00,0x06,0x02,0x02,0x02,0x1E,0x22,0x42,0x42,0x42,0x26,0x1B,0x00,0x00,
107   0x00,0x00,0x00,0x00,0x00,0x00,0x3C,0x42,0x7E,0x40,0x40,0x42,0x3C,0x00,0x00,
108   0x00,0x00,0x00,0x0F,0x11,0x10,0x10,0x7E,0x10,0x10,0x10,0x10,0x10,0x7C,0x00,0x00,
109   0x00,0x00,0x00,0x00,0x00,0x00,0x3E,0x44,0x44,0x38,0x40,0x3C,0x42,0x42,0x3C,
110   0x00,0x00,0x00,0xC0,0x40,0x40,0x40,0x5C,0x62,0x42,0x42,0x42,0x42,0xE7,0x00,0x00,
111   0x00,0x00,0x00,0x30,0x30,0x00,0x00,0x70,0x10,0x10,0x10,0x10,0x10,0x7C,0x00,0x00,
112   0x00,0x00,0x00,0x0C,0x0C,0x00,0x00,0x1C,0x04,0x04,0x04,0x04,0x04,0x04,0x44,0x78,
113   0x00,0x00,0x00,0xC0,0x40,0x40,0x40,0x4E,0x48,0x50,0x68,0x48,0x44,0xEE,0x00,0x00,
114   0x00,0x00,0x00,0x70,0x10,0x10,0x10,0x10,0x10,0x10,0x10,0x10,0x10,0x7C,0x00,0x00,
115   0x00,0x00,0x00,0x00,0x00,0x00,0xFE,0x49,0x49,0x49,0x49,0x49,0x49,0xED,0x00,0x00,
116   0x00,0x00,0x00,0x00,0x00,0x00,0xDC,0x62,0x42,0x42,0x42,0x42,0x42,0xE7,0x00,0x00,
117   0x00,0x00,0x00,0x00,0x00,0x00,0x3C,0x42,0x42,0x42,0x42,0x42,0x3C,0x00,0x00,
118   0x00,0x00,0x00,0x00,0x00,0x00,0xD8,0x64,0x42,0x42,0x42,0x44,0x78,0x40,0xE0,
119   0x00,0x00,0x00,0x00,0x00,0x00,0x1E,0x22,0x42,0x42,0x42,0x22,0x1E,0x02,0x07,
120   0x00,0x00,0x00,0x00,0x00,0x00,0xEE,0x32,0x20,0x20,0x20,0x20,0xF8,0x00,0x00,
121   0x00,0x00,0x00,0x00,0x00,0x00,0x3E,0x42,0x40,0x3C,0x02,0x42,0x7C,0x00,0x00,
122   0x00,0x00,0x00,0x00,0x00,0x10,0x10,0x7C,0x10,0x10,0x10,0x10,0x10,0x0C,0x00,0x00,
123   0x00,0x00,0x00,0x00,0x00,0x00,0xC6,0x42,0x42,0x42,0x42,0x46,0x3B,0x00,0x00,
124   0x00,0x00,0x00,0x00,0x00,0x00,0xE7,0x42,0x24,0x24,0x28,0x10,0x10,0x00,0x00,
125   0x00,0x00,0x00,0x00,0x00,0x00,0xD7,0x92,0x92,0xAA,0xAA,0x44,0x44,0x00,0x00,
126   0x00,0x00,0x00,0x00,0x00,0x00,0x6E,0x24,0x18,0x18,0x18,0x24,0x76,0x00,0x00,
127   0x00,0x00,0x00,0x00,0x00,0x00,0xE7,0x42,0x24,0x24,0x28,0x18,0x10,0x10,0xE0,
128   0x00,0x00,0x00,0x00,0x00,0x00,0x7E,0x44,0x08,0x10,0x10,0x22,0x7E,0x00,0x00,
129   0x00,0x03,0x04,0x04,0x04,0x04,0x04,0x08,0x04,0x04,0x04,0x04,0x04,0x04,0x03,0x00,
130   0x08,0x08,0x08,0x08,0x08,0x08,0x08,0x08,0x08,0x08,0x08,0x08,0x08,0x08,0x08,0x08,
131   0x00,0x60,0x10,0x10,0x10,0x10,0x10,0x08,0x10,0x10,0x10,0x10,0x10,0x10,0x60,0x00,
132   0x30,0x4C,0x43,0x00,0x00,0x00,0x00,0x00,0x00,0x00,0x00,0x00,0x00,0x00,0x00,0x00,
133   0x00,0x00,0x00,0x00,0x00,0x00,0x00,0x00,0x00,0x00,0x00,0x00,0x00,0x00,0x00,0x00};
134
```

```
135     const Int08U HZ16X16[4 * 16 * 2] = {      // 16 * 2 = 32B/HZ
136     0x00,0x00,0x23,0xF8,0x12,0x08,0x12,0x08,0x83,0xF8,0x42,0x08,0x42,0x08,0x13,0xF8,
137     0x10,0x00,0x27,0xFC,0xE4,0xA4,0x24,0xA4,0x24,0xA4,0x24,0xA4,0x2F,0xFE,0x00,0x00, /
* "温",0 * /
138     0x01,0x00,0x00,0x80,0x3F,0xFE,0x22,0x20,0x22,0x20,0x3F,0xFC,0x22,0x20,0x22,0x20,
139     0x23,0xE0,0x20,0x00,0x2F,0xF0,0x24,0x10,0x42,0x20,0x41,0xC0,0x86,0x30,0x38,0x0E, /
* "度",1 * /
140     0x00,0x00,0x00,0x00,0x00,0x00,0x00,0x00,0x00,0x00,0x00,0x00,0x00,0x00,0x00,0x00,
141     0x00,0x00,0x30,0x00,0x30,0x00,0x00,0x00,0x30,0x00,0x30,0x00,0x00,0x00,0x00,0x00, /
* ":",2 * /
142     0x60,0x00,0x91,0xF4,0x96,0x0C,0x6C,0x04,0x08,0x04,0x18,0x00,0x18,0x00,0x18,0x00,
143     0x18,0x00,0x18,0x00,0x18,0x00,0x08,0x00,0x0C,0x04,0x06,0x08,0x01,0xF0,0x00,0x00/
* "C",3 * /
144     };
```

第 5～133 行定义了 128 个 ASCII 的 16×8 点阵数组 ASC16X8，ASC16X8 为二元数组，共 128 行 16 列，每行对应着一个字符，第 i 行对应着 ASCII 值为 i 的字符的点阵。

第 135～144 行定义了"温度：℃"等 4 个汉字符号的 16×16 点阵数据 HZ16X16。

上述两个点阵数组均使用软件 PCtoLCD2002 生成。

（3）修改 includes. h 文件，如程序段 9-7 所示。

程序段 9-7　文件 includes. h

```
1      //Filename: includes. h
2
3      # include "stm32f10x. h"
4      # define ARM_MATH_CM3
5      # include "arm_math. h"
6
7      # include "vartypes. h"
8      # include "bsp. h"
9      # include "led. h"
10     # include "key. h"
11     # include "exti. h"
12     # include "beep. h"
13     # include "zlg7289. h"
14     # include "systick. h"
15     # include "wwdog. h"
16     # include "rtc. h"
17     # include "tim2. h"
18     # include "uart2. h"
19     # include "lcd. h"
20     # include "ds18b20. h"
```

对比程序段 7-3，程序段 9-7 添加了第 4～5 行和第 19～20 行，第 4 行宏定义 ARM_MATH_CM3 常量，第 5 行包括头文件 arm_math. h，在程序段 9-1 所示文件 lcd. c 中应用的函数 arm_cos_f32 等的声明位于头文件 arm_math. h 中，第 4 行的宏常量表示所用的处理器为 Cortex-M3，用于指示头文件 arm_math. h 中那些属于 Cortex-M3 内核的函数是可用的，而其他的函数（例如属于 Cortex-M0、Cortex-M4 和 Cortex-M7 的）是不可见的。第 19、20 行包括 LCD 屏显示操作和温度传感器 DS18B20 相关的头文件 lcd. h 和 ds18b20. h。

（4）修改 bsp. c 文件，如程序段 9-8 所示。

程序段 9-8　文件 bsp. c

```
1      //Filename: bsp. c
2
3      # include "includes. h"
4
```

```
 5    void BSPInit(void)
 6    {
 7        LEDInit();
 8        KEYInit();
 9        EXTIKeyInit();
10        BEEPInit();
11        My7289Init();
12        SysTickInit();
13        //WWDOGInit();
14        RTCInit();
15        TIM2Init();
16        UART2Init();
17        My18B20Init();
18        MyLCDInit();
19    }
```

对比程序段 7-4,程序段 9-8 添加了第 17、18 行,分别调用函数 My18B20Init 和 LCDInit 对温度传感器 DS18B20 和 LCD 屏进行初始化。

(5) 修改 main.c 文件,如程序段 9-9 所示。

程序段 9-9   文件 main.c

```
 1    //Filename: main.c
 2
 3    # include "stdio.h"
 4    # include "includes.h"
 5
 6    Int16U t;
 7    Int08U v[4];
 8
 9    int main(void)
10    {
11      char str[10];
12
13      BSPInit();
14
15      MySetPenColor(0xFF,0xFF,0xFF);
16      MyPrintString(30,40,(Int08U * )"Hello World!",12);
17      MyPrintHZWenDu(30,60);
18
```

第 6 行定义变量 t 用于保存温度值。第 7 行定义数组 v,具有 4 个元素,依次用于保存温度值的十位数字、个位数字、十分位数字和百分位数字。第 11 行定义字符数组 str,用于保存字符串形式的温度值。第 15 行设置画笔颜色为黑色。第 16 行在 LCD 屏的(30,40)坐标处输出字符串"Hello World!"。第 17 行在(30,60)处输出"温度: ℃"。

```
19        for(;;)
20        {
21            t = My18B20ReadT();
22            v[0] = (t >> 8)/10;
23            v[1] = (t >> 8) % 10;
24            v[2] = (t & 0x0FF) /10;
25            v[3] = (t & 0x0FF) % 10;         //v[0]v[1].v[2]v[3]
26            if(v[0] == 0)
27            {
28                sprintf(str," % d. % d% d",v[1],v[2],v[3]);
29            }
30            else
31            {
```

```
32              sprintf(str,"%d%d.%d%d",v[0],v[1],v[2],v[3]);
33          }
34          MyPrintString(30+48,60,(Int08U *)str,15);
35
36      }
37  }
```

在第19~36行的无限循环体内部,第21行读取DS18B20的温度值,赋给变量t;第22~25行将温度值的十位、个位、十分位和百分位上的数字保存在数组v中。如果温度的十位数字为0(第26行为真),则第28行将温度值格式表示为形式"#.##";否则,第32行将温度值格式表示为"#.##"字符串。第34行在(30+48,60)坐标处输出温度值。

(6) 将文件ds18b20.c和lcd.c添加到工程管理器的BSP分组下。建设好的工程PRJ25如图9-7所示。

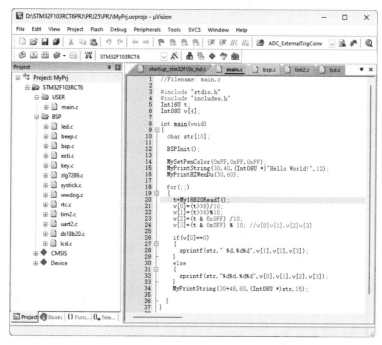

图9-7 工程PRJ25工作窗口

在图9-7中,编译链接并运行工程PRJ25,LCD屏的显示如图9-8所示。

改变环境温度,可以看到图9-8中的显示温度结果与环境同步变化。

9.3.2 库函数类型实例

在工程PRJ16的基础上,新建工程PRJ26,保存在D:\STM32F103RCT6PRJ\PRJ26目录下,此时的工程PRJ26与工程PRJ16完全相同,然后,进行下面的设计工作。

(1) 新建文件lcd.c,lcd.h,ds18b20.c和ds18b20.h,保存在目录D:\STM32F103RCT6PRJ\PRJ26\BSP下,其中,lcd.h文件如程序段9-5所示,ds18b20.h文件如程序段9-4所示,文

视频讲解

图9-8 LCD屏的显示结果

件 lcd.c 和 ds18b20.c 如程序段 9-10 和程序段 9-11 所示,这里仅对新出现的库函数进行说明,不再详细说明各个函数模块的作用。

程序段 9-10　文件 lcd.c

```
1    //Filename: lcd.c
2
3    # include "includes.h"
4    # include "textlib.h"
5
6    # define CSLow   GPIO_ResetBits(GPIOA,GPIO_Pin_5)    //PA5
7    # define CSHigh  GPIO_SetBits(GPIOA,GPIO_Pin_5)
8    # define DCLow   GPIO_ResetBits(GPIOA,GPIO_Pin_1)    //PA1
9    # define DCHigh  GPIO_SetBits(GPIOA,GPIO_Pin_1)
10   # define WRLow   GPIO_ResetBits(GPIOA,GPIO_Pin_4)    //PA4
11   # define WRHigh  GPIO_SetBits(GPIOA,GPIO_Pin_4)
12   # define RDLow   GPIO_ResetBits(GPIOD,GPIO_Pin_1)    //PD1
13   # define RDHigh  GPIO_SetBits(GPIOD,GPIO_Pin_1)
14
15   volatile Int08U MyPenColor[3],MyBKColor[3];
16
17   void MyLCDInit(void)
18   {
19     GPIO_InitTypeDef g;
20     RCC_APB2PeriphClockCmd(RCC_APB2Periph_GPIOA|RCC_APB2Periph_GPIOC|RCC_APB2Periph_
GPIOD, ENABLE);
21
22     g.GPIO_Pin = GPIO_Pin_All;
23     g.GPIO_Mode = GPIO_Mode_Out_PP;
24     g.GPIO_Speed = GPIO_Speed_10MHz;
25     GPIO_Init(GPIOC, &g);                          //PC - Output
26
```

第 20 行打开 PA 口、PC 口和 PD 口的时钟。第 22~25 行将 PC 口配置为输出口。

```
27     g.GPIO_Pin = GPIO_Pin_1 | GPIO_Pin_4 | GPIO_Pin_5;
28     g.GPIO_Mode = GPIO_Mode_Out_PP;
29     g.GPIO_Speed = GPIO_Speed_10MHz;
30     GPIO_Init(GPIOA, &g);                          //PA1,4,5 - Output
31
```

第 27~30 行将 PA1 口、PA4 口和 PA5 口配置为输出口。

```
32     g.GPIO_Pin = GPIO_Pin_0 | GPIO_Pin_1;
33     g.GPIO_Mode = GPIO_Mode_Out_PP;
34     g.GPIO_Speed = GPIO_Speed_10MHz;
35     GPIO_Init(GPIOD, &g);                          //PD1 - Output,PD0 -- output
36
37     GPIO_SetBits(GPIOD,GPIO_Pin_0);
38
```

第 32~36 行将 PD0 口、PD1 口配置为输出口。第 37 行设置 PD0 为高电平,即打开 LCD 屏背光灯。

```
39     MyLCDReady();
40     MySetBKColor(0x00,0x00,0x00);
41     MyLCDClr();
42     MyLCDReginClr(0,0,239,319);
43   }
44
45   void MyBKLightOn(void)                           //Background Light ON
46   {
47     GPIO_SetBits(GPIOD,GPIO_Pin_0);                //Light LCD
```

```
48        }
49
```

第 47 行配置 PD0 为高电平，打开 LCD 屏背光灯。

```
50     void MyBKLightOff(void)                          //Background Light Off
51     {
52        GPIO_ResetBits(GPIOD,GPIO_Pin_0);
53     }
54
```

第 52 行配置 PD0 为低电平，关闭 LCD 屏背光灯。

```
55     void My1289Delay(int t)                          //Delay t/5 us
56     {
57        volatile int a;
58        a = t;
59        while(( -- a)> = 0);
60     }
61
62     void My1289WrRegNo(Int16U regno)
63     {
64        DCLow;RDHigh;WRHigh;CSHigh;
65        WRLow;CSLow;
66        GPIO_Write(GPIOC,regno);
67        CSHigh;WRHigh;
68     }
69
```

第 74 行通过 PC 口向 LCD 屏输出寄存器号 regno。

```
70     void My1289WrRegDat(Int16U dat)
71     {
72        DCHigh;RDHigh;WRHigh;CSHigh;
73        WRLow;CSLow;
74        GPIO_Write(GPIOC,dat);
75        CSHigh;WRHigh;
76     }
77
```

第 75 行通过 PC 口向 LCD 屏输出数据 dat。

```
78     Int16U My1289RdRegDat(void)
79     {
80        volatile Int16U res;
81        GPIO_InitTypeDef g;
82        g.GPIO_Pin = GPIO_Pin_All;
83        g.GPIO_Mode = GPIO_Mode_IPU;
84        g.GPIO_Speed = GPIO_Speed_10MHz;
85        GPIO_Init(GPIOC, &g);                         //PC - Input
86
87        DCHigh;WRHigh;RDHigh;CSHigh;
88        RDLow;CSLow;
89        CSHigh;WRHigh;
90        res = GPIO_ReadInputData(GPIOC);
91
92        g.GPIO_Pin = GPIO_Pin_All;
93        g.GPIO_Mode = GPIO_Mode_Out_PP;
94        g.GPIO_Speed = GPIO_Speed_10MHz;
95        GPIO_Init(GPIOC, &g);                         //PC - Output
96        return res;
97     }
98
```

第 81~85 行配置 PC 口为输入口；第 90 行从 PC 口读入数据赋给变量 res；第 92~95

行配置 PC 口为输出口。

此处省略的第 99~416 行与程序段 9-2 的第 81~398 行完全相同。

程序段 9-11 　文件 **ds18b20.c**

```
1    //Filename: ds18b20.c
2
3    # include "includes.h"
4
5    void My18B20Init(void)                           //PB0
6    {
7      RCC_APB2PeriphClockCmd(RCC_APB2Periph_GPIOB,ENABLE);//使能 PB 时钟
8      GPIO_InitTypeDef g;
9      g.GPIO_Pin = GPIO_Pin_0;
10     g.GPIO_Mode = GPIO_Mode_Out_PP;
11     g.GPIO_Speed = GPIO_Speed_10MHz;
12     GPIO_Init(GPIOB, &g);                          //PB0 as output
13   }
14
```

第 7 行打开 PB 口时钟。第 8~12 行配置 PB0 为输出口。

```
15   volatile const Int08U CRCTable[256] = {          //CRC8(Little-endian)
```

此处省略的第 16~31 行与程序段 9-3 的第 12~27 行相同。

```
32   };
33
34   void  My18B20Delay(int t)                        //Wait t/5 us
35   {
36     volatile int a;
37     a = t;
38     while((--a)>0);
39   }
40
41   Int08U My18B20Reset(void)
42   {
43       volatile Int08U flag = 1u;
44       GPIO_InitTypeDef g;
45       g.GPIO_Pin = GPIO_Pin_0;
46       g.GPIO_Mode = GPIO_Mode_Out_PP;
47       g.GPIO_Speed = GPIO_Speed_10MHz;
48       GPIO_Init(GPIOB, &g);                         //PB0 as output
49
50       GPIO_SetBits(GPIOB,GPIO_Pin_0);               //DQ = 1
51       GPIO_ResetBits(GPIOB,GPIO_Pin_0);             //DQ = 0
52       My18B20Delay(480 * 5);                        //Delay 480us
53
54       g.GPIO_Pin = GPIO_Pin_0;
55       g.GPIO_Mode = GPIO_Mode_IPD;
56       GPIO_Init(GPIOB, &g);                         //PB0 as input
57       My18B20Delay(60 * 5);                         //Delay 60us
58       flag = GPIO_ReadInputDataBit(GPIOB,GPIO_Pin_0);
59
60       My18B20Delay(420 * 5);                        //Delay 420us
61       return (flag);
62   }
63
```

第 44~48 行将 PB0 配置为输出口；第 50 行将 PB0 设为高电平；第 51 行将 PB0 设为低电平。第 54~56 行将 PB0 配置为输入口，第 58 行读 PB0 的值。

```
64   void  My18B20WrChar(Int08U dat)
```

```
65      {
66          volatile Int08U i;
67          GPIO_InitTypeDef g;
68          g.GPIO_Pin = GPIO_Pin_0;
69          g.GPIO_Mode = GPIO_Mode_Out_PP;
70          g.GPIO_Speed = GPIO_Speed_10MHz;
71          GPIO_Init(GPIOB, &g);                    //PB0 as output
72
```

第 67～72 行配置 PB0 口为输出口。

```
73          for(i = 0;i < 8;i++)
74          {
75                  GPIO_SetBits(GPIOB,GPIO_Pin_0);         //DQ = 1
76                  GPIOB -> BRR = (1uL << 0);              //DQ = 0
77                  My18B20Delay(2 * 5);                    //Delay 2us
78                  if((dat & 0x01) == 0x01)
79                  {
80                          GPIO_SetBits(GPIOB,GPIO_Pin_0); //DQ = 1
81                  }
82                  else
83                  {
84                          GPIO_ResetBits(GPIOB,GPIO_Pin_0);    //DQ = 0
85                  }
86                  My18B20Delay(58 * 5);                   //Delay 58us
87
88                  GPIO_SetBits(GPIOB,GPIO_Pin_0);         //DQ = 1
89                  dat = dat >> 1;
90          }
91      }
92
```

第 75 行将 PB0 口置 1；第 76 行将 PB0 清零。

```
93      Int08U My18B20RdChar(void)
94      {
95              volatile Int08U i,dat = 0;
96              for (i = 0;i < 8;i++)
97              {
98                  GPIO_InitTypeDef g;
99                  g.GPIO_Pin = GPIO_Pin_0;
100                 g.GPIO_Mode = GPIO_Mode_Out_PP;
101                 g.GPIO_Speed = GPIO_Speed_10MHz;
102                 GPIO_Init(GPIOB, &g);               //PB0 as output
103
```

第 98～102 行配置 PB0 为输出口。

```
104                 GPIO_SetBits(GPIOB,GPIO_Pin_0);        //DQ = 1
105                 GPIO_ResetBits(GPIOB,GPIO_Pin_0);      //DQ = 0
106                 dat >> = 1;
107                 My18B20Delay(2 * 5);                   //Delay 2us
108
109                 g.GPIO_Pin = GPIO_Pin_0;
110                 g.GPIO_Mode = GPIO_Mode_IPD;
111                 GPIO_Init(GPIOB, &g);                  //PB0 as input
112
113                 My18B20Delay(6 * 5);                   //Delay 6us
114                 if(GPIO_ReadInputDataBit(GPIOB,GPIO_Pin_0))
115                 {
116                     dat | = 0x80;
117                 }
118                 else
```

```
119                 {
120                     dat &= 0x7F;
121                 }
122                 My18B20Delay(52 * 5);                    //Delay 52us
123         }
124     return (dat);
125 }
126
```

第 109~111 行配置 PB0 为输入口,第 114 行读 PB0 的值,如果读出 1,则执行第 116 行;否则,执行第 120 行。

```
127   void   My18B20Ready(void)
128   {
129     GPIO_InitTypeDef g;
130     My18B20Reset();
131     My18B20WrChar(0xCC);
132     My18B20WrChar(0x44);
133
134     g.GPIO_Pin = GPIO_Pin_0;
135     g.GPIO_Mode = GPIO_Mode_IPD;
136     GPIO_Init(GPIOB, &g);                               //PB0 as input
137     while(GPIO_ReadInputDataBit(GPIOB,GPIO_Pin_0) == 0);   //Wait Until Conversion End
138
139     My18B20Reset();
140     My18B20WrChar(0xCC);
141     My18B20WrChar(0xBE);
142   }
143
```

第 127~142 行为 My18B20Ready 函数,其中,第 134~136 行配置 PB0 为输入口,第 137 行读 PB0 的值,直到读到 1 为止,表示 DS18B20 温度转换完成。

下面省略了的第 144~173 行与程序段 9-3 中的第 119~148 行相同。

（2）新建文件 textlib.h,保存在目录 D:\STM32F103RCT6PRJ\PRJ26\BSP 下,其代码如程序段 9-6 所示。

（3）修改 includes.h 文件,如程序段 9-7 所示。

（4）修改 bsp.c 文件,如程序段 9-8 所示。

（5）修改 main.c 文件,如程序段 9-9 所示。

（6）将文件 lcd.c 和 ds18b20.c 添加到工程管理器的 BSP 分组下,即完成工程 PRJ26 的建设,工程 PRJ26 的执行情况与工程 PRJ25 完成相同,不再赘述。

▛ 9.4 小结 ◆

本章详细介绍了 STM32F103RCT6 驱动 TFT 型 LCD 显示屏的工作原理与程序设计方法,并介绍了温度传感器 DS18B20 的访问方法。本章仅展示了英文字符串和汉字的显示技术,建议读者在本章学习的基础上,进行创建汉字库和借助汉字库显示汉字的工作,可将 16×16 点阵汉字库和 32×32 点阵汉字库存入 STM32F103RCT6 开发板的 W25Q64 存储器中,建议字库的首地址为 0x8000,可参考文献[5]中的方法。在工程 PRJ25 中集成了画点、画线、画矩形和画圆的函数,为了节省篇幅,大部分函数没有考虑边界裁剪处理,可以在此基础上,进一步开发一些实用的绘图函数,尝试编写出一些支持 BMP、GIF 和 JPEG 格式的图像显示函数。

此外,后续第 2 篇的工程在本章的工程 PRJ26 的基础上进行建设,建议读者在精通工程 PRJ26 的前提下,再开展后续篇章的学习。第 1 篇在学习的过程中,需要自始至终参考 STM32F103 用户参考手册和芯片手册,以弥补本书中对寄存器描述欠详尽的不足之处。还需强调的是,限于本书篇幅和教学学时,第 2 篇内容选材上起点稍高,对于初学者而言,建议补习参考文献[3,4]中的一些入门知识。文献[1]偏重介绍 μC/OS-Ⅱ 的诸个系统函数,是 μC/OS-Ⅱ 作者 J. J. Labrosse 的英文原版,版本是 v2.52;参考文献[3]是全面介绍 μC/OS-Ⅱ 内核工作原理的书,版本号是 v2.86;文献[4]讲述基于 LPC1788 和 μC/OS-Ⅲ 进行应用程序设计的方法;文献[6]给出了基于 μC/OS-Ⅱ 系统的大量实例;文献[8]的内容与本书第 2 篇的内容有重叠部分,基于正点原子 STM32F103 开发板讲述用户任务和重要组件的应用技术。

习题

1. 简要回答 LCD 显示模块的组成?

2. 简要说明 LCD 显示器的工作原理。

3. 详细说明 DS18B20 温度传感器的数据访问方法。

4. 编写寄存器类型工程实现 LCD 屏显示温度信息功能,使用英文界面。

5. 编写库函数类型工程实现 LCD 屏显示温度信息功能,使用中文界面。

6. 编写工程实现 LCD 屏动态显示信息功能,例如,滚动显示"欢迎加入 STM32F103 之家!"

7. 结合按键和 LCD 屏,编写工程实现简单的"计算器"功能(要求:实现四则运算)。

8. 编写工程使 LCD 屏实现汽车仪表盘,即具有车速、转速、水温、油表和日期显示等功能。

9. 编写工程,借助温度传感器 DS18B20 读取当前环境温度,实现声码器实时播报温度值等功能。

第 **2** 篇

嵌入式实时操作系统 μC/OS-Ⅱ

本篇内容包括第 10~13 章,详细介绍基于嵌入式实时操作系统 μC/OS-Ⅱ 的任务级别的程序设计方法,依次讲述 μC/OS-Ⅱ 系统的文件组成及其在 STM32F103 硬件平台的移植、μC/OS-Ⅱ 用户任务设计方法及其工程框架、μC/OS-Ⅱ 信号量与互斥信号量用法以及 μC/OS-Ⅱ 消息邮箱与消息队列用法等内容。这部分内容结合库函数类型的工程实例进行介绍,重点在于用户任务、信号量与消息邮箱的学习。

注意:本篇内容全部工程必须基于 Keil MDK 5.39 或更高版本的开发环境。

μC/OS-Ⅱ 系统与移植

　　本章将介绍嵌入式实时操作系统 μC/OS-Ⅱ 的系统结构及其在 STM32F103RCT6 开发板上的移植工程,并将阐述 μC/OS-Ⅱ 系统配置与裁剪的方法。μC/OS-Ⅱ 是美国 Micrium 公司推出的开源嵌入式实时操作系统,具有体积小、实时性强和移植能力强的特点。μC/OS-Ⅱ 可以移植到几乎所有的 ARM 微控制器上,那些具有一定 RAM 空间(最好是 8KB 以上)且具有堆栈操作的微控制器均可成功移植。STM32F103RCT6 片上 RAM 空间为 48KB,可以很好地支持 μC/OS-Ⅱ 系统。

　　本章的学习目标:
- 了解 μC/OS-Ⅱ 系统在 STM32F103 上的移植方法;
- 熟悉 μC/OS-Ⅱ 系统配置裁剪方法;
- 掌握 μC/OS-Ⅱ 系统 3 个系统任务的作用。

视频讲解

10.1　μC/OS-Ⅱ 系统移植

　　在工程 PRJ26 的基础上,新建工程 PRJ27,保存在 D:\STM32F103RCT6PRJ\PRJ27 目录下,此时的工程 PRJ27 与工程 PRJ26 完全相同。依次进行下面的设计工作。

　　(1) 在工程 PRJ27 工作窗口(参考后面的图 10-2)中,单击 Manage Run-Time Environment(管理运行环境)快捷按钮,或者选择菜单 Project | Manage | Run-Time Environment…,将弹出如图 10-1 所示对话框。

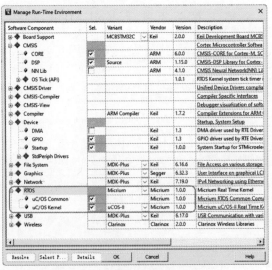

图 10-1　管理运行环境对话框

在图 10-1 中,勾选 uC/OS Kernel 表示选择 μC/OS-Ⅱ 内核,注意:对于 μC/OS-Ⅱ,不用选择 uC/OS Common(这里也勾选了,uC/OS Common 主要为 μC/OS-Ⅲ 服务)。然后,单击 OK 按钮进入图 10-2 所示窗口。

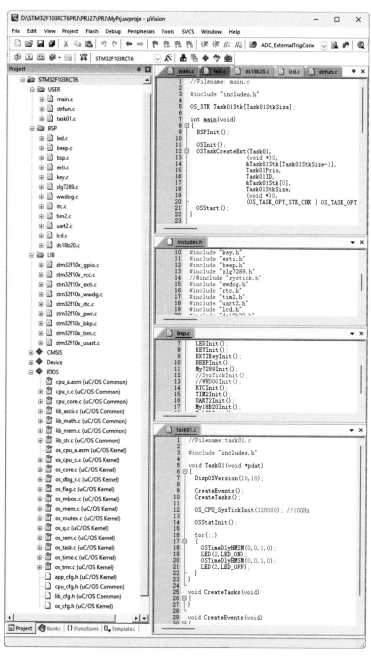

图 10-2　工程 PRJ27 工作窗口

注意:图 10-2 是 μC/OS-Ⅱ 系统移植好后的工程 PRJ27。当在图 10-1 中选择了 RTOS (实时操作系统)后,工程管理器中将自动创建 RTOS 分组。如图 10-2 所示,RTOS 分组下共有 24 个文件,其中 15 个为 μC/OS-Ⅱ 内核文件,带有后缀(uC/OS Kernel);其余 9 个为 μC/OS Common 文件。将在 10.2 节介绍各个内核文件在 μC/OS-Ⅱ 中承担的角色。需要说明的是,除了 app_cfg.h、cpu_cfg.h、lib_cfg.h 和 os_cfg.h 文件外,其余内核文件都被锁定为只读文件(文件图标上有一把小钥匙)。

可见,第一步工作是将 μC/OS-Ⅱ系统文件添加到工程 PRJ27 中。

(2) 在图 10-2 左侧的工程管理器中,右击 STM32F103RCT6,在弹出的快捷菜单中单击 Options for Target"STM32F103RCT6"···Alt+F7,进入图 10-3 所示对话框,在图 10-3 中选择 C/C++选项卡。

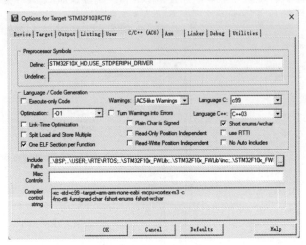

图 10-3　工程选项配置对话框

在图 10-3 中,添加包括路径.\RTE\RTOS,即添加 μC/OS-Ⅱ系统文件所在的路径。

(3) 修改系统启动文件 startup_stm32f10x_hd. s,如程序段 10-1 所示。

程序段 10-1　系统启动文件 startup_stm32f10x_hd. s 中需要修改的部分

```
1                    AREA     RESET, DATA, READONLY
2                    EXPORT   __Vectors
3                    EXPORT   __Vectors_End
4                    EXPORT   __Vectors_Size
5                    IMPORT   OS_CPU_SysTickHandler
6                    IMPORT   OS_CPU_PendSVHandler
7
8     __Vectors      DCD      __initial_sp               ; 堆栈栈顶
9                    DCD      Reset_Handler              ; Reset Handler
10                   DCD      NMI_Handler                ; NMI Handler
11                   DCD      HardFault_Handler          ; Hard Fault Handler
12                   DCD      MemManage_Handler          ; MPU Fault Handler
13                   DCD      BusFault_Handler           ; Bus Fault Handler
14                   DCD      UsageFault_Handler         ; Usage Fault Handler
15                   DCD      0                          ; 保留
16                   DCD      0                          ; 保留
17                   DCD      0                          ; 保留
18                   DCD      0                          ; 保留
19                   DCD      SVC_Handler                ; SVCall Handler
20                   DCD      DebugMon_Handler           ; Debug Monitor Handler
21                   DCD      0                          ; Reserved
22                   DCD      OS_CPU_PendSVHandler        ; PendSV Handler
23                   DCD      OS_CPU_SysTickHandler       ; SysTick Handler
```

在文件 startup_stm32f10x_hd. s 中,先定位到程序段 10-1 第 1 行处(文件中的第 59 行处),然后,在程序段 10-1 中添加第 5、6 行,表示引用外部定义的函数 OS_CPU_SysTickHandler 和 OS_CPU_PendSVHandler,这两个函数定义在 os_cpu_c. c 和 os_cpu_a. asm 文件中;接着,修改第 22 和第 23 行,第 22 行将原来的 PendSV_Handler 替换为 OS_

CPU_PendSVHandler，第 23 行将原来的 SysTick_Handler 替换为 OS_CPU_SysTickHandler。

这一步工作的意义在于，将 PendSV 异常和 SysTick 异常分配给 μC/OS-Ⅱ系统使用，分别用于任务切换和系统节拍处理。

（4）修改文件 app_cfg.h，如程序段 10-2 所示。

程序段 10-2 文件 app_cfg.h

```
1    //Filename: app_cfg.h
2
3    # ifndef   _APP_CFG_H
4    # define   _APP_CFG_H
5
6    # define   OS_TASK_TMR_PRIO    (OS_LOWEST_PRIO－2)
7
8    # ifdef   OS_CPU_GLOBALS
9    # define EXTERN
10   # else
11   # define EXTERN extern
12   # endif
13
14   # endif
15
16   EXTERN unsigned int *  p_stk;
```

在 μC/OS-Ⅱ系统中，文件 app_cfg.h 是用户配置文件，用于定义用户任务的优先级号、声明任务函数和定义任务的堆栈大小等信息。但是，大部分专家只在 app_cfg.h 中定义系统定时器任务的优先级号，本书也秉承了这一原则。第 6 行定义定时器任务的优先级号为（OS_LOWEST_PRIO-2）。第 8~12 行和第 16 行用于定义指针变量 p_stk，该变量被用于文件 os_cpu_c.c 的函数 OSTaskStkInit 中（文件 os_cpu_c.c 中第 258 行），无特殊含义。

这一步工作主要是定义定时器任务的优先级号，定时器任务是系统任务，只需要用户指定优先级号。由于空闲任务的优先级号固定为 OS_LOWEST_PRIO，统计任务的优先级号固定为 OS_LOWEST_PRIO-1，一般地，将定时器任务的优先级号设定为 OS_LOWEST_PRIO-2。

（5）修改 includes.h 文件，如程序段 10-3 所示。

程序段 10-3 文件 includes.h

```
1    //Filename: includes.h
2
3    # include "stm32f10x.h"
4    # define ARM_MATH_CM3
5    # include "arm_math.h"
6
7    # include "vartypes.h"
8    # include "bsp.h"
9    # include "led.h"
10   # include "key.h"
11   # include "exti.h"
12   # include "beep.h"
13   # include "zlg7289.h"
14   //# include "systick.h"
15   # include "wwdog.h"
16   # include "rtc.h"
17   # include "tim2.h"
18   # include "uart2.h"
```

```
19    # include "lcd.h"
20    # include "ds18b20.h"
21
22    # include "strfun.h"
23    # include "ucos_ii.h"
24    # include "task01.h"
```

对比程序段 9-7 可知,程序段 10-3 将第 14 行注释掉,即不再包括 systick.h 头文件,然后添加第 22~24 行,包括了头文件 strfun.h、ucos_ii.h 和 task01.h,其中,strfun.h 和 task01.h 如程序段 10-6 和程序段 10-8 所示。这里的头文件 ucos_ii.h 为 μC/OS-Ⅱ 的系统头文件,声明了 μC/OS-Ⅱ 系统的全部函数和宏常量。

至此,已经实现了 μC/OS-Ⅱ 系统在 STM32F103RCT6 开发板上的移植。Keil MDK 5.39 或更高的版本使得移植 μC/OS-Ⅱ 系统变得异常简单了。后续的工作就是创建用户任务实现所需要的功能了。在 Keil MDK 5.39 中集成的 μC/OS-Ⅱ 系统的版本号为 2.92.11,由于 μC/OS-Ⅲ 已经面世,故 V2.92.11 是 μC/OS-Ⅱ 的最终版本,这个版本已通过了美国联邦航空管理局(FAA)关于 RTCA DO-178B 标准的质量认证,可用于与人生命攸关的、安全性要求苛刻的嵌入式系统中,所以仍然是国内外主流的商业应用操作系统,2012 年美国 NASA 发送到火星上的"好奇号"(Curiosity)机器人就搭载了 μC/OS-Ⅱ 系统。

(6) 修改 main.c 文件,如程序段 10-4 所示。

程序段 10-4 文件 main.c

```
1     //Filename: main.c
2
3     # include "includes.h"
4
5     OS_STK Task01Stk[Task01StkSize];
6
7     int main(void)
8     {
9       BSPInit();
10
11      OSInit();
12      OSTaskCreateExt(Task01,
13                      (void * )0,
14                      &Task01Stk[Task01StkSize - 1],
15                      Task01Prio,
16                      Task01ID,
17                      &Task01Stk[0],
18                      Task01StkSize,
19                      (void * )0,
20                      (OS_TASK_OPT_STK_CHK | OS_TASK_OPT_STK_CLR));
21      OSStart();
22    }
```

在文件 main.c 中,第 5 行定义用户任务 Task01(本书用用户任务函数名表示用户任务名)的堆栈 Task01Stk,堆栈使用 μC/OS-Ⅱ 系统自定义类型 OS_STK 定义的数组表示,对于 STM32F103RCT6 而言,OS_STK 是无符号 32 位整型。

第 9 行调用 BSPInit 初始化 STM32F103RCT6 片内外设。第 11~21 行称为 μC/OS-Ⅱ 系统的启动三部曲:第 11 行调用系统函数 OSInit 初始化 μC/OS-Ⅱ 系统;第 12~20 行为一条语句,调用系统函数 OSTaskCreateExt 创建第一个用户任务,μC/OS-Ⅱ 系统要求至少要创建一个用户任务;第 21 行调用系统函数 OSStart 启动多任务,之后,μC/OS-Ⅱ 系统调度器将按优先级调度策略管理用户任务的执行。

　　这一步的工作在于创建第一个用户任务,此时系统中共有 4 个任务,即空闲任务、统计任务、定时器任务 3 个系统任务和用户任务 Task01,然后,启动多任务,μC/OS-Ⅱ系统调度器将始终使处于就绪态的最高优先级的任务获得 CPU 使用权而去执行。事实上,μC/OS-Ⅱ系统的调度器是极其优秀的调度器,μC/OS-Ⅱ系统最多支持 255 个任务,无论系统中包括多少个任务(必须小于或等于 255),每个任务的调试时间是相同的。

　　需要注意的是,文件 main.c 在第 2 篇的全部工程中都是相同的。如果追求完美的话,可以把第 5 行和第 9 行的代码分别移到头文件 task01.h(用类似于 app_cfg.h 定义 p_stk 的方法定义)和 OSInitHookBegin 函数(OSInit 函数的钩子函数,用于不改变 OSInit 函数的代码而添加新的功能)中。创建用户任务的函数 OSTaskCreateExt 将在第 11 章介绍。

　　(7) 新建文件 strfun.c 和 strfun.h,保存在目录 D:\STM32F103RCT6PRJ\PRJ27\USER 下,其代码如程序段 10-5 和程序段 10-6 所示。

程序段 10-5　文件 strfun.c

```
1    //Filename: strfun.c
2
3    # include "includes.h"
4
5    void Int2String(Int32U v,Int08U * str)
6    {
7      Int32U i;
8      Int08U j,h,d = 0;
9      Int08U * str1, * str2;
10     str1 = str;
11     str2 = str;
12     while(v > 0)
13     {
14         i = v % 10;
15          * str1++ = i + '0';
16         d++;
17         v = v/10;
18     }
19      * str1 = '\0';
20     for(j = 0;j < d/2;j++)
21     {
22         h = * (str2 + j);
23          * (str2 + j) = * (str2 + d - 1 - j);
24          * (str2 + d - 1 - j) = h;
25     }
26   }
27
```

　　第 5~26 行为将整数转换为字符串的函数 Int2String。对于输入的 32 位整数 v,如果 v>0(第 12 行为真),则将其个位数字转换为字符保存在 str1 指向的地址中(第 14、15 行),然后,v 除以 10 的值赋给 v(第 17 行),循环执行第 12~18 行直到 v=0。其中,变量 d 记录转化后的字符串的长度。由于上述操作中,将整数的个位放在字符串的首位置,十位放在字符串的第 2 个位置,以此类推,整数的最高位放在字符串的最后位置,因此,第 20~25 行将字符串中的字符进行了对称置换,使得整数的最高位位于字符串的首位置,而次高位位于字符串的第 2 个位置,以此类推,整数的个位位于字符串的最后位置。

```
28   Int16U LengthOfString(Int08U * str)
29   {
30     Int16U i = 0;
31     while( * str++!= '\0')
```

```
32    {
33        i++;
34    }
35    return i;
36 }
37
```

第28~36行为获取字符串长度的函数 LengthOfString。字符串的末尾为字符 '\0',该函数从字符串首字符开始计数,直到遇到字符 '\0'为止,即为字符串中包含的字符个数。

```
38 void DispOSVersion(Int16U x, Int16U y)
39 {
40     Int08U len, ch[20];                        // 2^32 at most 10 - digit
41     Int16U v;
42     MySetPenColor(0xFF, 0xFF, 0xFF);
43     MySetBKColor(0x00, 0x00, 0x00);
44     v = OSVersion();
45     Int2String(v, ch);
46     MyPrintString(x, y, (Int08U * )"uC/OS - Ⅱ Version:", 20);
47     MyPrintString(x + 18 * 8, y, ch, 1);
48     MyPrintChar(x + 19 * 8, y, '.');
49     MyPrintString(x + 20 * 8, y, &ch[1], 20);
50     len = LengthOfString(ch);
51     MyPrintChar(x + 20 * 8 + (len - 1) * 8, y, '.');
52 }
```

第38~52行为显示使用的 μC/OS-Ⅱ系统版本号的函数 DispOSVersion。该函数在(x,y)坐标处显示"uC/OS-Ⅱ Version:2.9211.",第44行调用系统函数 OSVersion 取得系统版本号为29211,除以10000后的值为真实的版本号。

程序段 10-6　文件 strfun.h

```
1   //Filename: strfun.h
2
3   # include "vartypes.h"
4
5   # ifndef    _STRFUN_H
6   # define    _STRFUN_H
7
8   void Int2String(Int32U v, Int08U * str);
9   Int16U LengthOfString(Int08U * str);
10  void DispOSVersion(Int16U x, Int16U y);
11
12  # endif
```

文件 strfun.h 中声明了文件 strfun.c 中定义的函数,第8~10行依次为整数转换为字符串函数、求字符串长度函数和在 LCD 屏上显示 μC/OS-Ⅱ系统版本号函数。

(8) 新建文件 task01.c 和 task01.h,保存在 D:\STM32F103RCT6PRJ\PRJ27\USER 目录下,其代码如程序段 10-7 和程序段 10-8 所示。

程序段 10-7　文件 task01.c

```
1   //Filename:task01.c
2
3   # include "includes.h"
4
5   void Task01(void * pdat)
6   {
7     DispOSVersion(10,10);
8
9     CreateEvents();
```

```
10        CreateTasks();
11
12        OS_CPU_SysTickInit(320000);                    //100Hz
13
14        OSStatInit();
15
16        for(;;)
17        {
18            OSTimeDlyHMSM(0,0,1,0);
19            LED(0,LED_ON);
20            OSTimeDlyHMSM(0,0,1,0);
21            LED(0,LED_OFF);
22        }
23    }
24
```

第 5～23 行为用户任务函数 Task01。第 7 行在 LCD 屏(10,10)处显示 μC/OS-Ⅱ系统版本号;第 9 行调用函数 CreateEvents 创建事件;第 10 行调用函数 CreateTasks 创建除第一个用户任务之外的其他用户任务;第 12 行调用系统函数 OS_CPU_SysTickInit(位于文件 os_cpu_c.c 中)设定时钟节拍工作频率为 100Hz。第 14 行调用 OSStatInit 初始化统计任务。第 16～22 行为无限循环体,循环执行延时 1s(第 18 行)、点亮 LED 灯 D11(第 19 行)、延时 1s(第 20 行)和关闭 LED 灯 D11(第 21 行)。

第一个用户任务中必须做到:①启动时钟节拍定时器,一般设为 100Hz;②初始化统计任务,可以统计各个任务的堆栈使用情况和 CPU 的利用率情况;③创建其他的用户任务和事件。

```
25    void CreateTasks(void)
26    {
27    }
28
29    void CreateEvents(void)
30    {
31    }
```

第 25～27 行为创建其他用户任务的函数 CreateTasks,当前为空;第 29～31 行为创建事件的函数 CreateEvents,当前为空。

程序段 10-8 文件 task01.h

```
1     //Filename:task01.h
2
3     # ifndef  _TASK01_H
4     # define  _TASK01_H
5
6     # define  Task01ID        1u
7     # define  Task01Prio      (Task01ID + 4u)
8     # define  Task01StkSize   200u
9
10    void Task01(void * pdat);
11    void CreateTasks(void);
12    void CreateEvents(void);
13
14    # endif
```

文件 task01.h 中宏定义了第一个用户任务 Task01 的 ID 号为 1、优先级号为 4、堆栈大小为 200(由于堆栈以字为单位,这里的 200 相当于 800 字节),这些宏常量被用于 main.c 文件中(参考程序段 10-4)。第 10～12 行声明了文件 task01.c 中定义的函数,依次为任务函数 Task01、创建其他任务函数 CreateTasks 和创建事件函数 CreateEvents。

(9) 修改 exti.c 文件中如程序段 10-9 所示的部分。

程序段 10-9　文件 exti.c 中需要修改的部分

```
1    void EXTI9_5_IRQHandler()
2    {
3      OSIntEnter();
4      if(EXTI_GetFlagStatus(EXTI_Line6))
5      {
6          BEEP();
7          EXTI_ClearFlag(EXTI_Line6);
8      }
9      if(EXTI_GetFlagStatus(EXTI_Line7))
10     {
11         BEEP();
12         EXTI_ClearFlag(EXTI_Line7);
13     }
14     NVIC_ClearPendingIRQ(EXTI9_5_IRQn);
15     OSIntExit();
16   }
```

在文件 exti.c 中的中断服务函数中,将第 6 行由原来的语句"LED(2,LED_ON);"修改为"BEEP();"。该中断服务函数表示按下按键 S18 或 S19 时,蜂鸣器均切换状态。这是因为 LED 灯 D11 被用于用户任务函数 Task01 中了(参考程序段 10-7)。第 3 行和第 15 行添加了语句"OSIntEnter();"和"OSIntExit();",这组语句成对出现,用于加载了 μC/OS-Ⅱ操作系统后的中断管理。

(10) 修改 os_cfg.h 文件中宏常量 OS_TMR_EN 的值,由 0u 修改为 1u(位于文件的第 139 行),表示打开系统定时器模块。10.2 节中将详细介绍 os_cfg.h 文件。

(11) 将文件 strfun.c 和 task01.c 添加到工程管理器的 USER 分组下。建设好的工程 PRJ27 如图 10-2 所示。

(12) 在 bsp.c 文件中注释掉 SysTickInit 函数,即 "//SysTickInit();",工程中的 systick.c 和 systick.h 文件可以从工程中移除,这是因为系统节拍定时器专用于 μC/OS-Ⅱ操作系统。

工程 PRJ27 是一个完整的工程,在 STM32F103RCT6 开发板上运行时,LED 灯 D11 每隔 1s 闪烁一次(注意:LED 灯 D9 不闪烁,D10 的闪烁由通用定时器 2 控制),在 LCD 屏的左上角显示一行信息"uC/OS-Ⅱ Version: 2.9211."(如果按下按键 S18 或 S19 蜂鸣器将启动或关闭),如图 10-4 所示。

通过后续内容和第 11 章的学习,工程 PRJ27 中的各种疑问才能逐步明白。

图 10-4　工程 PRJ27 执行结果

10.2　μC/OS-Ⅱ系统结构与配置

本书使用的 μC/OS-Ⅱ嵌入式实时操作系统,版本号为 V2.92.11,结合图 10-2 可知,μC/OS-Ⅱ共有 16 个系统文件(包括 ucos_ii.h),如表 10-1 所示。

表 10-1　μC/OS-Ⅱ系统文件

序　号	文 件 作 用	文 件 名
1	头文件	ucos_ii.h
2	移植文件	os_cpu_a.asm
3	移植文件	os_cpu_c.c
4	内核文件	os_core.c
5	编译调试信息	os_dbg_r.c
6	事件标志组管理	os_flag.c
7	消息邮箱管理	os_mbox.c
8	存储管理	os_mem.c
9	互斥信号量管理	os_mutex.c
10	消息队列管理	os_q.c
11	信号量管理	os_sem.c
12	任务管理	os_task.c
13	延时管理	os_time.c
14	定时器管理	os_tmr.c
15	用户配置文件	app_cfg.h
16	系统配置文件	os_cfg.h

　　如果对 μC/OS-Ⅱ系统内核工作原理感兴趣,需要认真阅读表 10-1 中的全部文件,有 11000 多行源代码。如果重点关注 μC/OS-Ⅱ系统的应用程序设计,可以只关心系统配置文件 os_cfg.h,通过该文件可对 μC/OS-Ⅱ系统进行裁剪,该文件内容如程序段 10-10 所示。

程序段 10-10　文件 os_cfg.h

```
1     //Filename: os_cfg.h
2     //Owned by Micrium, V2.9211
3
4     #ifndef OS_CFG_H
5     #define OS_CFG_H
6
7     // MISCELLANEOUS
8     #define OS_APP_HOOKS_EN        0u
9     #define OS_ARG_CHK_EN          1u
10    #define OS_CPU_HOOKS_EN        1u
11
```

　　第 8 行 OS_APP_HOOKS_EN 为 1 表示 μC/OS-Ⅱ支持用户定义的应用程序钩子函数,默认为支持,这里设置为 0。第 9 行 OS_ARG_CHK_EN 为 1 表示系统函数进行参数合法性检查,为 0 表示不做合法性检查,默认为 0,建议设为 1。第 10 行 OS_CPU_HOOKS_ EN 为 1 表示支持系统钩子函数,为 0 表示不支持,默认为 1。

```
12    #define OS_DEBUG_EN            0u
13
14    #define OS_EVENT_MULTI_EN      0u
15    #define OS_EVENT_NAME_EN       1u
16
```

　　第 12 行 OS_DEBUG_EN 为 1,表示使能调试变量,默认为 1,建议配置为 0。第 14 行 OS_EVENT_MULTI_EN 为 1 表示支持多事件请求系统函数,默认为 1,建议设为 0。第 15 行 OS_EVENT_NAME_EN 为 1 表示可为各个组件指定名称,默认为 1,建议为 1。

```
17    #define OS_LOWEST_PRIO         63u
18
```

第 17 行 OS_LOWEST_PRIO 表示任务的最大优先级号值,默认为 63,μC/OS-Ⅱ最多可支持 255 个任务,因此,OS_LOWEST_PRIO 的值最大不能超过 254(因为优先级号从 0 开始,计数到第 254 时,共有 255 个任务;255(即 0xFF)专用于表示当前执行任务的任务优先级号)。OS_LOWEST_PRIO 专用于表示空闲任务的优先级号。

```
19     # define OS_MAX_EVENTS          20u
20     # define OS_MAX_FLAGS           5u
21     # define OS_MAX_MEM_PART        5u
22     # define OS_MAX_QS              4u
23     # define OS_MAX_TASKS           40u
24
```

第 19 行 OS_MAX_EVENTS 指定系统中事件控制块的最大数量,即事件的最大数量,默认值为 10,建议值为 20;第 20 行 OS_MAX_FLAGS 指定事件标志组的最大个数,默认值为 5;第 21 行 OS_MAX_MEM_PART 指定内存分区的最大个数,默认值为 5;第 22 行 OS_MAX_QS 指定消息队列的最大个数,默认值为 4;第 23 行 OS_MAX_TASKS 指定最多可创建的任务个数,建议值为 40,默认值为 20,最小值为 2,因为 μC/OS-Ⅱ至少要创建空闲系统任务和一个用户任务。

```
25     # define OS_SCHED_LOCK_EN       1u
26
27     # define OS_TICK_STEP_EN        0u
28     # define OS_TICKS_PER_SEC       100u
29     # define OS_TLS_TBL_SIZE        0u
```

第 25 行 OS_SCHED_LOCK_EN 为 1 表示用于任务上锁和解锁的函数 OSSchedLock 和 OSSchedUnLock 可用,为 0 表示不可用;第 27 行 OS_TICK_STEP_EN 为 1 表示 μC/OS-View 可观测时钟节拍,为 0 表示关闭 μC/OS-View 监控功能;第 28 行为时钟节拍频率,默认值为 100Hz。第 29 行定义用户任务专用的变量存储区的长度为 0。

```
30     // TASK STACK SIZE
31     # define OS_TASK_TMR_STK_SIZE   200u
32     # define OS_TASK_STAT_STK_SIZE  200u
33     # define OS_TASK_IDLE_STK_SIZE  200u
34
```

第 31~33 行宏定义了 3 个系统任务,即定时器任务、统计任务和空闲任务的堆栈大小,均设为 200,单位为 OS_STK,对于 STM32F103 微控制器而言,OS_STK 为无符号 32 位整型,即 200 相当于 800 字节。

```
35     // TASK MANAGEMENT
36     # define OS_TASK_CHANGE_PRIO_EN 1u
37     # define OS_TASK_CREATE_EN      1u
38     # define OS_TASK_CREATE_EXT_EN  1u
39     # define OS_TASK_DEL_EN         1u
40     # define OS_TASK_NAME_EN        1u
41     # define OS_TASK_PROFILE_EN     1u
42     # define OS_TASK_QUERY_EN       1u
43     # define OS_TASK_REG_TBL_SIZE   1u
44     # define OS_TASK_STAT_EN        1u
45     # define OS_TASK_STAT_STK_CHK_EN 1u
46     # define OS_TASK_SUSPEND_EN     1u
47     # define OS_TASK_SW_HOOK_EN     1u
48
```

第 36~47 行为任务管理相关的宏定义,各行的宏定义值均为 1,依次表示函数 OSTaskChangePrio 可用、OSTaskCreate 函数可用、OSTaskCreateExt 函数可用、

OSTaskDel 函数可用、函数可命名、OS_TCB 任务控制块中包括测试信息、OSTaskQuery 函数可用、任务寄存器变量数组长度为 1、统计任务可用、统计任务可统计各个任务的堆栈使用情况、函数 OSTaskSuspend 和 OSTaskResume 可用以及 OSTaskSwHook 函数可用。除了第 43 行的 OS_TASK_REG_TBL_SIZE 外，其余行宏定义的值为 0 时，含义刚好与上述相反。

```
49    // EVENT FLAGS
50    #define OS_FLAG_EN                1u
51    #define OS_FLAG_ACCEPT_EN         1u
52    #define OS_FLAG_DEL_EN            1u
53    #define OS_FLAG_NAME_EN           1u
54    #define OS_FLAG_QUERY_EN          1u
55    #define OS_FLAG_WAIT_CLR_EN       1u
56    #define OS_FLAGS_NBITS            16u
57
```

第 50~56 行为事件标志组相关的宏定义，第 50~55 行的宏定义值均为 1，各行的含义依次为事件标志组可用、函数 OSFlagAccept 可用、函数 OSFlagDel 可用、可为事件标志组命名、函数 OSFlagQuery 可用、等待清除事件标志的代码有效；上述各行的宏定义值为 0 时，其含义刚好相反。第 56 行将事件标志 OS_FLAGS 类型宏定义为 16 位无符号整型。如果第 50 行的宏定义改为 0，表示事件标志组被裁剪掉了，于是第 51~56 行无效。

```
58    // MESSAGE MAILBOXES
59    #define OS_MBOX_EN                1u
60    #define OS_MBOX_ACCEPT_EN         1u
61    #define OS_MBOX_DEL_EN            1u
62    #define OS_MBOX_PEND_ABORT_EN     1u
63    #define OS_MBOX_POST_EN           1u
64    #define OS_MBOX_POST_OPT_EN       1u
65    #define OS_MBOX_QUERY_EN          1u
66
```

第 59~65 行为与消息邮箱相关的宏定义，各行的宏定义值均为 1，其含义依次为消息邮箱可用、函数 OSMboxAccept 可用、函数 OSMboxDel 可用、函数 OSMboxPendAbort 可用、函数 OSMboxPost 可用、函数 OSMbox PostOpt 可用以及函数 OSMboxQuery 可用；如果各行的宏定义值为 0，则含义刚好相反。如果第 59 行的宏定义为 0，表示消息邮箱被裁剪掉了，于是第 60~65 行无效。

```
67    // MEMORY MANAGEMENT
68    #define OS_MEM_EN                 1u
69    #define OS_MEM_NAME_EN            1u
70    #define OS_MEM_QUERY_EN           1u
71
```

第 68~70 行为存储管理相关的宏定义，各行的宏定义值均为 1，依次表示存储管理组件可用、可为内存分区命名以及函数 OSMemQuery 可用；如果各行的宏定义值为 0，含义刚好相反。如果第 68 行的宏定义为 0，表示存储管理组件被裁剪掉了，于是第 69~70 行无效。

```
72    // MUTUAL EXCLUSION SEMAPHORES
73    #define OS_MUTEX_EN               1u
74    #define OS_MUTEX_ACCEPT_EN        1u
75    #define OS_MUTEX_DEL_EN           1u
76    #define OS_MUTEX_QUERY_EN         1u
77
```

第 73~76 行为互斥信号量相关的宏定义，各行的宏定义值均为 1，依次为互斥信号量组件可用、函数 OSMutexAccept 可用、函数 OSMutexDel 可用以及函数 OSMutexQuery 可用；如果各行的宏定义为 0,则含义刚好相反。如果第 73 行的宏定义为 0,表示互斥信号量被从系统中裁剪掉了,于是第 74～76 行无效。

```
78    // MESSAGE QUEUES
79    # define OS_Q_EN                1u
80    # define OS_Q_ACCEPT_EN         1u
81    # define OS_Q_DEL_EN            1u
82    # define OS_Q_FLUSH_EN          1u
83    # define OS_Q_PEND_ABORT_EN     1u
84    # define OS_Q_POST_EN           1u
85    # define OS_Q_POST_FRONT_EN     1u
86    # define OS_Q_POST_OPT_EN       1u
87    # define OS_Q_QUERY_EN          1u
88
```

第 79～87 行为消息队列相关的宏定义,各行的宏定义值均为 1,依次表示消息队列组件可用、函数 OSQAccept 可用、函数 OSQDel 可用、函数 OSQFlush 可用、函数 OSQPendAbort 可用、函数 OSQPost 可用、函数 QPostFront 可用、函数 OSQPostOpt 可用以及函数 OSQQuery 可用;当各行的宏定义值为 0 时,含义刚好与上述相反。当第 79 行的宏定义值为 0 时,表示消息队列从系统中被裁剪掉,于是第 80～87 行无效。

```
89    // SEMAPHORES
90    # define OS_SEM_EN              1u
91    # define OS_SEM_ACCEPT_EN       1u
92    # define OS_SEM_DEL_EN          1u
93    # define OS_SEM_PEND_ABORT_EN   1u
94    # define OS_SEM_QUERY_EN        1u
95    # define OS_SEM_SET_EN          1u
96
```

第 90～95 行为信号量相关的宏定义,各行的宏定义值均为 1,依次表示信号量组件可用、函数 OSSemAccept 可用、函数 OSSemDel 可用、函数 OSSemPendAbort 可用、函数 OSSemQuery 可用以及函数 OSSemSet 可用;如果各行的宏定义值为 0,则含义刚好相反。如果第 90 行的宏定义为 0,表示信号量被从系统中裁剪掉了,于是第 91～95 行均无效。

```
97    // TIME MANAGEMENT
98    # define OS_TIME_DLY_HMSM_EN    1u
99    # define OS_TIME_DLY_RESUME_EN  1u
100   # define OS_TIME_GET_SET_EN     1u
101   # define OS_TIME_TICK_HOOK_EN   1u
102
```

第 98～101 行为延时管理相关的宏定义,各行的宏定义值为 1,依次表示函数 OSTimeDlyHMSM 可用、函数 OSTimeDlyResume 可用、函数 OSTimeGet 和 OSTimeSet 可用以及函数 OSTimeTickHook 可用;如果各行的宏定义值为 0,则其含义刚好相反。

```
103   // TIMER MANAGEMENT
104   # define OS_TMR_EN              1u
105   # define OS_TMR_CFG_MAX         16u
106   # define OS_TMR_CFG_NAME_EN     1u
107   # define OS_TMR_CFG_WHEEL_SIZE  7u
108   # define OS_TMR_CFG_TICKS_PER_SEC  10u
109
110   # endif
```

第 104～108 行为定时器管理相关的宏定义,第 104 行 OS_TMR_EN 为 1 表示软定时器组件可用;为 0 表示关闭定时器任务。第 105 行 OS_TMR_CFG_MAX 用于设置最大可创建的软定时器个数,默认值为 16。第 106 行 OS_TMR_CFG_NAME_EN 为 1 表示可为软定时器命名。第 107 行 OS_TMR_CFG_WHEEL_SIZE 表示软定时器轮盘的个数,默认值为 7。第 108 行 OS_TMR_CFG_TICKS_PER_SEC 表示定时器的频率,默认值为 10Hz。

针对 STM32F103RCT6 的 μC/OS-Ⅱ 系统常用配置见表 10-2。

表 10-2　针对 STM32F103RCT6 的 μC/OS-Ⅱ 系统常用配置

序号	宏 常 量 名	默认值	建议值	建议值含义
1	OS_EVENT_MULTI_EN	1	0	不使用多事件请求
2	OS_LOWEST_PRIO	63	63	空闲任务优先级号为 63,统计任务优先级号为 62,用户任务优先级号为 0~61
3	OS_MAX_TASKS	20	40	最多可创建 40 个任务,任务的个数和优先级号不需要一一对应,但需要满足每个任务必须有独一无二的优先级号,且满足 OS_MAX_TASKS≤OS_LOWERST_PRIO-1
4	OS_MAX_EVENTS	10	20	事件个数最多为 20 个
5	OS_MAX_FLAGS	5	5	事件标志组个数最多为 5 个
6	OS_MAX_QS	4	4	消息队列个数最多为 4 个
7	OS_TICKS_PER_SEC	100	100	系统节拍时钟为 100Hz
8	OS_TASK_TMR_STK_SIZE	128	200	定时器任务堆栈大小为 200(800B)
9	OS_TASK_STAT_STK_SIZE	128	200	统计任务堆栈大小为 200(800B)
10	OS_TASK_IDLE_STK_SIZE	128	200	空闲任务堆栈大小为 200(800B)
11	OS_TASK_CREATE_EXT_EN	1	1	允许使用 OSTaskCreateExt 创建任务
12	OS_FLAG_EN	1	1	事件标志组组件可用
13	OS_MBOX_EN	1	1	消息邮箱组件可用
14	OS_MEM_EN	1	1	存储管理组件可用
15	OS_MUTEX_EN	1	1	互斥信号量组件可用
16	OS_Q_EN	1	1	消息队列组件可用
17	OS_SEM_EN	1	1	信号量组件可用
18	OS_TIME_DLY_HMSM_EN	1	1	函数 OSTimeDlyHMSM 可用
19	OS_TMR_EN	1	1	软定时器组件可用
20	OS_DEBUG_EN	1	0	关闭调试信息
21	OS_TICK_STEP_EN	1	0	关闭 μC/OS-View 的系统节拍步进观测功能
22	OS_TMR_CFG_TICKS_PER_SEC	10	10	软定时器频率为 10Hz

按表 10-2 中的配置,工程中最多可创建的任务数为 40 个,优先级号取值为 0~63,μC/OS-Ⅱ 自动把 OS_LOWEST_PRIO(这里为 63)设置为空闲任务的优先级号,把 OS_LOWEST_PRIO-1(这里为 62)设置为统计任务的优先级号(如果统计任务可用)。在工程中,把定时器任务的优先级号定义为 61(参考程序段 10-2),其他用户任务的优先级号为 0~60。然而,一般地,0~4 号留作优先级继承优先级号(PIP),(将在第 12 章介绍)。这里,可

创建的用户任务最多为 38 个（40 个中去掉统计任务和定时器任务），这 38 个用户任务的优先级号可在 5～60 中随意选择，但需保证各个任务的优先级号互不相同。

第 2 篇中全部工程实例均采用了表 10-2 的配置，需要指出的是，基于 STM32F103RCT6 微控制器，创建的任务数不宜超过 80 个（包括 3 个系统任务：空闲任务、统计任务和定时器任务）。μC/OS-Ⅱ要求每个任务具有独一无二的优先级号，且满足 OS_MAX_TASKS ≤ OS_LOWEST_PRIO-1，优先级号的最大值为 254，并且任务的优先级号越小，任务的优先级别越高。因此，优先级号为 0 的任务优先级最高，优先级号为 OS_LOWEST_PRIO 的空闲任务优先级最低，而由于统计任务的优先级号固定为 OS_LOWEST_PRIO-1，因此统计任务的优先级只比空闲任务高。此外，μC/OS-Ⅱ要求每个任务具有独立的堆栈空间，不同任务的堆栈空间大小可以不同，一般地，每个任务的堆栈大小在 200B 以上，本书中任务的堆栈大小指定为 800B。

10.3　μC/OS-Ⅱ系统任务

μC/OS-Ⅱ具有 3 个系统任务，即空闲任务、统计任务和定时器任务（注意，定时器任务在一些书中被称为用户任务，本书中将定时器任务称为系统任务）。系统任务由 μC/OS-Ⅱ内核创建；除了系统任务外，其余任务由用户创建，实现所需要的功能，均被称为用户任务。

10.3.1　空闲任务

空闲任务是当所有其他任务均没有使用 CPU 时，空闲任务占用 CPU，因此，空闲任务是 μC/OS-Ⅱ中优先级最低的任务，其优先级号固定为 OS_LOWEST_PRIO。空闲任务实现的工作为：每执行一次空闲任务，系统全局变量 OSIdleCtr 自增 1；每次空闲任务的执行都将调用一次钩子函数 OSTaskIdleHook，用户可以通过该钩子函数扩展功能，例如使 STM32F103RCT6 进入低功耗模式。

10.3.2　统计任务

统计任务用于统计 CPU 的使用率和各个任务的堆栈使用情况。统计任务的优先级号固定为 OS_LOWEST_PRIO-1，仅比空闲任务的优先级高，对于 μC/OS-Ⅱ V2.92.11 而言，每 0.1s 执行统计任务一次，将统计这段时间内空闲任务运行的时间，用 OSIdleCtr 表示，用该数值与 0.1s 时间内只有空闲任务运行时的 OSIdleCtr 的值（用 OSIdleCtrMax 表示，在 OSStatInit 函数中统计到该值）相比，即得到这 0.1s 时间内的 CPU 空闲率，1 减去 CPU 空闲率的差为 CPU 使用率。

当需要查询某个任务的堆栈使用情况时，必须在创建这个任务时把它的堆栈内容全部清零，这样，统计任务在统计每个任务的堆栈使用情况时，统计其堆栈中不为 0 的元素个数，该值为其堆栈使用的长度，堆栈总长度减去前者即得到该任务的空闲堆栈空间长度。

当程序段 10-10 的第 44 行 OS_TASK_STAT_EN 为 1 时，开启 μC/OS-Ⅱ统计任务功能。此时需要在第一个用户任务的无限循环体前面插入语句"OSStatInit();"以初始化统计任务，并且要求使用函数 OSTaskCreateExt 创建用户任务，最后一个参数使用 OS_TASK_OPT_STK_CHK | OS_TASK_OPT_STK_CLR。统计任务可以统计各个任务的 CPU 占用率以及其堆栈占用情况。

一般地，在第一个用户任务中显示 CPU 使用率和各个任务堆栈占用情况，CPU 使用率保存在一个系统全局变量 OSCPUUsage 中，其值为 0～100 范围内的整数，如果为 3，则表示 CPU 使用率为 3%。

当查询某个任务的堆栈使用情况时,需要定义结构体变量类型 OS_STK_DATA 的变量,然后调用函数 OSTaskStkChk,该函数有两个参数,第一个为任务优先级号,第二个为指向 OS_STK_DATA 型结构体变量的指针。例如:

```
OS_STK_DATA  StkData;
OSTaskStkChk(2, &StkData);
```

则将优先级号为 2 的任务的堆栈使用情况保存在 StkData 变量中,其中,StkData. OSFree 为该任务空闲的堆栈大小,StkData. OSUsed 为该任务使用的堆栈大小,单位为字节。

10.3.3 定时器任务

定时器任务由 μC/OS-Ⅱ系统提供,用于创建软定时器(或称系统定时器)。相对于 STM32F103RCT6 芯片的硬件定时器而言,软定时器是指 μC/OS-Ⅱ系统提供的软件定时器组件,具有和硬件定时器相似的定时功能。根据表 10-2 所示的配置方式,在后续的工程中将定时器任务的优先级号配置为 61。程序段 10-10 中第 105 行宏定义了常量 OS_TMR_CFG_MAX 为 16,表示最多可以创建 16 个软定时器。μC/OS-Ⅱ定时器任务可管理的定时器数量仅受定时器数据类型的限制,对于 16 位无符号整型而言,可管理多达 65536 个定时器。

10.4 小结

本章详细讨论了 μC/OS-Ⅱ系统移植到 STM32F103RCT6 硬件平台的工程框架,并阐述了 μC/OS-Ⅱ系统的文件结构和裁剪系统内核组件的配置文件内容,最后,介绍了 μC/OS-Ⅱ系统的 3 个系统任务及其作用。本章给出的工程 PRJ27 是一个完整的可执行工程,但是只有一个用户任务,第 11 章将在工程 PRJ27 的基础上,添加更多的用户任务,并深入阐述多任务的工程实例的工作原理。

习题

1. 借助 Keil MDK 最新版本,说明 μC/OS-Ⅱ系统移植到 STM32F103RCT6 微控制器上的方法。

2. 结合 os_cfg. h 文件,简述 μC/OS-Ⅱ系统的裁剪方法。

3. 简要说明 μC/OS-Ⅱ系统有哪几个系统任务,并说明各个系统任务的作用。

μC/OS-Ⅱ任务管理

本章将介绍与 μC/OS-Ⅱ任务管理相关的系统函数及其应用方法,并将深入剖析多任务的工程实例及其工作原理,然后,还将介绍统计任务的作用和系统定时器的创建方法。

本章的学习目标:

- 了解统计任务的用法;
- 熟悉 μC/OS-Ⅱ用户任务相关的系统函数;
- 掌握 μC/OS-Ⅱ用户任务的创建方法;
- 熟练应用库函数方法创建多任务工程。

11.1 μC/OS-Ⅱ用户任务

相对于系统任务而言,μC/OS-Ⅱ应用程序中用户创建的任务,称为用户任务,每个用户任务都在周期性地执行着某项工作,或请求到事件后执行相应的功能。用户任务的特点如下。

(1) 用户任务对应的函数是一个带有无限循环体的函数,由于具有无限循环体,故该类函数没有返回值。

(2) 用户任务对应的函数具有一个"void ＊"类型的指针参数,该类型指针可以指向任何类型的数据,通过该指针可以在任务创建时向任务传递一些数据,这种传递只能发生一次,即创建任务的时候,一旦任务开始工作,就无法再通过函数参数向任务传递数据了。

(3) 每个用户任务具有唯一的优先级号,取值范围为 0～OS_LOWEST_PRIO-3(OS_LOWEST_PRIO 为 os_cfg.h 中宏定义的常量,最大值为 254),一般地,系统的空闲任务优先级号为 OS_LOWEST_PRIO,统计任务的优先级号为 OS_LOWEST_PRIO-1,定时器任务的优先级号常设定为 OS_LOWEST_PRIO-2。此外,需要为优先级继承优先级留出优先级号,所以,用户任务的优先级号一般为 5～OS_LOWEST_PRIO-3。在基于 STM32F103RCT6 的工程中,OS_LOWEST_PRIO 被宏定义为 63(见表 10-2 和程序段 10-10 的 os_cfg.h 文件),定时器任务的优先级号为 61,因此,用户任务的优先级号的取值范围为 5～60。

(4) 每个用户任务具有独立的堆栈,使用 OS_STK 类型定义堆栈,堆栈数组的大小一般要在 50(即 200 字节)以上。

在 μC/OS-Ⅱ V2.92.11 中,与用户任务管理相关的函数有 11 个,如表 11-1 所示,该类函数位于 os_task.c 文件中,用于实现任务创建、删除、挂起、恢复、改变任务优先级、查询任务信息、查询任务堆栈信息、设置任务名或查询任务名等操作。

表 11-1 任务管理函数

函数原型	功 能

INT8U OSTaskCreate (void (* task)(void * p_arg),
                void * p_arg,
                OS_STK * ptos,
                INT8U prio);
	创建一个任务。4 个参数的含义依次为：用户任务对应的函数名、函数参数、任务堆栈、任务优先级。可以在启动多任务前创建任务，也可在一个已经运行的任务中创建新的任务，但不能在中断服务程序中创建任务。任务函数必须包含无限循环体，且必须调用 OSMboxPend、OSFlagPend、OSMutexPend、OSQPend、OSSemPend、OSTimeDly、OSTimeDlyHMSM、OSTaskSuspend 和 OSTaskDel 中的一个，用于实现任务调度。任务优先级不应取为 0～4，并且不能取为 OS_LOWEST_PRIO-1 ～ OS_LOWEST_PRIO

INT8U OSTaskCreateExt (void (* task)(void * p_arg),
                void * p_arg,
                OS_STK * ptos,
                INT8U prio,
                INT16U id,
                OS_STK * pbos,
                INT32U stk_size,
                void * pext,
                INT16U opt);
	与 OSTaskCreate 作用相同，用于创建一个任务。该函数的前 4 个参数与 OSTaskCreate 相同，增加了表示任务 ID 号、任务堆栈栈底、任务堆栈大小、用户定义的任务外部空间指针和任务创建选项等参数。如果要对任务的堆栈进行检查，必须使用该函数创建任务，且 opt 应设置为 "OS_TASK_OPT_STK_CHK | OS_TASK_OPT_STK_CLR"，本书中实例全部使用该函数创建用户任务

INT8U OSTaskDel(INT8U prio);	通过指定任务优先级或 OS_PRIO_SELF 删除一个任务或调用该函数的任务自己。被删除的任务进入休眠态，调用 OSTaskCreate 或 OSTaskCreateExt 可再次激活它（中断服务程序不能调用该函数）
INT8U OSTaskDelReq(INT8U prio);	请求任务删除自己。一般用于删除占有资源的任务，假设该任务的优先级号为 10，发出删除任务 10 请求的任务优先级号为 5，则在任务 5 中调用 OSTaskDelReq(10)，任务 10 中会调用 OSTaskDelReq(OS_PRIO_SELF)，如果返回值为 OS_TASK_DEL_REQ，则表明有来自其他任务的删除请求，任务 10 首先释放其占有的资源，然后调用 OSTaskDel(OS_PRIO_SELF)删除自己（中断服务程序不能调用该函数）
INT8U OSTaskChangePrio(INT8U oldprio, INT8U newprio);	更改任务的优先级
INT8U OSTaskSuspend(INT8U prio);	无条件挂起一个任务，参数指定为 OS_PRIO_SELF 时挂起任务自己。与 OSTaskResume 配对使用

续表

函 数 原 型	功 能
INT8U OSTaskResume(INT8U prio);	恢复(或就绪)一个被 OSTaskSuspend 挂起的任务,而且是唯一可恢复被 OSTaskSuspend 挂起任务的函数
INT8U OSTaskQuery(INT8U prio, OS_TCB * p_task_data);	查询任务信息
INT8U OSTaskStkChk(INT8U prio, OS_STK_DATA * p_stk_data);	检查任务堆栈信息,例如,栈未用空间和已用空间。该函数要求使用 OSTaskCreateExt 创建任务,且 opt 参数指定为 OS_TASK_OPT_STK_CHK
INT8U OSTaskNameGet(INT8U prio, INT8U * pname, INT8U * perr);	得到已命名任务的名称,为 ASCII 字符串,长度最大为 OS_TASK_NAME_SIZE(包括结尾 NULL 空字符),常用于调试(中断服务程序不能调用该函数)。3 个参数的含义为:任务优先级号、任务名、出错信息码
void OSTaskNameSet(INT8U prio, INT8U * pname, INT8U * perr);	为任务命名,名称为 ASCII 字符串,长度最大为 OS_TASK_NAME_SIZE(包括结尾 NULL 空字符),常用于调试(中断服务程序不能调用该函数)。3 个参数的含义为:任务优先级号、任务名、出错信息码

μC/OS-Ⅱ系统中有两个创建任务的函数,即 OSTaskCreate 和 OSTaskCreateExt。任务本质上是具有无限循环体的函数。一般地,要创建一个任务,有以下步骤。

(1)编写一个带有无限循环体的函数,由于具有无限循环体,故函数没有返回值。该函数具有一个 void * 类型的指针,该指针可以指向任何类型的数据,通过该指针在任务创建时向任务传递一些数据,这种传递只能发生一次,一旦任务开始工作,就无法通过函数参数向任务传递数据了。该函数的典型样式如程序段 11-1 所示。

程序段 11-1 任务函数典型样式(带有无限循环体的函数)

```
1    void Task01(void * pdat)
2    {
3        INT8U err;
4        // 此处的语句仅当任务第一次执行时被执行一次
5        OSTaskNameSet(OS_PRIO_SELF,"AppTask_1",&err);
6        for(;;)
7        {
8            //添加要执行的任务功能
9            OSTimeDlyHMSM(0,0,1,0);
10           // 添加需要的功能代码
11       }
12   }
```

第 1 行为函数头,表明该函数的返回值为空,参数类型为 void * ,函数名为 Task01。函数名应为字母或下画线开头的字符串,函数名中不能有空格。第 3~5 行为一些处理语句,这些语句只能被执行一次,即第一次执行该函数体对应的任务时被执行一次,然后,进入第 6~11 行的无限循环体执行。第 6~11 行无限循环体中应该出现 OSTimeDlyHMSM 之类的延时函数或事件请求函数。

(2)为要创建的任务指定优先级号,每个任务都有唯一的优先级号,取值范围为 0~OS_

LOWEST_PRIO-2(OS_LOWEST_PRIO,即文件 os_cfg.h 中的宏定义常量,最大值为254),一般地,用户任务优先级为 5～OS_LOWEST_PRIO-3。优先级号常用宏常量来定义,例如:

```
#define  Task01Prio    5
```

(3) 为要创建的任务定义堆栈,必须使用 OS_STK 类型定义堆栈,例如:

```
OS_STK    Task01Stk[200];
```

(4) 调用 OSTaskCreate 或 OSTaskCreateExt 函数创建任务。例如:

```
OSTaskCreate (Task01,
              (void * )0,
              &Task01Stk[199],
              Task01Prio);
```

或

```
OSTaskCreateExt(Task01,
                (void * )0,
                &Task01Stk[199],
                Task01Prio,
                1,
                &Task01Stk[0],
                200,
                (void * )0,
                OS_TASK_OPT_STK_CHK | OS_TASK_OPT_STK_CLR);
```

OSTaskCreateExt 函数的 9 个参数的含义依次为:任务对应的函数名为 Task01、任务对应的函数参数为空、任务堆栈栈顶为 Task01Stk[199]、任务优先级号为 Task01Prio、任务身份号为 1(无实质意义)、任务堆栈栈底为 Task01Stk[0]、任务堆栈长度为 200、扩展的任务外部空间访问指针为空、要进行堆栈检查且全部堆栈元素清零。在 Cortex-M3 中,堆栈的生长方向为由高地址向低地址方向,所以,栈顶地址为数组的最后一个元素,而栈底地址为数组的第一个元素。

经过上述 4 步,一个基于函数 Task01 的任务创建好了,在不造成混淆的情况下,一般该任务也称为 Task01。

在 μC/OS-Ⅱ 中,用户任务共有 5 种状态,如图 11-1 所示。

图 11-1 中出现的函数作用可参考文献[1,3]。一个用户任务调用 OSTaskCreate 或 OSTaskCreateExt 函数创建好后,直接处于就绪态。当调用 OSTaskDel 函数后,会使用户任务进入到休眠态,只能通过再次调用 OSTaskCreate 或 OSTaskCreateExt 函数创建任务,任务才能使用。多个任务同时就绪时,任务调度器将使优先级最高的任务优先得到 CPU 使用权而去执行,被剥夺了 CPU 使用权但没有执行完的任务将进入就绪态。处于执行态的任务被中断服务函数中断后,将进入中断态,当中断服务程序完成后,将从中断态返回执行态,此时 μC/OS-Ⅱ 将在从中断返回的任务以及所有就绪的任务中选择优先级最高的任务,使其占用 CPU 而得到执行。处于执行态的任务当执行到延时函数(OSTimeDly 或 OSTimeDlyHMSM)、请求事件函数(OSSemPend、OSMutexPend、OSMboxPend、OSFlagPend 或 OSEventPendMulti)或任务挂起函数(OSTaskSuspend)时,该任务进入等待延时、事件或任务恢复的等待态。当处于等待态的任务等待超时(OSTimeTick)、等待延时取消(OSTimeDlyResume)、事件被释放(OSSemPost、OSMutexPost、OSMboxPost、OSMboxPostOpt、OSMboxPostFront、OSFlagPost)、请求事件取消(OSSemPendAbort、OSMboxPendAbort、OSQPendAbort)或任务恢复(OSTaskResume)时,任务由等待态进入

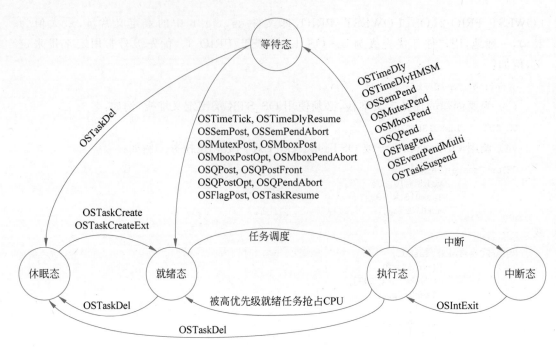

图 11-1 用户任务状态

到就绪态中。

视频讲解

11.2 μC/OS-Ⅱ多任务工程实例

本节介绍一个具有 6 个用户任务和 3 个系统任务的多任务实例。在工程 PRJ27 的基础上,新建工程 PRJ28,保存在目录 D:\STM32F103RCT6PRJ\PRJ28 下,此时的工程 PRJ28 与工程 PRJ27 完全相同,然后进行如下的建设步骤。

(1) 新建文件 task02. c 和 task02. h,保存在目录 D:\STM32F103RCT6PRJ\PRJ28\USER 下,其代码如程序段 11-2 和程序段 11-3 所示。

程序段 11-2 文件 task02. c

```
1     //Filename: task02.c
2
3     # include "includes.h"
4     # include "stdio.h"
5
6     void Task02(void * pdat)
7     {
8       Int16U t;
9       Int08U v[4];
10      char str[20];
11
12      MySetPenColor(0xFF,0xFF,0xFF);
13      MySetBKColor(0x00,0x00,0x00);
14      MyPrintHZWenDu(10,50);
15      for(;;)
16      {
17          OSTimeDlyHMSM(0,0,2,0);
18
19          t = My18B20ReadT();
20          v[0] = (t >> 8)/10;
21          v[1] = (t >> 8) % 10;
```

```
22          v[2] = (t & 0xOFF) /10;
23          v[3] = (t & 0xOFF) % 10;        //v[0]v[1].v[2]v[3]
24
25          if(v[0] == 0)
26          {
27              sprintf(str," % d. % d % d",v[1],v[2],v[3]);
28          }
29          else
30          {
31              sprintf(str," % d % d. % d % d",v[0],v[1],v[2],v[3]);
32          }
33          MyPrintString(10 + 48,50,(Int08U * )str,15);
34      }
35  }
```

在 task02.c 文件中,第 12 行设置前景画笔色为黑色,第 13 行设置背景画笔色为白色;
在无限循环体内部(第 16～34 行)循环执行:延时 2s(第 17 行)、读温度值(第 19 行)、输出
温度值(第 20～33 行)。

程序段 11-3 文件 task02.h

```
1   //Filename:task02.h
2
3   # ifndef _TASK02_H
4   # define _TASK02_H
5
6   # define  Task02ID        2u
7   # define  Task02Prio      (Task02ID + 4u)
8   # define  Task02StkSize   200u
9
10  void Task02(void * pdat);
11
12  # endif
```

在 task02.h 文件中,宏定义了任务 Task02 的 ID 号为 2(第 6 行)、优先级号为 6(第 7
行)、任务堆栈大小为 200(第 8 行);第 10 行声明了任务函数 Task02。

(2) 新建文件 task03.c 和 task03.h,保存在目录 D:\STM32F103RCT6PRJ\PRJ28\
USER 下,其代码如程序段 11-4 和程序段 11-5 所示。

程序段 11-4 文件 task03.c

```
1   //Filename: task03.c
2
3   # include "includes.h"
4
5   void Task03(void * pdat)
6   {
7       Int32U i = 0;
8       Int08U ch[20];
9
10      MyPrintString(10,80,(Int08U * )"Task03 Counter:0",20);
11      for(;;)
12      {
13          OSTimeDlyHMSM(0,0,1,0);
14          i++;
15          Int2String(i,ch);
16          MyPrintString(10 + 15 * 8,80,ch,20);
17      }
18  }
```

文件 task03.c 中,第 10 行在 LCD 屏坐标(10,80)处输出"Task03 Counter:0",然后进

入无限循环体(第 11～17 行),循环执行:延时 1s(第 13 行)、变量 i 自增 1(第 14 行)、将变量 i 转换为字符串 ch(第 15 行)、在坐标(130,80)处输出字符串 ch。

程序段 11-5 文件 task03.h

```
1    //Filename: task03.h
2
3    # ifndef  _TASK03_H
4    # define  _TASK03_H
5
6    # define  Task03ID        3u
7    # define  Task03Prio      (Task03ID + 4u)
8    # define  Task03StkSize   200u
9
10   void Task03(void * pdat);
11
12   # endif
```

在 task03.h 文件中,宏定义了任务 Task03 的 ID 号为 3(第 6 行)、优先级号为 7(第 7 行)、任务堆栈大小为 200(第 8 行);第 10 行声明了任务函数 Task03。

(3) 新建文件 task04.c 和 task04.h,保存在目录 D:\STM32F103RCT6PRJ\PRJ28\USER 下,其代码如程序段 11-6 和程序段 11-7 所示。

程序段 11-6 文件 task04.c

```
1    //Filename: task04.c
2
3    # include "includes.h"
4
5    void Task04(void * pdat)
6    {
7      Int32U i = 0;
8      Int08U ch[20];
9
10     MyPrintString(10,100,(Int08U * )"Task04 Counter:0",20);
11     for(;;)
12     {
13         OSTimeDlyHMSM(0,0,2,0);
14         i++;
15         Int2String(i,ch);
16         MyPrintString(10 + 15 * 8,100,ch,20);
17     }
18   }
```

文件 task04.c 中,第 10 行在 LCD 屏坐标(10,100)处输出"Task04 Counter:0",然后进入无限循环体(第 11～17 行),循环执行:延时 2s(第 13 行)、变量 i 自增 1(第 14 行)、将变量 i 转换为字符串 ch(第 15 行)、在坐标(130,100)处输出字符串 ch。

程序段 11-7 文件 task04.h

```
1    //Filename: task04.h
2
3    # ifndef  _TASK04_H
4    # define  _TASK04_H
5
6    # define  Task04ID        4u
7    # define  Task04Prio      (Task04ID + 4u)
8    # define  Task04StkSize   200u
9
10   void Task04(void * pdat);
11
12   # endif
```

在 task04.h 文件中,宏定义了任务 Task04 的 ID 号为 4(第 6 行)、优先级号为 8(第 7 行)、任务堆栈大小为 200(第 8 行);第 10 行声明了任务函数 Task04。

(4) 新建文件 task05.c 和 task05.h,保存在目录 D:\STM32F103RCT6PRJ\PRJ28\ USER 下,其代码如程序段 11-8 和程序段 11-9 所示。

程序段 11-8 文件 task05.c

```
1    //Filename: task05.c
2
3    # include "includes.h"
4
5    void Task05(void * pdat)
6    {
7      Int32U i = 0;
8      Int08U ch[20];
9
10     MyPrintString(10,120,(Int08U * )"Task05 Counter:0",20);
11     for(;;)
12     {
13         OSTimeDlyHMSM(0,0,4,0);
14         i++;
15         Int2String(i,ch);
16         MyPrintString(10 + 15 * 8,120,ch,20);
17     }
18   }
```

文件 task05.c 中,第 10 行在 LCD 屏坐标(10,120)处输出"Task05 Counter:0",然后进入无限循环体(第 11~17 行),循环执行:延时 4s(第 13 行)、变量 i 自增 1(第 14 行)、将变量 i 转换为字符串 ch(第 15 行)、在坐标(130,120)处输出字符串 ch。

程序段 11-9 文件 task05.h

```
1    //Filename: task05.h
2
3    # ifndef  _TASK05_H
4    # define  _TASK05_H
5
6    # define  Task05ID        5u
7    # define  Task05Prio      (Task05ID + 4u)
8    # define  Task05StkSize    200u
9
10   void Task05(void * pdat);
11
12   # endif
```

在 task05.h 文件中,宏定义了任务 Task05 的 ID 号为 5(第 6 行)、优先级号为 9(第 7 行)、任务堆栈大小为 200(第 8 行);第 10 行声明了任务函数 Task05。

(5) 新建文件 task06.c 和 task06.h,保存在目录 D:\STM32F103RCT6PRJ\PRJ28\ USER 下,其代码如程序段 11-10 和程序段 11-11 所示。

程序段 11-10 文件 task06.c

```
1    //Filename: task06.c
2
3    # include "includes.h"
4
5    void Task06(void * pdat)
6    {
7      Int32U i = 0;
8      Int08U ch[20];
9
```

```
10        MyPrintString(10,140,(Int08U * )"Task06 Counter:0",20);
11        for(;;)
12        {
13            OSTimeDlyHMSM(0,0,8,0);
14            i++;
15            Int2String(i,ch);
16            MyPrintString(10 + 15 * 8,140,ch,20);
17        }
18    }
```

文件 task06.c 中,第 10 行在 LCD 屏坐标(10,140)处输出"Task06 Counter:0",然后进入无限循环体(第 11~17 行),循环执行:延时 8s(第 13 行)、变量 i 自增 1(第 14 行)、将变量 i 转换为字符串 ch(第 15 行)、在坐标(130,140)处输出字符串 ch。

程序段 11-11   文件 task06.h

```
1     //Filename: task06.h
2
3     # ifndef  _TASK06_H
4     # define  _TASK06_H
5
6     # define  Task06ID         6u
7     # define  Task06Prio       (Task06ID + 4u)
8     # define  Task06StkSize    200u
9
10    void Task06(void * pdat);
11
12    # endif
```

在 task06.h 文件中,宏定义了任务 Task06 的 ID 号为 6(第 6 行)、优先级号为 10(第 7 行)、任务堆栈大小为 200(第 8 行);第 10 行声明了任务函数 Task06。

(6) 修改 task01.c 文件,如程序段 11-12 所示。

程序段 11-12   文件 task01.c

```
1     //Filename:task01.c
2
3     # include "includes.h"
4
5     void Task01(void * pdat)
6     {
7       DispOSVersion(10,10);
8
9       CreateEvents();
10      CreateTasks();
11
12      OS_CPU_SysTickInit(320000);        //100Hz
13
14      OSStatInit();
15
16      for(;;)
17      {
18          OSTimeDlyHMSM(0,0,1,0);
19          LED(2,LED_ON);
20          OSTimeDlyHMSM(0,0,1,0);
21          LED(2,LED_OFF);
22      }
23    }
24
```

第 5~23 行为用户任务 Task01 的任务函数。第 7 行在 LCD 屏的坐标(10,10)处输出 μC/OS-Ⅱ 版本号;第 9 行调用 CreateEvents 函数创建事件(目前为空);第 10 行调用函数

CreateTasks 创建其他的用户任务,如第 31~78 行所示;第 12 行启动系统节拍定时器,工作频率为 100Hz;第 14 行初始化统计任务。第 16~22 行为无限循环体,循环执行:延时 1s(第 18 行)、LED 灯 D11 亮(第 19 行)、延时 1s(第 20 行)、LED 灯 D11 灭(第 21 行)。

```
25      OS_STK Task02Stk[Task02StkSize];
26      OS_STK Task03Stk[Task03StkSize];
27      OS_STK Task04Stk[Task04StkSize];
28      OS_STK Task05Stk[Task05StkSize];
29      OS_STK Task06Stk[Task06StkSize];
30
```

第 25~29 行定义用户任务 Task02~Task06 的堆栈数组。

```
31      void CreateTasks(void)
32      {
33        OSTaskCreateExt(Task02,
34                        (void * )0,
35                        &Task02Stk[Task02StkSize - 1],
36                        Task02Prio,
37                        Task02ID,
38                        &Task02Stk[0],
39                        Task02StkSize,
40                        (void * )0,
41                        (OS_TASK_OPT_STK_CHK | OS_TASK_OPT_STK_CLR));
```

第 33~41 行为一条语句,调用系统函数 OSTaskCreateExt 创建用户任务 Task02,9 个参数的含义依次为:用户任务函数名为 Task02、任务函数参数为空、任务堆栈栈顶地址指向 &Task02Stk[Task02StkSize - 1]、任务优先级号为 Task02Prio、任务 ID 号为 Task02ID、任务堆栈栈底地址指向 &Task02Stk[0]、堆栈大小为 Task02StkSize、任务扩展空间的指针为空、任务创建时进行堆栈检查且堆栈元素全部清零。后续用户任务 Task03~Task06 的创建方法与此类似。

```
42        OSTaskCreateExt(Task03,
43                        (void * )0,
44                        &Task03Stk[Task03StkSize - 1],
45                        Task03Prio,
46                        Task03ID,
47                        &Task03Stk[0],
48                        Task03StkSize,
49                        (void * )0,
50                        (OS_TASK_OPT_STK_CHK | OS_TASK_OPT_STK_CLR));
51        OSTaskCreateExt(Task04,
52                        (void * )0,
53                        &Task04Stk[Task04StkSize - 1],
54                        Task04Prio,
55                        Task04ID,
56                        &Task04Stk[0],
57                        Task04StkSize,
58                        (void * )0,
59                        (OS_TASK_OPT_STK_CHK | OS_TASK_OPT_STK_CLR));
60        OSTaskCreateExt(Task05,
61                        (void * )0,
62                        &Task05Stk[Task05StkSize - 1],
63                        Task05Prio,
64                        Task05ID,
65                        &Task05Stk[0],
66                        Task05StkSize,
67                        (void * )0,
68                        (OS_TASK_OPT_STK_CHK | OS_TASK_OPT_STK_CLR));
69        OSTaskCreateExt(Task06,
```

```
70                        (void * )0,
71                        &Task06Stk[Task06StkSize - 1],
72                        Task06Prio,
73                        Task06ID,
74                        &Task06Stk[0],
75                        Task06StkSize,
76                        (void * )0,
77                        (OS_TASK_OPT_STK_CHK | OS_TASK_OPT_STK_CLR));
78      }
79
```

第 31~78 行的函数 CreateTasks 中,依次创建了用户任务 Task02~Task06。

```
80      void CreateEvents(void)
81      {
82      }
```

(7) 修改 includes.h 文件,如程序段 11-13 所示。

程序段 11-13   文件 includes.h

```
1       //Filename: includes.h
2
3       # include "stm32f10x.h"
4       # define ARM_MATH_CM3
5       # include "arm_math.h"
6
7       # include "vartypes.h"
8       # include "bsp.h"
9       # include "led.h"
10      # include "key.h"
11      # include "exti.h"
12      # include "beep.h"
13      # include "zlg7289.h"
14      //# include "systick.h"
15      # include "wwdog.h"
16      # include "rtc.h"
17      # include "tim2.h"
18      # include "uart2.h"
19      # include "lcd.h"
20      # include "ds18b20.h"
21
22      # include "strfun.h"
23      # include "ucos_ii.h"
24      # include "task01.h"
25      # include "task02.h"
26      # include "task03.h"
27      # include "task04.h"
28      # include "task05.h"
29      # include "task06.h"
```

对比程序段 10-3 可知,程序段 11-13 添加了第 25~29 行,即包括了用户任务 Task02~Task06 的头文件 task02.h~task06.h。

(8) 将文件 task02.c、task03.c、task04.c、task05.c 和 task06.c 添加到工程管理器的 USER 分组下,建设好的工程 PRJ28 如图 11-2 所示。

在图 11-2 中,编译链接并运行工程 PRJ28,将在 LCD 屏上显示如图 11-3 所示结果,同时,LED 灯 D11 每隔 1s 闪烁一次。图 11-2 中编译结果 Build Output 中会有 2 个警告信息,这 2 个警告信息是由于 μC/OS-II 系统中的函数参数没有使用导致的,无须修改。

在图 11-3 中,用户任务 Task02 用于动态显示温度值;用户任务 Task03~Task06 动态显示计数值。

图 11-2　工程 PRJ28 工作窗口

图 11-3　LCD 屏显示结果

工程 PRJ28 的文件目录结构如表 11-2 和图 11-4 所示。

表 11-2　工程 PRJ28 的文件目录结构

序号	子 目 录	文 件	性 质	来 源
1	USER	main.c、includes.h、vartypes.h、strfun.c、strfun.h、task01.c、task01.h、task02.c、task02.h、task03.c、task03.h、task04.c、task04.h、task05.c、task05.h、task06.c、task06.h	用户应用程序文件	用户编写
2	BSP	beep.c、beep.h、bsp.c、bsp.h、ds18b20.c、ds18b20.h、exti.c、exti.h、key.c、key.h、lcd.c、lcd.h、led.c、led.h、rt.c、rt.h、textlib.h、tim2.c、tim2.h、uart2.c、uart2.h、zlg7289.c、zlg7289.h	板级支持包文件	用户编写
3	STM32F10x_FWLib	stm32f10x_conf.h	库函数配置文件	ST 公司网站
4	STM32F10x_FWLib\inc	misc.h、stm32f10x_adc.h、stm32f10x_bkp.h、stm32f10x_can.h、stm32f10x_cec.h、stm32f10x_crc.h、stm32f10x_dac.h、stm32f10x_dbgmcu.h、stm32f10x_dma.h、stm32f10x_exti.h、stm32f10x_flash.h、stm32f10x_fsmc.h、stm32f10x_gpio.h、stm32f10x_i2c.h、stm32f10x_iwdg.h、stm32f10x_pwr.h、stm32f10x_rcc.h、stm32f10x_rtc.h、stm32f10x_sdio.h、stm32f10x_spi.h、stm32f10x_tim.h、stm32f10x_usart.h、stm32f10x_wwdg.h	库函数文件	ST 公司网站

续表

序号	子 目 录	文 件	性 质	来 源
5	STM32F10x_FWLib\src	misc. c、stm32f10x_adc. c、stm32f10x_bkp. c、stm32f10x_can. c、stm32f10x_cec. c、stm32f10x_crc. c、stm32f10x_dac. c、stm32f10x_dbgmcu. c、stm32f10x_dma. c、stm32f10x_exti. c、stm32f10x_flash. c、stm32f10x_fsmc. c、stm32f10x_gpio. c、stm32f10x_i2c. c、stm32f10x_iwdg. c、stm32f10x_pwr. c、stm32f10x_rcc. c、stm32f10x_rtc. c、stm32f10x_sdio. c、stm32f10x_spi. c、stm32f10x_tim. c、stm32f10x_usart. c、stm32f10x_wwdg. c	库函数头文件	ST 公司网站
6	PRJ	MyPrj. uvprojx、MyPrj. uvoptx、MyPrj. uvguix. Administrator	工程文件	Keil MDK 创建
7	PRJ\RTE	其下有四个子目录 RTOS、Device、_Target_1、_STM32F103RCT6	运行环境组件头文件	Keil MDK 创建
8	PRJ \ RTE \ Device \STM32F103RC	startup_stm32f10x_hd. s、system_stm32f10x. c、RTE_Device. h	CPU 相关文件	Keil MDK 创建
9	PRJ\RTE\RTOS	app_cfg. h、os_cfg. h	µC/OS-Ⅱ 配置文件	Keil MDK 创建
10	PRJ\Listings	MyPrj. map 等	列表文件	Keil MDK 创建
11	PRJ\Objects	MyPrj. axf、MyPrj. hex 等	目标文件	Keil MDK 创建

表 11-2 中列出的子目录的上一级目录为 D:\STM32F103RCT6PRJ\PRJ28,表中列出了工程 PRJ28 的全部文件,并标注了文件的性质和来源。表 11-2 中的 STM32F10x_FWLib\inc 表示子目录 STM32F10x_FWLib 下的子目录 inc。

图 11-4 展示了工程 PRJ28 的文件结构,也是典型的基于 µC/OS-Ⅱ 系统的工程文件结构图,其中,将 µC/OS-Ⅱ 系统文件分为内核文件、移植文件和配置文件,一般地,用户不能修改内核文件,移植文件不需要用户修改,然而配置文件往往需要用户根据硬件平台进行适当的调整。图 11-4 中的 CPU 相关文件是指直接访问 Cortex-M3 内核的文件,多指与异常和中断相关的文件;CMSIS 库最初的形态是 ARM 公司针对 ARM 内核封装的一些库函数,后来,芯片厂商也向 CMSIS 库中投放自己的外设封装函数,现在 CMSIS 库延伸为内核与外设的一些驱动函数库;库函数是意法半导体公司针对 STM32F10x 微控制器设计的外设驱动库函数。由图 11-4 可知,用户需要编写的文件只有 BSP(板级支持包)和应用程序文件,其中 BSP 文件是结合了硬件平台上 STM32F103RCT6 芯片的外围电路驱动特性,而开发的外围电路设备驱动函数,一般可通过调用 CMSIS 库函数简化设计过程;应用程序层位于工程的最上层,根据工程需要实现的功能而进行相应的程序设计。

工程 PRJ28 中的任务信息如表 11-3 所示。

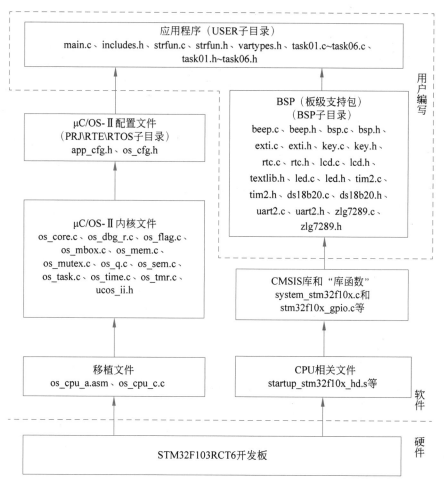

图 11-4　工程 PRJ28 文件结构

表 11-3　工程 PRJ28 中的任务信息

任务 ID 号	优先级号	任务名	堆栈大小（字）	执行频率（Hz）
1	5	Task01	200	1
2	6	Task02	200	1/2
3	7	Task03	200	1
4	8	Task04	200	1/2
5	9	Task05	200	1/4
6	10	Task06	200	1/8
0xFFFD	61	定时器任务	200	10
0xFFFE	62	统计任务	200	10
0xFFFF	63	空闲任务	200	始终就绪

在表 11-3 中，任务 ID 号没有实质性含义，µC/OS-Ⅱ中没有赋予任务 ID 号作用（事实上，在 µC/OS-Ⅲ中任务 ID 号也没有实质性意义），但 µC/OS-Ⅱ为系统任务指定了 ID 号。在 µC/OS-Ⅱ中，任务是通过优先级号进行识别的，优先级号越小，优先级越高，并且不同任务的优先级号不能相同。由表 11-3 可知，3 个系统任务都是每隔 0.1s 执行一次。

工程 PRJ28 的执行流程如图 11-5 所示。

由图 11-5 可知，在主函数中初始化 µC/OS-Ⅱ系统，然后，创建第一个用户任务

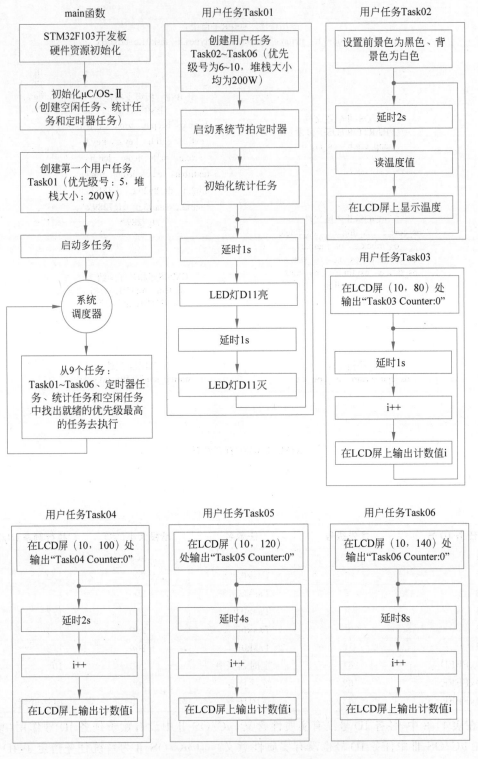

图 11-5　工程 PRJ28 的执行流程

Task01,接着启动多任务工作环境,之后,μC/OS-Ⅱ系统调度器将接管 STM32F103RCT6,始终把 CPU 分配给就绪的最高优先级任务。因此,μC/OS-Ⅱ是一个可抢先型的内核,高优先级的任务总能抢占低优先级任务的 CPU 而被优先执行。用户任务 Task01 使得 LED 灯 D11 每 1s 闪烁一次。用户任务 Task02 每延时 2s 执行一次,将读到的 DS18B20 温度值输出在 LCD 显示屏中。用户任务 Task03 每延时 1s 执行一次,在 LCD 屏上输出计数值,该计数值也是任务 Task03 的执行次数;用户任务 Task04 每延时 2s 执行一次,在 LCD 屏上输出计数值;用户任务 Task05 每延时 4s 执行一次,在 LCD 屏上输出计数值;用户任务 Task06 每延时 8s 执行一次,在 LCD 屏上输出计数值。LCD 屏的显示结果如图 11-3 所示。

11.3　统计任务实例

视频讲解

统计任务可用于统计微控制器的 CPU 使用率以及各个任务(包括它本身)的堆栈使用情况,下面的工程 PRJ29 介绍了统计任务的使用方法。

在工程 PRJ28 的基础上,新建工程 PRJ29,保存在目录 D:\STM32F103RCT6PRJ\PRJ29 下,此时的工程 PRJ29 与工程 PRJ28 完全相同,然后,进行如下工作。

(1) 修改 strfun.c 文件,如程序段 11-14 所示。

程序段 11-14　文件 strfun.c

```
1    //Filename: strfun.c
2
3    #include "includes.h"
4
```

此处省略的第 5~52 行与程序段 10-5 中第 5~52 行完全相同。

```
53
54    void DispStk(Int16U x,Int16U y,Int08U prio)
55    {
56      OS_STK_DATA stk;
57      Int08U str[20];
58
59      OSTaskStkChk(prio,&stk);
60      Int2String(prio - 4,str);
61      MyPrintString(x,y,str,10);
62      MyPrintString(x + 2 * 8,y,(Int08U * )" - Used:",10);
63      Int2String(stk.OSUsed,str);
64      MyPrintString(x + 9 * 8,y,str,20);
65      MyPrintString(x + 12 * 8,y,(Int08U * )",Free:",10);
66      Int2String(stk.OSFree,str);
67      MyPrintString(x + 18 * 8,y,str,20);
68    }
```

第 54~68 行为在 LCD 屏坐标(x,y)处显示优先级号为 prio 的任务的堆栈信息的函数 DispStk。第 59 行调用系统函数 OSTaskStkChk 获得优先级号为 prio 的任务的堆栈信息,结构体变量 stk 有两个成员,其中,stk.OSUsed 表示使用的堆栈大小,stk.OSFree 表示空闲的堆栈大小。第 60~61 行显示任务的 ID 号;第 62~64 行显示使用的堆栈大小;第 65~67 行显示空闲的堆栈大小。

(2) 修改 strfun.h 文件,如程序段 11-15 所示。

程序段 11-15　文件 strfun.h

```
1    //Filename: strfun.h
2
3    #include "vartypes.h"
4
```

```
5      # ifndef  _STRFUN_H
6      # define  _STRFUN_H
7
8      void Int2String( Int32U v, Int08U * str);
9      Int16U LengthOfString( Int08U * str);
10     void DispOSVersion( Int16U x, Int16U y);
11     void DispStk( Int16U x, Int16U y, Int08U prio);
12
13     # endif
```

与程序段 10-6 相比，程序段 11-15 添加了对显示堆栈信息函数 DispStk 的声明（第 11 行）。

（3）修改 task01.c 文件，如程序段 11-16 所示。

程序段 11-16　文件 task01.c

```
1      //Filename:task01.c
2
3      # include "includes.h"
4
5      void Task01(void * pdat)
6      {
7        Int08U str[20];
8
9        DispOSVersion(10,10);
10
11       CreateEvents();
12       CreateTasks();
13
14       OS_CPU_SysTickInit(320000);        //100Hz
15
16       OSStatInit();
17
18       while(1)
19       {
20          OSCtxSwCtr = 0;
21
```

第 20 行的变量 OSCtxSwCtr 为 μC/OS-Ⅱ 的系统变量，用于记录任务的切换次数，这里将其清零。

```
22          OSTimeDlyHMSM(0,0,1,0);
23          LED(2,LED_ON);
24          OSTimeDlyHMSM(0,0,1,0);
25          LED(2,LED_OFF);
26
27          //DispStk(10,160,OS_LOWEST_PRIO);
28          //DispStk(10,180,OS_LOWEST_PRIO - 1);
29          //DispStk(10,200,OS_LOWEST_PRIO - 2);
30          DispStk(10,160,Task01Prio);
31          DispStk(10,180,Task02Prio);
32          DispStk(10,200,Task03Prio);
33          DispStk(10,220,Task04Prio);
34          //DispStk(10,160,Task05Prio);
35          //DispStk(10,180,Task06Prio);
36
```

第 27～34 行为调用 DispStk 显示任务堆栈信息的代码，因为 LCD 屏显示空间有限，注释掉的第 27～29 行显示空闲任务、统计任务和定时器任务的堆栈信息；第 30～33 行显示用户任务 Task01～Task04 的堆栈信息；注释掉第 34～25 行显示 Task05 和 Task05 的堆栈信息。

```
37          MyPrintString(10,240,(Int08U * )"Tasks:",10);
38          Int2String(OSTaskCtr,str);
39          MyPrintString(10 + 6 * 8,240,(Int08U * )"   ",10);
40          MyPrintString(10 + 6 * 8,240,str,20);
41
```

第37～41行显示工程PRJ29中的任务个数,变量OSTaskCtr为系统变量。

```
42          MyPrintString(10,260,(Int08U * )"Task Switch/sec:",30);
43          Int2String(OSCtxSwCtr/2,str);
44          MyPrintString(10 + 16 * 8,260,(Int08U * )"   ",10);
45          MyPrintString(10 + 16 * 8,260,str,20);
46
```

第42～46行显示任务切换次数,OSCtxSwCtr除以2是因为每2s统计一次,而显示的信息为每秒任务切换次数。

```
47          MyPrintString(10,280,(Int08U * )"CPUUsage:",30);
48          if(OSCPUUsage > 0 && OSCPUUsage < = 100)
49              Int2String(OSCPUUsage,str);
50          else
51          {
52              str[0] = '0';str[1] = '\0';
53          }
54          MyPrintString(10 + 9 * 8,280,(Int08U * )"   ",10);
55          MyPrintString(10 + 9 * 8,280,str,20);
56          MyPrintChar(10 + 12 * 8,280,'% ');
57      }
58  }
59
```

此处省略的第60～117行与程序段10-12中的第25～82行完全相同。

文件task01.c共有117行代码。第47～56行显示CPU使用率,这里的变量OSCPUUsage为系统变量。

(4)工程PRJ29运行时在LCD屏上的显示结果如图11-6所示。

图11-6　工程PRJ29运行时LCD屏上的显示结果

由图11-6可知,每个任务(包括系统任务)使用的堆栈和空闲的堆栈之和为200,即堆栈大小为200。任务个数为9个,每秒任务切换24次,CPU使用率为0。结合表11-3中各个任务的执行频率可知,任务的切换次数为$(1 + 1/2 + 1 + 1/2 + 1/4 + 1/8 + 10 + 10) \approx 24$次,与图11-6中显示的任务切换次数吻合。

需要特别注意的是,各个任务的堆栈空间应至少有50%是空闲的,这样的系统才是稳健的。因为绝大多数情况下,程序运行失常是任务的堆栈空间不足而造成的。所以,实际工程中,统计任务将密切监控各个任务(包括它自身)的堆栈空闲情况,当发现有某个任务的堆栈空闲量小于其堆栈总量的10%时,可通过LED灯或蜂鸣器报警。因此,统计任务在实际工程中必不可少。

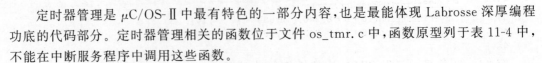

11.4　系统定时器

　　定时器管理是 μC/OS-Ⅱ中最有特色的一部分内容,也是最能体现 Labrosse 深厚编程功底的代码部分。定时器管理相关的函数位于文件 os_tmr.c 中,函数原型列于表 11-4 中,不能在中断服务程序中调用这些函数。

表 11-4　定时器管理函数

函 数 原 型	功　　能
OS_TMR　*OSTmrCreate(INT32U　dly, 　　　　　　　　INT32U　period, 　　　　　　　　INT8U　opt, 　　　　　　　　OS_TMR_CALLBACK　callback, 　　　　　　　　void　* callback_arg, 　　　　　　　　INT8U　* pname, 　　　　　　　　INT8U　* perr);	创建一个定时器。定时器可以周期性连续运行,或仅运行一次,当定时计数减到 0 后,将执行回调函数(callback),callback 函数可以向任务发送信号量,也可以执行其他功能,要求这个函数应尽可能地短小。必须调用 OSTmrStart 启动定时器。对于仅运行一次的定时器,调用 OSTmrStart 可再次启动它,调用 OSTmrDel 可删除它(可在回调函数中删除它)
BOOLEAN　OSTrmStart(OS_TMR　* ptmr, 　　　　　　　　INT8U　* perr);	启动定时器减计数
void　OSTmrStop(OS_TMR　* ptmr, 　　　　　　　INT8U　opt, 　　　　　　　void　* callback_arg, 　　　　　　　INT8U　* perr);	停止定时器减计数,停止定时器时可以调用回调函数或向回调函数传递新的参数。如果调用该函数时定时器已经停止了,则回调函数不会被调用
INT32U　OSTmrRemainGet(OS_TMR　* ptmr, 　　　　　　　　INT8U　* perr);	得到定时器的当前计数值(以时钟节拍为单位)
INT8U　OSTmrStateGet(OS_TMR　* ptmr, 　　　　　　　INT8U　* perr);	得到定时器的当前状态,一个定时器有 4 种状态,即没有创建(OS_TMR_STATE_UNUSED)、没有运行或已停止(OS_TMR_STATE_STOPPED)、一次运行(ONE-SHOT)模式下已减计数完成(OS_TMR_STATE_COMPLETED)以及正在运行(OS_TMR_STATE_RUNNING)
BOOLEAN　OSTmrDel(OS_TMR　* ptmr, 　　　　　　　INT8U　* perr);	删除定时器。如果定时器正在减计数(即使用中),它将被停止而后删除;如果定时器已经不再使用,则直接被删除
INT8U　OSTmrNameGet(OS_TMR　* ptmr, 　　　　　　　INT8U　* pdest, 　　　　　　　INT8U　* perr);	得到定时器的名称,pdest 长度至多为 OS_CFG_TMR_NAME_SIZE
void　OSTmrSignal(void);	刷新定时器计数值,用于 OSTimeTickHook 函数中

　　创建定时器的步骤如下。

　　(1) 定义一个定时器,例如:"OS_TMR　* tm01;";然后定义该定时器的回调函数,例如:"void　Tmr01CBFun(void * ptmr, void * callback_arg);",回调函数是指定时器定时完成后将自动调用的函数,一般地在该函数中释放信号量、事件标志组或消息邮箱,激活某个用户任务去执行特定的功能。

（2）调用 OSTmrCreate 函数创建该定时器，例如：

```
tm01 = OSTmrCreate( 10, 10, OS_TMR_OPT_PERIODIC,
                    Tmr01CBFun, (void * )0, "Timer 01", &err);
```

OSTmrCreate 函数有 7 个参数，依次为：初次定时延时值、定时周期值、定时方式、回调函数、回调函数参数、定时器名称和出错信息。初次定时延时值，表示第一次定时结束时要经历的时间；定时周期值表示周期性定时器的定时周期。这里都为 10，由于定时器的频率为 10Hz，因此，10 表示 1s。定时方式有两种，即周期型定时 OS_TMR_OPT_PERIODIC 和单拍型 OS_TMR_OPT_ONE_SHOT，后者定时器仅执行一次，延时时间为其第一个参数，此时，第二个参数无效，所以，回调函数将仅被执行一次。

（3）系统定时器的动作主要有启动系统定时器，如"OSTmrStart(tm01，&err);"和停止定时器。停止定时器函数原型为

```
OSTmrStop(OS_TMR * ptmr, INT8U opt, void * callback_arg, INT8U * perr);
```

上述函数的 4 个参数依次为：定时器、定时器停止后是否调用回调函数的选项、传递给回调函数的参数和出错信息码。当 opt 为 OS_TMR_OPT_NONE 时，不调用回调函数；当为 OS_TMR_OPT_CALLBACK 时，定时器停止时调用回调函数，使用原回调函数的参数；当为 OS_TMR_OPT_CALLBACK_ARG 时，定时器停止时调用回调函数，但使用 OSTmrStop 函数中指定的参数 callback_arg。

（4）可获得软定时器的状态，例如

```
INT8U  st;
st = OSTmrStateGet(tm01, &err);
```

上述代码将返回定时器 tm01 当前的状态，如果定时器没有创建，则返回常量 OS_TMR_STATE_UNUSED；如果定时器处于运行态，则返回常量 OS_TMR_STATE_RUNNING；如果定时器处于停止状态，则返回常量 OS_TMR_STATE_STOPPED。

（5）当定时到期时，将自动调用定时器的回调函数，一般不允许在回调函数中放置耗时较多的数据处理代码，通常回调函数只有几行代码，用于释放信号量、事件标志组或消息邮箱。

下面通过实例阐述系统定时器的用法。

（1）在工程 PRJ29 的基础上，新建工程 PRJ30，保存在目录 D:\STM32F103RCT6PRJ\PRJ30 下，此时的工程 PRJ30 与工程 PRJ29 完全相同。

（2）新建文件 uctmr.c 和 uctmr.h，保存在目录 D:\STM32F103RCT6PRJ\PRJ30\USER 下，其代码如程序段 11-17 和程序段 11-18 所示。

程序段 11-17　文件 uctmr.c

视频讲解

```
1    //Filename: uctmr.c
2
3    # include "includes.h"
4
5    void  Tmr01CBFun(void * ptmr, void * parg)
6    {
7      static Int32U cnt = 0;
8      Int08U ch[20];
9      cnt++;
10     Int2String(cnt,ch);
11     DrawString(180,50,ch,20);
12   }
13
```

第 5~12 行定义了定时器回调函数 Tmr01CBFun。第 9 行计数变量 cnt 自增 1；第 10
行将变量 cnt 转换为字符串 ch；第 11 行在 LCD 屏坐标(180,50)处输出字符串 ch，即变量
cnt 的值。

```
14    Int08U  StartTmr01(void)
15    {
16      Int08U err,st;
17      OS_TMR * tm01;
18
19      tm01 = OSTmrCreate(10,10,OS_TMR_OPT_PERIODIC, Tmr01CBFun,(void * )0,
20                      (Int08U * )"Timer 01",&err);
21      OSTmrStart(tm01,&err);
22      st = OSTmrStateGet(tm01,&err);
23      if(st == OS_TMR_STATE_RUNNING)
24          return 0;
25      else
26          return 1;
27    }
```

第 14~27 行为创建和启动定时器的函数 StartTmr01。第 19、20 行创建了定时器
tm01；第 21 行启动定时器 tm01；第 22 行获得定时器的状态；第 23 行判断定时器如果处
于运行态,则返回 0(第 24 行)；否则返回 1(第 25、26 行)。

程序段 11-18   文件 uctmr. h

```
1    //Filename: uctmr. h
2
3    # include "vartypes.h"
4
5    # ifndef _UCTMR_H
6    # define _UCTMR_H
7
8    Int08U  StartTmr01(void);
9
10   # endif
```

文件 uctmr. h 中声明了文件 uctmr. c 中定义的函数 StartTmr01。

(3) 修改文件 includes. h,如程序段 11-19 所示。

程序段 11-19   文件 includes. h

```
1    //Filename: includes. h
2
```

此处省略的第 3~28 行与程序段 11-13 的第 3~28 行代码相同。

```
29   # include "task06. h"
30   # include "uctmr. h"
```

与程序段 11-13 相比,程序段 11-19 添加了第 30 行,即包括了头文件 uctmr. h。

(4) 修改文件 task06. c。在文件 task06. c 的无限循环体外部添加语句"StartTmr01();",
该语句可以添加到程序段 11-10 中的第 9 行。

在工程 PRJ30 中,将文件 uctmr. c 添加到工程管理器的 USER 分组下,然后,编译链接
并运行它,可以看到 LCD 屏的坐标(180,50)处显示计数变量 cnt 的值,每秒增加 1,不用担
心它会溢出,该变量是 32 位无符号整型,要过 1657 年后才能溢出。

▟▙ 11.5   小结   ◆

本章详细阐述了与用户任务管理相关的函数,介绍了创建用户任务的方法,并给出了一

个包含 6 个用户任务的多任务工程实例。建议读者朋友在工程 PRJ27 的基础上,再添加 3~5 个用户任务,并比较多任务工程与没有嵌入式操作系统的单任务工程的不同,以期深入掌握多任务程序设计方法。本章还阐述了统计任务的重要性,以工程实例的形式分析了任务堆栈使用情况、单位时间任务切换次数和 CPU 使用率等工程运行指标,最后讨论了系统定时器及其应用方法,第 12 章中还将进一步讨论系统定时器释放信号量的方法。

习题

1. 结合表 11-1 说明任务管理相关的系统函数有哪些。并说明各自的含义和用法。
2. 阐述用户任务函数与普通的函数有什么区别。
3. 阐述如何使用统计任务统计各个用户任务的堆栈信息和 CPU 使用率。
4. 编写工程借助用户任务实现 LED 灯闪烁和 LCD 屏动画效果。
5. 编写工程借助定时器任务实现 LED 灯闪烁。

第12章

信号量与互斥信号量

信号量和互斥信号量是 μC/OS-Ⅱ 中最重要的两个组件，信号量用于实现任务间的同步以及任务同步中断服务函数的运行，互斥信号量用于保护共享资源。本章将介绍信号量与互斥信号量的概念和程序设计方法。

本章的学习目标：

- 了解 μC/OS-Ⅱ 系统互斥信号量的工作原理；
- 熟悉 μC/OS-Ⅱ 系统信号量的工作原理；
- 掌握信号量的应用程序设计方法。

12.1 μC/OS-Ⅱ 信号量

信号量本质上是一个全局计数器的实现机制，释放信号量的任务使得该计数器的值加 1，请求到信号量的任务使该计数器的值减 1，如果计数器的值为 0，则请求该信号量的任务将挂起等待，直到别的任务释放该信号量。通过这种方式，使得释放信号量的任务可以控制请求信号量的任务的运行。与信号量相关的函数列于表 12-1 中，这些函数的定义位于 μC/OS-Ⅱ 内核文件 os_sem.c 中。

表 12-1　与信号量相关的函数

函　数　原　型	功　　能
OS_EVENT ＊OSSemCreate(INT16U cnt);	创建并初始化一个信号量，参数 cnt 取值为 0～65535,0 表示没有信号量
void OSSemPend(OS_EVENT ＊ pevent, INT16U timeout, INT8U ＊ err);	请求信号量。如果信号量的值大于 0，则调用该函数的任务获得信号量，并继续执行，信号量的值减 1；如果信号量的值为 0，调用该函数的任务挂起等待，直到信号量被其他任务释放或等待超时；如果有多个任务等待同一个信号量，μC/OS-Ⅱ 进行任务调度，使优先级最高的任务获得 CPU 使用权（中断服务程序不能调用该函数）
INT8U OSSemPost(OS_EVENT ＊ pevent);	释放信号量。将信号量的值加 1 后返回，如果有多个任务在等待该信号量，优先级最高的任务将就绪，μC/OS-Ⅱ 进行任务调度，调用该函数的任务和就绪的任务中优先级更高的任务得到执行权

续表

函数原型	功 能
OS_EVENT * OSSemDel(OS_EVENT * pevent, 　　　　　　　　 INT8U opt, 　　　　　　　　 INT8U * perr);	删除信号量。一般地,在调用该函数前,应删除所有请求该信号量的任务(中断服务程序不能调用该函数)
INT8U OSSemQuery(OS_EVENT * pevent, 　　　　　　　 OS_SEM_DATA * p_sem_data);	查询当前信号量的信息
INT8U OSSemPendAbort(OS_EVENT * pevent, 　　　　　　　　 INT8U opt, 　　　　　　　　 INT8U * err);	放弃等待信号量,使等待该信号量的所有任务或最高优先级任务(由参数 opt 确定)就绪(中断服务程序不能调用该函数)
void OSSemSet(OS_EVENT * pevent, 　　　　　 INT16U cnt, 　　　　　 INT8U * perr);	设置信号量的值,用于计数;当信号量用于保护共享资源时,不应该使用该函数
INT16U OSSemAccept(OS_EVENT * pevent);	请求信号量。与 OSSemPend 不同处在于,如果信号量(表示的共享资源)不可用,调用该函数的任务并不挂起等待,可用于中断服务程序中

信号量的工作原理如图 12-1 所示。

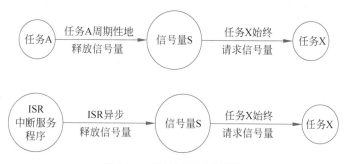

图 12-1　信号量的工作原理

由图 12-1 可知,借助信号量,任务 X 可以同步另一个任务 A 的执行,也可同步中断服务程序的执行。信号量本质上是一个全局的计数器变量,当任务 A 释放该信号量时,信号量 S 的值自增 1,任务 A 周期地释放信号量 S,则 S 的值周期性地自增 1;任务 X 始终请求信号量 S,如果 S 的值大于 0,表示信号量有效,任务 X 将请求成功,之后信号量 S 的值自减 1,当信号量 S 的值为 0 时,表示无信号量,则任务 X 需等待,直到某个任务 A 释放信号量 S,使 S 的值大于 0。

中断服务程序可以释放信号量。当某一个中断到来后,其中断服务程序得到执行,一般地,中断服务程序不应包括太多的处理代码,而应该通过释放信号量,使请求该信号量的任务就绪去执行与该中断相关的操作。

与信号量相关的主要操作有创建信号量 OSSemCreate、请求信号量 OSSemPend 和释放信号量 OSSemPost。使用信号量的步骤如下。

(1) 定义事件,如"OS_EVENT * sem01;"。

(2) 创建信号量,如"sem01＝OSSemCreate(0);",此时,创建了信号量 sem01,信号量

的初始值为0。

（3）在任务 A 中周期性地释放该信号量，调用"OSSemPost(sem01);"实现。

（4）在任务 X 中始终请求该信号量，用"OSSemPend(sem01,0,&err);"实现，该函数的第二个参数表示等待超时，如果为0，表示请求不到信号量时永久等待；如果为大于0的整数，表示当任务 X 等待该整数值的时钟节拍后，仍然没有请求到信号量时，则不再等待而继续执行。

▙ 12.2　μC/OS-Ⅱ互斥信号量 ◆

互斥信号量可以实现一个任务对共享资源的独占式访问，即当一个任务访问共享资源时，其他要访问该共享资源的任务需要等到该任务使用完共享资源后再进行访问。使用互斥信号量保护共享资源可有效地避免死锁，当低优先级的任务申请到互斥信号量而使用共享资源时，将临时提升其优先级，使其略高于全部申请互斥信号量任务的优先级，这种现象称为优先级提升或优先级反转，提升后的优先级称为优先级继承优先级（PIP）。当该任务使用完共享资源后，其优先级将还原为原来的优先级。

互斥信号量只有0和1两个值，与信号量的操作类似，常用的互斥信号量管理函数列于表 12-2 中，这些函数位于 μC/OS-Ⅱ 内核文件 os_mutex.c 中。

表 12-2　互斥信号量管理函数

函 数 原 型	功　能
OS_EVENT　*OSMutexCreate(INT8U　prio, INT8U　*perr);	创建并初始化一个互斥信号量，用于使任务获得对共享资源的独占式访问权。必须确保 prio 的值小于所有可能请求互斥信号量的任务优先级值，prio 称为优先级继承优先级（PIP）
void　OSMutexPend(OS_EVENT　*pevent, INT16U　timeout, INT8U　*perr);	请求互斥信号量。如果调用该函数的任务得到了互斥信号量，则认为该函数将要访问的共享资源没有被其他任务占用，即该函数可以独占式访问该共享资源；如果没有得到互斥信号量，则该任务挂起等待，直到其他任务释放互斥信号量或等待超时。如果有多个任务等待互斥信号量，则进行任务调度；如果出现优先级反转，则低优先级任务的优先级提升到 PIP
INT8U　OSMutexPost(OS_EVENT　*pevent);	如果任务调用 OSMutexAccept 或 OSMutexPend 请求到互斥信号量，并且使用完共享资源后，必须调用该函数释放互斥信号量。如果任务的优先级被提升了，则该函数还原该任务优先级；如果有多个任务请求互斥信号量，该函数将进行任务调度（中断服务程序不能调用该函数）
OS_EVENT　*OSMutexDel(OS_EVENT　*pevent, INT8U　opt, INT8U　*perr);	删除一个互斥信号量。一般地，在删除一个互斥信号量之前，应删除所有能访问它的任务（中断服务程序不能调用该函数）

续表

函 数 原 型	功　　能
INT8U OSMutexQuery(OS_EVENT * pevent, 　　　　　OS_MUTEX_DATA * p_mutex_data);	查询互斥信号量的当前状态信息(中断服务程序不能调用该函数)
BOOLEAN OSMutexAccept(OS_EVENT * pevent, 　　　　　INT8U * perr);	请求互斥信号量。与 OSMutexPend 不同的是,当互斥信号量无效时,调用该函数的任务不挂起等待(中断服务程序不能调用该函数)。如果获得了互斥信号量,必须在使用完共享资源后,调用 OSMutexPost 释放该互斥信号量

互斥信号量的工作情况如图 12-2 所示。

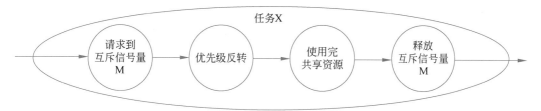

图 12-2　互斥信号量的工作情况

互斥信号量只有 0 和 1 两个值,表示两种状态,即互斥信号量被占用和未被占用。如图 12-2 所示,某一任务 X 需要使用共享资源时,首先需要请求互斥信号量 M,如果没有请求到,说明共享资源正在被其他任务使用;如果请求到 M,则优先级反转到比其他要请求该共享资源的所有任务的优先级略高的优先级继承优先级,任务 X 使用完共享资源后,释放互斥信号量 M。可见,互斥信号量的请求和释放是在同一个任务中实现的。

使用互斥信号量的步骤如下。

(1)定义事件,如"OS_EVENT * mtx01;"。

(2)定义优先级继承优先级(PIP)的值 PIP_Prio,PIP 的数值应比所有请求同一共享资源的任务的优先级数值要小。

(3)创建互斥信号量,如"mtx01＝OSMutexCreate(PIP_Prio, &err);"。

(4)如果某一任务 X 要使用共享资源,应先调用 OSMutexPend 函数请求互斥信号量,如"OSMutexPend(mtx01, 0, &err);";请求到互斥信号量之后,开始使用共享资源,使用完后再调用 OSMutexPost 函数释放互斥信号量,如"OSMutexPost(mtx01);"。函数 OSMutexPend 的第 2 个参数为等待超时参数,如果为 0,表示请求不到互斥信号量时,一直等待;如果为大于 0 的整数,表示等待该整数值的时钟节拍后,仍然请求不到互斥信号量时,则放弃等待。

12.3　信号量与互斥信号量实例

视频讲解

本节将建设工程 PRJ31,体现信号量与互斥信号量的用法,首先,新建了用户任务 Task07 和 Task08,Task07 每隔 1s 释放一次信号量 sem01,Task08 始终请求信号量 sem01,从而 Task08 同步 Task07 的执行;然后,新建了系统定时器 tm02,在 tm02 中每秒释放信号量 sem02,又新建了用户任务 Task09,Task09 始终请求信号量 sem02,从而 Task09 同步定时器 tm02 的执行;接着,在外部按键 S18、S19 的中断服务函数中释放信号量 sem03,在新建的任务 Task10 中请求信号量 sem03,从而 Task10 同步外部按键中断的执行;最后,在 Task02 中使用互斥信号量 mtx01 保护采集的温度值,在新建的用户任务 Task11 中用 mtx01 保护显示的温度值。工程 PRJ31 的具体建设步骤如下。

(1) 在工程 PRJ30 的基础上,新建工程 PRJ31,保存在目录 D:\STM32F103RCT6PRJ\PRJ31 下,此时的工程 PRJ31 与工程 PRJ30 完全相同。

(2) 修改 task01.c 文件,如程序段 12-1 所示。

程序段 12-1　文件 task01.c

```
1    //Filename:task01.c
2
```

此处省略的第 3~59 行与程序段 11-16 的第 3~59 行相同。

```
60   OS_STK Task02Stk[Task02StkSize];
61   OS_STK Task03Stk[Task03StkSize];
62   OS_STK Task04Stk[Task04StkSize];
63   OS_STK Task05Stk[Task05StkSize];
64   OS_STK Task06Stk[Task06StkSize];
65   OS_STK Task07Stk[Task07StkSize];
66   OS_STK Task08Stk[Task08StkSize];
67   OS_STK Task09Stk[Task09StkSize];
68   OS_STK Task10Stk[Task10StkSize];
69   OS_STK Task11Stk[Task11StkSize];
```

第 60~69 行依次创建任务 Task02~Task11 的堆栈。

```
70   void CreateTasks(void)
71   {
72     OSTaskCreateExt(Task02,
73                     (void * )0,
74                     &Task02Stk[Task02StkSize - 1],
75                     Task02Prio,
76                     Task02ID,
77                     &Task02Stk[0],
78                     Task02StkSize,
79                     (void * )0,
80                     (OS_TASK_OPT_STK_CHK | OS_TASK_OPT_STK_CLR));
81     OSTaskCreateExt(Task03,
82                     (void * )0,
83                     &Task03Stk[Task03StkSize - 1],
84                     Task03Prio,
85                     Task03ID,
86                     &Task03Stk[0],
87                     Task03StkSize,
88                     (void * )0,
89                     (OS_TASK_OPT_STK_CHK | OS_TASK_OPT_STK_CLR));
90     OSTaskCreateExt(Task04,
91                     (void * )0,
92                     &Task04Stk[Task04StkSize - 1],
93                     Task04Prio,
94                     Task04ID,
95                     &Task04Stk[0],
96                     Task04StkSize,
97                     (void * )0,
98                     (OS_TASK_OPT_STK_CHK | OS_TASK_OPT_STK_CLR));
99     OSTaskCreateExt(Task05,
100                    (void * )0,
101                    &Task05Stk[Task05StkSize - 1],
102                    Task05Prio,
103                    Task05ID,
```

```
104                          &Task05Stk[0],
105                          Task05StkSize,
106                          (void * )0,
107                          (OS_TASK_OPT_STK_CHK | OS_TASK_OPT_STK_CLR));
108      OSTaskCreateExt(Task06,
109                          (void * )0,
110                          &Task06Stk[Task06StkSize - 1],
111                          Task06Prio,
112                          Task06ID,
113                          &Task06Stk[0],
114                          Task06StkSize,
115                          (void * )0,
116                          (OS_TASK_OPT_STK_CHK | OS_TASK_OPT_STK_CLR));
117      OSTaskCreateExt(Task07,
118                          (void * )0,
119                          &Task07Stk[Task07StkSize - 1],
120                          Task07Prio,
121                          Task07ID,
122                          &Task07Stk[0],
123                          Task07StkSize,
124                          (void * )0,
125                          (OS_TASK_OPT_STK_CHK | OS_TASK_OPT_STK_CLR));
126      OSTaskCreateExt(Task08,
127                          (void * )0,
128                          &Task08Stk[Task08StkSize - 1],
129                          Task08Prio,
130                          Task08ID,
131                          &Task08Stk[0],
132                          Task08StkSize,
133                          (void * )0,
134                          (OS_TASK_OPT_STK_CHK | OS_TASK_OPT_STK_CLR));
135      OSTaskCreateExt(Task09,
136                          (void * )0,
137                          &Task09Stk[Task09StkSize - 1],
138                          Task09Prio,
139                          Task09ID,
140                          &Task09Stk[0],
141                          Task09StkSize,
142                          (void * )0,
143                          (OS_TASK_OPT_STK_CHK | OS_TASK_OPT_STK_CLR));
144      OSTaskCreateExt(Task10,
145                          (void * )0,
146                          &Task10Stk[Task10StkSize - 1],
147                          Task10Prio,
148                          Task10ID,
149                          &Task10Stk[0],
150                          Task10StkSize,
151                          (void * )0,
152                          (OS_TASK_OPT_STK_CHK | OS_TASK_OPT_STK_CLR));
153      OSTaskCreateExt(Task11,
154                          (void * )0,
155                          &Task11Stk[Task11StkSize - 1],
156                          Task11Prio,
157                          Task11ID,
158                          &Task11Stk[0],
159                          Task11StkSize,
160                          (void * )0,
161                          (OS_TASK_OPT_STK_CHK | OS_TASK_OPT_STK_CLR));
162  }
163
```

第 70~162 行为 10 条语句,用于创建用户任务 Task02~Task11。

```
164   OS_EVENT   * sem01, * sem02, * sem03;
165   OS_EVENT   * mtx01;
166   void CreateEvents(void)
167   {
168     Int08U err;
169     sem01 = OSSemCreate(0);
170     sem02 = OSSemCreate(0);
171     sem03 = OSSemCreate(0);
172     mtx01 = OSMutexCreate(3, &err);
173   }
```

第 164 行定义事件 sem01、sem02 和 sem03,用作 3 个信号量;第 165 行定义事件 mtx01,用作互斥信号量。第 166~173 行为创建事件的函数 CreateEvents,其中,第 169 行创建信号量 sem01,第 170 行创建信号量 sem02,第 171 行创建信号量 sem03,第 172 行创建互斥信号量 mtx01,这里优先级继承优先级(PIP)号为 3。

(3) 新建文件 task07.c、task07.h、task08.c 和 task08.h,保存在目录 D:\ STM32F103RCT6PRJ\PRJ31\USER 下,其代码如程序段 12-2~程序段 12-5 所示。

程序段 12-2 文件 task07.c

```
1     //Filename: task07.c
2
3     # include "includes.h"
4
5     extern OS_EVENT * sem01;
6
7     void Task07(void * pdat)
8     {
9       while(1)
10      {
11        OSTimeDly(100);                //OSTimeDlyHMSM(0,0,1,0);
12        OSSemPost(sem01);
13      }
14    }
```

文件 task07.c 中,第 5 行声明外部定义的事件 sem01;进入无限循环体(第 9~13 行)后,每延时 1s(第 11 行),释放一次信号量 sem01(第 12 行)。这里,OSTimeDly 为系统函数,只有一个参数,为延时的时钟节拍数,设为 100 时,延时 1s,因为系统时钟节拍频率为 100Hz。

程序段 12-3 文件 task07.h

```
1     //Filename: task07.h
2
3     # ifndef  _TASK07_H
4     # define  _TASK07_H
5
6     # define  Task07ID        7u
7     # define  Task07Prio      (Task07ID + 4u)
8     # define  Task07StkSize   200u
9
10    void Task07(void * pdat);
11
12    # endif
```

文件 task07.h 中宏定义了任务 Task07 的 ID 号为 7、优先级号为 11、堆栈大小为 200 字(第 6~8 行),然后,第 10 行声明了任务函数 Task07。

程序段 12-4 文件 task08.c

```
1    //Filename:task08.c
2
3    # include "includes.h"
4
5    extern OS_EVENT * sem01;
6
7    void Task08(void * pdat)
8    {
9      Int08U err;
10     Int32U i = 0;
11     Int08U ch[20];
12
13     MyPrintString(160,80,(Int08U * )"Sm1:0",20);
14     for(;;)
15     {
16         OSSemPend(sem01,0,&err);
17         i++;
18         Int2String(i,ch);
19         MyPrintString(160 + 4 * 8,80,ch,20);
20     }
21   }
```

文件 task08.c 中,第 5 行声明外部定义的事件 sem01;第 13 行在 LCD 屏坐标(160, 80)处输出字符串"Sm1:0";无限循环体(第 14~20 行)循环执行:请求信号量 sem01,如果 没有请求到,则一直等待(第 16 行);如果请求成功,则计数变量 i 自增 1(第 17 行);将 i 转 化为字符串 ch(第 18 行);在坐标(160+4 * 8,80)处显示字符串 ch(第 19 行)。

程序段 12-5 文件 task08.h

```
1    //Filename: task08.h
2
3    # ifndef  _TASK08_H
4    # define  _TASK08_H
5
6    # define  Task08ID        8u
7    # define  Task08Prio      (Task08ID + 4u)
8    # define  Task08StkSize   200u
9
10   void Task08(void * pdat);
11
12   # endif
```

文件 task08.h 中宏定义了任务 Task08 的 ID 号为 8、优先级号为 12、堆栈大小为 200 字(第 6~8 行),然后,第 10 行声明了任务函数 Task08。

(4) 修改 uctmr.c 和 uctmr.h 文件,如程序段 12-6 和程序段 12-7 所示。

程序段 12-6 文件 uctmr.c

```
1    //Filename: uctmr.c
2
```

此处省略的第 3~27 行与程序段 11-17 的第 3~27 行相同。

```
28
29   extern OS_EVENT * sem02;
30   void  Tmr02CBFun(void * ptmr, void * parg)
31   {
32     OSSemPost(sem02);
33   }
34
```

第 29 行声明外部定义的事件 sem02；第 30～34 行为定时器 tm02 的回调函数 Tmr02CBFun；第 32 行释放信号量 sem02。

```
35    void  StartTmr02(void)
36    {
37      Int08U err;
38      OS_TMR * tm02;
39      tm02 = OSTmrCreate(10,10,OS_TMR_OPT_PERIODIC, Tmr02CBFun,(void * )0,
40                        (Int08U * )"Timer 02",&err);
41      OSTmrStart(tm02,&err);
42    }
```

第 35～42 行为创建并启动定时器 tm02 的函数 StartTmr02。第 38 行定义定时器 tm02；第 39、40 行创建定时器 tm02；第 41 行启动定时器 tm02。

由上述代码可知，定时器 tm02 每秒执行一次它的回调函数，即每秒释放一次信号量 sem02。

程序段 12-7　文件 uctmr. h

```
1     //Filename: uctmr. h
2
3     # include "vartypes. h"
4
5     # ifndef _UCTMR_H
6     # define _UCTMR_H
7
8     Int08U  StartTmr01(void);
9     void  StartTmr02(void);
10
11    # endif
```

文件 uctmr. h 中，声明了文件 uctmr. c 中定义的函数 StartTmr01 和 StartTmr02。

(5) 新建文件 task09. c 和 task09. h，保存在目录 D:\STM32F103RCT6PRJ\PRJ31\USER 下，其代码如程序段 12-8 和程序段 12-9 所示。

程序段 12-8　文件 task09. c

```
1     //Filename: task09. c
2
3     # include "includes. h"
4
5     extern OS_EVENT *  sem02;
6
7     void Task09(void * pdat)
8     {
9       Int08U err;
10      Int32U i = 0;
11      Int08U ch[20];
12      StartTmr02();
13      MyPrintString(160,100,(Int08U  * )"Sm2:0",20);
14      for(;;)
15      {
16          OSSemPend(sem02,0,&err);
17          i++;
18          Int2String(i,ch);
19          MyPrintString(160 + 4 * 8,100,ch,20);
20      }
21    }
```

文件 task09. c 中，第 5 行声明外部定义的事件 sem02；第 12 行调用函数 StartTmr02 启动系统定时器 tm02(见程序段 12-6)；第 13 行在 LCD 屏坐标(160,100)处显示"Sm2:0"；

无限循环体(第14~20行)循环执行:请求信号量 sem02,如果请求不成功,则一直等待(第16行);如果请求成功,则变量 i 自增 1(第17行);将 i 转化为字符串 ch(第18行);在坐标(160+4 * 8,20)处显示字符串 ch(第19行)。

程序段 12-9　文件 task09.h

```
1    //Filename: task09.h
2
3    # ifndef  _TASK09_H
4    # define  _TASK09_H
5
6    # define  Task09ID        9u
7    # define  Task09Prio      (Task09ID + 4u)
8    # define  Task09StkSize   200u
9
10   void Task09(void * pdat);
11
12   # endif
```

文件 task09.h 中宏定义了任务 Task09 的 ID 号为 9、优先级号为 13、堆栈大小为 200 字(第6~8行),然后,第 10 行声明了任务函数 Task09。

(6)修改文件 exti.c,如程序段 12-10 所示。

程序段 12-10　文件 exti.c

```
1    //Filename: exti.c
2
3    # include "includes.h"
4
5    Int08U keyn = 0;
6    extern OS_EVENT * sem03;
```

第 5 行定义全局变量 keyn;第 6 行声明外部定义的事件 sem03。

```
7    void EXTIKeyInit(void)
8    {
9      EXTI_InitTypeDef  e;
10
11     GPIO_EXTILineConfig(GPIO_PortSourceGPIOA,GPIO_PinSource6);   //PA6 as EXTI6
12     GPIO_EXTILineConfig(GPIO_PortSourceGPIOA,GPIO_PinSource7);   //PA7 as EXTI7
13     e.EXTI_Line = EXTI_Line6 | EXTI_Line7;                        // | EXTI_Line4
14     e.EXTI_Mode = EXTI_Mode_Interrupt;
15     e.EXTI_Trigger = EXTI_Trigger_Falling;
16     e.EXTI_LineCmd = ENABLE;
17     EXTI_Init(&e);
18     NVIC_EnableIRQ(EXTI9_5_IRQn);
19     NVIC_SetPriority(EXTI9_5_IRQn,5);
20   }
21
```

第 7~20 行为外部按键中断服务函数,请参考程序段 5-15 的第 5~20 行。

```
22   void EXTI9_5_IRQHandler()
23   {
24     OSIntEnter();
25     if(EXTI_GetFlagStatus(EXTI_Line6))
26     {
27         LED(0,LED_ON);
28         keyn = 1;
29         OSSemPost(sem03);
30         EXTI_ClearFlag(EXTI_Line6);
31     }
32     if(EXTI_GetFlagStatus(EXTI_Line7))
```

```
33          {
34              LED(0,LED_OFF);
35              keyn = 2;
36              OSSemPost(sem03);
37              EXTI_ClearFlag(EXTI_Line7);
38          }
39          NVIC_ClearPendingIRQ(EXTI9_5_IRQn);
40          OSIntExit();
41      }
```

第 22～41 行为按键 S18 和 S19 的中断服务函数。当按键 S18 按下时,执行第 25～31 行,点亮 LED 灯 D9(第 27 行),将全局变量 keyn 设为 1(第 28 行),释放信号量 sem03(第 29 行)。当按键 S19 按下时,执行第 32～38 行,熄灭 LED 灯 D9(第 34 行),将全局变量 keyn 设为 2(第 35 行),释放信号量 sem03(第 36 行)。

(7) 新建文件 task10.c 和 task10.h,保存在 D:\STM32F103RCT6PRJ\PRJ31\USER 目录下,其代码如程序段 12-11 和程序段 12-12 所示。

程序段 12-11　文件 task10.c

```
1    //Filename: task10.c
2
3    # include "includes.h"
4
5    extern OS_EVENT * sem03;
6    extern Int08U keyn;
7
8    void Task10(void * pdat)
9    {
10     Int08U err;
11
12     for(;;)
13     {
14         OSSemPend(sem03,0,&err);
15         switch(keyn)
16         {
17             case 1:
18                 MyPrintString(160,120,(Int08U * )"Key S18",10);
19                 break;
20             case 2:
21                 MyPrintString(160,120,(Int08U * )"Key S19",10);
22                 break;
23         }
24     }
25  }
```

文件 task10.c 中,第 5 行声明外部定义的事件 sem03;第 6 行声明外部定义的变量 keyn。在任务 Task10 的无限循环体(第 12～24 行)中,循环执行:请求信号量 sem03,如果请求不成功,则一直等待(第 14 行);如果请求成功,判断 keyn 的值(第 15 行);如果 keyn=1 (第 17 行),则在 LCD 屏上显示"Key S18"(第 18 行);如果 keyn=2(第 20 行),则在 LCD 屏上显示"Key S19"(第 21 行)。

程序段 12-12　文件 task10.h

```
1    //Filename: task10.h
2
```

```
3      # ifndef   _TASK10_H
4      # define   _TASK10_H
5
6      # define   Task10ID          10u
7      # define   Task10Prio        (Task10ID + 4u)
8      # define   Task10StkSize     200u
9
10     void Task10(void * pdat);
11
12     # endif
```

文件 task10.h 中宏定义了任务 Task10 的 ID 号为 10、优先级号为 14、堆栈大小为 200
字(第 6~8 行),然后,第 10 行声明了任务函数 Task10。

(8) 修改文件 task02.c,如程序段 12-13 所示。

程序段 12-13 文件 task02.c

```
1      //Filename: task02.c
2
3      # include "includes.h"
4
5      extern OS_EVENT * mtx01;
6      Int16U t;
7
8      void Task02(void * pdat)
9      {
10       Int08U err;
11
12       for(;;)
13       {
14           OSTimeDlyHMSM(0,0,2,0);
15           OSMutexPend(mtx01,0,&err);
16           t = My18B20ReadT();
17           OSMutexPost(mtx01);
18       }
19     }
```

在文件 task02.c 中,第 5 行声明外部定义的事件 mtx01;第 6 行定义全局变量 t,该变
量是任务 Task02 和 Task11 公用的共享资源。在无限循环体(第 12~18 行)内,循环执行:
延时 2s(第 14 行);请求互斥信号量 mtx01,请求不成功时,一直等待(第 15 行);请求成功
后,读取温度值(第 16 行);第 17 行释放互斥信号量 mtx01。这里使用互斥信号量可以保
证访问变量 t 时,不受其他使用变量 t 的任务的影响。

(9) 新建文件 task11.c 和 task11.h,保存在 D:\STM32F103RCT6PRJ\PRJ31\USER
目录下,其代码如程序段 12-14 和程序段 12-15 所示。

程序段 12-14 文件 task11.c

```
1      //Filename: task11.c
2
3      # include "includes.h"
4      # include "stdio.h"
5
6      extern OS_EVENT * mtx01;
7      extern Int16U t;
8
9      void Task11(void * pdat)
10     {
11       Int08U err;
12       Int08U v[4];
```

```
13        char str[20];
14
15        MySetPenColor(0xFF,0xFF,0xFF);
16        MySetBKColor(0x00,0x00,0x00);
17        MyPrintHZWenDu(10,50);
18        for(;;)
19        {
20            OSTimeDlyHMSM(0,0,1,0);
21            OSMutexPend(mtx01,0,&err);
22            v[0] = (t >> 8)/10;
23            v[1] = (t >> 8) % 10;
24            v[2] = (t & 0x0FF) /10;
25            v[3] = (t & 0x0FF) % 10;                        //v[0]v[1].v[2]v[3]
26            OSMutexPost(mtx01);
27            if(v[0] == 0)
28            {
29                sprintf(str," % d. % d % d",v[1],v[2],v[3]);
30            }
31            else
32            {
33                sprintf(str," % d % d. % d % d",v[0],v[1],v[2],v[3]);
34            }
35            MyPrintString(10 + 48,50,(Int08U * )str,15);
36        }
37    }
```

文件 task11.c 中,第 6 行声明外部定义的事件 mtx01;第 7 行声明外部定义的变量 t。第 15 行设置 LCD 屏前景色为黑色,第 16 行设置背景色为白色。任务 Task11 循环执行:延时 1s(第 20 行);请求互斥信号量 mtx01,如果请求不成功,则一直等待(第 21 行);如果请求成功,第 22~25 行读全局变量 t 的值,生成温度的十位、个位、十分位和百分位;第 26 行释放互斥信号量 mtx01;第 27~35 行在 LCD 屏上显示温度值。这里,互斥信号量可以保证第 22~25 行的执行过程中,全部变量 t 的值不会被其他任务改变,这里第 22~25 行共 4 条 C 语句,即使只有一条 C 语句,仍然需要使用互斥信号量进行资源保护,因为一条 C 语句往往对应着 3~6 条机器指令(只有在单条机器指令的条件下,才不需要互斥信号量保护)。

程序段 12-15   文件 task11.h

```
1     //Filename: task11.h
2
3     # ifndef  _TASK11_H
4     # define  _TASK11_H
5
6     # define   Task11ID          11u
7     # define   Task11Prio        (Task11ID + 4u)
8     # define   Task11StkSize     200u
9
10    void Task11(void * pdat);
11
12    # endif
```

文件 task11.h 中宏定义了任务 Task11 的 ID 号为 11、优先级号为 15、堆栈大小为 200 字(第 6~8 行),然后,第 10 行声明了任务函数 Task11。

(10) 修改文件 includes.h,如程序段 12-16 所示。

程序段 12-16   文件 includes.h

```
1     //Filename: includes.h
2
```

此处省略的第 3～30 行与程序段 11-19 的第 3～30 行相同。

```
31      # include "task07.h"
32      # include "task08.h"
33      # include "task09.h"
34      # include "task10.h"
35      # include "task11.h"
```

第 28～35 行包括了用户任务 Task07～Task11 的头文件。

（11）将文件 task07.c～task11.c 添加到工程管理器的 USER 分组下，建设好的工程 PRJ31 如图 12-3 所示。

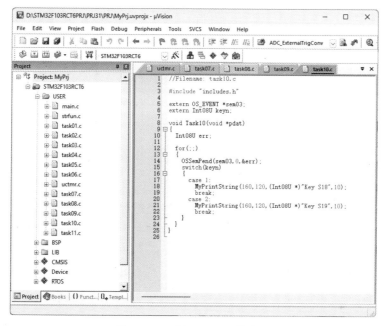

图 12-3　工程 PRJ31 工作窗口

在图 12-3 中，编译链接并运行工程 PRJ31，将在 LCD 屏上显示如图 12-4 所示信息。

在图 12-4 中，显示了工程 PRJ31 在工程 PRJ30 的基础上新添加任务 Task07～Task11 的执行情况，此时的任务总数为 14，每秒任务切换次数为 30，CPU 使用率仍然为 0（注意：在 μC/OS-Ⅱ 中，CPU 使用率最小为 1%）。图 12-4 中，两个定时器的计数值相同，均为 427（在图 12-4 中用圆角矩形圈住的 2 个 427），比任务释放信号量 Sem01 的次数要高（后者为 353，理论上两者应相同）。在 μC/OS-Ⅱ 中，定时器任务通过释放信号量的方式激活各个软件定时器，一定程度上会降低系统任务的实时性（但在 μC/OS-Ⅲ 系统中，通过时间片轮换调度法解决了该问题，这是 μC/OS-Ⅲ 的一个重大改进）。

工程 PRJ31 的执行流程如图 12-5 所示。

在图 12-5 中，省略了用户任务 Task03～Task06 的执行情况，这些任务可参考图 11-5。由图 12-5 可知，用户任

图 12-4　工程 PRJ31 运行时 LCD 屏
　　　　　显示信息

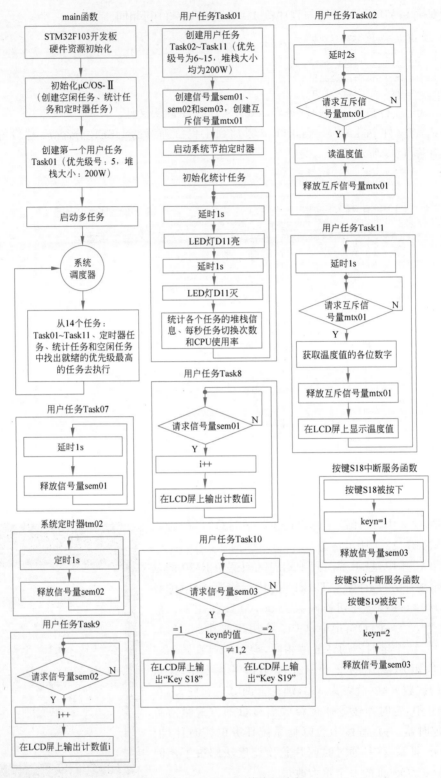

图 12-5　工程 PRJ31 的执行流程

务 Task01 创建了其余的 10 个用户任务、3 个信号量和 1 个互斥信号量,并负责统计各个任务的堆栈使用情况、每秒任务切换次数和 CPU 利用率。用户任务 Task02 每隔 2s 请求一次互斥信号量 mtx01,如果请求成功,则读取温度值,然后释放互斥信号量。用户任务 Task11 每隔 1s 请求一次互斥信号量 mtx01,如果请求成功,则获取温度值的各位上的数字,然后释放互斥信号量 mtx01,接着在 LCD 屏上显示温度值。试想一下,若没有互斥信号量 mtx01,由于 Task02 优先级高于 Task11,如果 Task11 在提取温度值的十位和个位数字后(还没有来得及提取其十分位和百分位的值),Task02 就绪了,获得了新的温度值,Task02 执行完后,Task11 继续执行,接着使用新的温度值提取温度的十分位与百分位上的数字,并将它们显示在 LCD 屏上,显然,这个显示结果是不正确的。互斥信号量 mtx01 可以有效地避免这类情况发生。

在图 12-5 中,系统定时器 tm02 每秒释放一次信号量 sem02,用户任务 Task09 始终请求信号量 sem02,从而也每秒执行一次,在 LCD 屏上输出 sem02 请求到的次数。

用户任务 Task07 每隔 1s 释放一次信号量 sem01,通过信号量 sem01 使得 Task08 同步 Task07 的执行,Task08 也每秒执行一次,在 LCD 屏上输出 sem01 请求到的次数。

按键 S18 被按下一次,就释放一次信号量 sem03,同时,设置全局变量 keyn=1;按键 S19 每次被按下,也将释放一次信号量 sem03,同时设置全局变量 keyn=2。用户任务 Task10 始终请求信号量 sem03,请求成功后,根据 keyn 的值,在 LCD 屏上输出相应的按键信息。这种"信号量+全局变量"的方法,不但可以实现任务同步任务或中断服务程序的执行,而且可以在任务间传递信息或由中断服务程序向任务传递信息,一定意义上体现了消息邮箱的实现机理(13.1 节介绍)。

⊞ 12.4 小结 ◆

本章详细介绍了信号量和互斥信号量的用法,信号量的主要作用在于实现两个用户任务间的同步执行,或用户任务同步中断服务程序的执行。"信号量+全局变量"的方式还可以实现在任务间传递信息,或由中断服务程序向任务传递信息。互斥信号量的作用在于保护共享资源,避免出现死锁或者全局变量访问出错。信号量和互斥信号量均属于事件,在 os_cfg.h 文件中宏定义了 OS_MAX_EVENTS 的值为 20(参考表 10-2 和程序段 10-10 第 19 行),因此,工程 PRJ31 中,最多可创建的信号量和互斥信号量为 20 个。实际工程中,若使用的信号量数量较多,应设置较大的 OS_MAX_EVENTS 宏常量的值。

⊞ 习题 ◆

1. 简要说明信号量与互斥信号量的工作原理和用法。
2. 编写工程创建两个信号量,实现 LCD 屏定时计数器显示功能。
3. 编写工程创建一个互斥信号量,实现 LCD 屏温度显示功能。

第13章

CHAPTER 13

消息邮箱与消息队列

消息邮箱和消息队列是 μC/OS-Ⅱ 系统中非常重要的两个组件。信号量主要用于任务间的同步,而消息邮箱和消息队列不仅可以实现任务间的同步,而且可用于任务间相互通信。本章将详细介绍消息邮箱和消息队列的概念和用法。

本章的学习目标:

- 了解消息邮箱的工作原理;
- 熟悉消息邮箱与消息队列的系统函数;
- 掌握消息邮箱与消息队列的应用方法。

13.1 μC/OS-Ⅱ 消息邮箱

消息邮箱不仅能实现任务间的同步,而且还可用于任务间相互通信。在 μC/OS-Ⅱ中,与消息邮箱管理相关的函数有 8 个,位于 μC/OS-Ⅱ内核文件 os_mbox.c 中,如表 13-1 所示。

表 13-1 消息邮箱管理函数

函 数 原 型	功　能
OS_EVENT * OSMboxCreate(void * msg);	创建并初始化一个消息邮箱。如果参数不为空,则新建的邮箱将包含消息
void　* OSMboxPend(OS_EVENT * pevent,　　　　　　　　INT16U　timeout,　　　　　　　　INT8U　* perr);	向邮箱请求消息,如果邮箱中有消息,则消息传递到任务中,邮箱清空;如果邮箱中没有消息,则当前任务挂起等待,直到邮箱中有消息或等待超时。如果有多个任务等待同一个消息,则该消息到来时,μC/OS-Ⅱ 使优先级最高的任务获得消息并运行(中断服务程序不能调用该函数)
INT8U　OSMboxPost(OS_EVENT　* pevent,　　　　　　void　* pmsg);	向邮箱传入消息(可理解为向邮箱释放消息),如果有任务在等待该消息,则高优先级的任务将会:(1)如果此任务优先级低于调用该函数的任务,则在调用该函数的任务执行完后,立即得到消息并执行;(2)如果此任务优先级高于调用该函数的任务,则此任务立即执行,调用该函数的任务被挂起等待。pmsg 不允许传递空指针

续表

函 数 原 型	功　　能
INT8U　OSMboxPostOpt(OS_EVENT　* pevent, 　　　　　　　　　　void　* pmsg, 　　　　　　　　　　INT8U　opt);	向邮箱中释放消息。opt 可取: (1) OS_POST_OPT_BROADCAST,消息将广播给所有请求该消息邮箱的任务; (2) OS _ POST _ OPT _ NONE,此 时 与 OSMboxPost 含义相同; (3) OS_POST_OPT_NO_SCHED,释放消息后不进行任务调度,可用于一次性地释放多个消息后,再进行任务调度
OS_EVENT　* OSMboxDel(OS_EVENT　* pevent, 　　　　　　　　INT8U　opt, 　　　　　　　　INT8U　* perr);	删除一个消息邮箱。通常,在删除消息邮箱前,应删除那些请求该消息邮箱的任务(中断服务程序不能调用该函数)
INT8U　OSMboxQuery(OS_EVENT　* pevent, 　　　　OS_MBOX_DATA * p_mbox_data);	查询邮箱当前的消息及等待该消息的事件列表
INT8U　OSMboxPendAbort(OS_EVENT　* pevent, 　　　　　　　　INT8U　opt, 　　　　　　　　INT8U　* perr);	中止任务对消息邮箱的请求,使等待该消息的任务继续执行(中断服务程序不能调用该函数)
void　* OSMboxAccept(OS_EVENT　* pevent);	向指定的邮箱请求消息,如果没有消息,则调用该函数的任务不挂起等待;如果有消息,则消息传递到任务中,然后清空邮箱。可被任务或中断服务程序调用,多用于中断服务程序中

消息邮箱的工作情况如图 13-1 所示。

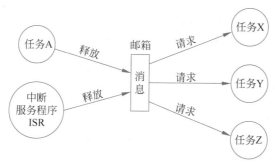

图 13-1　消息邮箱的工作情况

由图 13-1 可知,任务和中断服务程序可以释放消息,只有任务才能请求消息,邮箱中仅能存放一条消息,如果释放消息的速度比请求消息的速度快,则释放的消息将丢失。可以通过广播的方式,使得释放的消息传递给所有请求该消息邮箱的任务。如果当前邮箱为空,且有某一任务 X 正在请求邮箱,则当另一任务 A 向邮箱中释放消息时,释放的消息将直接送给任务 X,而不用经过邮箱中转。如果使用哑元消息(如(void *)1),可以实现一对一或多对一的同步,此时消息邮箱与信号量的作用相同。但是,用作同步,消息邮箱比信号量的速度慢。

消息邮箱的用法如下。

(1) 定义事件,如"OS_EVENT * mbox01;"。

(2) 定义全局一维数组保存消息,如"INT8U msgbx[80];"。

（3）创建消息邮箱，如"mbox01＝OSMboxCreate(NULL);"，NULL 参数表示创建的邮箱中没有消息。

（4）在某一个任务 A 中释放消息，如"OSMboxPost(mbox01,（void ＊）msgbx);"，如果发送的消息为"Msg:A-X"，则需要事先将该消息存在 msgbx 中，可以使用语句"strcpy((char ＊)msgbx,"Msg:A-X");"。

（5）在另一个任务 X 中请求消息，如"pmsg＝OSMboxPend(mbox01, 0, &err);"，这里的 pmsg 为"void ＊"类型的任务局部变量，这样，消息"Msg:A-X"就从任务 A 传递到任务 X 中了。

13.2 μC/OS-Ⅱ消息队列

消息队列可以视为消息邮箱的数组形式，消息邮箱一次只能传递一则消息，而消息队列可以一次传递多则消息。因此，消息邮箱是消息队列的一种特例。消息队列的工作情况如图 13-2 所示。

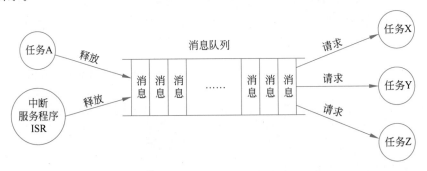

图 13-2 消息队列的工作情况

由图 13-2 可知，任务和中断服务程序可以向消息队列中释放消息，只有任务才能从消息队列中请求消息，任务可以始终请求消息，也可周期性地请求消息。消息队列具有一定的长度，其长度为可包含的消息个数，如果向队列中释放消息的速度大于从队列中请求消息的速度，那么消息队列将溢出。

在 μC/OS-Ⅱ中，消息队列相关的管理函数有 10 个，列于表 13-2 中，这些函数位于 μC/OS-Ⅱ内核文件 os_q.c 中。

表 13-2 消息队列管理函数

函 数 原 型	功 能
OS_EVENT ＊OSQCreate(void ＊＊ start, INT16U size);	创建一个消息队列，允许任务或中断服务程序发送一些指针类型的变量（消息）给一个或多个任务，消息内容由应用程序指定
void ＊OSQPend(OS_EVENT ＊ pevent, INT16U timeout, INT8U ＊ perr);	向消息队列请求消息。如果队列中有消息，则该消息传递给任务，并从队列中清除该消息；如果队列中没有消息，则调用该函数的任务被挂起等待，直到有消息或等待超时。当有多个任务请求到同一消息队列时，μC/OS-Ⅱ进行任务调度，使优先级最高的任务得到消息（中断服务程序不能调用该函数）

续表

函 数 原 型	功 能
INT8U OSQPost(OS_EVENT * pevent, void * pmsg);	向消息队列送入消息(即向队列释放消息), 消息队列为先进先出(FIFO)方式。如果队 列已满,则消息不会进入队列,OSQPost立 即返回;否则,消息进入队列,如果有任务在 请求该消息队列,则 μC/OS-Ⅱ进行任务调 度,当前任务和所有请求该消息队列的任务 中最高优先级的任务得到执行权
INT8U OSQPostFront(OS_EVENT * pevent, void * pmsg);	向消息队列送入消息(即向队列释放消息), 消息插入队列前端,消息队列为后进先出 (LIFO)方式。如果队列已满,则消息不会插 入队列,OSQPostFront立即返回;否则,消 息插入队列,如果有任务在请求该消息队列, 则 μC/OS-Ⅱ进行任务调度,当前任务和所有 请求该消息队列的任务中最高优先级的任务 得到执行权
INT8U OSQPostOpt(OS_EVENT * pevent, void * pmsg, INT8U opt);	向队列中释放消息。opt可取以下值: (1) OS_POST_OPT_NONE,与 OSQPost 相同; (2) OS_POST_OPT_FRONT,与 OSQPostFront相同; (3) OS_POST_OPT_BROADCAST,每个消 息均广播给所有请求队列的任务; (4) OS_POST_OPT_NO_SCHED,释放消息 后不进行任务调度,借助该参数可以一次性 向队列中释放多个消息,在释放完最后一个 消息时,不使用该参数,进行任务调度
OS_EVENT * OSQDel(OS_EVENT * pevent, INT8U opt, INT8U * perr);	删除一个消息队列。通常,删除消息队列前, 应删除所有请求该消息队列的任务(中断服 务程序不能调用该函数)
void * OSQAccept(OS_EVENT * pevent, INT8U * perr);	向消息队列请求消息。与 OSQPend不同的 是,如果队列中没有消息,调用该函数的任务 并不挂起等待,主要用于中断服务程序中。 如果队列中有消息,该消息传递到任务中,在 OSQAccept返回前,该消息从队列中移除
INT8U OSQPendAbort(OS_EVENT * pevent, INT8U opt, INT8U * perr);	放弃请求消息队列,继续执行当前任务(中断 服务程序不能调用该函数)
INT8U OSQQuery(OS_EVENT * pevent, OS_Q_DATA * p_q_data);	查询消息队列信息
INT8U OSQFlush(OS_EVENT * pevent);	清空消息队列

消息队列的使用方法如下。

(1) 定义事件,如"OS_EVENT * q01;"。

(2) 定义一维指针数组,如"void * ptq[10];";定义全局二维数组存放队列中的消息,如"INT8U msgq[10][80];"。

（3）创建消息队列，如"q01＝OSQCreate(＆ptq[0],10);"，这里创建了一个长度为 10 的消息队列。

（4）在某一任务 A 中，向队列中释放消息，如"OSQPost(q01,(void ＊)＆msgq[0][0]);"。

（5）在另一任务 X 中，向队列请求消息，如"pmsg＝OSQPend(q01,0,＆err);"，这里 pmsg 为"void ＊"类型的局部变量，指向请求到的消息。

需要强调指出的是，消息队列（或消息邮箱）本身只包含指向消息的指针，并不提供保存消息的空间，因此，从一个任务传递到另一个任务的消息，需要保存在全局数组变量或任务级数组变量中。消息队列比消息邮箱更加灵活，可以创建一个全局的二维数组，例如，"INT8U msgq[20][80];"，这里二维数组的第一个下标"20"与消息队列的长度没有关系；然后，可以在 20 个不同的任务中向消息队列释放消息，例如，第 i 个任务中，"OSQPost (q01,(void ＊)＆msgq[i][0]);"。或者各个任务均使用自己的任务级别的一维数组变量保存消息，然后调用 OSQPost 函数向消息队列中释放消息。由此可见，消息队列（或消息邮箱）实现了任务间共享信息的访问机制，而不是真的把"消息"由一个任务传递到另一个任务。

13.3　消息邮箱与消息队列实例

视频讲解

在工程 PRJ31 的基础上，新建工程 PRJ32，保存在 D:\STM32F103RCT6PRJ\PRJ32 目录下，此时的工程 PRJ32 与工程 PRJ31 完全相同。拟使工程 PRJ32 实现的功能与 PRJ31 也完全相同，但是，在实现方法上采取了如表 13-3 所示的变化。

表 13-3　工程 PRJ32 与工程 PRJ31 的实现方法变化情况

序　号	功　能	工程 PRJ31 实现方法	工程 PRJ32 实现方法
1	Task08 同步 Task07	信号量 sem01	消息邮箱 mbox01
2	Task09 同步定时器 tm02	信号量 sem02	消息邮箱 mbox02
3	Task10 同步按键 S18 和 S19	信号量 sem03	消息队列 q01
4	Task11 与 Task02 公用温湿度值	互斥信号量 mtx01	消息邮箱 mbox03

下面为详细的工程建设步骤如下。

（1）修改文件 task01.c，如程序段 13-1 所示。

程序段 13-1　文件 task01.c

```
1    //Filename:task01.c
2
```

此处省略的第 3～163 行与程序段 12-1 的第 3～163 行相同。

```
164  OS_EVENT   * mbox01, * mbox02, * mbox03;
165  OS_EVENT   * q01;
166  void * ptq[10];
167  void CreateEvents(void)
168  {
169     mbox01 = OSMboxCreate(NULL);
170     mbox02 = OSMboxCreate(NULL);
171     mbox03 = OSMboxCreate(NULL);
172     q01 = OSQCreate(&ptq[0],10);
173
174  }
```

第 164 行定义 3 个事件，即 mbox01、mbox02 和 mbox03，用作消息邮箱；第 165 行定义事件 q01，用作消息队列；第 166 行定义存放消息队列的指针数组 ptq。第 167～174 行为创建事件的函数 CreateEvents。第 169 行创建消息邮箱 mbox01；第 170 行创建消息邮箱

mbox02；第 171 行创建消息邮箱 mbox03；第 172 行创建消息队列 q01，队列长度为 10。

（2）修改 task07.c 和 task08.c 文件，如程序段 13-2 和程序段 13-3 所示。

程序段 13-2　文件 task07.c

```
1    //Filename: task07.c
2
3    # include "includes.h"
4
5    extern OS_EVENT * mbox01;
6
7    void Task07(void * pdat)
8    {
9      while(1)
10     {
11         OSTimeDly(100);              //OSTimeDlyHMSM(0,0,1,0);
12         OSMboxPost(mbox01,(void * )1);
13     }
14    }
```

文件 task07.c 中，第 5 行声明外部定义的事件 mbox01。第 9～13 行为无限循环体，每延时 1s，向消息邮箱 mbox01 中释放哑元消息（void * ）1。

程序段 13-3　文件 task08.c

```
1    //Filename:task08.c
2
3    # include "includes.h"
4
5    extern OS_EVENT * mbox01;
6
7    void Task08(void * pdat)
8    {
9      Int08U err;
10     Int32U i = 0;
11     Int08U ch[20];
12
13     MyPrintString(160,80,(Int08U * )"Sm1:0",20);
14     for(;;)
15     {
16         OSMboxPend(mbox01,0,&err);
17         i++;
18         Int2String(i,ch);
19         MyPrintString(160 + 4 * 8,80,ch,20);
20     }
21    }
```

与程序段 12-4 相比，程序段 13-3 仅第 5 行和第 16 行做了改动。第 5 行声明外部定义的事件 mbox01；第 16 行请求消息邮箱 mbox01，如果请求不成功，则一直等待；如果请求成功，则第 17～19 行显示计数变量 i 的值。

（3）修改 uctmr.c 和 task09.c 文件，如程序段 13-4 和程序段 13-5 所示。

程序段 13-4　文件 uctmr.c

```
1    //Filename: uctmr.c
2
```

此处省略的第 3～27 行与程序段 12-6 的第 3～27 行相同。

```
28
29   extern OS_EVENT * mbox02;
30   void  Tmr02CBFun(void * ptmr, void * parg)
31   {
32     OSMboxPost(mbox02,(void * )2);
```

```
33      }
34
```

第 29 行声明外部定义的事件 mbox02；第 30～33 行为定时器 tm02 的回调函数，其中向消息邮箱 mbox02 释放哑元消息（void *）2（第 32 行）。

```
35      void  StartTmr02(void)
36      {
37        Int08U err;
38        OS_TMR * tm02;
39        tm02 = OSTmrCreate(10,10,OS_TMR_OPT_PERIODIC, Tmr02CBFun,(void * )0,
40                          (Int08U * )"Timer 02",&err);
41        OSTmrStart(tm02,&err);
42      }
```

第 35～42 行创建并启动系统定时器 tm02。

程序段 13-5　文件 task09.c

```
1       //Filename: task09.c
2
3       # include "includes.h"
4
5       extern OS_EVENT * mbox02;
6
7       void Task09(void * pdat)
8       {
9         Int08U err;
10        Int32U i = 0;
11        Int08U ch[20];
12        StartTmr02();
13        MyPrintString(160,100,(Int08U * )"Sm2:0",20);
14        for(;;)
15        {
16            OSMboxPend(mbox02,0,&err);
17            i++;
18            Int2String(i,ch);
19            MyPrintString(160 + 4 * 8,100,ch,20);
20        }
21      }
```

与程序段 12-8 相比，程序段 13-15 仅第 5 行和第 16 行做了改动，其中，第 5 行声明外部定义的事件 mbox02；第 16 行请求消息邮箱 mbox02，如果请求不成功，则一直等待，如果请求成功，则执行第 17～19 行。

（4）修改 task02.c 和 task11.c 文件，如程序段 13-6 和程序段 13-7 所示。

程序段 13-6　文件 task02.c

```
1       //Filename: task02.c
2
3       # include "includes.h"
4
5       extern OS_EVENT * mbox03;
6       Int08U msgbx[20];
7
8       void Task02(void * pdat)
9       {
10        Int16U t;
11
12        for(;;)
13        {
14            OSTimeDlyHMSM(0,0,2,0);
15            t = My18B20ReadT();
16            msgbx[0] = t >> 8;
```

```
17          msgbx[1] = t & 0xFF;
18          OSMboxPost(mbox03,(void * )msgbx);
19      }
20  }
```

文件 task02 中,第 5 行声明外部定义的事件 mbox03;第 6 行定义全局数组变量 msgbx 存放消息。在无限循环体(第 12~20 行)内,循环执行:延时 2s(第 14 行);读温度值,赋给局部变量 t(第 15 行);将温度值的高 8 位赋给 msgbx[0](第 16 行);将温度值的低 8 位赋给 msgbx[1](第 17 行);向消息邮箱 mbox03 释放消息 msgbx。

程序段 13-7 文件 task11.c

```
1   //Filename: task11.c
2
3   # include "includes.h"
4   # include "stdio.h"
5
6   extern OS_EVENT * mbox03;
7
8   void Task11(void * pdat)
9   {
10    Int08U err;
11    void * pmsg;
12    Int08U t;
13    Int08U v[4];
14    char str[20];
15
16    MySetPenColor(0xFF,0xFF,0xFF);
17    MySetBKColor(0x00,0x00,0x00);
18    MyPrintHZWenDu(10,50);
19    for(;;)
20    {
21        pmsg = OSMboxPend(mbox03,0,&err);
22        t = ((Int08U * )pmsg)[0];
23        v[0] = t / 10;
24        v[1] = t % 10;
25        t = ((Int08U * )pmsg)[1];
26        v[2] = t / 10;
27        v[3] = t % 10;                //v[0]v[1].v[2]v[3];
28        if(v[0] == 0)
29        {
30            sprintf(str," % d. % d % d",v[1],v[2],v[3]);
31        }
32        else
33        {
34            sprintf(str," % d % d. % d % d",v[0],v[1],v[2],v[3]);
35        }
36        MyPrintString(10 + 48,50,(Int08U * )str,15);
37    }
38  }
```

文件 task11.c 中,第 6 行声明外部定义的事件 mbox03;第 11 行定义 void * 类型指针 pmsg,用于指向请求到的消息。无限循环体(第 19~37 行)内,第 21 行请求消息邮箱 mbox03,如果请求不成功,则一直等待;如果请求成功,则 pmsg 指向请求到的消息;第 22 行从请求到的消息中提取温度值的高 8 位;第 23、24 行获得温度值的十位和个位;第 25 行从消息中提取温度值的低 8 位;第 26、27 行获得温度值的十分位和百分位;第 28~36 行在 LCD 屏上显示温度值。根据程序段 13-6 第 15~17 行,可知消息为数组 msgbx,其第 0 个元素为温度值的高 8 位,第 1 个元素为温度值的低 8 位。

由程序段 13-6 和程序段 13-7 可知,通过消息邮箱,一个文件(task11.c)中的局部指针变量

pmsg 可以访问另一个文件(task02.c)中的任务级变量 t,从而实现了任务间信息的传递。

(5) 修改文件 strfun.c 和 strfun.h,如程序段 13-8 和程序段 13-9 所示。

程序段 13-8　文件 strfun.c

```
1    //Filename: strfun.c
2
```

此处省略的第 3～68 行与程序段 11-14 中的第 3～68 行相同。

```
69
70    void  StrCpy(Int08U * dst, Int08U * src, Int08U n)
71    {
72      Int08U i = 0;
73      Int08U *  s1, *  s2;
74      s1 = src;
75      s2 = dst;
76      while((i < n) && (( * s1)!= '\0'))
77      {
78          i++;
79          *  s2++ = *  s1++;
80      }
81      *  s2 = '\0';
82    }
```

第 70～82 行为字符串复制函数 StrCpy,将字符串 src 复制到 dst 中,复制的字符串长度小于或等于 n。

程序段 13-9　文件 strfun.h

```
1    //Filename: strfun.h
2
3    # include "vartypes.h"
4
5    # ifndef  _STRFUN_H
6    # define  _STRFUN_H
7
8    void Int2String(Int32U v, Int08U * str);
9    Int16U LengthOfString(Int08U * str);
10    void DispOSVersion(Int16U x, Int16U y);
11    void DispStk(Int16U x, Int16U y, Int08U prio);
12    void StrCpy(Int08U * dst, Int08U * src, Int08U n);
13
14    # endif
```

对于程序段 11-15,这里添加了第 12 行,即声明了字符串复制函数 StrCpy。

(6) 修改文件 exti.c 和 task10.c,如程序段 13-10 和程序段 13-11 所示。

程序段 13-10　文件 exti.c

```
1    //Filename: exti.c
2
3    # include "includes.h"
4
5    Int08U  msgq[2][20];
6    extern OS_EVENT * q01;
```

第 5 行定义全局数组变量 msgq;第 6 行声明外部定义的事件 q01。

```
7    void EXTIKeyInit(void)
8    {
9      EXTI_InitTypeDef  e;
10
11    GPIO_EXTILineConfig(GPIO_PortSourceGPIOA, GPIO_PinSource6);   //PA6 as EXTI6
12    GPIO_EXTILineConfig(GPIO_PortSourceGPIOA, GPIO_PinSource7);   //PA7 as EXTI7
13    e.EXTI_Line = EXTI_Line6 | EXTI_Line7;                        // | EXTI_Line4
```

```
14        e.EXTI_Mode = EXTI_Mode_Interrupt;
15        e.EXTI_Trigger = EXTI_Trigger_Falling;
16        e.EXTI_LineCmd = ENABLE;
17        EXTI_Init(&e);
18        NVIC_EnableIRQ(EXTI9_5_IRQn);
19        NVIC_SetPriority(EXTI9_5_IRQn,5);
20    }
21
```

第 7～20 行为外部按键中断服务函数,请参考程序段 5-15 的第 5～20 行。

```
22    void EXTI9_5_IRQHandler()
23    {
24        OSIntEnter();
25        if(EXTI_GetFlagStatus(EXTI_Line6))
26        {
27            LED(0,LED_ON);
28            StrCpy(msgq[0],(Int08U *)"Key S18",10);
29            OSQPost(q01,(void *)&msgq[0][0]);
30            EXTI_ClearFlag(EXTI_Line6);
31        }
32        if(EXTI_GetFlagStatus(EXTI_Line7))
33        {
34            LED(0,LED_OFF);
35            StrCpy(msgq[1],(Int08U *)"Key S19",10);
36            OSQPost(q01,(void *)&msgq[1][0]);
37            EXTI_ClearFlag(EXTI_Line7);
38        }
39        NVIC_ClearPendingIRQ(EXTI9_5_IRQn);
40        OSIntExit();
41    }
```

第 22～41 行为按键 S18 和 S19 的中断服务函数。当按键 S18 按下时,执行第 25～31 行,点亮 LED 灯 D9(第 27 行),第 28 行将字符串"Key S18"复制到数组 msgq[0]中;第 29 行将 msgq[0]作为消息释放到消息队列 q01 中。当按键 S19 按下时,执行第 32～38 行,熄灭 LED 灯 D9(第 34 行),第 35 行将字符串"Key S19"复制到数组 msgq[1]中;第 36 行将 msgq[1]作为消息释放到消息队列 q01 中。

程序段 13-11　文件 task10.c

```
1    //Filename: task10.c
2
3    # include "includes.h"
4
5    extern OS_EVENT * q01;
6
7    void Task10(void * pdat)
8    {
9      Int08U err;
10     void * pmsg;
11
12     for(;;)
13     {
14         pmsg = OSQPend(q01,0,&err);
15         MyPrintString(160,120,(Int08U *)pmsg,10);
16     }
17   }
```

在文件 task10.c 中,第 5 行声明外部定义的事件 q01;第 10 行定义局部指针变量 pmsg,用于指向接收到的消息。在无限循环体(第 12～16 行)内,第 14 行请求消息队列,如果请求不成功,则一直等待,如果请求到消息,则第 15 行在 LCD 屏上显示该消息。

从程序段 13-10 和程序段 13-11 可知,字符串信息可以由一个文件(这里是中断服务程序 exti.c)的全局变量传递给另一个文件(这里是用户任务文件 task10.c)的局部变量。

工程 PRJ32 的执行结果与工程 PRJ31 的完全相同,其执行结果也如图 12-4 所示,其执行流程如图 13-3 所示。

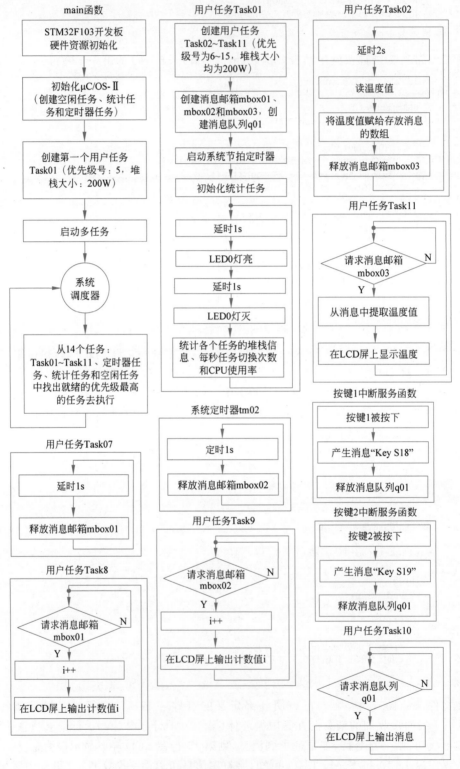

图 13-3   工程 PRJ32 执行流程

由图 13-3 可知,消息邮箱 mbox01 用作任务 Task08 与 Task07 同步,消息邮箱 mbox02 用作用户任务 Task09 与定时器 tm02 同步。因此,消息邮箱 mbox01 和 mbox02 都使用哑元消息,消息本身没价值,只有请求到消息这件事是有价值的。消息邮箱 mbox03 用作用户任务 Task02 向 Task11 传递温度值,因此,消息本身是有价值的,用户任务 Task11 接收到消息后,将从消息中提取温度值。工程 PRJ32 中给出了一个消息队列,该队列长度为 10,但是只有 2 个消息源,其一为按键 S18 对应的消息"Key S18",其二为按键 S19 对应的消息"Key S19"。当某个按键被按下后,其对应的消息将被释放到消息队列 q01 中,在用户任务 Task10 中请求该消息队列,并将接收到的消息显示在 LCD 屏上。

13.4 小结

本章介绍了消息邮箱和消息队列的概念和用法,消息队列是 μC/OS-Ⅱ 中最难理解的组件,也是功能最强大的组件。消息邮箱只是消息队列的特例,是队列长度为 1 时的消息队列。消息邮箱和消息队列均可以用作任务间同步,可以替代信号量的功能,同时,还能进行任务间的通信或者实现中断服务程序向用户任务传递信息。一定程度上可以说,掌握了消息队列,就掌握了 μC/OS-Ⅱ 嵌入式实时操作系统的应用技术。由于消息邮箱可视为长度为 1 的消息队列,因此,在最新的 μC/OS-Ⅲ 系统中,只有消息队列,而没有消息邮箱组件。

习题

1. 结合表 13-1 说明消息邮箱相关的系统函数有哪些,并说明各自的含义和用法。

2. 结合表 13-2 说明消息队列相关的系统函数有哪些,并说明各自的含义和用法。

3. 结合图 13-1 和图 13-2 阐述消息邮箱和消息队列的工作原理及其异同点。

4. 编写工程创建一个消息邮箱,实现 LCD 屏显示按键信息。

5. 编写工程创建一个消息队列,用按键模拟行路,在 LCD 屏上实现计步器的界面和功能。

参 考 文 献

[1] Jean Labrosse J. MicroC/OS-Ⅱ the Real-Time Kernel [M]. 2nd ed. US: CMPBooks, 2002.

[2] 张勇. ARM 原理与 C 程序设计[M]. 西安: 西安电子科技大学出版社, 2009.

[3] 张勇. 嵌入式操作系统原理与面向任务程序设计[M]. 西安: 西安电子科技大学出版社, 2010.

[4] 张勇, 夏家莉, 陈滨, 等. 嵌入式实时操作系统 μC/OS-Ⅲ 应用技术[M]. 北京: 北京航空航天大学出版社, 2013.

[5] 张勇, 吴文华, 贾晓天. ARM Cortex-M0 LPC1115 开发实战[M]. 北京: 北京航空航天大学出版社, 2014.

[6] 张勇. ARM Cortex-M0＋嵌入式开发与实践[M]. 北京: 清华大学出版社, 2014.

[7] 张勇, 陈爱国, 唐颖军. ARM Cortex-M0＋嵌入式微控制器原理与应用——基于 LPC84X、IAR EWARM 与 μC/OS-Ⅲ 操作系统[M]. 北京: 清华大学出版社, 2020.

[8] 张勇. ARM Cortex-M3 嵌入式开发与实践——基于 STM32F103[M]. 2 版. 北京: 清华大学出版社, 2023.

[9] 李正军. ARM 嵌入式系统案例实战[M]. 北京: 清华大学出版社, 2024.

[10] 王田苗. 嵌入式系统设计与实例开发[M]. 北京: 清华大学出版社, 2003.

[11] 姚文祥. ARM Cortex-M3 与 Cortex-M4 权威指南[M]. 吴常玉, 曹孟娟, 王丽红, 译. 3 版. 北京: 清华大学出版社, 2020.

[12] 冯新宇, 林泽鸿. ARM Cortex-M3 嵌入式系统原理及应用——STM32 系列微处理器体系结构、编程与项目实践[M]. 北京: 清华大学出版社, 2024.

[13] 田辉. 微机原理与接口技术——基于 ARM Cortex-M4 [M]. 3 版. 北京: 高等教育出版社, 2024.

[14] 何宾. ARM Cortex-M0 全可编程 SoC 原理及实现[M]. 北京: 清华大学出版社, 2017.